‖\ 见识城邦

U0258301

更新知识地图　拓展认知边界

# 气候与

# Climate *in* Motion

# 帝国想象

### 哈布斯堡科学家
### 如何跨尺度丈量世界

Science, Empire,
and the Problem of Scale

*Deborah R. Coen*

［美］德博拉·R.库恩————————著

丁子珺————————译

中信出版集团 | 北京

**图书在版编目（CIP）数据**

气候与帝国想象：哈布斯堡科学家如何跨尺度丈量
世界 /（美）德博拉·R. 库恩著；丁子珺译 . -- 北京：
中信出版社 , 2025. 1. -- ISBN 978-7-5217-7030-8

I. P4

中国国家版本馆 CIP 数据核字第 2024MU2936 号

气候与帝国想象：哈布斯堡科学家如何跨尺度丈量世界

著者： ［美］德博拉·R. 库恩

译者： 丁子珺

出版发行：中信出版集团股份有限公司

　　　　（北京市朝阳区东三环北路 27 号嘉铭中心　邮编　100020）

承印者：中煤（北京）印务有限公司

开本：787mm×1092mm　1/16　　　印张：36
插页：2　　　　　　　　　　　　　字数：400 千字
版次：2025 年 1 月第 1 版　　　　 印次：2025 年 1 月第 1 次印刷
京权图字：01-2021-5989　　　　　 书号：ISBN 978-7-5217-7030-8
审图号：GS（2024）4618 号（此书中插图系原文插图）

定价：88.00 元

大西洋上空有一个低压带，它向东移往俄国上空的高压带，但不像是要继续向北绕过高压带。等温线与等夏温线都很正常。参考年均气温，以及每月气温非周期性变动，现在的气温是正常值。日月升落，月球、金星、土星环的相位等重要天象都符合天文年鉴的预测……一句话，虽显老套但符合事实，1913 年 8 月的这一天，有个好天气。

——罗伯特·穆齐尔，《没有个性的人》

　　事物的大小不可根据普遍原则先验划定；一物只有在与他物对比时，才有大小可言。

——奥地利皇帝弗兰茨一世<br>（神圣罗马帝国皇帝弗兰茨二世）

# 目 录

# 导言

# 气候与帝国

1869 年，30 岁的尤里乌斯·汉恩（Julius Hann）蓄势待发，欲在学术界大展身手。汉恩拥有维也纳大学的两个物理学学位，3 年前因解释了一种奇风而享誉国际。在阿尔卑斯山北侧，焚风（foehn）温暖干燥，和落基山脉以东居民口中的钦诺克风（chinook）一样。在阿尔卑斯山区，它最常在寒冷时节袭来，导致温度反常上升，据说还会引发心脏病、癫痫等疾病。在汉恩的时代，由于焚风温暖干燥，人们都以为它来自撒哈拉地区。时人大多以为当地气候影响健康应归咎于盛行气流，进而要从气流发源地找原因。汉恩则另辟蹊径，在 1866 年发表的《论焚风起源》中缩小范围考察焚风，认为它是一种局部效应。汉恩在阿尔卑斯山区徒步多年，手持笔记本跟踪云的移动，以此推断风型。他在大学里修习过新兴的热力学（热与运动的物理学），掌握了必要的知识，因此能根据气块（air parcel）① 穿越山脉后的性质变化解释焚风：气块攀

---

① 为研究方便而假设的一团空气，其在热力学上完全隔绝于周围空气，可将任何大气动力学和热力学性质加诸其上。——译者注（如无特殊说明，本书脚注均为译者注）

升时会流失水分，下沉到北侧后则会升温，从而形成炎热干燥的风。焚风有那样的特性并非因为它源自非洲沙漠，而是因为大气的物理特性，因为热与运动的相关性[1]。

这是一个国际研究项目（我称之为动力气候学）的历史奠基时刻。动力气候学应用热与流体运动的物理学来解释气候条件在地表的历史分布情况与现实分布情况。人类世历史阶段理应重视动力气候学，因为它开始将"从人类行为到地球进程这一跨时空尺度的相互作用问题概念化，并着手处理之"[2]。

早在哈布斯堡家族统治维也纳时期，动力气候学就在奥地利蓬勃发展。我们即将看到，彼时，这个多元帝国正处于现代化动荡之中，新科学应运而生，汉恩若为国家服务必将得到丰厚回报，他很快就会获得帝国–王国（kaiserlich-königlich, k.k.）[3]科学家的尊贵头衔，成为哈布斯堡君主国全境认可的专家。要知道，19世纪时君主国领土达70万平方千米，遍及中欧、东欧与南欧，几乎是今日德国的两倍大小。现在，汉恩已开始整合来自全国的数据，打开一扇欧陆尺度的窗口，去观察大气层的运作情况。

然而，步入而立之年的汉恩为何在这个夏天陷入了自我怀疑？他在日记里写道，自己在维也纳前途"未卜"。他饱尝思乡之苦，想念家乡的山峰，它们助他走向成功，而他则"像年轻时那样"[4]，渴望山林的"平和"与"仁慈"。他徘徊不决，想放弃科学事业，重回曾经念书的修道院，去过隐居生活。

地理学家段义孚曾说，现代化是"宇宙"之力与"壁炉"之力两相拉扯的过程：人们既渴望冒险，去超越已知边界，又难舍熟悉的环境的稳定⁵。本书探讨了在 19 世纪，气候学如何在这一矛盾的影响下成为一门全球科学。本书提出，对气候的现代理解，本质上意味着一种跨时空尺度的思维方式——对哈布斯堡君主国这样一个融合了中世纪王国与现代法律的多民族政体而言，这种思维方式乃出于政治必要。

一直以来，全球大气环流理论都没有重视比大型热带气旋更小、持续时间更短的气流运动。直到 20 世纪，以汉恩为中心的科学家们才填补了这一缺憾，他们描绘了不同尺度的气候学相互作用的图景，其成果至今仍是气候模型的基础。现代气候科学的现代化之处便在于其整合了尺度迥异的现象，而这需要根据不同尺度定制方法。例如，卫星是跟踪飓风的理想工具，但若论记录与幼苗生长相关的微小温度和湿度变化，那它束手无策。更何况不同尺度的大气现象绝非彼此独立。不知何处而来的一阵微风吹得书页沙沙作响，可能隐隐预示沿海风暴将至。太阳能使赤道地区的空气升温上行，进而搅动了半球气流，产生了小型涡旋（eddy），又生成了更小的旋风（whirl）。全球变暖何以影响广泛，难以预测？正是这些跨尺度的能量交换乃至物质交换所致。水在大气颗粒周围凝结成云的微观过程，与云对全球辐射能量平衡的宏观影响有何关联？如何模拟这种关联？这是今天的科学家面临的一大挑战。要想预测地球一个世纪以后的平均气温，科学家便不能无视那些极快、极小尺度的过程，例如云的形成。他们采取所谓的"尺度分析"（scale analysis）来处理这一问题，即根据当前目标评估哪些现象是重要的，研究这些现象以得出合理的近似值。动力气候学的发展史讲述了一个跨尺度、多因果探究世界的故事[6]。

2001 年，我开始了有关本书的研究，那时的气候科学与今天（2017 年）差别很大。当时的气候模型几乎全与温室气体浓度增加对全球的影响有关。绝大多数模型的时空尺度太大，无法做出有效预测，以协助中观生物群落规划；它们也没有考虑区域尺度的影响机制这一因素。直到最近，很多人在建模时才重新关注区域影响[7]。与此同时，有关气候变化的国际协议谈判陷入僵局，更证明有必要在地方与区域层面采取行动，因此需要基于这些空间尺度的可靠预测。早在 21 世纪初，少数几个研究小组就开始模拟区域影响，其中之一是 CLEAR（阿尔卑斯山区气候与环境小组），该小组强调交替采取地方与全球视角，也就是尺度缩放[8]所具有的价值。他们以瑞士为例，指出阿尔卑斯山区恰如其分地证明了小尺度气候分析与全球建模同步进行大有好处。该小组的项目在今天看来似乎平平无奇，放在 20 世纪才能显示出几分先见之明，我却觉得它与哈布斯堡气候学带给我们的教训遥相呼应。

哈布斯堡的科学家们没有计算机辅助，于是发明了各种独创方法来探测、模拟、表示大气运动。比如利用植物作为测量仪器，或把河床想象成大气波动模型，再如开创新式文学体裁与制图流派。也许你从未听说过这些科学家的大名，但他们因聪明才智显赫一时。汉恩在 1910 年被提名诺贝尔奖，一位美国同行如此评价汉恩的大作：它"如同矗立在尼罗河谷的吉萨金字塔一样，远超其他作品"[9]。还有人评价汉恩及其同事的研究"兼容并蓄"。哪怕是今天，大多数气候学家仍专门研究单一尺度，"而奥地利科学家早已跨越时空尺度，考虑了从全球环流到边界层湍流"，从行星尺度到农业与人体健康尺度的各类现象[10]。这些科学家甚至发展出一套新的概念工具，以便跟踪从半球流动到分子运动的能量转移。他们还开创了新的叙事形式，使其见解在大众听来也活灵活现。这种将区域风与半球环流联系起来的新思维方式，反过来为哈布斯堡跨国依存的理念注入了活力。

## 环境与帝国

21世纪的读者翻开《奥地利民族志》第一卷（1895）时，可能会大吃一惊，里面居然收录了一篇题为《收集植物通行名称之要务》[11]的文章。人类文化研究与植物学有什么关系？在这个多民族国家中，人文科学的兴起与非人类环境的研究有何联系？

历史学家过去二十载的研究已经证明，在漫长的19世纪，环境知识的形成离不开欧洲的帝国建设。首先，帝国扩张的确无可挽回地彻底改变了殖民地的环境。环境史学家指出，帝国耗尽了殖民地的自然资源，破坏了当地生态系统，引入的外来物种往往给本地物种带来灭顶之灾。欧洲人自称"自然的主人"，以其优越性为帝国扩张辩护。但在欧洲的主宰下，人类也好，非人类也罢，全都成了受害者。有时，非人类环境面对强加于己的控制会展开报复，于是流行病肆虐，洪水、地震来袭，诸多灾难爆发。[12]有时，帝国也会制定保护政策，但往往以损害原住民的利益为代价。这都是环境与帝国关系的悲剧一面。[13]

与此同时，现代帝国的环境史也是一部学习史。它不像乔治·巴萨拉（George Basalla）在20世纪60年代所说的，无畏的欧洲博物学家深入蛮荒之地，获得累累硕果并开启16世纪自然历史知识大爆炸。[14]我们不能忘记，某些知识传统在殖民化过程中失落了，甚或遭到强行压制。过去的20年里，历史学家反而明确指出，大都会精英们的知名发现其实是对殖民时期博物学家与当地知情人士的知识的挪用。[15]如今所谓的生态学类型的知识便是这样产生的，特别是动植物分布情况与气候、土壤条件相关性的知识。实际上，新物种的分类工作一直在帝国扩张的前沿地带开展，尽管不久之后这些新编目的物种就会消失不见。[16]换言之，环境知识的增长与帝国主义招致的环境毁灭之间，存在一种叫人不安的紧密关联。

除此以外，近现代一些效忠帝国的科学家也猛烈抨击了帝国主义及其对生态破坏的影响，从18世纪的约翰·福斯特（Johann Forster），到20世纪的阿瑟·坦斯利（Arthur Tansley）。20年前，理查德·格罗夫（Richard Grove）认为，殖民时期的博物学家目睹太平洋岛屿上的环境恶化，明白了欧洲人是这一切的罪魁祸首，为此他们采取了一系列措施，并孕育了现代环境主义。最近，海伦·蒂利（Helen Tilley）指出，在20世纪，身处非洲的英国科学家们对比了欧洲土地使用方式与当地农业可持续发展模式，据此衍生出环境主义思想[17]。在某些情况下，帝国科学的确不受帝国意识形态制约，并产生了真正的新知。19世纪的帝国尺度对环境科学政治史同样重要。帝国的信息交流网络为20世纪末的全球科学奠定了基础，并使人联想到"行星意识 / 地球意识"（planetary consciousness）[18]。从这个角度来看，帝国是一个实验场，在这里可以探索广布的人类、非人类与无机世界的依存关系。[19]


## 定义气候

本书探究了 19 世纪各个帝国在知识生产方面的作用，特别是与气候相关的知识，在 19 世纪和 20 世纪初，欧洲语言中"气候"的含义不断变化。自古以来，气候就意指太阳辐射的纬度效应，"klima"在希腊语中表示倾角或太阳光入射角。两个半球各有三个气候区：极地对应寒带，中纬度对应温带，赤道对应热带。然而到了 19 世纪，地理探险家、医学及农业研究人员开始关注大气条件的复杂空间变化。因此，19 世纪末的科学家们区分了"太阳气候"与"物理气候"（或"陆地气候"），前者乃根据太阳辐射，以及已知的地球大气成分，预测热量分布；后者指受某些因素影响的气候，这些因素包括地表形态，以及土地、水和植被的分布情况等。术语上的混乱反映的是尺度这一方法论问题。19 世纪的科学家们有了行星大气环流的基本物理模型，但他们无法将这些模型与整个地表气候细微变化的诸多证据结合起来。1908 年，西里西亚温泉镇库多瓦的一位医学作家表示："'天气或大气状况'这个稍显严格的气候定义不大常用，但即便是这个短语在下文中也不尽准确，我要为自己找不到适当的字眼而道歉。"[20] 因此，在 19 世纪，气候根本就是一个模糊的概念，所以才不被历史学家重视。

　　气候的时间维度与空间范围一样含混，从医学气候学和农业气候学中的季节尺度，到冰期理论中的地质尺度，不一而足。基于不同时间尺度产生的观点的确无法调和。19世纪30年代和40年代出土的古代冰期证据，与有记录以来明显稳定的地球气候，两者如何统一？[21]如果气候意味着时间平均状态，那么多长的时间间隔才适用于气候的定义呢？

　　最后，气候的含义也因其对人类利益的影响大小而有所不同。亚历山大·冯·洪堡（Alexander von Humboldt）曾将气候定义为所有可感知的、会影响我们感官的大气变化，这个定义很有名。[22]这一人类中心主义的定义反映了一个事实，那就是气候会影响人类全部生活，包括健康、农业、劳动、贸易，乃至心理。气候科学就起源于改善生活的实际做法。我们有关气候的大部分知识都来自日常经验，涉及自然的方方面面，它们与大气彼此依存，例如植被、水源和土壤条件。历史学家已经指出，专业科学家的知识往往来源于以气候知识为生的人，例如农民、水手和渔民。[23]同时，气候学知识也来自新科学领域的专家，包括植物学家、护林员和林务官、农业科学家、地质学家、古生物学家、矿业官员、医学地理学家、药剂师和浴疗学家等。例如，19世纪的植物学家将植被称为理想的气候记录仪，"随处可见当地气候特征"，而地质学家则认为冰川是最好的"气候测量工具"。[24]许多机构都产生了与气候学相关的知识。在欧洲大学里，气候学知识一般在三个院系研究、教授，即地理学、物理学与医学。气候知识不只在大学产生，公共气象观测站、林业或农业学院、奥地利大众气象学会等志愿协会都会产出气候知识，欧洲的探险家和世界各地的旅行者们也在积累气候知识。[25] 因此，气候研究对各类人群都有实际作用。与此同时，科学家对位于大气圈上层的大气现象越来越感兴趣，而这些现象只有无畏的登山者和热气球爱好者才有机会接触到，而且它们与人类生活也没有明显关系。[26]

人们是从什么时候开始，用单数形式谈论"气候"，将其概括为整个地球的单一属性的？我们将在第七章和第九章看到，全球气候的概念要到 19 世纪 70 年代才在中欧流行起来，时人正激烈辩论人为气候变化的议题。但故事只讲了一半。同样重要的是随之而来的对"局地气候"的严格定义。直到科学家与其他很多对气候专业知识有不同见解的人广泛接触，多尺度的现代气候概念才诞生。

## 帝国多样性

19 世纪的欧洲帝国将气候学作为一种工具，以便通过改造新征服的殖民地的环境，达到帝国的发展目标。气候研究与全球生产贸易分布的迅速变化，以及军事冲突地带的转移有关。在气候研究的帮助下，资本主义的全球传播在当时被理解为"鼓励各国最有效地利用其特殊资源，以便最好地发挥世界各地的禀赋"[27]。18 世纪的知识分子一般会认为，社会与自然环境契合要归功于上帝的神圣计划。[28] 19 世纪的地理学家则认为这是生物和文化相互适应的结果，但帝国主义者却打算干预这一过程。气候适应理论支持欧洲人永久移居"热带地区"[29]。原则上，气候学可以为农业定居点和殖民城镇的选址提供建议，尽管不是次次都能奏效。它还启发帝国在殖民地高山地带建造医疗康复中心，善用那里更凉爽干燥的空气，治疗在热带地区患病或疲倦的殖民者。[30]

一位历史学家说 19 世纪的气候学是"一潭死水"[31]，这的确适用于某些地区。对于很多欧洲帝国的海外殖民地而言，气候学是零散地研究当地气候，一再重复、自以为是的理论，说"热带地区"无论如何都不适合欧洲劳动力生存。[32] 19 世纪中期，在整个欧洲和北美地区，政府和私人社团都设立了气象观测网络。但收集这些数据主要是为了进行风暴预警。哈布斯堡气候学家亚历山大·苏潘（Alexander Supan）在 1881 年解释说："天气研究向前发展，气候研究却随之停滞。"[33] 1908 年，内皮尔·肖（Napier Shaw）抱怨英国气象局"浪费"，他当时刚卸任局长。数据不断涌入，但目的是什么？肖也感叹帝国网络不连续——"在不列颠群岛有 4 个气象观测站和超过 400 个不同的数据收集站点；在霍利黑德有一个精密的测风仪；国外也有豪掷的投资；直布罗陀有一个风速计，圣赫勒拿也有一个；马尔维纳斯群岛（福克兰群岛）有一个日照计，英属新几内亚有半打，广阔的海面上还有几百台。"[34] 肖所说的"浪费"，是指帝国海外殖民地的科学家无法，或不愿将殖民地当地的观察整合进全球模型。[35]

当然，科学和帝国历史的写作，往往会假定帝国科学家与当地资料收集者之间存在利益或认识论上的分歧。在这种学术路径下，帝国科学家被视为知识的"统合者"(lumper)，即倾向于概括一般规律，反对坚持局地自然特性的"分割论者"(splitter)。伦敦植物学家约瑟夫·胡克（Joseph Hooker）就是这种帝国科学传统的代表，他是皇家植物园的园长，他说，位于殖民地的联络人太关心"细微的差异，而它们……基本没有价值"[36]。照这样说，现代科学全球视角的兴起，乃以牺牲当地视角为代价。

然而，历史学家对 19 世纪亚欧大陆各帝国知识生产的地理情况不甚关注，无论是哈布斯堡王朝、罗曼诺夫王朝、奥斯曼帝国还是清朝，都是如此。在这些国家，都会知识与地方知识之间的分界线远没有那么清晰。而且这些国家都有能力管理多种文化，并有多个行使权力的中心。他们使用现代科学的工具，部分是为了创造帝国"自我描述的新语言"，它可以取代简化版民族主义。这些科学打破了民族与种族的具体分类，追踪了移民、混合和文化变迁的历史。换言之，这些晚期帝国的科学将人口与领土的混杂定义为经验事实。[37]

由此可见，现代国家并不都用同样的方式使社会"清晰可辨"。[38] 想让一处地界及其人口易于归类，并不需要抽离当地特性。相反，"国家视角"可能需要突出帝国的多样性。制图史学家明白，地图不只反映世界，还会通过选择性地呈现领土的某些特征来放大其与环境的某些互动方式，掩盖另一些，进而构建领土的轮廓。如此一来，强调异质性的地图可能有助于保存当地环境和文化差异。[39]

在哈布斯堡君主国治下，特别是民族志、医学、自然地理学等学科的"局地知识"往往被视同"帝国科学",并受帝国政府资助。彼得·贾德森(Pieter Judson)等人最近的研究表明,19世纪的哈布斯堡君主国创造了一个合法空间,在这里,即使曾经是农奴,也可以维护自身的公民权利并努力致富。国家的分权结构非但没能抑制现代化,反而促进基层政治和文化多元主义蓬勃发展。[40]早在1817年,哈布斯堡家族的大公约翰(Johann)——自然志的主要赞助人就阐明了一条原则,即爱国主义(爱乡主义)与效忠皇室可以并行不悖。"奥地利的力量在于地方的多样性……人们应该小心翼翼地保护它……之所以历经不幸的奥地利仍能恢复元气,就是因为每一个州都自成一体,可以独立于其他地方自给自足,但又能忠诚地奉献于全国。"[41]既往研究提示了这种意识形态在民族志、医学和自然地理学等领域的含义。在这些领域,为民族主义服务,甚或是为后哈布斯堡时代历史学家所称颂的"民族思想流派"服务的研究,都是教育部赞助的,并且经常由效忠哈布斯堡的科学家用德语发表研究成果,以此支持"多样中的统一"的意识形态。[42]

因此,奥地利民族志学会曾指导其成员从农民,特别是妇女那里收集植物学知识。[43]了解多种方言中植物的流行称谓,植物学家和民族志学者就能一起追踪特定物种的空间分布,以及特定方言的传播情况。这类研究具有特别重要的意义,"在多语言的奥地利……流行称谓不仅有语言学意义,还是文化历史的记录"。我们会在第十章中谈到,有时,同一名称会被用于指称不同植物,而这一发现对解释气候和生物之间的关系影响深远。同理,民族志学者们也主动记录了当地风的特殊名称,以及与之相关的仪式。因此,汉恩才会熟知阿尔卑斯山农民的谚语。"冬天爬楼梯，就少穿一件外套。"[44]
这句谚语是说，在这里常识发生颠倒，气温不再随海拔上升而下降，
这给汉恩提供了大气热平衡状态的线索。哈布斯堡君主国赞助精细
的民族地理研究，而这往往涉及在君主国全境调查自然物种的分布
情况，从而识别语言与文化的差异。这些研究因为重视自然多样性
的价值，促进了"本土地方"与"帝国空间"的融合。[45]

## 看见自然的变动性

奥地利帝国的气候学值得与 19 世纪其他帝国国家科学事业做
比较。帝国－王国科研机构中央气象学和地磁学研究所（Zentral-
anstalt für Meteorologie und Geomagnetismus，以下简称 ZAMG）
于 1851 年在维也纳成立，比普鲁士皇家气象研究所落地晚了 4 年。
英国气象局由 1854 年成立的一个委员会改弦更张建成，法国气象
局成立于 1855 年，美国气象局成立于 1870 年。和其他所有气象局
一样，ZAMG 负责利用新的电报技术，预警即将到来的风暴。在
19 世纪 60 年代的国际风暴预警系统发展中，奥地利科学家的确发
挥了积极作用，例如在 1873 年主办了第一次国际气象大会，并在
会上就气象电报公约进行谈判。但发布天气预报的工作为大多数
ZAMG 科学家所不屑。第一任所长卡尔·克赖尔（Karl Kreil）痛
苦地发现，他不仅要预测天气，还要对天气负责——在某些圈子里
他被称为"天气制造者"。鉴于当时落后的气象知识，克赖尔认为

离可靠的天气预报还有很长的路要走。他曾试图在科普文章里说服公众相信，当前最有用的知识不是"根据大气的每日波动来安排农事，而是一劳永逸地根据特定地区的平均气候特征安排农事"[46]。克赖尔及其同事发自内心地相信，他们的研究有益于国家，但取得成果需要掌握长期规律，而不是进行短期预测。换言之，有价值的知识源于气候学，及其对农业、医药、旅游、贸易和军事行动的实际价值。

从有限的 19 世纪大气科学历史文献来看，奥地利的大气科学似乎与众不同。在柏林、伦敦、巴黎和华盛顿特区的国有气象观测站，气候学研究似乎经常被视为 18 世纪的怪异古董，是地方业余爱好者或农民可以尝试的消遣活动，但与现代科学关系不大。只在极少数情况下，北美和西欧的气象官员才会选择投资气候研究，也就是说，他们很少把首要任务从短期预测转为长期规划。[47]

气候学在亚欧大陆幅员辽阔的帝国，例如俄国、印度和奥地利，尤其勃兴。这些国家的科学家面对可供地理学研究的广袤连续领土，开始以新的方式思考。他们将持续有效开发领土资源作为目标，着手绘制"自然区域"与"过渡区域"。一位俄国的历史学家一针见血地指出，这是一个"区域化"的科学项目。19 世纪的区域化科学是一项综合事业，是为了在更大的整体背景下分析局部差异而产生的。[48]这些地区的基准定义需参考气候：平均温度和降雨量是建构帝国差异心理地图的基本数据。因此，科学家们开始重视气候的异质性，并寻找差异出现的原因。

是否强调帝国人类与非人类主体的多样性（即将帝国气候学

看作追求连贯性的概览，还是看作局部细节拼凑的结果），一直是一个战略性的政治决定。在印度气象局（成立于1875年）局长亨利·弗朗西斯·布兰福德（Henry Francis Blanford）看来，南亚次大陆是气候学研究的理想地区：这是一整块陆地，几乎完整地呈现出地表所有的气候变化，在这里，热带风暴的形成过程一览无余。他认为，用单数谈论"印度的气候"，"就如同我们说印度人属于单一种族，拥有同一种种族特质与社会特征，文化与信仰也没有差别"一样，会误导他人。[49] 但也有一些人基于全然不同的政治价值，表明适合在印度进行气候学研究。他们强调，印度的气候有序而规律（用单数形式表示气候），英国科学可以轻松概括之。[50]

弗拉迪米尔·柯本（Wladimir Köppen）在1895年提出，在俄国，气候学跟随沙皇的军队，向克里米亚、高加索、西伯利亚和更远的地区推进。"俄国征服西部，迅速扩展了我们的知识。因为俄国的科学观察者紧跟俄国大兵的步伐，抓住一切观察和收集数据的机会……迄今为止已经积累了一系列实用的连续气象数据。"[51] 俄国最杰出的气候学家亚历山大·沃伊科夫（Alexander Voeikov，1842－1916）的研究，就是拓展疆土、迈向现代化的帝国雄心的写照。他提出了全球气候系统和气候对社会生活影响的理论，认为可以通过合理用水来改善不利的环境。[52] 瓦西里·道库恰耶夫（Vasilii Dokuchaev）主持了一项更为审慎的土壤科学研究，即在俄国草原"黑土"地区，调查人类因素导致的气候变化。[53] 凯瑟琳·埃夫图霍夫（Catherine Evtuhov）指出，面对道库恰耶夫所收集的"庞杂数据，中央政府几乎无从下手"[54]。由此可见，雄心勃勃的俄国科学家和公民都在努力开发科学的农业评估和改进方法，但帝国政府对这些方法似乎毫无兴趣。

美国的情况不大一样。洛林·布罗杰特（Lorin Blodget）在《美国气候学》（1857）一书中明确反对美国气候特别"多变或极端"的说法。[55] 布罗杰特坚持认为，在西经100度以东的地区，气候条件相当"统一"。山脉横亘之处，"没有所谓的阴面或阳面，两边山坡的物产也没有任何差别"。布罗杰特的观点对本研究的启发在于，他对比了美国气候的均匀特征与"欧洲南部和中部常见的气候突变或气候局地变化"[56]，最终得出结论：无论气候有怎样的局地变化，科学界都无须关注。他理想的研究对象是气候的统一性，而非多样性。因此，当我们得知美国联邦政府几乎没有为区域气候调研投入资源时，也就不会吃惊了。[57]

## "帝国-王国"气候学

在奥地利，气候学也与帝国建设紧密相连。对于哈布斯堡中央政府而言，气候学的研究目的不是探索一片黑暗大陆，而是在变动中重新想象那片熟知的大陆。七个世纪以来，经过政治联姻与战争，哈布斯堡王朝获得了一连串错综复杂的王国、公国与侯国领地。它地跨十九个经度，山脉纵横交错：其中一条从最西端的福拉尔贝格高大的阿尔卑斯山脉向东延伸，再沿着亚得里亚海向南转入迪纳拉山脉，在这里形成峭壁；另一条从波希米亚山地向东升至喀尔巴阡山脉，这条基本没在地图上标明的山脉，将哈布斯堡家族最近征服的加利西亚孤立起来。铁路通车之前，该国基本依赖主要河流多瑙河运输。多瑙河发源于阿尔卑斯山的冰川融雪，向东流经维也纳、普雷斯堡（布拉迪斯拉发的旧称）和布达佩斯，进入 19 世纪时还被奥斯曼人掌控的土地，再汇入黑海。哈布斯堡的大部分地区（例如匈牙利大草原的草场、亚得里亚海沿岸多孔的岩石地，以及阿尔卑斯山脉和喀尔巴阡山脉的高海拔牧场）只有在降雨量充足和气温温和的短暂时节里，才有可能发展农业。气候变化很容易引发饥荒。但降雨过多，多瑙河及其支流流域又可能经历大洪灾（尤其是那些森林被砍伐的地区），山区也可能发生泥石流。在喀尔巴阡盆地的沼

图 1 《库普雷什什科的喀斯特地貌》描绘的是波斯尼亚和黑塞哥维那的地貌，齐格蒙特·阿伊杜基维奇（Zygmunt Ajdukiewicz）绘于 1901 年。迪纳拉山脉的喀斯特地貌以落水洞（sinkhole）、岩洞和地下河流著称

泽地，18 世纪的水资源调节尝试对生态系统造成了严重破坏，并威胁到洪泛区的农业。哈布斯堡君主国境内的运输与通信高度依赖气候。在欧洲的小冰期（大约从 13 世纪到 19 世纪初），多瑙河部分地区经常结冰，大雪全年阻碍某些山路通行。但 1860 年左右气候温暖起来，这说明过去的基线预测不一定可以指导未来。[58]

19 世纪的中欧剧变既发生在社会经济层面，也发生在气候领域。小说家和博物学家阿达尔贝特·施蒂弗特（Adalbert Stifter）在 19 世纪中叶写道："现在，一个小村庄及其四周，可以靠现状、自己已有的东西和所知的东西，关起门来生存下去。但是过不了多久，村庄就要卷入外部世界的交易之中了。"[59] 19 世纪的哈布斯堡帝国还是个广袤但半封闭的经济体系，被排除在 19 世纪 30 年代的德意志关税同盟①之外。奥地利在海外殖民地竞争中落后，也不大可能在东南欧继续扩张。在其境内，标志性的资本主义现象，即地理不平衡已经浮现。从拿破仑战争结束到 1873 年股市崩盘，工业化改变了哈布斯堡帝国的生产形态。曾经在经济上自给自足的地区，现在成了帝国的"边缘"，大量移民涌入君主国新兴的工业中心。股市崩盘后，资本投资又转移到边缘地区，好利用那里更便宜的土地、原材料和劳动力。[60]

在这个背景下，气候志这个新体裁（见第六章）发挥了一定的指南作用，给出重新利用自然环境来适应新经济的建议，包括引进

---

① 普鲁士主导推动成立的联盟，联盟在 1834 年时拥有 18 个德意志邦国。奥地利帝国不在其中，因为奥地利帝国采取高度自我保护的工业政策，奥地利的外交大臣梅特涅也反对奥地利加入。

图 2 《被遗弃的天使之家》，描绘的是匈牙利东部，绘于 1891 年。请注意背景当中这一地区标志性的吊桶井

新作物（用甜菜制糖，用马铃薯制酒）、发展旅游产业、建造温泉浴场或疗养院做"气候治疗"等。同时，帝国的气候学家们要在发展派与保守派之间选边站。在某些地区（首先是波希米亚、匈牙利大平原，以及卡尔尼奥拉、达尔马提亚、克罗地亚和波斯尼亚的喀斯特地区），人们谴责森林砍伐或沼泽排水导致了历史记忆语境下的气候恶化。[61] 人们认为无论在哪里，重建森林都会打造一个更湿润且有益农业的气候环境。所以，对人类历史上可疑的气候变化的调查都高度公开，且政治上也充满正义。

综上所述，奥地利的气候学历史，让我们看到这门科学与 19 世纪的帝国主义在各方面都有密切关联。同时，超国家的科学机构也创造了一个观察自然世界的独特视角。奥地利皇帝的大臣与华盛顿特区、圣彼得堡的行政人员不同，他们觉得，无论是出于实用性目的还是意识形态建设，都有必要研究气候，还要深入最小尺度的细节。他们也和英国科学家不同，英国科学家坚持认为印度的大气条件大体有序，哈布斯堡科学家则更愿意处理那些现实的复杂数据。我们即将看到，他们日常就关注微小波动和统计细微之处，同时还追求全面概述。

尤里乌斯·汉恩就是最佳例证。他承认自己曾花掉整整一周的时间，去确定如何最好地对欧洲中部和南部的气压分布进行标准化测量，并用弗朗西斯·培根的观点来说明其做法的合理性。培根曾经说过，忽视细节的自然哲学家就像一个傲慢的王子无视一个贫穷妇女的请愿："如果因为太过微不足道，他就不关心这样的事情，那他既上不了天堂，也统治不了天堂。"[62] 培根的"自然帝国"隐喻强调了哈布斯堡科学戒律与多民族帝国在逻辑上的关联。奥地利皇帝弗兰茨一世（1804—1835 年在位，即神圣罗马帝国皇帝弗兰茨二世）也曾因全面了解哈布斯堡家族统治的国度，而得到几乎一样的称颂。弗兰茨一世是第一个自称"奥地利皇帝"，并将王朝领地设想为一个统一国家的统治者，他因忙于处理那些看似无关紧要的地方事务而闻名。特别是他还经常巡视各州，据说他在巡视过程中展示了自己"广博甚至说得上是包罗万象的知识，包括伟大帝国所有地区的法律、习俗和道德……他常常挂在嘴边的一句话是：'事物的大小不可根据普遍原则先验划定；一物只有在与他物对比时，才有大小可言。'"[63]

## 尺度缩放的历史

我们需要把气候科学史看作尺度缩放史的一部分，即为了获得通用的比例标准，要去调和不同的测量系统（有正式的，也有非正式的，它们旨在观测现象世界的不同片段）。在自然科学和社会科学中，缩放（缩小与放大）是指调整模型以适用于更大或更小空间、时间维度的过程。但缩放也是我们每天都在做的事情。它构成我们的思考方式，例如，一个人的投票会如何影响全国选举？购买混合动力汽车能否减缓全球变暖？它也可以是参考遥不可及的时间、地点来定位已知世界的方式。应用缩放，我们可以多地点地权衡人类行为的后果，并在多个治理层面协同行动。缩放取决于不同层面的因果因素，从个人的想象力到地方性的基础设施、机构和意识形态。对于今天的历史学而言，关注尺度缩放正当其时。尺度缩放和"放大"不同。与其做非此即彼的判断，我们不如从历史的角度，去思考综合、跨越不同尺度的观察、分析与行动意味着什么。[64]

尺度缩放是制作约翰·特雷施（John Tresch）所说的"宇宙图"的必要步骤，而宇宙图是我们表现自己与宇宙其他部分联系的工具，它也能描绘我们的相互联系与相互影响。因此，梳理尺度缩放史要求我们从特雷施的模型中抽象出"物质化"（materialized）的知识史。如其所言，"当宇宙学思想在物体、技术网络、日常实践和社会组织中被固定、安置和传播时，它们就具有了实存的力量"[65]。因此，描述尺度缩放史必须关注对应的工具和实践，且不限于传统意义上的测量工具。例如，本尼迪克特·安德森几十年前就指出，小说和报纸是 19 世纪打造新思维尺度（即国家）的关键早期工具。[66] 最近，理查德·怀特回顾了 19 世纪时，铁路在北美创造一个新的政治化空间中的作用：运输速率提供了度量远近距离的新指标。[67] 而谈到气候变化，一些最关键的测量工具（即比照着大规模、长时间的大气过程，去思考此时此地的天气）不是人为制造的，而是被人发现的，它们包括迁徙的动物、树的年轮、冰芯、化石、岩石和活着的植物。

在 19 世纪，对尺度的想象十分活跃。大量的技术进步（包括显微镜、望远镜、摄影、电报和电子钟的改进）使人类能够深入更小的空间与最短的瞬间进行观察，再向外延伸，越过地球，抵达太阳系、银河系，乃至更远的地方。19 世纪已经有人谈到了时间和空间的湮灭。当时的时空测量史无前例地仔细。新的时空尺度也被引入，例如十分之一秒、一个电子宽度、光秒、平流层高度、地壳深度等。与此同时，世界上出现了前所未有地多样的规模与形式的政治体。1850 年左右可能是国家形式多样化的高潮期，那时拿破仑战争的动荡已经结束，民族国家尚未普遍建立。[68] 因此，当时人们的政治想象力并不局限于民族国家的空间尺度，以及历史记忆的时间尺度。总而言之，个人与国家之间、民族与帝国之间、小尺度与大尺度之间的关系，存在丰富多彩的建构方式。如今，我们的思维已经局限于统计推理，乃至倾向于将微观现象仅当成宏观现象的实例或例外。但在 19 世纪，另类想象层出不穷，宏观和微观之间的关系可以是象征性的，也可以是隐喻性的或生态性的。我们会在第一章看到，哈布斯堡王朝的图像学保存着文艺复兴时期宇宙论的活力。

同时，新的表现方式把不同尺度并置，制造出戏剧性效果。本书第二部分追溯了19世纪哈布斯堡王朝的一系列新技术和方法，包括媒介和不同领域（风景画、地理学、虚构文学和大气物理学）的新技术，它们都致力于在兼顾整体的同时，精确呈现局部细节。当时非哈布斯堡作家和艺术家也在开发相关表现方法。例如，美国的弗雷德里克·丘奇（Frederic Church）的风景画，从浪漫主义转向了詹妮弗·拉布（Jennifer Raab）所说的"信息美学"（aesthetic of information）。在这种美学中，画家会刻画大量的自然细节，它们将与一切统一的整体印象相抗衡，并最终取得胜利。这种新转向源于丘奇对生物的相互依存关系的认识，这促使他重新将自己定位成景观设计师，好把自然当作一个"活生生的系统"解蔽。[69]同样，文学学者们也发现，某些维多利亚时代的小说将人类的故事融入地球历史的宏观愿景当中。安娜·亨奇曼（Anna Henchman）最近在研究报告中说："维多利亚时代的作家在自我和宇宙、部分和整体之间不停地来回游走。"[70]这类尺度缩放的文学联系，往往是对科学发展的直接回应。杰西·奥克·泰勒（Jesse Oak Taylor）写道："小说可以调和进化、气候和地质变化的漫长时间尺度与人类历史和日常生活的时间尺度。"[71]就这样，19世纪气候学的多尺度视角，与一系列看待、表现人类与自然世界的新方法相互依存。

当然，这些美学趋势当中有一些非但不具启发性，还可能会混淆概念。将注意力从人类事件转向宇宙事件，可能是一种混淆地球上人类与自然两者关系的策略。就此而言，维多利亚时代的科学家们喜欢比较英国工业的能源消耗与宇宙尺度下的热力学能量"耗散"。如此一来，不可持续的生产系统就变得合情合理，且无可避免。[72] 因此到了 19 世纪，人们越来越需要一种可以约束想象力的表现方法。

本着这种精神，哈布斯堡世界的许多人展开了尺度缩放研究。他们坚信，不能仅凭人类关心的尺度去衡量自然，即在研究极小尺度的自然或极大尺度的自然时，要有其他的尺度标准。生理学家、捷克民族觉醒领袖 J.E. 普尔基涅（J.E.Purkyně）在其创办的科学杂志《生活》的创刊序言中写道："我们认为，任何人都不应反对更细致、审慎地讨论这些看似无关紧要的问题，因为在无限的自然界，没有无足轻重的事，人类的需求也并非唯一的衡量标准。"[73] 地质学家和自由派政治家爱德华·修斯（Eduard Suess）也坚信，"地球可以由人类来衡量，但不能根据人类尺度来衡量"。他解释说：

> 大小的标准，以及自然现象持续的时间与强度的标准，很多时候都受限于人类身体……谈到"千"时，我们用到了十进制系统，并随之用到了四肢。我们常用脚丈量山，用人类平均寿命比较时间长短，这都是因为我们拥有一具脆弱的身体。我们不自觉地从个人经验出发，判断"激烈"与"平淡"。[74]

哈布斯堡气候学先驱纷纷响应尺度缩放这一议题。ZAMG 的创始人卡尔·克赖尔坚信，"哪里都有宏观世界与微观世界、大尺度世界和小尺度世界，后者（微观、小尺度）跟前者同等重要，往往还比前者更重要些"。他敦促其同事关注大规模大气现象与"地球的有机和无机外壳"之间的"相互作用",即 die Wechselwirkung。[75] 我们可以把这看作哈布斯堡科学家面对"他们所做的不过是毫无意义的苦差"这类指控时的自我辩护,这种指控日后会一直困扰他们,如今也在困扰我们。

动力气候学将修斯的原则(自然"可以由人类来衡量,但不能根据人类尺度来衡量")付诸实践,区分了气候过程的多个尺度,并根据每个尺度设计合适的观察与分析方法。修斯呼吁人们跨时空思考,因为他暗自区分了"生活"尺度与"绝对"尺度。在这方面,动力气候学综合大小尺度的雄心壮志,与中欧思想的另一个传统,即现象学,产生了共鸣。现象学在 20 世纪初由埃德蒙德·胡塞尔(Edmund Husserl)、扬·帕托卡卡(Jan Patočka)和路德维希·兰德格雷贝(Ludwig Landgrebe)提出,他们都出生于哈布斯堡君主国。这些哲学家比较了"自我扩展"的经验、人类"工作"的经验和地球"绝对"领域的经验(即我们赖以生存的全球脉络)。[76] 因此,将哈布斯堡气候学的历史说成兰德格雷贝口中的"世界视野转变史"似乎很恰当。[77] 本书从胡塞尔的思想当中借鉴了目标,即重建"物理学知识与我们对'周遭生活世界'中事物的本质的直观联系"。[78] 本书接受了现象学对科学史学家提出的挑战,试图将传承下来的科学知识重新嵌入它起源的现实脉络。

但尺度缩放比现象学家所以为的要更不确定、更不完善。即使是自然科学,在实践中也无法获得"绝对"的测量尺度。每一次测量都取决于一个标准单位的约定定义,以及它实际测量示例现象的规范。这些标准源于社会惯例,最近有研究表明,很多类似的惯例背后都发生过争论。[79] 值得注意的是，当代英语中没有动词可以表示产生测量标准的协商过程。作为动词使用的"commensurate"似乎在 19 世纪就已经被淘汰，当时的协商工作显然由专家委员会全权负责。术语"scaling"则补上了这个空白，提醒我们存在调和测量世界的不同方式的工作。我们会看到，这种工作不仅是认知性的，而且可能挑战身体的局限性，考验社会关系，并让从事这项工作的人受到相互冲突的欲望的诱惑。

## 全书结构

本书第一部分题为"多样中的统一"，主要分析帝国意识形态和帝国境内的环境科学机构的协同发展。资料来源包括国家机构档案和专门的知识汇编，例如百科全书式的《奥匈帝国图文集》，也称《皇储集》（*Kronprinzenwerk*）。第一章《哈布斯堡王朝与自然收藏品》全面而深入地研究了王朝内气候知识的产生，说明了长期收集、保存王朝领土内自然与生物多样性证据和数据的动机。第二章《奥地利理念》回顾了长期以来的辩论，即哈布斯堡君主国晚期是否还有意识形态基础。第二章提请读者注意新提出的作为帝国合法性来源的空间特征，及其所依据的实证研究项目，它们对人文科学和自然科学都有影响。第三章《帝国-王国科学家》介绍了帝国-王国科学家形象，他们像汉恩一样是熟知君主国全境的专家。第四章《双重任务》描绘了 19 世纪 40 年代和 50 年代，一个横跨帝国的地球物理观测网络，以及一个位于维也纳的中央气象观测站的建设过程。该中央气象观测站肩负双重职责，它既服务于地方知识，也支持普遍规律。

本书第二部分的主题为"帝国的尺度"，集中讨论了哈布斯堡科学家所面临的尺度问题，以及他们为应对这些问题而开发的表现技术和方法。第五章《帝国的地貌》追溯了制图和绘画的兴起，它们是为综合概述君主国情况而兴起的。第六章《发明气候志》介绍了19世纪的一种文学体裁，这种体裁旨在向不同知识背景的读者解释大气数据的意义。第七章《局部差异的力量》追溯了一则隐喻的扩散，它将哈布斯堡的意识形态与大气物理学联系起来。第八章《全球扰动》介绍了汉恩及其同事的物理-数学气候学描述，这都是他们实践尺度缩放的成果。

本书第三部分的主题为"尺度缩放"，依据科学家未发表的信件和日记，重建尺度缩放工作的社会层面和私人层面。在19世纪70年代和80年代的奥地利新闻界和议会中，有关森林砍伐和沼泽排水的气候后果，人们爆发过激烈争论。第九章《森林-气候问题》展示帝国-王国科学家如何介入辩论，重新确定森林-气候问题的尺度，可见尺度缩放也是一个社会过程。第十章《植物档案》将植物看作时间尺度的工具，梳理植物学成为气候史知识重要来源的过程。最后一章《欲望的风景》转向了尺度缩放的私人层面，比较了科学家的私下叙述和公开资料，探讨了帝国-王国科学家在重新定位远近感受时的情感体验。结语部分总结了哈布斯堡气候学留给20世纪中欧各国的遗产，以及它对当前气候危机的参考价值。

# 第一部分

# 多样中的统一

# 第一章

# 哈布斯堡王朝与自然收藏品

    1867 年，因斯布鲁克的植物学教授安东·克纳·冯·马里劳恩（Anton Kerner von Marilaun）在当地西北部的山区有了一项历史性发现。为了阐明这一发现的重大意义，克纳必须往前追溯三百年。那是 16 世纪中叶，荷兰正流行种植欧洲报春花（图 3），英国等地纷纷效仿，于是报春花需求激增，热度仅逊于郁金香。据克纳所知，报春花是唯一"被当成园艺植物广为种植的"高山花[1]。维也纳市场中曾有大量报春花供出身显赫的贵妇们挑选，但没人知道这种花的地理源头，于是克纳开始寻找报春花的故乡。

    克纳循着历史线索找到了卡罗卢斯·克卢修斯（Carolus Clusius，1526—1609）。克卢修斯可能是 16 世纪欧洲最知名的博物学家，他出生于佛兰德斯①，爱好收集自然界中一切稀有、美丽、实用的东西。1573 年，这位佛兰德斯植物学家受马克西米连二世召见，来到了维也纳，受托建造皇家草药园。[2]克纳发现园丁们经常

---

① 泛指位于西欧低地西南部、北海沿岸的古代尼德兰南部地区，1477 年归哈布斯堡王朝统治。

给克卢修斯送植物，其中很多都是地中海的品种，其余则来自土耳其和巴纳特[3]，而克卢修斯对高山花也有非同一般的热情，为了在维也纳种植这些高海拔地区的植物，他付出了很多心血。据克纳说，连克卢修斯的失败经历也颇具教益：很多品种的高山花似乎都无法适应维也纳的温暖气候，哪怕有些的确可以在花园的阴暗角落茁壮生长。最后，克卢修斯成功培育出两个品种，克纳根据林奈命名法，将其分别命名为 *Primula auricula L.*（耳叶报春）和 *Primula × pubescens Jacq.*（毛报春）。据克纳所说，毛报春乃由耳叶报春与另一品种杂交而成。毛报春这一杂交种后来被称为报春花，它繁殖力旺盛，变种之多令人眼花缭乱。[4]后来它从维也纳辗转来到安特卫普的商人手中，很快引发了新一轮植物学热潮。

但最早的报春花从何而来？克卢修斯第一次看到它是在医生约翰·艾希霍尔茨（Johann Aichholz）位于维也纳的植物园里，他也是在那儿第一次描述了这种花。[5]艾希霍尔茨只知道这花是一位贵妇人送的礼物，听说它在"因斯布鲁克附近的阿尔卑斯山区"很常见，克卢修斯于是动身前往，由于时人还认为阿尔卑斯山区是被上帝抛弃的荒野，克卢修斯此行堪称壮举。[6]然而，克卢修斯在"奥地利与施蒂利亚的阿尔卑斯山区的最高峰上（寻了个遍），却空手而归"[7]。后来的几代植物学家都没能解开报春花地理起源之谜，很多人在阿尔卑斯山上寻觅，但在野外却找不见报春花的踪迹。直到 1867 年，克纳才在格施尼茨镇①依傍的陡峭山丘上发现了这种植

———————

① 因斯布鲁克的一个市镇。

物（毛报春），它生长在海拔 1700 米到 1800 米的高处，藏在石灰岩与板岩之间。克纳为此欣喜若狂，甚至在这里建了一栋家庭夏季别墅以表纪念。1874 年，皇帝弗兰茨·约瑟夫一世[①]授予克纳荣誉称号，表彰他在科学上为国家做出的贡献，报春花从此镶进了克纳家族的纹章。

读者可能不解，为何报春花的起源一直是个谜团？克纳可能窥见了这个问题的答案，因为他已经着手挖掘阿尔卑斯东部山区的气候史，不过这些内容我们放到

图 3  报春花，克卢修斯绘，1601 年

第十章再谈，目前本章关心的问题是：克纳，一位 19 世纪的科学家，为何执着于重建克卢修斯的事业？要知道这位植物收藏家已经过世三个世纪之久了。19 世纪 60 年代，克纳任因斯布鲁克植物园园长，后来又担任维也纳大学植物园园长，他认为只有了解这些机构的历史脉络后才能改弦更张，要想规划未来的发展路线，必须厘

① 弗兰茨·约瑟夫一世（1830—1916），奥地利皇帝（1848—1916 年在位），奥匈帝国皇帝（1867—1916 年在位）。

清"植物园积攒下我们今日所见藏品的过程"。园长不仅要知道花园里有什么植物，还要知道它们被收藏到这里的原因。克纳必须在植物园里搜寻线索，才能了解"当时植物学发展的情况……时兴的科学观念就像时人呼吸的空气一样重要，它不仅振奋每个人的智性生活，也给所有机构都注入了新鲜活力"[8]。在克纳看来，植物园就是研究自然志与自然知识史的档案馆。

这意味着克纳想写一部帝国史。帝国史或国家史这门学科最早成形于19世纪早期，当时哈布斯堡法律学者们想借此厘清王朝对王土享有"历史性权利"的法律依据。[9]到了19世纪60年代，帝国史研究已经不局限于法学领域，用担任皇帝顾问的历史学家约瑟夫·赫梅尔（Joseph Chmel）的话来说，历史学家现在要担负起一个"十分艰巨却极富意义的重任"，即将奥地利帝国的兴起解释为一个"非同凡响的自然现象，它现实性地解决了令人望而却步的自然难题"（也就是如何将"文化水平、族群归属迥异的民众团结在一个国家下"的问题）[10]。新帝国史有望复兴1526年以来哈布斯堡境内的人文科学、艺术与科学成就，催生"奥地利知识共同体"[11]。书写帝国史的核心要义在于一一记录各地区的自然环境："一个地区的地貌如何成形？我们脚踩哪类地质结构？研究这些问题不就是在了解一个地方的历史吗？最古老的地方史是地质学家、物理学家与地理学家撰写的，他们一定能告诉我们奥地利帝国的成形过程。"[12]因此，帝国史既是奥地利自然科学史，也是奥地利自然环境的变化发展史。[13]

本章将考察19世纪时，帝国史项目如何催生奥地利的气候学及相关学科的知识。哈布斯堡王朝长期统治中欧地区，因此植物园、图书馆、矿石收藏馆、植物标本馆、天气日记、地图集等宝库都积淀了丰富的环境知识，19世纪的学者们在这些场馆、书卷中找到了材料，写出了他们的自然、科学与帝国史。

## 帝国观念的诞生

回首16世纪末，克纳看到了自然知识史的一个关键转折点。那时，富人们不仅趁着闲暇周游四方，收集珍奇，而且对"本国"的自然环境（我们也许会称之为"本地的自然环境"）产生了学术兴趣。[14] 从此，皇室花苑不单种植草药，还开始收藏本国与异域"珍奇"。哈布斯堡的王公贵族一心扩张领土，于是富人们更热切地追逐起自然奇观。

1526年，哈布斯堡家族红运当头，但也就此踏入了长约四百年的政治泥沼。奥斯曼帝国在第一次摩哈赤之战（the Battle of Mohács）[①] 中击败了匈牙利，匈牙利国王战死沙场，哈布斯堡家族靠一系列复杂联姻吞下了匈牙利与波希米亚。就这样，哈布斯堡君主国成了一头奇异巨兽，"疆域内各个国家各有独特的历史政治脉络、民族构成与行政区划，却又彼此重叠"[15]。王朝历来掌控着被称为

---

① 亦称莫哈奇之战，奥斯曼帝国第一次入侵匈牙利的战役。对战双方是匈牙利国王路易二世率领的联军与苏莱曼一世率领的奥斯曼军队，前者落败，路易二世逃离战场后落马溺死于河中。路易二世的姐夫——哈布斯堡家族斐迪南一世成为匈牙利国王。

奥地利世袭领地的土地（包括上奥地利、下奥地利、施蒂利亚公国、卡林西亚公国、卡尔尼奥拉公国、伊斯特里亚侯国、戈里齐亚侯国、的里雅斯特侯国，以及新纳入的蒂罗尔伯国），不过在神圣罗马帝国疆域内的其他土地上，哈布斯堡家族的权威要松散得多。从 1438 年开始，哈布斯堡家族就一直统治着神圣罗马帝国（只在 18 世纪时短暂失势了五年），直到它在 1806 年的拿破仑战争中解体。因此，哈布斯堡的国土就像几个部分有所重叠的维恩图，其中匈牙利与克罗地亚在神圣罗马帝国之外，而许多德意志侯国则在奥地利世袭领地之外。

虽然哈布斯堡家族在 1526 年到 1527 年间意外得到了一块领土，但打一开始这就是件喜忧参半的事情。奥斯曼帝国此时仍然控制着匈牙利部分地区，并准备进一步向北、向西扩张势力。与此同时，在新教改革的冲击下，神圣罗马帝国即将出现裂痕。斐迪南一世（1526 年起兼波希米亚、匈牙利与克罗地亚国王，1556 年至 1564 年为神圣罗马帝国皇帝）、马克西米连二世（1564—1576 年在位）与鲁道夫二世（1576—1612 年在位）都以基督教世界的捍卫者自居，誓与奥斯曼帝国抗衡，但他们也都不愿天主教与新教爆发正面冲突。直到 17 世纪初，哈布斯堡家族才放弃和平主义政策，开始镇压新教。[16] 16 世纪时，哈布斯堡家族的统治者自诩普世遗产的继承者，该遗产传承自古罗马帝国和查理曼在公元 800 年建立的"神圣罗马帝国"。

## 自然与帝国

在克纳生活的年代，民族主义运动方兴未艾，哈布斯堡家族也开始重新看待那些古老的观念与符号，文艺复兴图像学在哈布斯堡王权主题中焕发新生。例如，建筑师们在无数建筑上绘制了女性形象，以此代表奥地利，这种寓言式的艺术创作可以追溯到16世纪末鲁道夫二世掌权时。再如19世纪的雕塑家模仿前人为鲁道夫之父马克西米连二世建造的著名喷泉景观，参与修建了新喷泉，以此象征君主国四条主要河流的交汇（见图4）。19世纪60年代和70年代甚至出现了"活人静画"（tableaux vivants）的复兴，演员们像16世纪哈布斯堡宫廷里的王子公主们一样，演起帝国统一的寓言故事。[17] 后文将会说到，这类隐喻与艺术品虽构成了现代的视觉文化与物质文化，但它们在宏观世界与微观世界之间建立了紧密联系，保留了前人看待自然与帝国关系的思维方式。

从16世纪开始，哈布斯堡的王公贵族在仔细观察、描绘大自然的同时，也看到了自己的政治理想：寰宇和谐。他们和当时欧洲大多数统治者一样，热衷于展示自己收藏的奇珍异宝，用这种方式炫耀权威。16世纪以后，在家中摆放珍奇柜在北欧与意大利的王公贵族中蔚然成风。稀有生物与罕见的自然物产、令人惊叹的艺术品与精巧的科学仪器都是"珍奇"。很多文艺复兴派的自然哲学家都相信自然物产隐含象征性意义。事物超越其自身，形构了一个彼此关联的网络，每一个物种与看似毫不相干的物件之间都存在联系，它们最终会同整个宇宙相连。因此，单个物件可以象征性地甚至魔法般地操控整个世界。炼金术士帕拉塞尔苏斯（Paracelsus）兼任马克西米连一世的御医，他曾施展工匠才华，模仿自然界的造物过程，借此展示人控制世界的力量之源。[18] "珍奇柜" 告诉我们，凌驾于自然的力量也摆布着人类世界。[19]

图 4 《维也纳的奥地利弗莱永喷泉》，鲁道夫·冯·阿尔特（Rudolf von Alt）绘，1847 年。冯·阿尔特的水彩画描绘了新建成的喷泉，它象征当时奥地利境内的四条主要河流：多瑙河、易北河、波河和维斯瓦河

克纳还发现，16 世纪时兴起了一种获取自然知识的新方法，即经验主义方法。其实最近有历史学家提出，珍奇收集本质上鼓励人们密切观察自然标本。因此，科学 "经验" 开始具备现代性意义，逐渐背离亚里士多德式的理念知识，人们不再认为自然界存在统一进程，转而强调要积累与特定 "事实" 相关的知识。[20] 这是一个全球性的转变，因为欧洲很多地方都有这类藏品，而它们又仰赖欧洲

与非洲、亚洲、新大陆之间的交换网络。哈布斯堡宫廷的藏品在这一全球性历史转型中别有意义，历史学家布鲁斯·莫兰（Bruce Moran）评价道："不得不说，哈布斯堡宫廷藏品规模之大前所未有。"[21]

哈布斯堡的藏品规模堪比实体百科全书，帝国的统治者想借此昭示"溥天之下，莫非王土"。尤其值得一提的藏库有三处：蒂罗尔的斐迪南二世（1529—1595）在安布拉斯城堡的珍奇柜，它地处因斯布鲁克郊外，因藏有丰富自然物产而闻名[22]；二是神圣罗马帝国皇帝斐迪南二世的弟弟马克西米连二世的植物园与动物园，它因藏有珍稀动植物而享誉一时，美洲药草与土耳其郁金香在此茁壮成长，1552年抵达维也纳的一头大象也漫步其中[23]；比这两处更引人注目的当数马克西米连二世的长子鲁道夫二世的收藏，他干脆把宫廷迁到了布拉格。

鲁道夫二世的藏品有艺术品，也有制作精美的科学仪器，譬如地球仪与天文仪，还有矿物与动植物。[24] 托马斯·考夫曼（Thomas Kaufmann）是解读鲁道夫二世藏品的专家，他认为皇帝十分珍视这些藏品，因为它们是他渴望统治的世界的缩影。鲁道夫二世在他位于布拉格的城堡里特地开辟了一间侧室，专门用来陈列藏品，侧室前厅绘有象征宇宙的图案，例如木星、四大元素与一年的十二个月份。[25] 他的植物园也依据古典建筑理论设计而成，具有数学意义上的精确性。这样的植物园与博物馆是"理解、研究创造性宇宙和谐状态的关键"[26]。其他王公贵族固然也有此雄心壮志，但只有鲁道夫二世将它当作一个系统性的事业。他招募了一整个博物学家团队来寻觅自然珍奇，学习自然的力量。更进一步，历史学家认为鲁道夫二世的藏品开研究型博物馆之先河，博物学家可以徜徉其中，亲自研究标本。与珍奇柜不同，鲁道夫二世的藏品不想惹得观众眼花缭乱，而是想让他们驻足凝视。[27]

像鲁道夫二世的自然藏品一样，哈布斯堡宫廷中陈列的艺术品往往也具有政治内涵。绘画与雕塑唤起了微观世界与宏观世界的微妙联系，从而彰显出王朝统治权的普遍性。例如，文策尔·雅姆尼策（Wenzel Jamnitzer）为马克西米连二世设计了一座喷泉，于1578 年完工，它巧妙地蕴含了哈布斯堡家族统治广阔疆土的野心。雄鹰是帝国的化身，展翅翱翔，下方是不同图形代表的大千世界，有四大元素、四条主要河流（莱茵河、多瑙河、易北河、台伯河）与一年四季，一个天球覆盖在它们的顶部。[28]雄鹰集自然界的各个尺度、各个时空维度于一身，象征着联合统一。我们还可以回想一下那幅著名的鲁道夫二世肖像画，它是意大利艺术家阿尔钦博托（Arcimboldo）1590 年的作品，以古罗马的四季之神——威耳廷努斯（Vertumnus）——为原型绘制而成。阿尔钦博托先后为三位哈布斯堡君主画过肖像，其中鲁道夫二世的脸由四季植物组成，春华秋实应有尽有。考夫曼解读这幅肖像画时说，它是一个"帝国统治宏大宇宙的寓言"。就像植物园和那些自然藏品馆，这幅画也是一个"微型世界"景观。"皇帝既统摄国家这个政治体，也坐拥藏品构成的微观世界，而他对微观世界的掌控反过来又象征他统率着宏观世界——这一点也反映在了阿尔钦博托的画作中。"[29]最后举一例，这个例子极其生动地说明艺术品如何勾连起宏观世界与微观世界。1571 年，为了庆祝卡尔大公（Archduke Karl）与巴伐利亚公爵的女儿玛丽亚成婚，帝国举办了一场"比武会"。这场大会由阿尔钦博托编排，马克西米连宫廷成员担任演员。皇帝扮演"冬天"，其他人则饰演"拟人化的欧洲河流、金属、行星、欧洲国家、大陆、四季、元素与人文艺术。简而言之，这场比武会以人的微观视角表现了宏观世界（或宏大世界）"。考夫曼总结说："很明显，哈布斯堡家族治下全欧洲的凝聚力在比武会上尽显，这反过来象征着哈布斯堡统治世界的力量。"[30]

行文至此我们恐怕要稍做停留，以便强调这些例子的意义，它们表明时人对部分与整体关系的理解完全不同于当今科学界的流行观念。在上述例子中，部分与整体之间的关系不具有统计学意义，部分既不代表整体，也不是整体的特例。这种关系也不是现代意义上的因果关系，整体与部分之间没有因一连串的物理中介作用或反应而彼此联系。相反，这些矫饰主义（Mannerist，也译"风格主义"）艺术创作都假定有一股隐形力量协调着整体与部分。它认为人类个体的身体与灵魂直接映射天体运动或四季流转。这种宇宙观在当时的欧洲十分盛行，但似乎最为鲁道夫二世所推崇，它也为 16 世纪的人提供了一个思考天气与气候的框架。

## 气象理论与气象观察

马克西米连二世与鲁道夫二世在位时，有识之士提出各类宇宙观，众说纷纭。自然哲学家们质疑亚里士多德的天体学说，而同意哥白尼的异端理论。天气与气候的理论也处于流变之中。亚里士多德的自然哲学传统主导着文艺复兴时代的学院，认为气象学就是研究"气象"的成因，探究风暴、洪水、地震和彗星等现象，而这些都是地球与大气的"排出物"（exhalations），排出效应能以不同方式作用于不同形式的物质。不过这种气象知识传统与现代观察关系不大，因为这些学者认为只有了解自然界的统一进程才能推出因果解释，特殊经验行之无效。中世纪气象知识的第二种传统源自天体气象学，它在文艺复兴时期盛极宫廷。天体气象学不同于亚里士多德的气象学，它注重观察与预测，试图根据天体的位置预测天气。为什么中世纪早期的年鉴与星历中，空白处偶尔会有天气观测记录？大概是因为人们想要检验预测的准确性，于是记录下预测与实际天气之间的差异。[31]

　　哈布斯堡宫廷学者采取折中手段化解了两种气象学传统的矛盾。例如，鲁道夫二世在位时，宫廷天文学家第谷·布拉赫（Tycho Brahe）同时借鉴了斯多葛的宇宙论与帕拉塞尔苏斯的炼金术。亚里士多德宇宙论认为，高空中弥散的介质不同于地面大气，而斯多葛学派恰恰相反，他们认为天体物质具有流动性，与地球大气是一个连续的统一体，因此，行星影响地球天气就是这种宇宙流质在直接发挥作用。除此以外，布拉赫认为，这种流质也是生命体的生机物质[32]，因此天体气象学可以从根本上辅助医学实践。

　　布拉赫的继任者约翰内斯·开普勒（Johannes Kepler）于1594年至1600年担任格拉茨地方天文学家，那时他负责制作占星日历。

这些日历规定了医生应该在哪一天给病人放血，甚至定下了具体的放血部位，连病人的洗澡时间也没省略。在开普勒看来，占星术根本就是医学，它们都需要根据隐蔽的因果关系做出预测。开普勒甚至提出医生研究的现象与占星家研究的现象在因果上具有相似性。人出生时，灵魂会被行星的光线照拂，这会决定他未来命运的走向。地球也是一样，其灵魂会被高空的光线照耀，这会影响地球之后的气象。开普勒与他的前辈布拉赫都认为占星学原理可以同时应用于微观世界与宏观世界，而这验证了人类尺度的知识足以解答宇宙尺度的问题。[33]

毫无疑问，正是为了检验天体气象学预测的准确度，布拉赫与开普勒才开始了早期系统性的天气记录。[34] 在欧洲，早在15世纪末，天文学家波伊巴赫（Georg von Peuerbach）与雷吉奥蒙塔努斯（Regiomantanus）就已经开始系统性地观测、记录天气情况，他们二人都效忠于哈布斯堡皇帝腓特烈三世。[35] 据气候学历史研究者说，15世纪末，写天气日记的习惯从克拉科夫大学传到了中欧与北欧[36]，在腓特烈三世的儿子——马克西米连一世——周围的人文主义者中日渐风靡，它们往往涉及天体气象学。[37]

当时人们也会出于其他一些实际需要去观测天气，比如出于医学、植物学与农业所需。例如16世纪40年代，医生约翰·艾希霍尔茨第一次在奥地利世袭领地上进行了长期系统的天气记录，克卢修斯就是在这位医生的植物园里第一次见到了报春花。[38] 那时，艾希霍尔茨的事业才刚有起色。1558年鼠疫流行时，他被任命为"卫生官"，两年后，他被派往匈牙利照顾生病的纳道什迪伯爵

（Count Nádasdy）。虽然艾希霍尔茨已经皈依新教，但皇帝还是允许他在维也纳大学医学院任教，他是当时医学院里最年轻的老师，曾五次当选院长，1574 年还当选校长。1581 年皇帝病倒时，艾希霍尔茨奉命到布拉格为他治疗。在他们那帮天气记录者当中，只有他对天体气象学不感兴趣，他记录天气不过是为了方便园艺活动。

艾希霍尔茨及与他同时代的人关心天气，可能也是因为气候多变。16 世纪末是欧洲的降温期，庄稼歉收，粮食短缺，似乎还引发了 17 世纪上半叶的政治动荡。[39] 总之，今人对 1600 年前后欧洲气候的了解，部分源于哈布斯堡宫廷资助的学者所撰写的天气日记。[40]


## 19 世纪的宏观宇宙与微观宇宙

16 世纪的多元宇宙论不是一夜间便失势了，实际上，17 世纪牛顿科学的兴起也好，18 世纪启蒙运动的反"迷信"斗争也罢，都未宣告多元宇宙论死亡。直到 19 世纪，人们还在热议个人的心智与身体如何应地球天气而变（如何应更遥远的天体振动而变）。

例如，开普勒被 19 世纪哈布斯堡科学家奉为自由探索真知的典范。尽管开普勒是新教徒，他的雕像还是被摆在了克雷姆斯明斯特修道院天文台的楼梯口，汉恩曾经在这里的文理中学就读高中[41]。不管是维也纳的物理学家安德烈亚斯·冯·鲍姆加特纳（Andreas von Baumgartner），还是布拉格的美学家约瑟夫·杜尔吉克（Josef Durdík），这些不同领域的思想家都承认，开普勒的神秘主义宇宙论在解释行星轨道时发挥了核心作用。[42] 对开普勒做出最具洞见的评论的或许是摩拉维亚的天体学家诺伯特·赫兹（Norbert Herz），他也是维也纳一个私人天文台的负责人。赫兹提醒我们注意，开普勒天文气象学的因果模型乃基于地球有灵论，或称"智性地球"（sensitive earth）。赫兹问道，如果将这看作开普勒的错误，是否有失公允？接着他回答道，现代科学也渗透着无知。在他那个时代，西格蒙德·弗洛伊德还在他伯格斯街 19 号的私人诊所里用催眠术治疗精神病患者。赫兹发现，"在时间的长河中，我们相信自己已经可以充分解释某些影响人类存在、启发人类心智的力量"，但仍有一些现象超出了当前知识范畴，只能归入"尚难解释"的"奇妙""神秘""虚构"类别[43]。当时精神病学流行探索人类内心的"神秘"情感，赫兹反其道而行之，跟随开普勒的脚步朝向外部世界，探索"自然无机环境对有机体的影响"[44]。开普勒的占星学就萌生于自然环境的"神秘力量"，也就是他所说的"天地之间的亲和性"，至于开普勒的占星术究竟是不是迷信，并不该交由现代科学家判断。赫兹补充道，在他所处的时代，气象学同样"假定地表现象与宇宙现象之间存在某种联系"，赫兹这里指的是气候与太阳黑子的相关性。"观念！迷信！划分二者的那条界线究竟在哪里？"

赫兹不是唯一敦促学界研究人类心理如何感知地球物理条件变化的学者[45]。罗穆亚尔德·朗（Romuald Lang）是最早使用现代意义上"无意识"（das Unbewußte）概念的学者之一，他用"无意识"表达"潜藏于意识之下"的含义（而非将其用作"天真""无知"的同义词）。朗是克雷姆斯明斯特修道院文理中学的地理与历史教师，他曾教过汉恩。朗在《人的无意识》（1858）一文中坚称，"气候、大气、营养对人体构造与健康有很大影响"。朗想从另一种宇宙论观点理解这种影响，这种宇宙论承认人类与非人类相互依存，"人类的微观世界只是宏观世界的有机组成部分……人只有在宇宙中才有立足之地，也只有联系整体宇宙才能勾勒出个人的生命"。在第十一章中我们会看到，年轻的汉恩在修习朗开设的课程不久之后就开始自行探索、感知自然环境。

时兴的天气年鉴中也有天体气象学的影子，这些年鉴根据月球与行星的位置来预测一年乃至一整个世纪的气候。19 世纪时，这些年鉴在哈布斯堡领土上持续热销，在欧洲其他地方和北美的很多地区也大受欢迎。[46] 实际上，哈布斯堡非德语气象学文献大多是这些后期问世的天体气象学作品。从 19 世纪初开始，每年大约有 8 本捷克语天气年鉴出版，到 19 世纪 50 年代则增至 12 到 15 本。除此以外，捷克语读者还可以在一系列的百年历中尽情挑选。[47] 博胡斯拉夫·赫鲁迪奇卡（Bohuslav Hrudička）是 20 世纪早期布尔诺的气象学家，他发现这些 19 世纪的出版物与最早一批捷克语年鉴（15 世纪）极其相似，有一些助记词重复出现。另外，19 世纪焕发新生的天体气象学也自诩具备科学权威，例如施蒂利亚前神学家鲁道夫·法尔布（Rudolf Falb）基于月相对潮汐的影响预言了灾难。[48]

现代天体气象学则更加科学。19 世纪中期，人们发现太阳黑子周期性出现，这掀起了研究太阳周期与陆地气候波动相关性的浪潮。历史学家认为，英国的科学家对此尤其感兴趣，因为在 19 世纪最后的 25 年里，印度发生了饥荒，经此一事，英国科学家都想找到预测长期气候的方法。[49] 还有一些理论也声称可以解释、预测地球气候的长期变化。例如，英国的詹姆斯·克罗尔（James Croll）提出了一个解释冰期出现原因的天文理论，他认为地球围绕太阳运转的轨道会发生变化，这可能导致地球的气候出现重大转变。克罗尔的用语使人联想到天体气象学，因为他表示"必须在地球与太阳的关系当中寻找"引起气候变化的"真正宇宙性缘由"，而且"地质现象与宇宙现象具有物理上的因果联系"[50]。到了 20 世纪初，克罗尔的理论启发了米卢廷·米兰科维奇（Milutin Milanković），后者是克罗地亚人，毕业于维也纳技术大学。米兰科维奇计算了地球轨道变动对太阳辐射的影响，最终让"宇宙因果关系"成为一个严肃的，甚至带有激进色彩的气候学假设，从此以后，这个假设就成了长期气候模型的标准要素之一。[51]

现代气候理论中包含着文艺复兴时期的宇宙论，这告诉我们应该将尺度理解为一种历史进程。事实证明，19 世纪末、20 世纪初兴起的全球标准化测量并没有完全取代其他测度、想象时空的思路。早期那些邻近性、共时性、相关性等概念仍然存在，尽管它们与工业效率毫不相干。例如，瓦妮莎·奥格尔（Vanessa Ogle）已经指出，1884 年后强行推行的格林尼治标准时间曾遭到抵制，反而短暂地强化了其他计时与时间管理传统。[52] 可见，尺度缩放并不一定意味着新测量框架会取代旧框架，融合并不总是一个同质化的过程。

## 本地的异域性

哈布斯堡宫廷在近代早期四处搜罗的自然奥秘也是记录生态变化的重要资料。埃万斯（R. J. W. Evans）在撰写近代早期哈布斯堡帝国创立史时指出，16 世纪艺术所特有的"对生命体与非生命体忠实、精准的描绘"也延伸到帝国各地区的区域研究当中。[53] 备受历史学家重视的是马克西米连二世与鲁道夫二世，他们不仅热衷于拉丁美洲、非洲和亚洲的"异域风情"，对近在咫尺的"奇观"也颇有兴趣。

例如 19 世纪为艾希霍尔茨作传的作者写道，艾希霍尔茨在他维也纳的花园中"种下了很多当地（einheimische）植物"。[54] 人文学者马丁·米利乌斯（Martin Mylius）与神学家卡斯帕·施文克费尔德（Caspar Schwenckfeld）都为他们家乡西里西亚特有的植物写了专著。走遍欧洲的画家格奥尔格·赫夫纳格尔（Georg Hoefnagel）为鲁道夫二世绘制了很多动植物的精美图画，其中既有域外生物，也有本国生物，他还草绘了城镇图与当地服饰画。景观艺术家罗兰特·萨弗里（Roelant Savery）见鲁道夫二世十分喜爱蒂罗尔，便开始研究蒂罗尔的野生动物，将蒂罗尔的很多鸟类与其他动物融入画作之中。[55] 阿尔钦博托也画过一些常见的动物，比如绵羊、猫、鹿、野兔和麻雀等。历史学家保拉·菲希特纳（Paula Fichtner）对克卢修斯的评价适用于活跃在 16 世纪哈布斯堡宫廷的众多人文主义者：读着他"笔下帝国各地的植物与石头，不免感恩他对欧洲中东部自然环境知识的付出"。[56]

这些艺术家与人文学者也想为德意志风光正名，因为在古典文学作品里德意志的形象一贯不佳[57]，在塔西陀等古典权威的笔下，德意志是一片蛮荒之地。16 世纪的中欧人文主义者强调家乡土地肥沃，物产丰饶，这才引得 19 世纪的地方史学家格外关注他们的作品。

在马克西米连二世与鲁道夫二世的资助下，人文主义者在山脉与河流，甚至在地下探寻自然的奥秘。为了寻觅高山植物的踪迹，克卢修斯与天文学家约翰内斯·法布里丘斯（Johannes Fabricius）登上了下奥地利与上奥地利交界处的海拔 1893 米的奥特谢尔山。莱昂哈德·图尔奈森（Leonhard Thurneysser）则研究了多瑙河及其支流，在他的《矿物水与金属水十书》（*Ten Books on Mineral and Metallic Waters*）中讨论了这些河流的特性，他的《伟大的炼金术》（*Magna Alchemia*）则论述了波希米亚与匈牙利的矿藏。希蒙·塔德阿斯·布德克（Šimon Tadeáš Budek）自诩"为皇帝陛下勘探宝藏、金属、宝石与自然界一切密藏的专家"，他在波希米亚西北部搜集地理信息与民间传说。[58]鲁道夫二世的御医安塞尔姆·伯蒂乌斯·德·博特（Anselm Boethius de Boodt）走遍波希米亚与摩拉维亚，搜集信息写出了一篇有关宝石的论文，于 1609 年发表，旅途中他还采集植物寄给了克卢修斯。[59]这些学者记录下来的信息为 19 世纪哈布斯堡的自然志打下了基础。

在哈布斯堡收藏家的眼中，从奥斯曼手中夺来的新土地极富"异国风情"。从 16 世纪初开始，出自奥斯曼帝国的文物战利品就成了哈布斯堡的重要藏品，奥斯曼帝国的自然物产也是一样。[60]1562 年，博物学家奥吉耶·盖斯林·德·比斯贝克（Ogier Ghiselin de Busbecq）从伊斯坦布尔回到维也纳，"捎回了郁金香，还有其他从未在欧洲国家种植过的植物"[61]。克卢修斯也造访过匈牙利，在那儿看到了"珍稀"植物，例如很多品种的蘑菇，克卢修斯对蘑菇非常痴迷。最值得一提的是，克卢修斯用拉丁语和匈牙利语记录了 364 种植物的名称，写成第一本植物的匈牙利语名称汇编[62]，其中很多都被收入他 1601 年出版的《珍稀植物史》（*History of Rare Plants*）一书，这本书罗列了他在西班牙、奥地利与匈牙利发现的植物。

总之，珍稀动植物远近皆有。克纳意识到，在 16 世纪的维也纳人眼中，报春花跟郁金香同为罕见的异国风物，哪怕它们一个长在国内而另一个生在他乡。"本地"与"异域"间的这条界线一开始就不清晰，这也影响了后来的中欧科学史[63]。

## 从宫廷收藏到地方博物馆

19 世纪以后，哈布斯堡的自然知识收藏又有什么新进展呢？拿破仑战争落幕后，地方博物馆开始兴建，其中很多都向公众开放。19 世纪上半叶，爱国主义博物馆在哈布斯堡君主国的各个城镇中拔地而起：佩斯、利沃夫、格拉茨、布尔诺、奥帕瓦、布拉格、卢布尔雅那、因斯布鲁克、萨尔茨堡和圣安东等地无一例外。鲁道夫二世及同时代的人的收藏仅向少数精英开放，但后拿破仑时代兴建的地方博物馆则以教育公众为目标。它们既会邀请专家研究藏品，也欢迎公众前来欣赏本地区丰富的自然宝藏。[64] 这些博物馆力图保存多样化的知识形式，在同时期的欧洲博物馆中独树一帜。凡是本地特产都值得关注，无论它涉及人类、非人类生物，还是物理环境。当维也纳的帝国-王国自然历史博物馆醉心于遥远国度的珍奇时，地方博物馆容纳了那些更平凡的标本。这些博物馆集珍奇柜、图书馆、档案馆于一体。可想而知，如果帝国真的对档案收藏进行集中管理，很多地方性的环境信息就会被销毁，或就此遗失。[65]

格拉茨的约翰博物馆堪称最早的地方博物馆典范。[66] 它建于1811 年，得名于奥地利地质科学史上的关键人物约翰大公。约翰十分好奇于阿尔卑斯山东部的风土人情，他还托人给自己画了一幅穿着猎装的肖像，背景是他心爱的施蒂利亚的山坡（见图 5），画面整体颇为和谐。欣赏当地风光不仅仅是约翰的个人爱好，他还想为哈布斯堡王朝的统治确立一种更现代化的新型意识形态，也就是把爱国主义感情的投射对象从王朝本身挪移到王朝疆土上。约翰畅想哈布斯堡实现权力领土化，但不鼓吹 18 世纪启蒙的绝对主义精神，他希望地方独有风光能激发奥地利的爱国主义精神。在约翰建立的博物馆中，矿物学与动物学标本（比如有鸟蛋与鸟巢的鸟类标本）被放在最显眼的地方，在接下来的几十年里，约翰博物馆一直是哈布斯堡治下其他地方博物馆效仿的对象。

这些博物馆开办的展览和发行的出版物会固化地方身份，而非国家身份。在波希米亚与摩拉维亚，地方博物馆同时用德语与捷克语出版研究报告。这既满足了捷克民族主义者的要求，又保持了博

**图5 约翰大公（1782—1859）**

物馆的地方身份（非国家身份）。与此同时，这些地方身份也融入更广大的整体之中。比如，Joanneum（约翰博物馆）这个名称就强调了哈布斯堡中央政府的恩惠。维尔纳·特莱斯科（Werner Telesko）曾说："从地方博物馆的藏品中就能看出，博物馆无意提出一个地方自主的自我概念，而只想传达一个超国家的空间与身份。"地方博物馆既强调"爱国主义"，也重视"跨地区的相互连接"，这种二元性在地区对超国家帝国与王朝的认同中得到了调解。[67]

多亏地方博物馆保存了当地自然志的记录，19世纪的研究者才有了研究资源。拿破仑战争后，哈布斯堡学者们动手挖掘这些资料，想把爱国性质的历史与地方自然资源名录综合起来。例如，位于布拉格的波希米亚国家博物馆的创建者卡斯帕·冯·施特恩贝格（Kaspar von Sternberg）就对地方档案进行了全面研究，在此基础上撰写了《波希米亚矿场历史概要》（*Outline of a History of Bohemian Mines*，1836），并绘制了相应地图。与克纳在植物学方面的观点一致，施特恩贝格认为要想有效管理矿业，就必须具备历史知识。矿业历史知识不仅能帮助"个人寻找研究方向，而且有助于管理者了解采矿业衰落的原因，进而及时发现问题并规避"。施特恩贝格还把采矿史视作波希米亚史不可分割的一部分。他的历史研究极其依赖这些档案资料，施特恩贝格自责无法编织出一个完整的叙事，因为档案资料太过晦涩深奥。"的确，不会有很多研究者愿意接手这份艰苦工作，迈进乏人问津的古老档案馆，劳心费力地在灰尘里翻找这些年代久远的证明与报告。"[68]

## 重构历史

施特恩贝格等 19 世纪的学者构建了地方自然志，也重新发现了 16 世纪作品中的自然世界，并再度诠释了这个世界。例如，1877 年的《下奥地利地形图》(*Topographie von Niederösterreich*) 提出，法布里丘斯是最早尝试使用数学手段绘制奥地利精确地图的人。作者在书中追溯，1574 年，法布里丘斯与克卢修斯、艾希霍尔茨一起登上奥特谢尔山，利用天文仪器确定了山峰的位置与高度。[69] 爱德华·修斯在下奥地利地方档案馆里发现了对 1590 年地震的记载，从而在地震学历史研究领域做出了开创性贡献。在捷克语学术圈，科学家将 16 世纪的天气年鉴看作天文学与气象学的滥觞。[70] 有时，16 世纪的资料对 19 世纪的科学研究的确有用；有时，现代科学家引用 16 世纪先驱的文献是为了表明自己的研究延续了哈布斯堡的百年传统。

从 19 世纪回看，布拉赫、开普勒和克卢修斯似乎是爱国主义区域地理学（Landeskunde）的先驱。所谓的区域地理学，就是从自然、社会、文化等多重角度研究区域地理的学术传统。例如，克卢修斯虽然是一名世界主义者，但这不妨碍他对区域地理学做出贡献。同样，布拉赫与开普勒也发展了捷克语的知识传统。在捷克语出版物当中，两人都被视为波希米亚气象学与天文学的先驱而被一再引用。法布里丘斯与约翰·阿莫斯·夸美纽斯（Jan Amos Komenský）在 16 世纪末到 17 世纪初绘制的地图奠定了摩拉维亚区域地理的基础，并被不断重印。[71] 就这样，即便有的自然珍奇记述几乎不谈物产的空间分布，却也在后世的重新解读中被并入爱国主义区域地理研究传统。

例如，正是基于区域地理学的研究传统，一位波希米亚的档案员才在 19 世纪 80 年代到 90 年代出版了大量文艺复兴时期的天气日记。温策尔·卡策尔罗夫斯基（Wenzel Katzerowsky）是文理中学的一名老师，也是波希米亚利托梅日采市的档案员。童年时，一颗小流星击中了他父母的房子，直接撞穿了屋顶，从此以后他就迷上了广义的亚里士多德气象学。担任档案员期间，他一直努力搜集早期资料，又利用仪器自行观测天气，想要重构利托梅日采一带的气候史。他翻阅当地档案，甚至检索私人藏品，从中寻觅天气日记，还极具创造性地将这些日记与各类市政记录结合起来一并考察。既然天气观测信息来源多样，卡策尔罗夫斯基便将极端天气事件、丰收日期、谷物价格等相关信息全部搜集起来，从而整理并发表了利托梅日采 1458 年到 1892 年大致连续的天气观测记录。[72] 后来的气候学历史研究者不断引用这份材料，时至今日，利托梅日采当地博物馆馆长还在继续拓展这一记录。[73]

在 19 世纪新帝国史文本中，16 世纪的博物学家也占据了重要地位，不过他们的"奥地利"博物学家身份被赋予整体国家的新意义。比如，克卢修斯被帝国－王国标本馆馆长赞为"奥地利"植物学家与植物命名专家。他是"首个研究奥地利植物区系的学者"，也是首次在研究中记录"'我们的帝国'生长有百余种蘑菇"的人，无怪乎后来每一位研究奥地利植物区系的学者都"反复"阅读他的著作。[74] 同样，地质学家弗朗茨·冯·豪尔（Franz von Hauer），也就是后来的帝国自然历史博物馆馆长曾下定论说，像格奥尔格·阿格里科拉（Georg Agricola）与鲁道夫二世的御医（安塞尔姆·德·博特）这样的文艺复兴学者是"奥地利地质知识的首批奠基人"。[75]


## 结论

1861 年，冯·豪尔在维也纳科学院某次典礼上发表讲话，他追溯了地质学兴起的历史，表示这门科学自阿格里科拉时代以来就具有爱国主义色彩。那时距奥地利在索尔费里诺战役中落败已经过去两年，冯·豪尔向观众席当中的军官致意，说历史上的帝国科学家就像他们一样尽着保家卫国的职责。"智识进步"是"新的纽带，可以再度连接起松散的帝国"，它也能为"伟大帝国打造一个更加坚实可靠的地基"[76]。可见，19世纪的科学家会强调他们继承了16世纪的王朝机构与研究传统。例如，19世纪的地方博物馆里陈列着16世纪王公贵族的藏品，保存着16世纪丰富的自然物产与历史资料。除此以外，博物学家还为哈布斯堡家族发明了可视化技术，以便精细地描绘帝国概貌。16世纪时，帝国人心涣散，为应对这一挑战，矫饰主义的绘画与雕塑、动植物书籍、植物园设计、珍奇柜，以及展现帝国各地与宇宙和谐统一的表演兴起。1848年以后，现代民族主义成为哈布斯堡王朝统一性的新威胁，在新一轮的紧迫形势下，16世纪的传统重焕生机，诞生了表现"多样中的统一"这一主题的新形式。

# 第二章

# 奥地利理念

哈布斯堡君主国统治后期遭遇了意识形态危机。一直以来，王朝都自称其统治乃神的旨意，这片王土实现了中世纪大一统的梦想，是与"异教徒"奥斯曼土耳其人对抗的"基督教堡垒"，是沟通"东""西"的枢纽。但进入18世纪，奥斯曼帝国式微，对欧洲的威胁减轻了，这些说法的说服力也随之下降。此后，哈布斯堡家族又将自己塑造为人文艺术与科学的赞助者，启蒙运动的孵化人，立下豪言壮语要保护它治下的各种文化。套用20世纪民族主义的框架回看，"多样中的统一"这种观念太过脆弱，根本不值得思想史学者关注。A. J. P. 泰勒（A. J. P. Taylor）在经典史学著作中写道："弗兰茨·约瑟夫一世是个没有思想的皇帝，这恰是他生存下去的力量。但19世纪以后，只有思想观念才能成就一个国家，并推动它发展壮大……因此必须有一种奥地利理念。这个词组尽人皆知，却还没有人真的将其付诸实践。"[1]

吊诡之处在于，泰勒虽然拥护"小国"，却和19世纪德意志国家主义者立场相同。后者也认为哈布斯堡王朝失去了意识形态的合法性。普鲁士保守派的反犹主义者保罗·德·拉加德（Paul de Lagarde）希望普鲁士能统治整个欧洲，因此他在 1853 年写道："当前，奥地利缺乏一种凝聚诸邦的理念。"[2] 他随后告诫道，没有统一的"理念"，奥地利势必陷入"唯物主义"。拉加德说，奥地利是一具庞大的动物躯体，等着普鲁士这个理性的头脑让它活动起来。

但也许泰勒和拉加德一样，也局限于构想这个"理念"是什么，可以到哪里去找寻。泰勒认为新理念应该蕴于高级政治（high politics）中，于是一直在基督教社会党或社会民主党等政党的跨国意识形态中寻找灵感。更宽泛地说，历史学家已经从四个方面回答了 19 世纪奥匈帝国的合法性问题，分别是军事防御、政治原因、文化原因与经济原因，下面就让我们依次考察一番。

对 19 世纪大部分西欧国家来说，奥地利仍然是一道军事防线，哪怕奥斯曼帝国已经衰落，它也可以抵御俄国。忠于哈布斯堡家族的匈牙利政治家安德拉希·久洛（Gyula Andrássy）伯爵在 1897 年说过，奥地利在 18—19 世纪的扩张，使得匈牙利对帝国的安全更加重要。他把加利西亚、波希米亚和蒂罗尔比作 Vorwerke，也就是中世纪时城池外围的防御型城堡，同时把匈牙利比作 Festungskern，也就是君主国国防的核心地带。"奥地利各邦在地图上伸入了他国的境内，彼此之间联系很少"，敌人"能轻易将它们之间的联系切断"，但有了匈牙利，"奥地利的防御工事就形成了一个封闭系统"。[3] 不过奥匈帝国的军事力量难以组织起来，因此奥匈帝国存在的军事理由站不住脚。

1867 年奥地利-匈牙利折中方案将帝国一分为二，奥地利与匈牙利彼此独立，只在财政、外交和军事政策方面保持一致。哈布斯堡联合军是同时效忠奥地利和匈牙利的唯一官方组织。当时军队实行的还是普遍征兵制，因此也是唯一对帝国大多数男性公民有潜在影响的官方机构。[4] 不过，根据帝国官方语言形式平等的原则，应征入伍的士兵有权选择用母语受训，因此出现了十二个各不相同的哈布斯堡语言军团[5]。国内外批评不断：现在已经是拿破仑的将军安托万-亨利·若米尼（Antoine-Henri Jomini）所说的"国家战争"时期，还组建这种多语言军队实在太过落伍。这些批评者怀疑，像普鲁士与法国这样的国家，普遍征兵的效力其实取决于民族主义调动民心的潜力。

第二种为超国家帝国正名的理论将帝国视为实现政治目的的手段，也就是将它当作维护国民公民权的工具，不过更多情况下它维护的是特定阶层的权利。以奥地利-斯拉夫主义（Austro-Slavism）为例。最接近这一立场的当数历史学家弗朗齐歇克·帕拉茨基（František Palacký）。1848 年法兰克福议会决议建立泛德国家，帕拉茨基拒绝参会，他给出了两个理由：第一，他是捷克人，不是德意志人；第二，奥地利保持独立具有政治必要性。他写道，哪怕没有"奥地利理念"，为了"欧洲与人类的利益"也要将它发明出来。[6] 帕拉茨基在他 1866 年出版的《奥地利国家概念》（*The Idea of the Austrian State*）中说奥地利的现代目标是捍卫境内各族平等的政治地位。帕拉茨基认为君主国的目标从本质上说是政治性的，这使得他提出的奥地利合法性意识形态与后来的两种很不一样，后来的两种在奥地利都享有广泛的民众基础：第一种是奥地利-马克思主义，认为君主国是未来工人民主联盟的基础。与之相对，第二种意识形态——基督教社会主义认为哈布斯堡中央应肩负起击败社会主义与自由主义的使命，主张超国家帝国是天主教工匠与小商贩的庇护者。奥地利-斯拉夫主义、奥地利-马克思主义与基督教社会主义的共同点在于，三者都认为哈布斯堡治下的统一乃出于政治需要。

第三种观点是，奥匈帝国具有文化上的合法性。这一观点与帕拉茨基的奥地利-斯拉夫主义具有相通之处，它也肯定民族多样性的内在价值，并认定奥地利有能力保护这种多样性。19世纪80年代，皇储鲁道夫领导出版的二十四卷巨著《奥匈帝国图文集》提出了这一主张，该系列作品依次称颂了哈布斯堡境内每一种独特文化。有时，奥匈帝国文化合法性的论点也会强调奥地利的精神作用。例如，奥地利理念的根基是基督教价值观，这一点并没有随着奥斯曼帝国的战败而消亡。"一战"爆发后，受政府委托创作爱国散文的诗人胡戈·冯·霍夫曼斯塔尔（Hugo von Hofmannsthal）极富感召力地发扬了这一传统，他颠覆了拉加德笔下奥地利与普鲁士的关系，现在普鲁士象征着高效与服从等身体德性，奥地利则成了"普世主义精神"传统的捍卫者，守护着欧洲对和平的渴望。[7]

最后一种观点认为奥匈帝国具有经济合法性，这种观点源于官房主义（cameralism）[①]北欧传统。官房主义将自然理论应用于政治治理，认为自然界是满足人类需求的天赐仓房，只要正确取用自然

---

① 重商主义的一种形式，强调促进国家福利状况，认为增加国家的贵金属储备能增强国家的经济力量。

界本身的"贮藏"(household)，一切需求尽可得到满足。官房主义政府意欲实现有利于本国的贸易平衡，例如让外国作物适应本国土壤，或用本国产品代替进口产品（如用甜菜代替甘蔗）。像奥地利这样一个没有海外殖民地的国家，官房主义独具吸引力，后来激发了一系列详细研究本国自然资源，并进行专业管理的经济发展计划。[7]

到了19世纪30年代和40年代，出现了支持哈布斯堡治下统一的现代经济理由，这时英国商品已经占领了中欧市场。为保护中欧农业、工业免受英国打压，1834年，德意志关税同盟成立了，但奥地利没有参与其中。弗里德里希·李斯特（Friedrich List）主张扩大中欧自由贸易区，认为这是建立一个语言文化统一的德意志帝国的必经阶段。在这一点上可以说他响应了费希特的号召，因为费希特在1800年就说过，在一个"闭锁的商业国家"（给予国内贸易税费减免，对国际贸易增加关税）中，"很快便会发展出较强的民族荣誉感和鲜明的民族性格"。[8]也就是说，一个商业上统一的国家也会是一个民族同质化的国家。[9]

很多奥地利的工业家、托运人与商人都支持加入关税同盟，但他们既想要建立欧洲经济统一体，又坚守民族多样性原则。1849年，帝国新任贸易大臣卡尔·路德维希·冯·布鲁克（Carl Ludwig von Bruck）计划建立一个受帝国中央政府管辖的中欧商业区，但他也说奥地利仍然是一个多民族国家，并申斥东南欧的德意志化战略。[10]他还是奥地利劳埃德航运公司的里雅斯特分公司的前董事长，在航运上他倡议打破国内贸易壁垒，改善运输网络。照他所说，中欧经济联盟既可以刺激农业和工业发展，也能巩固帝国的政治统一。

历史学者不是没有注意到这四种奥地利理念，但"一战"后地缘政治已经发生变化，这四种理论只显得幼稚，有时甚至会成为德意志-奥地利人与匈牙利人携手压迫帝国内少数民族的辩护词。

这可能就是观念史能带给我们的全部启发了。但如果我们提出一个跟拉加德、泰勒略微不同的问题呢？不问奥地利的合法性理念为何，而问哈布斯堡的臣民坐拥哪些资源，可以用以思考奥地利合法性这一问题，即他们可以利用哪些概念与实践、表征符号与物质手段将自己，还有他们关心的事情与整个帝国联系起来。[11] 当我们以这种方式提问时，我们就超越了观念史而进入了尺度史。

图 6 描绘了 1803 年哈布斯堡王朝的疆域，在那之前，波兰被瓜分，奥地利参与的第二次反法同盟在战败后解体。这是哈布斯堡治下最早出版的描绘其现代疆域的地图之一，因此具有特殊意义。德语标题强调这是一幅"概览"图。哈布斯堡虽有悠久的制图传统，但一直到 18 世纪最后 20 年，绘制的都是地方地图与区域地图。哈布斯堡家族先后靠荷兰、法国的制图师来了解全国领土情况。精确完整的军事图可以上溯到 18 世纪中叶，但这些都是国家机密，只以手稿的形式保存，一直到 19 世纪中叶才广泛传开。

紧跟着制图热潮，新式教科书、地图集乃至游戏都教育年轻人将哈布斯堡君主国的疆域当作一个统一的地理单位。例如，施蒂弗特描述过一节地理课，课上所用地图与实际成比例。他确信"一种标量关系就这样永远铭刻在了孩子们活跃的想象力中"[12]。老师们

图 6　奥地利君主国疆域概览图。此图展示了最新的国界与国内分界，包括君主国在邻近的德意志的疆土，K.J.吉普林绘，1803 年

可以购置一款游戏装置用于教授哈布斯堡疆域的地理，它包含一幅拼图和一个经纬测量棒。游戏说明规定，孩子们只有在接受三个月的教育后，才能开始玩游戏，这时他们已经可以在哈布斯堡王朝疆域内规划旅行，设计路线并计算距离。[13] 这类地图是重新构思奥地利理念的新工具，人们可以借助它思索奥地利与哈布斯堡其他王国的关系，认清奥地利在世界的位置。

## 帝国空间

19世纪有关奥匈帝国合法性的各种观点都认同帝国是一个空间单位。其中，贸易大臣冯·布鲁克代表的经济论点最关注地理。冯·布鲁克强调，哈布斯堡各王国之间的"地理联系"能够激活贸易："奥地利世袭领地与伦巴第－威尼斯王国在地理上相连，因此除了极少数例外情况，在君主国一地进口并缴纳了关税的产品都可以在另一王国售卖。"[14] 19世纪50年代开始，有关哈布斯堡大一统的军事必要性的观点也开始采纳更广泛的地理视角，纳入了关于旅行对医疗的影响的新证据，后文将会详述。除此以外，多民族国家的文化论观点也日渐表现为地图或调查的形式，相关人士纷纷开始描绘语言或建筑艺术品等文化要素的空间分布。[15]

可见，逐渐发展起来的奥地利理念不是一个静态"观念"，而是一个动态项目，是对君主国资源与"地理关系"的实证调查。为此，冯·布鲁克迅速将维也纳的行政统计局并入他所领导的贸易部，招募了物理学家安德烈亚斯·冯·鲍姆加特纳与统计学家卡尔·冯·佐尔尼格（Karl von Czoernig）等科学家开展研究。在后续章节中我们会看到，ZAMG自1851年成立起便和帝国地质研究所等新绝对主义时代的科学机构一起承担发明"奥地利"的任务。19世纪下半叶，地质科学在奥地利帝国发展起来。如何在多样化（环境）中建立统一（经济体）？地质研究在探索具体条件的过程中丰富了奥地利理念的内涵。

"发明奥地利"项目极大地影响了科学发展。例如，格雷戈尔·孟德尔——默默无名的生物遗传数学定律第一人——对世界的观察绝不限于修道院花园。桑德·格利博夫（Sander Gliboff）指出，孟德尔是在测绘整个帝国的动植物自然条件的过程中，萌生了量化有机世界的决心，换言之，他想要整理奥地利享誉全球的生物多样性。[16]奥地利著名地理学家阿尔布雷希特·彭克（Albrecht Penck）在1906年写道："奥地利的地理环境远比大多数欧洲国家的复杂，它首先应该研究自己。各种反差对比让奥地利成为地理学家的观测天堂，欧洲其他国家望尘莫及。"[17]维也纳的大学也是地理研究的绝佳宝地，因为它们坐落在丘陵与平原的交会处，又邻近阿尔卑斯山。各类新现象推动地理学在19世纪末的自然科学转向。"毫无疑问，奥地利的魅力在很大程度上源于其土地与民族的多样性，"维也纳地理学家诺伯特·克雷布斯（Norbert Krebs）写道，"自然现象与社会现象丰富多彩的互动方式深深吸引着有识之士。"[18]

维也纳的野外科学家（field scientists）不断强调奥地利自然与文化的多样性，把帝国当成了实验室。奥匈帝国的二元君主制也是一场"实验"，帝国公民、帝国历史学家、帝国的追随者与批评者都这么认为。例如，1897年，奥地利－马克思主义的领军人物维克托·阿德勒（Viktor Adler）称帝国是"世界历史的实验室"，持异见的匈牙利历史学家亚西·奥斯卡（Oszkár Jászi）在回顾苟延残喘的帝国时也使用了"实验"的概念。反自由主义的讽刺作家卡尔·克劳斯（Karl Kraus）把哈布斯堡的首都维也纳比作"世界末日的实验室"。捷克领导人托马什·马萨里克（Tomáš Masaryk）甚至把帝国覆灭后出现的事物称为"墓地上的实验室"。[19] 奥地利帝国的野外科学史有助于我们深入理解"实验室"的比喻。这个民主化的多民族帝国不仅是个政治实验室，还是个探究自然与社会关系的实验室，可以在此探究帝国这个推定现象本身，即帝国何以成为建基于人类族群和环境多样性的统一体。

## 自然遗迹与文化遗迹

当然，人文科学也与自然科学同步发展。语言学、民族志、建筑学与艺术史的学者们也在记录君主国的文化多样性。[20] 这些调查项目同属一个机构，又是由同一拨研究者进行调查，方法论上还会相互影响，因此有很多共同点。例如，维也纳行政统计局局长冯·佐尔尼格掌管民族志、艺术史与气候学项目。冯·布鲁克领导负责保护奥地利艺术历史遗迹的委员会，这个委员会后来还负责保护"自然遗迹"。所有调查都坚持从"实证"（positive）的角度研究自然志。例如，艺术史学家都是直接观察艺术作品的原作而非复制品。他们不仅把这些作品当作美的结晶，还将它们视为进化的线索[21]。

更重要的是，所有调查项目都享有一致的政治理念。首先，他们认为再微小的文化或语言传统都值得学术界关注。如皇储鲁道夫所说，"奥匈帝国每一寸王土都值得人们饱含深情地详述"[22]。捷克政治家马萨里克也说，在哈布斯堡的土地上，"细致平凡的小型研究"既是科学实践的原则，也是民族主义政治哲学的信条。[23]

除此以外，所有帝国调查都重视混合与交流的现象。例如，民族志研究中，卡尔·冯·佐尔尼格三卷本的调查报告回顾了哈布斯堡君主国的移民史，发现君主国治下的民族已经细分到无法依据民族划分领土的地步。[24] 同样，维也纳艺术史学院也挑战了浪漫主义–民族主义对民间艺术庆典活动的浅显描述，揭示出民间传统的历史复杂性。[25] 阿洛伊斯·里格尔（Alois Riegl）与呼唤民间艺术回归"正统"的民族主义者针锋相对，他坚持认为民间艺术倾向于模仿更广泛的世界主义。19 世纪中期，维也纳艺术史学院的保护主义倾向主要体现为挖掘"奥地利"艺术的世界主义特征，最受关注的是文艺复兴时期与巴洛克时代的作品。结论兼具规范性与描述性，如鲁道夫·冯·艾特尔贝格尔（Rudolf von Eitelberger）1870年时所说，"当代文明的进步恰源于迥异民族之间的思想交流"[26]。后来，里格尔也强调："当陌生事物之间持续发生密切联系时，发展与进步便开始了。"[27] 就这样，这个时代的民族主义者开始重新审视历史研究，把它看作对真实性与本土性的追求，与此同时，一个几乎被人遗忘的项目重回人文科学与自然科学的视野——学者们重新关注起文化流动的复杂性。[28]

一开始，研究遗迹是为了尽快教育民众。其实，艺术史学家艾特尔贝格尔在 19 世纪 50 年代就已经明确指出，这些研究是为了教给公众一种观察世界的新方式，培养超越阶级与民族界限的意识。就这样，人文科学的"整体国家"研究孕育了丰硕文化成果，从地图集到展览，再到纪念碑，所有这些塑造了一种新的观景法。里格尔称之为"远观"。"远观"将环境视作审美要素，而非日常苦苦谋生的背景板。里格尔将"远观"的主观效果描述为一种"情绪"或"氛围",类似于宗教虔诚,不过他还是把它引到了因果关联的现代科学观念那儿。在里格尔看来,这个时代的公众最渴望的就是氛围体验,它"再次肯定了因果律的不可动摇"[29]。它在人文艺术与自然界中为人寻找救赎。

帝国遗迹保护委员会后来的主任,里格尔的继任者马克斯·德沃夏克(Max Dvorak)说,这种对科学进行综合概述的努力也反映了人与自然关系的转变。现代人已经学会了在自然中获得审美乐趣,他们将目光投向"丰富的自然现象……微小如路边野花,短暂如空气与光线的瞬息变化,都是大千世界的一部分,都能激发人的艺术灵感"。[30]后文我们会看到,哈布斯堡科学家与制图师十分懂得在多重尺度上欣赏自然多样之美的道理。

在19世纪90年代,"自然遗迹"(具有特殊的科学、审美或文化价值的自然景观)也被纳入遗迹保护的范围。[31]从1903年到1906年,帝国教育部与土地管理部门共同监督奥地利"自然遗迹"清单的汇编工作。尽管议会没有通过保护自然遗迹的法案,但动植物学会仍继续修订、扩充哈布斯堡境内的风景名胜名录,这项工作一直持续到"一战"结束。[32]奥地利的自然保护运动值得进一步研究,因为其他地方的自然保护运动采用的是民族主义框架,但奥地利却坚守民族多样性原则。哈布斯堡逆时代潮流而行,敦促公民保护不属于自己国家的遗迹。

借助里格尔的氛围的概念,我们可以理解某些自然景观的价值何以溢出当地。19世纪90年代,时任帝国遗迹保护委员会主任的里格尔写道，公众纷纷前来欣赏建筑遗迹，因为它们具有"年代价值"。年代价值与氛围一样，都与"远处的景色"（"远观"）有关，现在时间与空间上的"远距离"意义都有了：氛围效应产生于对空间因果关系的认识，年代价值则涉及对普遍存在的诞生与衰亡循环的理解，两者都指主观认识到某一特定物体与更普遍的地理、历史脉络存在因果关系。这两个概念具有重要的政治意义，里格尔认为帝国遗迹保护委员会应该首先考虑"年代价值"，因为它高于民族差异。"不管是奥地利人，还是波希米亚人、施蒂利亚人、卡林西亚人、德意志人、捷克人、波兰人，对国内或民族遗迹的自豪感总是建立在与外国人、外族人区隔的基础上，总是相对于外国人、其他王国臣民或其他民族的成员而言，但年代价值却来自对同一个世界的归属感。"[33] 遗迹不需要与观众的个人史或其民族史对话就可以触动他们。任何人都能被时代价值牵引从而获得审美享受，只需要承受"来自远方的凝视"，里格尔说这就像周游帝国。因此，"波希米亚人能被达尔马提亚的大教堂等景观深深抚慰，施蒂利亚人能在蒂罗尔的壁画中找到深刻的情感共鸣，西里西亚人能感受到萨尔茨堡的意大利建筑与自己的连接"[34]。

艺术保护主义项目与环境保护主义项目这对双胞胎共同面临的问题是如何评估遗迹的重要性。德沃夏克认为艺术史学家的评估框架过于笼统，他们经常夸大某些物件的历史价值，又对其他东西视而不见。他建议可以诉诸大自然自身的价值尺度来纠正这种不平衡。"自然爱好者"的眼光适于判断一处地点是否值得保护，他们"能够从整体上欣赏遗迹，把它看成景观的一部分，看成自然之美的要素之一"。判断遗迹是否具有历史价值应该源于"对自然的热爱，一旦人类在自然创造的万物面前俯首称臣，这种热爱就会迸发"[35]。为了制衡普遍主义规范，艺术史学家会基于当地环境，将遗迹视为环境（milieu）的一部分来评估其美学价值，他会听任自然的指引，对特定的自然文化景观做出适切的审美反应。[36] 因此，皇室艺术史学家的权威也就建立在他根据自然尺度判断遗迹重要性的能力上。

简而言之，帝国-王国科学正在培养一种理解环境的新思维。里格尔的氛围概念与年代价值概念都是看待环境的新方式的理论化，这种看待方式是 1848 年革命之后，在哈布斯堡家族的赞助下，由自然科学与人文科学共同孕育的。它既看向空间、时间上"遥远"的文化景观，也看向当地的细节。


## 宝贵的多样性

本章余下部分，就让我们思考这种看待方式如何建构了哈布斯堡帝国的自然多样性。我们将看到，在 19 世纪 50 年代新绝对主义思潮的影响下，哈布斯堡政权选择诉诸物理环境的多样性，将超国家现象自然化，从而确立起自身的合法性。可以说，自然世界理论解释了跨国依存现象。

例如，冯·布鲁克主张哈布斯堡的统一能够增进经济效益时，就预设了一种有关这个国家的新型知识形式，其足以全面概述帝国的物质环境。1850年时，这还只是个提议，而在接下来的半个世纪里，帝国则将其付诸实践，实地考察境内各国自然资源与人力资源。不过正因为未来有可能掌握这种知识，冯·布鲁克的观点才站得住脚。与奥地利人对德意志观念论的批评一致，冯·布鲁克将政治经济学视为一种唯物主义、经验主义的知识形式。冯·布鲁克引用了亲密战友恩斯特·冯·施瓦策尔（Ernst von Schwarzer）的话，这些话后来成了介于边际学派经济学与历史学派经济学之间的方法论："绝对的'自由'只存在于精神领域，至于物质，则必须占据一定空间才能成形。经济学就是一门实践的、实证的科学。"[37] 经济学与自然志同为实证科学，因此比天体力学更接近自然志。冯·布鲁克强调中欧经济关系的有机性：中欧经济关系并非机械，它基于"发展的自然律"。[38] 中欧当时的经济分裂是"反常情况"，持续得越久就越难恢复正常。[39] 因此，冯·布鲁克说，奥地利是个"有机体"，只有各个部分都建立起良性的依存关系，"海洋经济与陆地经济互补互促，奥地利才能强大起来"。[40]

在冯·布鲁克的设想当中，中欧经济状况的异质性能够催化贸易，繁荣经济，进而促成政治统一。"因此，贸易流必须自由地从德意志北部港口涌向的里雅斯特，从地中海涌向丹麦海峡，从莱茵河涌向多瑙河下游，反过来也是一样。"[41] 贸易部在1850年的一份出版物中提到："多亏这与三大海域相接的广袤国家保持了均衡统一的多样性，各地的经济差异才得以调和，丰饶物产才能物尽其用，地理位置才能发挥优势，最终发展出活跃的贸易，将一切资源转变为工业生产力。"[42] 贸易自由可以确保"海洋经济"与"陆地经济"互补互促。在冯·布鲁克的想象里,君主国的领土重新变成了一个流动的空间,商品、劳动力与资本在其中自由流通。

不过这种地理愿景不限于君主国疆域内部,冯·布鲁克无意追求绝对的自给自足,因此他提议取消约瑟夫二世时代的进口禁令,改设保护性关税。这将有助于扶持新生工农企业,使中欧地区在国际贸易中取得应有的地位,为其争取到相应的国际政治话语权。地理因素(既指当时奥斯曼帝国的土地,也指奥斯曼帝国历史上占有的土地)决定了奥地利与"土耳其"必然会有异常活跃的贸易往来。哈布斯堡铁路网和亚得里亚海港口使"欧洲贸易的大动脉直抵奥地利"。[43]

当时的评论家认为这种说法既延续了旧观念——它们都将奥地利当作东西欧的调停者——也具有创新性,因为他们发现"唯物主义话语可以恰如其分地表述旧观念,唯物主义视角也可以给予其关键佐证"。可以说,经济地理学使得"奥地利担当东西方文化中介"的传统观念焕发新生。奥地利清楚自己是"欧洲的中心和支柱",它"抗拒"某些流动而又"促成"另一些。"它成为中介是件自然而然的事情,因为它不仅以温暖的怀抱接纳欧洲所有国家,使它们彼此相连,而且还拥有多样的土地与水域。"帝国的水路通向北欧、亚得里亚海和地中海、波兰和俄国,它们全在奥地利"直接可达的经济领域"内。"就这样,奥地利这个原本就物产丰富、经济富裕的国家,成了连通欧洲各族各国的中心。"[44]帝国物质的多样性,以及这里自然环境的强烈反差,都成了创造互补互足市场的有利条件,成了贸易的催化剂。商业关系变成了帝国有机体的新陈代谢系统。根据官房主义传统与林奈的理论——自然与国家是一体两面，人类政治被看成自然界自身经济规律的表现，于是帝国便有了合法性。

不过，回过头来看冯·布鲁克的理论，我们还能发现其中又一不同凡响之处，那便是他认为中欧的气候具有统一性。他论及奥地利地理多样性时，意在说明奥地利可以打通各地市场，连接各国交通，而非强调各国都有独特气候。相反，在气候方面，哈布斯堡无法与欧洲拥有海外殖民地的国家相提并论，因为后者兼具"温带"气候与"热带"气候。然而就在这时，其他人开始更细致地考察这片领土的气候条件与土壤条件。

他们在冯·布鲁克只看到统一性的地方窥见了异质性。19 世纪 50 年代，波希米亚自由主义作家、政治家费迪南德·施塔姆（Ferdinand Stamm）开始研究气候与地质对波希米亚工农业发展的影响。[45] 在他 1855 年为维也纳自由派日报《新闻报》撰写的一篇文章中，施塔姆说奥地利的气候多样性是其将来实现经济自足的关键。奥地利九种谷物植物中，只有三种也在其他人类社会中充当"日常粮食"，而且每一种都对应地球一个特定的气候区，"炎热地区种植水稻，温带地区种植小麦，北方与山区种植黑麦"，"至于你，幸运的奥地利，在你辽阔的土地上，同时生长着水稻、小麦、黑麦和其他六种谷物！"。因此，不同地区便可在必要时互补。"奥地利不为旱年所动，也不畏惧涝年……因为它广袤的领土横跨两种截然不同的气候区。"奥地利需要的只是一个合适的交通网络。"只要河道、铁路网，以及更为纤细的公路网可以触达整个帝国……帝国的公民就不会再遭饥荒。"可以说，多样性给自然界的反复无常安上了一道保险。施塔姆呼吁人们注意帝国多样而又相互依存的环境，做到心里有数。例如，阿尔卑斯山是一道防风墙，它在汛期依然干燥，山顶融化的雪水又足以灌溉远方的农田。"奥地利从未被同一场风暴击垮，从未被同一阵强风摧毁，也从未在同一片炽热的天空下经受炙烤……奥地利气候与土壤条件的多样性确保它在遭受不幸时可以自救，而不需要其他国家施以援手。"总而言之，"奥地利之所以被称为大国，是因为它拥有超过 12 000 平方英里 ① 的土地。不过有些国家即便拥有更多领土也称不上大国。但奥地利却是名副其实的大国，因为这只雄鹰的翅膀覆盖了中性的气候区，也伸向了温暖的地区。奥地利的伟大就在于多样"[46]。这种观点在"一战"中得到悲惨的验证。那时，帝国内部的贸易网络已经崩溃，维也纳在饥荒中危在旦夕。[47]而在那之前，颂扬奥地利物质环境多样性的经济学观点强烈地刺激统治者展开地质学、植物学、医学与气候学调研。

## "世界体系"的微缩版

用统计学家、自然学家卡尔·冯·佐尔尼格的话来说，1848 年以后的十年，是"重新发明奥地利"的十年。[48]言下之意是奥地利新建的铁路网、公路、运河、石桥和电报线路让君主国各地区的联

---

① 1 平方英里约合 2.6 平方千米。

系更加紧密。那时，中央银行网络发展起来，帝国内关税与限制劳动力流动的条款都被取消。西部工业区与东部农业区之间的贸易往来活跃一时，推动了经济增长，地区间经济差距也缩小了[49]。经济史学家安德里亚·科姆罗西（Andrea Komlosy）近期提出，现代化理论家们说错了，奥匈帝国不是"世界经济体系"的边缘。恰恰相反，哈布斯堡王朝本身就是一个微缩的"世界体系"。[50]科姆罗西坚称，哈布斯堡君主国的异质性并非其致命缺陷，反倒是其经济活力的源泉，很多文献都证明了这一点。科姆罗西所言正是哈布斯堡臣民自身对君主国的看法。

可以说，君主国的臣民被明确灌输了这种思维方式，这一点可以在后来的学校课本中看到。以 1910 年为小学高年级学生编写的教材《奥匈帝国的自然禀赋》（*Österreichische Vaterlandskunde*）为例，标题即指明，奥匈帝国比其他大多数欧洲国家都更可能实现"经济上自给自足的理想"。奥匈帝国的自然多样性满足了国民对工农业产品的需求。"不同地区独特的地形、气候与土壤创造了多样化经济生产的最佳条件。有了贸易往来的天然通道，不同地区间便可以持续交换特色产品，由此形成了国内商业网络。在后来的十年中，这一网络强力向外拓展，成功打入国际贸易体系。"[51]

然而并非所有人都这样乐观。铁轨日渐延伸，为了满足轮船通行，多瑙河也开始受到调控，人们转而讨论起这些交通改善工程会对生产分配造成什么影响。它们是会激发整个帝国的经济活力，还是会加重地区之间的不平衡？地区间生态、经济相依存的新观念，是否只是延续当前社会不平等的新借口？许多奥地利西部国民担心的事情的确发生了，1851 年帝国内部关税取消后，在那些种植粮食以便销售到君主国其他地区的地方，粮食价格上涨了。与此同时，很多匈牙利人担心匈牙利与奥地利正在结成一种殖民主义的依赖关系。

在帝国灭亡后的很长一段时间里，经济史学家都无法判断这些说法正确与否。人们都同意，1851 年以后奥地利与匈牙利之间的经济关系对双方都有利。匈牙利的情况并不比美国南方地区在南北战争之后的情况更糟。[52] 1851 年前后，自由主义者回击批评者说，只要农业与交通进一步改善，这个贸易体系就能服务于所有人。只要市场进一步扩大，就有可能"平衡（ausgleichen）不同利益"，届时便能兼顾君主国更具农业特征的东部地区，以及工业特征更显著的西部地区。两地的差别源于它们迥异的自然环境：匈牙利的"天然土壤"适于农耕，奥地利西部的"恶劣气候"则遏制农业发展。因此，需要发展一种"适宜型"农业，根据各地的"土壤气候条件"，种植适宜的作物，发展合适的制造业。这位匿名作者提议在匈牙利生产烟草、羊毛、葡萄酒和丝绸等出口品，而让奥地利成为德意志的巴伐利亚（今拜恩）、萨克森和西里西亚等州的"天然粮仓"[53]，这个建议不大实际。也有其他人担心，奥地利若是一味追求自给自足，可能会步俄国后尘，按地区分配专门的生产任务。他们也强调，纵观奥地利历史，这个国家倾向于经济多样化发展，这对应着奥地利自然环境的异质性特征。那些经济最发达的地区拥有"最丰富的产业……就像播撒了各种种子的田地往往收获最多"[54]。即使在 1848 年的春天，也有意大利民族主义领导者支持冯·布鲁克的观点，认为所谓中欧，就是一个由人类与自然多样性结合而成的空间。1848 年春天，劳埃德意大利分公司宣称，的里雅斯特的"自然条件"决定了"它面前的大海与身后的大陆必然会有贸易往来"[55]。人们只能得出这样的结论：如果按照国界划分这片领土，便是违背自然。

## 自然化的经济

19 世纪，经济似乎正在摆脱自然的控制。一系列技术革新——比如新的施肥、运输、冷藏、发电和输电手段——都力图解决生产的地理环境限制问题，使其不再受制于自然资源的分布。马克思就此预见到，资本（而不是土地或劳动力）将是未来决定性的空间因素。随着边际经济学的兴起，价值成为一个主观范畴，明显独立于客观条件。历史学家玛格丽特·沙巴斯（Margaret Schabas）认为，新古典主义经济学"把人从自然中剥离。经济成了理性能动性的产物，从此不再受自然力量直接支配"[56]。

一般认为，奥地利学派开启了经济学主观主义的转向。的确，在卡尔·门格尔（Carl Menger）1871 年开创性的《国民经济学原理》一书中，我们读到"土地不是特殊的商品"。农民在一段时间内租借一块土地，无须关心这块土地的历史，也无须在意它为何如此肥沃。"一块土地的买主想计算的是这块土地的'未来'，而不是它的'过去'。"[57] 不过，门格尔本人确实考虑了过去。在为《奥匈帝国图文集》撰写的章节中，他叙述了波希米亚的环境史，将此地的干燥气候归因于人口增长，以及沼泽排水与森林砍伐。[58]可见，在某些情况下，门格尔确实考虑到了自然的极限。[59]

更需注意，门格尔的主观主义从来不是哈布斯堡经济思想的主流。门格尔及其两位主要追随者身上的"奥地利学派"标签具有误导性，这是他的竞争者古斯塔夫·施穆勒（Gustav Schmoller）一手贴上的。在施穆勒眼里，"奥地利"是一个类似于"外地人"的讽刺用语。事实上，直到19世纪90年代，在由历史学派经济学家组成的社会政策协会（Verein für Sozialpolitik）中，只有四分之一的成员是奥地利人。[60]更能代表奥地利19世纪末经济思想的或许是《政治经济学基础》这本教科书，从1893年到1922年，这本书一共再版了13次。该书作者是欧根·冯·菲利波维奇（Eugen von Philippovich），从1893年到1917年，他一直担任维也纳大学的政治经济学教授。菲利波维奇虽然曾跟随门格尔学习，但他坚持认为，即使在工业资本主义阶段，经济仍然受到自然条件的约束。他继续采用生产的"自然位置"（natürlicher Standort）这一官房主义概念，并强调欧洲大陆的环境多样性具有经济学意义：

> 只是，农业生产基于自然特征，也就是说农业生产需要利用土地中的可再生资源，即农业生产依赖自然力量。由于土地在空间上是固定的，所以这种依赖无法被资本与劳动力的投资补足，人也无法预测农产品的数量与质量。在被自然照拂的土地上，如果资本投资不够，或劳动力不足，产量便会下降，相反，慷慨地投入资本，坚持不懈地劳作，收益便会增加，但它

们不能抵消自然差异，也不能完全消除自然的影响。[61]

奥地利帝国悠久的自然历史论证传统至少有三个来源：一是对英国自由主义经济学的明确抵制；二是官房主义挥之不去的影响力，它将政治经济学与农业科学、林业结合起来；三是非达尔文主义进化论的盛行，这些理论将可遗传的变异归因为气候条件[62]。正如卢布尔雅那的地理学家弗朗茨·海德里希（Franz Heiderich）在1910年所说："气候是最强大的因素之一，实际上在许多方面，气候都是影响一般有机生命体命运的决定性因素，在人类经济上尤其如此。"[63]

同年，海德里希在第四届国际经济学研讨会上做了开幕演讲。国际经济学研讨会是一个继续教育项目，企业家和经济学家在当地学习异国语言与知识。1910年的讲习班设在维也纳，海德里希以题为"奥匈帝国经济生活的自然条件"的演讲作为开场白，他在演讲中坚称，"经济生活"植根于"地理环境"。紧随其后的是维也纳大学商业地理学专家约瑟夫·斯托伊泽（Josef Stoiser）。他根据君主国的各个自然区域开设了一系列讲座。[64]海德里希与斯托伊泽等学者厌恶严格意义上的主观价值理论，不过他们也执意证明古典经济学家假定生产方式与气候相配合不言自明是错误的。相反，现在气候学家、地理学家和政治经济学家的工作是描述每个地区的气候特征，并推断其在正在兴起的"世界经济体系"中的地位。

## 帝国的身体

我们这套理论（姑且将其称为哈布斯堡统一的生态学合法性理论），不仅有对哈布斯堡治下各地物理环境研究的支持，还能在有关人体与周遭环境关系的新认知那儿找到根据。19 世纪末，细菌理论成为解释疾病的主流理论，但医学从未完全放弃对"空气、水和地方"的关注。在整个 19 世纪，人们认为殖民化成功与否要视定居者对新环境的"适应"程度而定。虽然此时细菌理论已颇有进展，但殖民地医生还是更仔细地考察了决定健康或疾病的环境因素。[65] 这也发生在奥地利帝国。19 世纪 70 年代（细菌理论兴起）以前，军事和医学专家经常将帝国军队士兵抱恙归咎于不健康的地理环境，他们认为奥地利在 1859 年和 1866 年的军事失败也是环境作怪。[66] 例如，他们曾警告克罗地亚，当地士兵身处恶劣环境，被安排在透气却过度拥挤、通风不良的居所中，无法抵御各种恶劣天气，包括猛烈的布拉风。他们还建议治理萨瓦河和德拉瓦河，疏通导致疟疾的积水。[67] 更概括地说，他们把"气候的多变性"（Klimawechsel）视作对哈布斯堡士兵健康的威胁。这种说法在古代医学知识中能找到对应，即认为"多变"的气候比稳定的气候更不利于身体健康。[68] 即便在细菌学兴起之后，环境健康仍然是一个军事问题，尽管从 19 世纪 80 年代开始，军队允许士兵驻扎在他们的故乡。事实上，十四卷《奥匈帝国大型驻军所在地的卫生条件》中的第一卷就出版于 1888 年。

与此同时，医生们也开始重新思考"气候变化"的影响。1856

年，帝国-王国医学会成立了一个浴疗学委员会，以便对君主国的疗养胜地（Kurorte）进行全面调查。该委员会倡议为"每一位国民，每一位自然科学之友，每一位体弱多病者"提供帮助。他们号召各地公民详尽描述局地气候与医学特性，哪怕是那些治疗属性"站不住脚甚至完全不重要"的地方——这一点尤其值得注意。[69] 也是在这时，新成立的 ZAMG 开始为全帝国的疗养院提供仪器监测当地气候条件。"气候疗法"最终被定义为"研究多变气候的影响，以行治疗之事"，重点在于"气候的多变性"。[70] 气候疗法大大刺激了奥地利的旅游业，成为艾莉森·弗兰克·约翰逊（Alison Frank Johnson）所说的空气商品化发展的一部分。[71] 对奥地利来说，这意味着推销各个旅游目的地，从波希米亚和匈牙利西部的传统温泉，到奥地利阿尔卑斯山的湖边度假地。截至 19 世纪末，这个医疗市场还纳入了位于伊斯特里亚和达尔马提亚的所谓的奥地利里维埃拉（即奥地利海滨度假区），以及塔特拉山和喀尔巴阡山脉其他地区的高海拔度假地。哈布斯堡的经济越来越依赖温泉和度假胜地，城市居民和体弱者被吸引到那里，享受阳光、白雪，呼吸干燥空气，感受海风。因此，气候差异鼓励了人员与货物的流通，这对经济发展非常重要。

事实上，正是在这一时期，穿越帝国的旅行者开始欣赏那些此前被描述为荒地的风景，其中有峭壁，也有干旱的喀斯特地貌，还有匈牙利大草原。施蒂弗特在《两姐妹》中描绘了这种转变，故事围绕在蒂罗尔南部过着艰苦高原生活的人物展开。"我"习惯了故乡波希米亚的肥沃土地，"不知道还有什么美丽的风景……然而，当我站在这片空无一物的荒地上……却体会到了一种宁静的美，似乎大自然在我面前吟诵了一首简洁而崇高的诗"。[72]

## 结论

1848 年以后，与其说出现了一种新奥地利理念，不如说兴起了一种看待和感受奥地利领土的新方式。1850 年，贸易大臣冯·布鲁克仍然可以说中欧的气候相对统一，但从 19 世纪 70 年代开始，科学界与议会都开始赞扬奥匈帝国气候的多样性。人们看到了多样性的现实价值，随后也就看到了多样性本身。自然科学和人文科学的研究揭示了气候、土壤、语言与文化的微妙变异，以及由此产生的流动与交流模式。于是，人们开始以一种新的方式思考奥地利。它不再是一个崇高的抽象概念，也不是一个同质的民族共同体，而成为一个流通的物理空间。

# 第三章

# 帝国-王国科学家

"看样子，奥地利帝国注定率先成为研究气象关系与气候关系的第一流学院……这里既有海洋性气候也有大陆性气候。从沿海到内陆，从阿尔卑斯山顶到山谷，大气条件天差地别，没有哪里比这里更适合研究、掌握大气之间的相互作用。"[1] 1852 年，为纪念 ZAMG 成立，维也纳科学院召开了特别会议，创始人卡尔·克赖尔（见图 7）所长在会上发言。克赖尔在上奥地利的山区长大，父亲本是农民，后来升为帝国教育部的低级行政官。青年克赖尔有幸免费就读于一所文理中学，那里偏重自然科学教育，这在当时可不一般。随后，克赖尔在米兰与格丁根气象观测站担任助手，听闻著名探险家洪堡与天文学家卡尔·弗里德里希·高斯的雄心壮志：建立一个精密仪器网络来记录全球各地大气与磁场每时每刻的变化情况。克赖尔梦想着这个项目能在奥地利落地，这里幅员辽阔，各地区域图都有待精确绘制，他的计划得到维也纳新成立的科学院的支持。[2]

克赖尔为科学院规划的地理测绘事业史无前例。精确的哈布

图 7　卡尔·克赖尔，石版画，贝卡尔作，1849 年

斯堡君主国全境地图近些年才问世。克赖尔是第一个想到进行帝国全境地球物理调查的科学家，他随后负责推进这一项目。像他这样的学者选择冒险踏入匈牙利大草原、达尔马提亚喀斯特地貌区，乃至阿尔卑斯山的高峰，可谓非同凡响。当时，科学院、ZAMG、帝国地质研究所与动植物学会等研究机构相继成立，新一代科学家即将成为研究奥匈帝国整体自然环境的专家。

新的职业身份——帝国-王国科学家——就此诞生。一直以来，哈布斯堡公务员都是奥地利理念的守护者。本章想探讨的问题是：自然科学家为什么受"多样中的统一"理念的感召？这一理念对奥地利历史与科学史又产生了何种影响？

## 裁定大小

本书指出，帝国-王国科学家能将地方细节整合进综合概览，既关注局部又不忘整体，他们的公信力正源于此。得益于正确判别微小事物重要性的能力，哈布斯堡野外科学事业在 1848 年革命后的几十年里依然能得到政治支持。革命后的第一个十年里，帝国-王国科学家在施蒂弗特的小说中宛如神祇。施蒂弗特被誉为奥地利的歌德或普希金，他是一位激情满满的业余博物学家，一度立志于成为一名物理学家，他在小说中用心刻画了科学工作者的高贵气质与美感。他再三强调，博物学家拥有更可靠的尺度感，不会像一般人一样只凭个人喜好看待各种现象。在他最著名的小说《夏暮》（*Der Nachsommer*）中，主人公掌握了更多知识以后，尺度感也发生了变化。故事的核心是一位初出茅庐的博物学家与一位睿智长者之间的友谊，据说博物学家这个角色以地质学家、气候学家弗里德里希·希莫尼为原型，长者则与维也纳物理学家安德烈亚斯·冯·鲍姆加特纳有几分相似。年轻人从长者那里学到了文艺与科学的法则，掌握了诸如户外作画与预测风暴的诀窍，要点在于留心那些大大小小的信号，它们既"粗糙"又"精细"，既"近在眼前"又"深入更广大区域"。[3] 在小说的后半段，博物学家感谢长者，在后者的教诲下，自己成功扭转了原有的尺度感："大的东西在我眼中变小了，小的东西则变大了。"[4]

19 世纪 50 年代和 60 年代，在奥地利新成立的专家科学协会中也能听到这样的声音。例如，1852 年，动植物学会于成立次年在维也纳举办了一场会议，植物学家爱德华·芬茨尔（Eduard Fenzl）在会上做了以下发言：

　　因此，我们需要像以前一样头脑清醒，通力合作；像男子汉一样自信，抛却怯懦与自我怀疑，也要警惕傲慢与自负；要敢于现身公共场合，参与科学辩论；要坚守更大的真理世界，它乃由微小的真理融合而成，只有当一切私利服从于科学的独一无二的权威，真理才能服务于学会的终极目的。先生们，小的能撬动大的，掌握这柄杠杆，我们便能满足祖国的期待，让科学劳作发挥它固有的价值。先生们，你们已经并将永远拥有这一切，只要你们愿意坚持做到：对每位成员的每一项微小研究永葆好奇，哪怕它不合你的脾性，无关你的专业，超出你的理解范畴。全体会议必须继续充当不同学术兴趣的重要黏合剂。[5]

芬茨尔这套帝国-王国科学家修辞术颠覆了表面上的大小与实际大小，也颠覆了天真之言与专家之见。这场演讲紧随1848年革命之后，其中的政治教益不言而喻。若想实现合作共赢，万不可纠结小事。然而，"小"的东西不一定真的很小。一个研究者眼里的小事可能是另一个研究者眼中的大事，日后或可被证明切中了自然法则的要害。因此，要想献身哈布斯堡的科学事业，必须掌握以小见大的能力。

本章探究了学者如何学会突破其出身的地方性与特殊性，最终成为一名帝国-王国科学家。我们要记住，并非任何投身哈布斯堡科学事业的人都能完成这种尺度感的转换，后续章节会谈到一些伟人，例如波希米亚植物学家埃马努埃尔·普尔基涅（Emanuel Purkyně）、加利西亚气象学家马克斯·马尔古莱斯（Max Margules）、英德捷三国混血地理学家朱莉·莫舍莱斯（Julie Moscheles），他们富有创造性，却因国籍、宗教或性别（或三者交互作用）而被判定为"地方"博物学家，这样的人还有很多。接下来，就让我们走进哈布斯堡君主国的几个地方，它们是研究整片国土的绝佳地点。

## 制造地方

今人对中欧气候史的了解部分依赖连续的仪器记录，这些记录始于 18 世纪中叶，来自哈布斯堡治下的三个地方：位于布拉格耶稣会学院的巴洛克式天文塔——克莱门特学院（Clementinum）天文塔，它从 1752 年起服务于气象观测；上奥地利林茨附近的克雷姆斯明斯特本笃会修道院，那里的修士从 1763 年起就坚持做气象记录；米兰，18 世纪 60 年代起，那里也开始了气象观测，但伦巴第与君主国其他地区从未有过密切的知识联系，而且从 1859 年起，这里就不再受君主国控制。因此，布拉格和克雷姆斯明斯特将作为我们故事的主角。在奥地利帝国，许多气候学研究的领军者都认为自己在这个或那个地方建立了功业，每个研究中心都自认其所负责的项目与当地特定自然、文化环境相关，是当地独特文化的一部分；但同时，每个中心也自诩了解全国大气情况的窗口。

### 克雷姆斯明斯特

上奥地利一片青山绿水，西与巴伐利亚接壤，北邻波希米亚，东接多瑙河谷，南达施蒂利亚的山峰。它的财富源于萨尔茨堡周围地区的盐矿、煤炭与铁矿。高海拔牧场能够发展传统农业，也能养牛、种植果树。这里也有过暴力的宗教历史，它曾是反宗教改革战争的主要战场之一。到了 18 世纪，新教失势，本笃会站稳脚跟。巴洛克式的修道院今天仍是上奥地利的一道风景线。

在哈布斯堡气候学的建制过程中，最突出的两个贡献者都是上奥地利人，他们是卡尔·克赖尔与尤里乌斯·汉恩。更重要的是，他们二人都毕业于克雷姆斯明斯特修道院修士开办的文理中学（彩图 1）。克赖尔毕业于 1819 年，汉恩毕业于 1860 年。更巧的是，两人的家庭都不富裕，他们都以奖学金学生的身份在学校就读。除了他俩以外，克雷姆斯明斯特还培养了施蒂弗特，他的作品让地球科学也在奥地利文学典籍中占据了一席之地。气候学的另一位先驱——约瑟夫·罗曼·洛伦茨·冯·利伯瑙（Josef Roman Lorenz von Liburnau，1825—1911）——曾在附近的林茨的文理中学上过课，那里的自然科学教学也受克雷姆斯明斯特修道院的影响。

近期有研究指出，本笃会在 18 世纪"哺育了大量天主教启蒙主义者，远超其他修会"，原因之一是本笃会修士们愿意接触新教思想元素。[6] 例如，克里斯蒂安·沃尔夫（Christian Wolff）的著作在克雷姆斯明斯特修道院引起热议，他是 18 世纪初理性主义哲学家。因此毫不意外，克雷姆斯明斯特修道院的自然科学会受更具新教色彩的"物理神学"的启发。物理神学在 18 世纪的德语学者中盛极一时，其本质在于努力从自然界最平凡、最微小的事物中体察造物主的智慧。在克雷姆斯明斯特修道院里，宗教情感催生了高度严谨的科学观察体系。[7]

众所周知，修道院的天文观测台或"数学塔"建于 1748 年至 1758 年。很大程度上多亏了克赖尔的导师——天文学家博尼法兹乌斯·施瓦岑布伦纳（Bonifazius Schwarzenbrunner），这里才聚集了当时最先进的科学仪器，在中欧无与伦比。据说，施瓦岑布伦纳一心收集更精良的仪器，最后逼疯了自己，40 岁就去世了——不过在此之前，他说服皇帝为他提供顶级时钟、经纬仪与赤道望远镜。[8] 在汉恩的学生时代，这里的气象仪器就有温度计、气压计、测量湿度的干湿表与湿度计，以及测量大气中臭氧含量的仪器。汉恩读小学时，奥古斯丁·雷斯尔胡贝尔（Augustin Reslhuber）主管天文观测台，他认定这些昂贵仪器在这儿免遭闲置，被学生们好好利用，"颂扬了造物主的力量，教育并提升了人性"[9]，从而真正发挥了价值。由此可见，精密气候学是一项精神事业。

修士们醉心于天体与大气研究，给克赖尔、汉恩等学生留下了深刻印象。两人都非常喜爱老师与学校的朋友，乃至毕业后也常在休假时回克雷姆斯明斯特修道院。奥地利能在 19 世纪 40 年代和 50 年代就建立起气候科学，很大程度上要归功于这所修道院里的博物学家。1841 年，马里安·科勒（Marian Koller）研究了上奥地利的温度分期；1854 年，奥古斯丁·雷斯尔胡贝尔调查了克雷姆斯明斯特附近的泉水水温。修士们就这样精细地调查了当地气候变化的范围。这些研究帮助界定了当地环境的特殊性，制造出了"地方"。克赖尔与汉恩所痴迷的正是那特殊的地方环境。[10]

在"制造地方"的同时，科勒的教学也颇具远见，他告诉学生们，未来的气候学研究立足于大规模合作，需要效仿洪堡和高斯在地磁学上开辟的先河。早在 1841 年（那时电报通信尚未问世），科勒就已经意识到需要在全球范围内进行同步观测。他写道："人们内心深处日渐相信，这个星球的每个角落始终进行着大气交流。地球上这处的大气状况只是别处大气状况的结果。"科勒设想了一个由强大核心国家领头的国际项目。"整体繁复，任务艰巨，远非个体体力与心智力量所能及。只有在有幸得到强大当局庇护与支持的社会中，联合各方力量，才能回答气候问题。"[11] 再过 10 年左右，克赖尔就能获得帝国的支持，发展这项事业。到那时，克雷姆斯明斯特和林茨将成为帝国气象观测网络的两个核心节点。

### 布拉格

克雷姆斯明斯特当地环境更多地是在精神层面充当了观察全球现象的窗口，布拉格则恰恰相反，作为波希米亚首都（首府），这里弥漫着注重实践的科学文化氛围，培养出好几位奥地利帝国的早期气候学领袖——爱德华·修斯、卡尔·弗里奇（Karl Fritsch）、埃马努埃尔·普尔基涅和弗里德里希·希莫尼。可以肯定的是，这里和上奥地利一样，启蒙运动方兴未艾。弗里奇甚至声称，他从学生时代起就被气候学吸引，因为布拉格的天文台在他心中连接着上帝的智慧与宏伟。[12] 然而，物理神学在布拉格却没掀起波澜，这一时期的波希米亚知识分子更为务实，时常公然蔑视德意志北部的观念论。这种倾向在前神父贝尔纳德·博尔扎诺（Bernard Bolzano）的普世人文主义思想中表现得最突出，博尔扎诺启发了中欧分析哲学的后续发展。对气候学来说，更重要的是 18 世纪末波希米亚爱国主义的崛起，这种爱国主义思想最看重经济发展。

波希米亚爱国经济协会是一个致力于农业改良与民众启蒙的志愿组织，它起源于玛丽亚·特蕾莎（也译"玛丽亚·特利莎"）统治时期。当时欧洲其他国家都对海外殖民地虎视眈眈，波希米亚的发展主义者却更看重勘探本国领土内的自然财富。他们一面给有用的植物、矿物分布编目，一面为发展农业、林业进行气候学观察。从 1796 年起，爱国经济协会就与布拉格的耶稣会气象观测站（见图 8）联手推进系统的气候学观察，以及后来的物候学观察。18 世纪 90 年代末，除布拉格气象观测站以外，波希米亚其他六个气象观测站也开始记录天气。[13]卡尔·弗里奇作为爱国经济协会的气象观测协调人开启了他的科学生涯。

这些地方自然环境研究不仅具有实用价值，而且具有象征意义。波希米亚爱国者坚持他们的王国自成一体，帕拉茨基 1849 年说过："不可能在不摧毁波希米亚的前提下分割它。"[14]鉴于自然环境与自然资源对波希米亚爱国主义如此重要，帕拉茨基的儿子——扬——后来成为一名生物地理学家，而且特别关注气候、土壤和植物生长之间的关系，恐怕不只是巧合。扬·帕拉茨基继承父志，一心促成捷克语的现代化，甚而自造了一个捷克语单词来表示气候学——vzduchosloví[15]，字面意思是"空气学"。同理，我们若知道深受大众喜爱的捷克小说家鲍日娜·聂姆佐娃（Božena Němcová）也是"捷克大地上植物地理学研究的先驱之一"[16]，也无须大感惊讶。聂姆佐娃应生理学家、爱国主义活动家 J. E. 普尔基涅的要求，为他的杂志《生活》撰写了一系列旅行小品，强调地方文化与自然

图 8　布拉格克莱门特学院从 1752 年开始定期用仪器进行气象观测

环境相互依存。

　　和克雷姆斯明斯特一样，波希米亚这类科学调查有助于界定当地的自然与文化特征，同时也使波希米亚成为观察帝国整体自然环境的优势地带。摩拉维亚诗人希罗尼穆斯·罗姆（Hieronymus Lorm，1821—1902）同样概括了这类科学调查的双重目标，还称爱国主义情感是"自然之美最强大的根基"，不过自然界中最美妙的是那些随处可见的东西。[17] 换言之，地方环境因为解释了自然界的普遍性，其价值才得以升华。这样一来，植物地理学家埃马努埃尔·普尔基涅和拉吉斯拉夫·切拉科夫斯基（Ladislav Čelakovský）对波希米亚植物进行分类，就不仅是出于当地实际需要，他们还想制定一套更普遍的分类规范，即根据海拔和气候条件分类。我们可以看到，J. E. 普尔基涅（埃马努埃尔·普尔基涅的父亲）正是本着这种精神（欣赏地方特有细节中超越地方的意义），为首份捷克语科学杂志 1853 年的创刊号写下了序言，他坚决主张"在无限的自然界中，没有什么无足轻重，人类的需求也并非唯一的衡量标准。广泛且不加区别地捕捉、理解感官感知到的一切，便是博物学家的任务所在"[18]。

由此可见，布拉格、克雷姆斯明斯特的气候学研究项目各有看重地方特殊性的理由。此外，两个研究项目也都贡献了地方性生态教益。例如，波希米亚坐拥平缓的山丘和茂密的森林，这提醒人们格外留心植被对气候的细微依赖。再如，上奥地利的阿尔卑斯山麓启发人们研究山风与暴雨的起源。当然，未来的帝国-王国科学家都从当地文化中掌握了一套以小见大的方法。

## 科学与国家

不过，在成为帝国-王国科学家以前，地方博物学家必须经受漫长历练。哈布斯堡王朝几乎与西欧、北美同步迈入科学职业化时代，只是它所遵循的路线不同于西欧与北美。英美科学工作者一般可以从工业或私人教育机构那得到科学赞助，但奥地利的科学家几乎只能依赖国家。他们是大学教授、文理中学教师与研究机构雇员，属于公务员（Beamte）阶层，这个阶层素来认同并效忠宫廷。相较于英美学者，奥地利学者的专业自主权更小，他们直接仰仗帝国各部门的赞助。即使是学术聘用决定，也往往是维也纳（或后来的布拉格、克拉科夫）官员的意见最有分量。[19]但是，帝国的大臣却很少阅读学术研究成果。因此，个人关系，以及出版大众读物所积累的声誉对学术事业的发展至关重要。

我们从克纳的经历中就能了解奥地利科学家的特殊处境。1869年，来自黑森州吉森市的植物学教授赫尔曼·霍夫曼（Hermann Hoffmann）得知植物学家克纳已经广泛开展了物候学（季节性现象）研究，他瞠目结舌，赞不绝口。霍夫曼说克纳"艰苦地"收集数据，又"成功而谨慎地"解释了这些数据，他对此大为钦佩。然而他只能"在自己论文的几处"引用克纳的研究，因为他"只是通过几段摘录零星地了解到"克纳的研究。[20]霍夫曼在《科学植物学年鉴》等专业期刊上发表论文，而克纳的作品仅刊载在《奥地利评论》上，那是一份面向奥地利民众的普通杂志。霍夫曼在信中表示，为了吸引国内普通读者，奥地利将外国专家读者拒之门外。

许多维也纳之外的哈布斯堡博物学家要想从事科研，只能在地方学院、博物馆与期刊编辑部施展拳脚，因为只有这些地方支持科学研究。帕拉茨基就曾说过："波希米亚的繁重工作惹人心烦，在其他国家，这些工作会由政府、学院和教育机构共同承担……但在这儿我必须既是搬运工人也是建筑大师。"[21]当然也有别的办法，例如雄心勃勃的科学家可以选择搬到维也纳，但是那儿的生活成本十分高昂，特别是在组建了家庭以后。ZAMG成立早期，所长卡尔·耶利内克（Carl Jelinek）只能请求教育部支付汉恩等年轻兼职研究员的工资，使其大致与维也纳中学教师的工资相当（而后者的收入甚至低于地方上的教师）。[22]

在这种氛围下，我们今天所谓的"环境科学"在当时其实不堪一击，时人都期望环境科学知识能直接对国家做出贡献，在采矿、林业和灌溉应用中立竿见影。科学家们害怕失去大臣的青睐，不愿冒险提出争议性观点。例如，博物学家、林业专家约瑟夫·韦塞利（Josef Wessely）就使出浑身解数遮掩出版物中对政府的批评内容。1872 年帝国林业管理部门重组后[23]，韦塞利出任期刊《林业季刊》的编辑，他想要在文章中对林业部门的官员——男爵尤里乌斯·施勒丁格·冯·诺登伯格（Baron Julius Schröckinger von Neudenberg）——做出隐晦批评，所以把形容词"schrecklich"（可怕）改为"schröcklich"（糟糕）。后来排字员把它改回了"schrecklich"，韦塞利又改了一次，并且加了一条说明告诉审稿编辑留着"schröcklich"不用管它，但编辑没听。韦塞利在与波希米亚年轻的博物学家普尔基涅的通信中透露了自己的花招，他说"本刊就这样更正了我一年中唯一的玩笑"[24]。韦塞利想借此事警告普尔基涅，敦促他在发表作品时更审慎。但在第九章我们就会看到，普尔基涅没有听从韦塞利的建议，而他的事业因此受到了打击。

## 帝国的知识体系

第一代帝国－王国科学家如何确立起专家权威，代表整个君主国发言？这些新实践者的所言所行构筑了帝国－王国科学知识体系，而他们的权威部分源于亲自对比奥匈帝国各地自然文化差异得到的第一手资料。汉恩为《奥匈帝国图文集》撰写帝国气候概述时写道："大自然赐予奥匈帝国子民进行气候研究的绝佳环境。一个人若有心周游四方，又能付诸行动，他无须跨越国境便能直观感受到气候的强烈反差，相同距离下欧洲其他国家可不这么变化多端。"[25] 帝国－王国科学家的本质在于动态地体察君主国的"物理差异"、"气候边界"与"过渡区域"。这一身份是男性化的，且与种族无关。有了这种身份，科学家分析帝国自然体系中整体与部分的关系时也就有了权威。

谙熟 19 世纪野外科学史料的人很了解帝国－王国科学家科学探索记录中的一些内容。[26] 哈布斯堡的调查者既是往往从历史悠久的地方脉络型研究出发的西欧博物学家，又是在海外殖民地游历的欧洲科学家，他们必须努力理解陌生风景与文化的意义。两种模式在哈布斯堡研究中并无明确分野，这是哈布斯堡个案的特殊性所在。相比拥有海外殖民地的帝国，哈布斯堡的领土延绵不断，因此帝国中心与外围、大都会与殖民地之间的界限更为模糊。奥地利精英也和西欧帝国主义者一样，自诩把文明传播到了边境的"原始"民族中，但他们却不太容易在地图上指出哪里是文明的终点，哪里是落后的起点。实际上，二元君主国也避免使用"殖民地"一词，而更愿将新占领的土地（1772 年的加利西亚、1774 年的布科维纳、1878 年的波斯尼亚和黑塞哥维那）称作帝国的"自然"延伸 27——这种姿态其实就是国家鼓励发展地球科学的意识形态动机之一。

科学家会出于何种目的游历哈布斯堡的领土呢？可以肯定的是，在 19 世纪，科学家与其他市民阶层一样会为了放松身心而旅行。有时他们的确能在同一个地方工作、休憩与疗养 28。但野外科学家有其他旅行目的，比如检查帝国气象观测网点，这项工作对大气科学至关重要。天文学需要定期比对仪器，确保观测统一。从 1855 年到 1857 年，克赖尔每年都要花 3 个月的时间出行，去检查当时仅有的 90 个网点。在他的游说下，教育部额外拨给 ZAMG 800 基尔德作为旅行资费，但他的继任者要想获得资助则需亲自争取。29 克赖尔坚信只有亲自检查每一个测量仪器才能确保测量结果适于比较。

另一种野外科学旅行是探险或调查，科学家会徒步穿越一个地区，记录当地物理特征并采集矿物与植物。海外殖民地的科学调查员宛如殖民帝国的化身，象征它非个人的、隐含无情色彩的客观权威 30；但帝国内的调查员则更加温和，立场也不太分明，约瑟夫二世统治时期以来，他们就与帝国各地的臣民相熟。在 19 世纪的奥地利文学作品中，调查员是故事里那些"体察不同地区风土人情"的人。施蒂弗特的小说《石灰岩》中的"我"——一位调查员——曾说，"我的一部分工作是与许多人打交道并记住他们，所以我能认出那些多年没见的人，哪怕我们只打过一次照面"。31 这就是帝国调查工作人性化的一面。

到了 19 世纪中叶，维也纳自然地理学新课程要求大学师生也参与实地考察。18 世纪以来，中欧便慢慢形成了由自然科学志愿协会组织短途考察的风气，这些协会将贵族与资产阶级聚到城镇周边的山丘或湖泊处，一起歌颂"当地"自然环境，弘扬爱国精神。[32]但直到 19 世纪中叶，在弗里德里希·希莫尼的敦促下，地质研究的首要课题才转到君主国全境领土上，此前重点都在矿物学上，至于地球史课程则一直在讲《圣经》中的创世故事。爱德华·修斯回忆早年地质研究时感慨道："奥地利多样的地质环境叫人惊叹，这里既有波希米亚的古老山地，又毗邻俄国平原的边缘，更年轻的阿尔卑斯山与喀尔巴阡山，以及咸海-里海盆地的西部边缘都在其境内。但大学却完全不教这些雄伟风光的相关知识。"[33]修斯于 1867年成为维也纳大学地质学教授，他会带领学生外出郊游，一般都前往维也纳郊区的山丘。还有阿尔布雷希特·彭克，他在 1885 年被任命为维也纳大学地理学教授，远足是他课程教学的一部分。1896年，维也纳大学从教育部获得了 600 克朗的补助金，专用于资助彭克的远足活动，其每年至少开展一次，多的时候有三次或四次，并且每次都有二十几名学生和教授参加。[34]

短途考察的目的地一般在从维也纳市区步行几小时便可到达的范围内，不过有时也会去往偏远地带。18 世纪时，帝国一度大修公路，兴建公路维护系统，因此 19 世纪 20 年代以后，帝国便兴起了"现代旅游业"。[35]不过，哪怕进入 19 世纪中叶，君主国很多地方的出行还是艰辛与危险并存。后来有位矿业官员说："君主国大部分地区出行不易，以至于当时地质勘探工作的难度堪比发现新大陆。"[36]修斯回忆19世纪50年代阿尔卑斯山区的情况时说："只要屋顶多多少少防点水，有捆干草能躺着睡觉，能喝上一碗牛奶，吃上一点黑面包，或者在这些共享餐食以外享用鸡肉丸等特殊美味，大伙儿就谢天谢地了。"[37]科学家们一般有仆人和马匹随行驮负仪器，但有时也不得不亲自拖上测量仪器、标本和其他装备。那个时代鼓励科学家尽可能广泛地观察与收集，所以研究者经常一次带足好几个学科的设备，以便同时收集相应学科的标本。进行实地考察的科学家还需要能在极端条件下运作的仪器，以及在缺乏详细站点数据的情况下，还能提供连续基线以便比较的仪器。例如，19世纪40年代，克赖尔在对君主国进行地磁测量时就带了一台测量高度与方位角的仪器、两台精密计时钟表、三台测量偏角与倾角的仪器、两台天文望远镜、两台便携式气压计、三个温度计和两个通过水沸点测量高度的测高计，还有"许多小工具、仪器、书籍、地图等"。[38]科学家们一般会一起扎下一个大本营，日间再分头行动。由于山区的地图还很粗略，科学家们往往也充当了土地测量员。

19世纪60年代以前，实地考察就已经成了地球科学的核心培训项目。1862年5月，汉恩在维也纳大学念大二时，在日记里盛赞首次外出考察的经历。那是一个"混沌而朦胧的春日"，彼得斯、索马鲁加与莫伊斯瓦尔教授带领汉恩一行学生登上了维也纳郊区的山丘。"（我们）在草地和采石场里爬了很久的山。我置身美景之中，感觉自己是个被包容的外来者。大家讨论着去阿尔卑斯山游玩的经历，我满怀憧憬地听着。真羡慕这些幸运儿，他们能像这样交谈。要是一直跟这些人接触，生活该是多么新鲜有趣！想到自己孤独空虚的日子，我不禁悲从中来。"[39]汉恩——这位出身寒门的外地青年——认为自己是维也纳与维也纳学术界的局外人。第二年，汉恩又记录了9月与修斯及其他几位杰出博物学家的周日出游经历。他们发现了一块海洋化石，又碰见了一位正进行"符合科学规范"的土地调查的哈布斯堡军官。"（我们）度过了一段美好的时光。"汉恩总结道。后来他回忆起这段记录时补充道："我兴奋地回想着早年的出游经历，我与同伴们挤在公共火车的车厢里，除了修斯跟阿恩施泰因，我谁也不认识……当年我对这些科学伟人佩服得五体投地，敬重有加。在我眼里，他们几乎来自另一个世界。"当他偶然听到一位同伴对别人说，汉恩最近在卡尔斯巴德主持了自然科学家大会地质分会，并在会上与臭名昭著的奥托·福尔格（Otto Volger）辩论，他为此"欣喜若狂"。"命运把我丢进了哪些科学明星中？他们叫什么名字？修斯正和车夫坐在外面，没人能为我指点迷津，我只能虔诚地聆听他们的谈话。"[40]

从汉恩的经历中我们看到，实地考察可以帮助青年博物学家完成专业化与社会化。就像爱德华·修斯所坚称的，学校无法教授"在自然界中（能找到的）快乐"。这项能力证明"那个男子汉尚未完全城市化"，他还保留了一丝古人的"野性"（Wildlingsleben）。"人们会原谅猎人流露出超乎常人的野性，同理，地质学家若是如此，他们也能谅解。"[41]由此可见，实地考察能增进友谊，并帮助确立男性化的科学身份，使科学家们在某种程度上超越阶级与国家的隔阂。有时这种社会纽带甚至可以发展成为亲属关系，比如：诺伊迈尔是修斯的女婿，汉恩是克赖尔的孙女婿，瓦格纳是柯本的女婿，蒂泽是豪尔的女婿，韦特施泰因是克纳的女婿。

尽管如此，实地考察也不总是愉快的旅行。君主国乏人问津的地带潜伏着种种危险，它们有的真实存在，有的只是人们的想象。例如，克赖尔从1846年就开始了地磁调查，但因匈牙利国内与周边地区的革命动荡，调查只能在1849年被迫中断。而在前一年，克赖尔在巴纳特被当作间谍遭逮捕，遭受屈辱，他忠诚的助手卡尔·弗里奇也被指控绘制了一张军事防御工事地图。屋漏偏逢连夜雨，克赖尔回到维也纳时还发着烧。[42] 气候学家们还必须提防小偷，那些昂贵仪器尤其容易被盯上。1800年前后常有小规模盗窃和袭击，之后可能也是如此。[43] 1870年的一天夜里，在加利西亚和匈牙利的边界上，三位地质学家目睹了一起盗窃未遂事件，有窃贼想偷走他们马车夫的马匹。他们风趣地在报告里写道："当时我们有三个人，所以马比我们更危险。"他们接着写道："（我们无法给帝国地质研究所的期刊提供一份关于逮捕）一群强盗（的报告），真是个耻辱。"接下来他们的口吻严肃起来，说这次经历为他们敲响了"警钟，我们每个人不得不独自旅行时，一定要极其谨慎"[44]。不过，鉴于东欧和北美"狂野西部"之间文化交流不少，有关危险的报告可能是夸大其词。[45] 例如，1858年，克纳正为前往匈牙利与特兰西瓦尼亚之间的比哈尔山科考做准备。他向匈牙利当局申请携带武器。他获准使用"一把用于打猎的双筒猎枪，以及一把用于个人保护的双筒手枪"[46]。在他发表的一份研究报告中，克纳讲述自己遭遇了可怖的匈牙利强盗（betyar），直到报告最后，他才说明整个事件其实是一场梦。[47] 然而，他认为自己与文明中心的联系被切断的感受绝对属实。实地考察的科学家只能依靠邮车与维也纳的研究所及各部门进行断续的沟通。[48]

除了休闲、健康、检查仪器与实地考察以外，哈布斯堡的野外科学家偶尔也会出于别的原因而旅行，因为每个成功的科学家在其职业生涯中都会多次更换住所。扬·苏尔曼（Jan Surman）研究发现，一个典型的哈布斯堡的大学学者，从地方大学毕业之后就会进入维也纳、布拉格的一流机构任职。在 19 世纪 60 年代的学院自由化之前，教育部为协调高等教育体系实施了双重战略。哈布斯堡试图从国外引进忠诚的天主教学者，又鼓励学者在各大学间流动，努力营造统一的学术文化氛围。时人都知道哈布斯堡的大学分为三种："入学型大学、晋升型大学与取得最终职位型大学。"这才有了西奥多·蒙森（Theodor Mommsen）那句令人难忘的调侃："被流放到切尔尼夫齐，被赦免到格拉茨，又被提拔去了维也纳。"[49] 1867 年后，各地行政部门开始影响教师聘用决定，不再是教育部说了算，于是以前的流动在一定程度上减少了，国籍对学术聘用的影响变大。不过，学者们仍然在帝国的大学之间流动，而这种流动也继续左右着研究趋势。苏尔曼表示，哈布斯堡的学者们自己也认识到"跨文化流动"会刺激知识生产，这也是科学与帝国历史学家的最新研究主题。[50]

野外科学家同样会在不同大学间流动，约瑟夫·罗曼·洛伦茨·冯·利伯瑙就是个合适的例子。他在 1878 年至 1899 年担任奥地利气象学会主席，又是维也纳第一所农业大学的共同创始人之一。洛伦茨与汉恩、克赖尔一样也出生在林茨，他是当地一位官员的长子。他首先在萨尔茨堡文理中学教书，在那儿研究起当地的沼泽。去里耶卡任教后，他设法用意大利语授课，并开始研究被称为喀斯特的石灰岩地貌结构。不久之后，他被聘去参加国家资助的亚得里亚海沿岸调查项目，在那里担任维也纳农业部的顾问，于是研究方向又转向了多瑙河。可见他每换一个地方，都会调整研究方向，开始研究新环境。[51] 这些地方甚至成为他身份的一部分，1878年被授予爵位时，他选择称自己为"von Liburnau"——"Liburnia"是亚得里亚海沿岸地区的古老称谓，他在那儿研究过喀斯特地貌。

克纳的研究也同样带有周游各地的痕迹，他从维也纳到佩斯，再到因斯布鲁克，最后回到维也纳。气候学家卡尔·弗里奇在为克纳撰写的讣告中说："克纳多次搬家，去过诸多地区。在一些地区，现行植物地理学观点不再适用，这无疑对他产生了极大影响。克纳的观察力敏锐过人，必定会注意到以前被认为同源的植物物种，若是在匈牙利大平原和特兰西瓦尼亚山麓生长，外观就会与在蒂罗尔的阿尔卑斯山谷生长的不同。"[52] 第十章将会谈到，克纳对这种异质性的敏锐带来了令人称奇的科学发现。


## "车窗气象学"


旅行经历有力地推动将君主国视为一个地理单元的新理念成形。[53] 国内旅行日益规范化，人们也日渐感受到奥匈帝国地貌的统一性。事实证明，新型交通形式（铁路、登山和热气球等）不光对气候学研究至关重要，它们还参与制造了人们对帝国的全景式体验。

铁路为汉恩提供了修辞框架，他借此在 1887 年出版的《奥匈帝国图文集》总卷中概述了奥匈帝国的气候。汉恩描绘了一个旅行者的半天旅程，他从寒风凛冽的维也纳出发，抵达温暖明媚的阜姆（里耶卡）。这位旅客的经历展现了铁路旅行如何产生一种多样统一的体验。一个不知疲倦的旅行者可以自东向西横跨整个帝国，他在切尔尼夫齐上车，又在布雷根茨下车，但起点与终点的温差不会超过 3 摄氏度。因此，铁路旅行产生了一种错觉，好像帝国的气候情况一目了然。

没想到登山运动也有类似效果。[54] 博物学家徒步登顶再下到谷地时，经常会思考空气若是也像他们一样翻越山峰会发生什么变化。登山爱好者海因茨·菲克尔（Heinz Ficker）一直利用气团穿越山峰和山谷时的变化描述天气转变。例如，1913 年研究中亚等地气候时，菲克尔经常画出山的轮廓图来思考其气象效应。他还反复对比对气团"开放"的地景（景观）和那些封闭的地景，甚至写到空气"侵入"开放的山谷。这些图像鼓励人们把君主国的山脉看作参与连续三维循环的要素，而非二维地图上的障碍物。[55]

更富戏剧性的是，菲克尔还乘坐热气球与阿尔卑斯山亲密接触。皇储鲁道夫在《奥匈帝国图文集》的导读中提到了空中视角的价值。他提议"（乘坐热气球旅行，像乘着鸟儿的翅膀一样）飞过广阔的多语言帝国，（带领读者）沿着山脉，领略不断变化的景色"。但现实中的热气球飞行可没这么优雅。菲克尔在他"焚风的热气球调查"中直言，研究"受到了许多意外的干扰"。[56] 可想而知，一个充气的布片飞入暴风中会遭遇什么，不过 1900 年左右，乘坐载人热气球开展研究还是成了气候学探索的重要模式之一，菲克尔、阿尔贝特·德凡特（Albert Defant）、威廉·特拉伯特（Wilhelm Trabert）和威廉·施密特（Wilhelm Schmidt）等人都乘坐热气球取得了科学发现。

人们也许会以为乘坐热气球可以拥有终极全景体验，但这其实并非热气球旅行的目的所在，热气球旅行者寻求的是对大气流动的无中介体验，他们想成为风场中的一个测试粒子。不过在现实中，热气球旅行者还是需要使用随身携带的测量仪器来报告自身体验。菲克尔提醒人们，仪器的读数"并不精确"，因为热气球就像"玩具"一样被垂直气流拍打，仅看热气球轨迹就可以知道更多信息。英国气象学家与热气球专家詹姆斯·格莱舍（James Glaisher）也描述过类似的飞行："我很难给仪器读数。我迷失了自我，也看不清仪器。"[57] 而恰恰在"迷失了自我"后，热气球旅行者开始用新的方式定位自己。在地表的日常生活中，二维空间感通常够用了，但热气球旅行者学会了在大气层的三维空间中定位自己。因此，菲克尔可以根据体感经历绘制出阿尔卑斯山上空气流的三维地图。他还学会了区分"仅具有当地影响力"的气流和对"（帝国大气）总体流动"有影响的气流。[58] 热气球因此成为一个重要的尺度工具。

像这样在极限运动中探索气候学绝非当时的常态。俄国气候学家亚历山大·沃伊科夫以奢华的旅行闻名于世。汉恩 1886 年从维也纳写信给弗拉迪米尔·柯本时说："沃伊科夫在这儿，但我还没见到他。我们的朋友生活得很滋润！我们很少有机会像他这样快乐地从事科研！"[59] 沃伊科夫的研究主要依靠网点数据，而非第一手观察资料。他最终乘坐跨里海火车（私人车厢），换乘马车与汽车前往中亚等地——在他看来，中亚等地是俄国未来气候研究的关键地区。[60] 其他气候学家则强调观察者在移动中产生的气候学印象颇具价值。罗伯特·德科西·瓦尔德（Robert DeCourcy Ward）（汉恩最狂热的崇拜者之一）鼓吹他所谓的"车窗气候学"。这是一种"去仪器化的、去系统化的、无规则的（气候学），如果你愿意的话可以'随心所欲'"，因此它对高度规律的、仪器化的、数值化的观测做了补充，后一种观测从 20 世纪初起就开始定义气候学。"哪怕是乘火车快速途经一个国家，旅人往往也有机会简单地观察天气，而无须仪器辅助，不过最好还是在悠悠骑马或步行时。这种观测会大大增添旅途趣味，若是途经地相对鲜为人知，他的观测结果就更重要了。"[61]


## 测量的绝对尺度与测量的生活尺度

这些"去系统化的、无规则的、'随心所欲'"的气候观察的初印象能发挥什么价值呢？我们可以想象，在 19 世纪下半叶，工具型天气观测网络虽然迅速扩张，但还是没能覆盖全国。永久性气象观测站的确可以提供大量数据，但没有气象观测站的地方，数据还是一片空白，只能通过调查工作来填补。与此同时，19 世纪末，科学家们也意识到他们身处向科学全球化过渡的时代，只身进行科学探索的英雄时代已经结束。

在科学全球化的历史转型中，气候学失去了什么？海德堡地理学家阿尔弗雷德·赫特纳（Alfred Hettner）在 1924 年写道："可以说当今气候学的主要研究方法，就是对气象观测站的定量测量数据进行分析。"但若假设凡是"精确的"气候学测量都应该由仪器代劳，而且要长时间定期进行，将定量观测视作气候学唯一法门，则失之偏颇。赫特纳相信并非所有的观测都可以用机械仪器进行，况且网点还不够密集，无法捕捉到局部变化。平均值也不能公平地反映当地气候的"生理"特性，例如季节时长与特有的风。[62]

为了说明这一点，赫特纳引用了汉恩和苏潘等奥地利权威人士的话。1906 年，汉恩曾感叹，帝国气象观测网观测员所记录的天气日志

并不完全符合气候学标准。换言之，有些记录是在没有仪器的情况下完成的。例如，对春季最后一次破坏性霜冻和秋季首次霜冻的记录（这些都没有定期报告，也就无法对其进行分析）。观察员还会记下分布广泛且为人所知的灌木、树木和农作物的发芽、发叶与果实成熟的日期，它们都比仪器读数更简明生动地再现了当地气候的特殊性，也就是日照情况、山谷或悬崖地势、山峰阴影等因素对气候的影响。[63]

菲克尔完全赞同汉恩的说法。1919 年，他在反映中亚等地气候

的第一手资料中写道："在这类旅行中，观察者的眼睛就是最好的工具，可以准确记下那些常设网点观察不到的东西。"[64] 动植物的分布情况是气候空间变化的重要指标之一，当地文化中也藏有一些线索。因此，一个细心的气候学家会关心当地作物类型、当地风的叫法，以及当地人选择在哪里疗养。

简言之，气候学家好奇那些现有仪器难以测量的变量。制造温度计和气压计等仪器是为了测量独立变量[65]，但生物对气象元素的反应是综合性的。人们想监测那些复杂的变量（如蒸发），以及其他对有机体至关重要的变量（如日照、湿度、蒸腾作用和臭氧含量等）。测量它们往往比记录温度或气压更棘手。蒸发这个对农业至关重要的因素尤难测量，因为它与其他气象要素有着复杂的交互关系，而且蒸发的测量结果取决于仪器的通风情况。这时就有必要决定是将测量这类变量视作"现实任务"，还是把它们当作"气象学和气候学要素"，即决定想要得到的是相对值还是绝对值。[66]

20世纪初，气象学引入了记录健康影响要素的设备，测量紫外线辐射、臭氧水平与"体感温度"等新定义的变量。这类仪器很多都需要专家操作，而且容易出错。例如，用毛发湿度计测量湿度，依靠的是有机反应而非机械反应，它的原理是毛发会随着大气湿度增加而膨胀，但并非所有头发膨胀的程度都一致。将身体要素纳入观测仪器，也会犯与个人观察相同的（主观性）错误。但在医学气候学与物候学（研究植物和动物的季节性现象）这两个子领域，有机体却是唯一工具。

以上种种原因促使哈布斯堡气候学家一般优先考虑流动的、多感官的全身性观察。这与埃德蒙德·胡塞尔的"前科学"（prescientific）经验的概念极为相似。实际上，胡塞尔的现象学正脱胎于1900年前后对中欧自然科学状况的分析，所以对理解哈布斯堡此时的尺度工作有特殊意义。它探究"前科学"体验，而科学最初正是从"前科学"体验中汲取了人类意义，历史性地发展而来。胡塞尔认为，我们在很大程度上是通过"运动"（kinesthesis）——对自己身体运动的感觉——来认识"前科学"世界或"自然"世界的。对象由观察者绕其进行的时空运动"构成"，"自然"世界依据与身体的相对距离被分为"远""近"两个，胡塞尔用"零点"[67]比喻一个人的身体位置，于是身体成了明确的测量仪器。胡塞尔认为，意向运动有可能打破远近分界，代之以一个隐含的尺度，从而有了对"相对接近"世界的描述。哈布斯堡气候学家也认为，个体在旅途中的观察记录往往来自感官印象，可以纠正并补充永久性观测网点的数据。若用现象学术语加以总结，可以说他们的尺度工作在于调和直接观测的"生活"尺度与网点数据的"绝对"尺度。

## 奥地利与自然地理学的全球化

将奥匈帝国作为一个领土单元进行研究，甚至可以激发人们在更大尺度上思考问题。电子计算器问世以前，分析大规模的地球科学数据极其费力。以汉恩为例，他结束对全球气温日变化的研究后，"短时间内不想再进行这类宏观研究"。直到计算了奥地利一带的大规模数据后，汉恩才重拾勇气，几年后又进行了一项全球研究。他当时在奥地利有公职，负责分析奥地利气象网络"相当全面"的数据。"我开始计划在奥地利开展早年设想的调查，以便后续在地表更广范围内进行一般性的比较，扩充现有研究。"[68] 两年后，汉恩的《气候学手册》问世，这是当时对全球观测数据最全面的调查分析。

事实证明哈布斯堡的国土很适合宏观思考，它将野外科学从民族国家的狭窄视野中解放出来，产生了全球适用的研究成果，不管是汉恩、菲克尔、马尔古莱斯、德凡特和埃克斯纳研究的动力气候学方程式，彭克和阿图尔·瓦格纳（Arthur Wagner）的史前气候学，还是约万·茨维伊奇（Jovan Cvijić，1865—1927）的喀斯特地貌形成理论，都具有普适性。可见在将地球视为整体的认识论的发展中，帝国－王国科学家的宏观视野有颇多贡献。帝国的超国家结构塑造了野外科学的逻辑——努力建构整体观念的同时承认地方差异。同时，奥匈帝国的全景研究也孕育了对超国家政治现象的新理解，用皇储鲁道夫的话说，二元君主国"不是偶然，相反，它是必然形成的结构"。[69]

### 爱德华·修斯

爱德华·修斯在心中勾画出奥地利地质地貌图以后，就有了解释大范围地表特征形成过程的理论雏形。修斯出生于伦敦，年轻时曾多次搬家，先后住在布拉格与维也纳。每每去往一个新地方，他都会受到影响。例如，修斯在波希米亚温泉镇卡尔斯巴德（Karlsbad）休养时，他看到了一个布满花岗岩的山谷，那里的"景观和地质结构都与布拉格、维也纳截然不同，我不厌其烦四处仔细观察"。修斯曾受雇于帝国-王国矿业博物馆（Montanisches Museum），为了收集矿物藏品而奔走于君主国各地。他还参加了阿尔卑斯山的登山运动，希望可以借此恢复精力。那是 9 月一个明媚的早晨，修斯在黑夜中徒步 3 个半小时后，与一位同伴抵达了达赫施泰因山顶，这座山因修斯在博物馆的资深同事弗里德里希·希莫尼而闻名。修斯在他的回忆录中写道："现实地图在我们脚下摊开。"20 岁的他已经熟知君主国几个不同的地质区："卡尔斯巴德的花岗岩区，布拉格附近的石灰岩区和板岩山区，维也纳的第三纪景观区，以及阿尔卑斯山的一类钙质区。"并置的地质景观给修斯设下了一个有关地球历史的谜题："我解释不了波希米亚高原和阿尔卑斯山之间的差别，从那时起，我一生都在为解开这个谜题而努力。"[70]结束一次法国之行后，修斯再一次被"帝国的多样性"震惊，这里是进行地质研究的宝地。加利西亚之行在他心中埋下了一个问题：为什么喀尔巴阡山脉西部与克拉科夫周围的地区天差地别？——"地球上其他地方再也不会有如此巨大的反差了。"[71]从这时起，修斯就开始在全球尺度上思考问题，他想知道地表动植物的分布情况，从中厘清各大陆的历史。他的研究区分了地方现象与全球现象，也区分了地区历史进程的证据与全球历史进程的证据。

修斯首先好奇海平面变化，而奥地利帝国的位置对于研究这个问题十分理想："奥地利帝国的土地类型异常丰富。欧洲几乎再无哪处构造差异像这里一样显著——波希米亚高原与阿尔卑斯山之间的反差，加利西亚平原下的俄国高原与喀尔巴阡山脉之间的反差，阿尔卑斯山与喀尔巴阡山脉之间的特殊联系，中亚盆地甚至跨越咸海，延续到多瑙河盆地和维也纳，还有其他许多景观。"[72] 这种反差只能从地球尺度加以解释，于是修斯提出了全球海平面变化（eustatic）理论。[73]

在他的印象中，这一理论诞生于"埃根堡平原"——下奥地利一块不起眼的地方，只有在与修斯记忆中其他景观比照时才有意义。"我第一次想到，这种广泛存在的统一性不可能是因为土地升高，只可能是因为水位下降。"这句话里藏着谜底。后来修斯耐心整理世界各国同行的研究成果时，他看到了一个全球模式：一边是稳定的大陆，一边是可变的海平面。不用再像同时代的许多人一样假设山地隆起，修斯给出了有关地平线变化优雅、简洁而普适的解释："地壳让位并陷落，而海洋跟随它一起下沉。"换言之，地球像一个正在变干瘪的苹果一样向自己内部塌陷。修斯将这一大胆的假设归功于他在帝国中体会到了自然多样性。


### 阿尔布雷希特·彭克

与修斯不同，阿尔布雷希特·彭克 1885 年来到维也纳时已经是一名成熟的地理学家了，那时他 27 岁。彭克出生于莱比锡，他在莱比锡大学获得博士学位，并在慕尼黑取得了教师资格。在他德意志的前同事眼里，彭克的事业似乎跑偏了。他们批评彭克追随他的导师修斯，想进行全球尺度的理论研究。据科学史学家诺曼·亨尼格斯（Norman Henniges）说，当时德国自然地理学家普遍接纳小尺度解释，反对大尺度解释，好稳固德意志地质研究的等级结构。[74] 按照德意志的标准，彭克沉溺于推断。但在奥地利，彭克却因能在全球框架中看到地方性细节的重要性而广受赞誉。

虽然与许多德意志研究者的意见相左，彭克还是与他维也纳的同事们一样，开始将哈布斯堡的领土视为统一单元。"波希米亚和摩拉维亚，匈牙利和阿尔卑斯山的土地，形成了一个整体，帝国不单是巧妙的政治联姻的结果。维也纳是帝国的中心，也是重要通道的连接点……它是结晶的核心。"不过后来政治环境不同了，彭克的观点也发生了改变。在他写于德意志第三帝国时期的一本未出版的回忆录中，彭克解释了为何在 1884 年选择任职维也纳大学，拒绝来自柯尼斯堡的邀请。他写道，尽管他觉得奥地利是"一个正走向衰退的国家"，但维也纳，维也纳大学，以及他的同事们——汉恩与修斯——还是吸引了他。[75] 不过考虑到这是一本写于独裁统治下的回忆录，我们要审慎解读。无论彭克在维也纳的 20 年间对中欧政治有什么私人看法，他都与维也纳的同事们一样，认为奥匈帝国的土地是孕育现代"科学"地理学的理想之地。

彭克在奥地利的这段时间对他的研究帮助极大。帝国的自然地理就是他的课程材料，他在这里教学生们实地考察。东部和迪纳拉山脉是彭克研究冰期欧洲气候的关键地点。他说小冰川是最好的"气候测量仪器"。通过观察整个阿尔卑斯山和君主国东南地区的冰川，彭克得以确定冰期的雪线。这些实地考察资料表明，冰期的天气模式与现在的大不相同，植被分布同样如此。1906 年，彭克准备离开维也纳前往柏林，他向自己服务的奥匈帝国致意："奥地利的地理差异比其他大多数欧洲国家丰富得多，（奥地利）本土研究极具吸引力，鲜明的反差使其成为地理学家的观察场，这在欧洲几乎无处能及。"[76]

彭克对哈布斯堡物质多样性的评价与修斯如出一辙，但他对君主国的人文多样性却评价不高。他试图在"这个国家复杂的物质构成中定位自己"时说："我环顾四周，沿着海岸线旅行，途经阿格拉姆（萨格勒布）和布达佩斯后返回。那时我意识到，在二元君主制下，各个地区的文明程度是多么不同。只有老奥地利人算得上德意志人，其他地区的人都不是德意志人，德意志人在任何地方都不被信任。我只了解君主国西部地区，但和学生一起游览时，我确实进入了匈牙利中部和波黑，以及达尔马提亚。我后来才接触到特兰西瓦尼亚，但根本没有去过加利西亚和布科维纳。真遗憾。"（当然，我们也要谨慎看待这段写于 1943 年的言论。）从 1943 年看，避开加利西亚和布科维纳可能是一个错误，因为在当时，波兰-乌克兰边境地区的地理知识对德意志第三帝国具有战略价值。这段话的惊人之处在于，奥地利地理学家精心编排的民族多样性被简化为"德意志人"与"非德意志人"。

诺曼·亨尼格斯评价彭克说，他对地理特殊性高度敏感，但对人的观察则很迟钝。根据彭克的民族志描述，他只看到了最粗糙的自我与他者。[77]他不像帝国-王国科学家那样致力于保持人类差异的可读性，不过他确实有一种跨尺度思考的能力，这在他对史前气候的冰川学推理中显而易见。即便彭克不认可奥地利理念，他的科学还是被超国家的结构塑造。

### 约万·茨维伊奇

约万·茨维伊奇和彭克都不是奥地利人，但事实证明奥地利对前者的研究有关键作用。1889 年，23 岁的茨维伊奇从家乡塞尔维亚来到维也纳大学，与修斯、彭克、汉恩一起学习自然地理学。1892 年，他在他们的指导下完成了一篇题为《喀斯特地貌》的论文。"karst"一词是斯拉夫语词"kras"的德语形式，原意为石质地面，特指迪纳拉山脉"喀斯特"景观。那里土壤相对贫瘠，布满洞穴、裂缝和地陷，地表干燥，但在多孔石灰岩的地下层中隐藏着河流。雨季时，水会沿着喀斯特地区的边缘汇集，但很快就会消失，地表再度干燥。

据茨维伊奇说，到 19 世纪末，奥地利的喀斯特研究比其他地方进展更快，部分源于长期以来，奥地利学者对于解决缺水土地的供水问题有现实兴趣。1878 年哈布斯堡军队占领波黑后，喀斯特地质之谜再次受到关注。灌溉也好，公路铁路的建设也罢，都需要人们深入了解喀斯特地貌，于是哈布斯堡的地质学家被委托对该地区进行研究。据茨维伊奇说，有关喀斯特形成的两种主流理论在奥地利找到了最清晰的衔接点。[78] 其中较为流行的理论认为，喀斯特是岩石层坍塌或断裂的结果。另有些人认为，水渗入岩石，侵蚀或腐蚀石灰岩（通过机械或化学过程）才形成了特殊的喀斯特地貌。茨维伊奇来到维也纳时，喀斯特地貌正是一个热门议题。

茨维伊奇比较喀斯特地貌的范围之广，精度之细前所未有。为了厘清表面结构和地下水文之间的关系，他对不同地区的喀斯特地貌进行了细致的分类，尤其观察了卡尔尼奥拉和摩拉维亚地区的喀斯特地貌，还观察了迪纳拉山脉这个经典案例。受修斯全球海平面理论的启发，茨维伊奇密切关注水位，他观测到了明显的季节性波动，因此得出结论：喀斯特地貌形成的核心过程是石灰岩的化学溶解。

正是茨维伊奇在 1893 年发表的文章巩固了"karst"作为通用术语的地位，胜过了"le Causse"——爱德华-阿尔弗雷德·马特尔（Édouard-Alfred Martel）描述法国中央山地喀斯特地貌时所用的词。茨维伊奇被誉为岩溶学（喀斯特学）之父，岩溶（喀斯特）被认为是一种"不同于河川地貌学标准现象"的现象。当然，使用一个区域性称谓描述普遍现象总会产生混淆，而这正是喀斯特之例的意义所在：我们可以看到一个地方性案例如何最终得以代表全球性现象，还能看到茨维伊奇对几个分散的岩石领域的研究如何发展成了一个全球性专业。

茨维伊奇还以业余民族志学者的身份调查了巴尔干地区。到1902 年，他已经调查了大半个巴尔干半岛，甚至研究了奥斯曼帝国的部分地区。尽管有多位骑兵护卫左右，他还是觉得自己在冒险。他观察的民族志现象包括巴尔干居民的习俗。他直言"一个为了研究而旅行的人，一旦穿越了一个大型区域，就会不由自主地被吸引去进行人文地理学观察"[79]。茨维伊奇在巴尔干地区区分了四种不同类型的居民，并进一步将其划分为不同"品种"与"种群"。他强调，人口分布反映了移民历史，部分是因为喀斯特地区难以发展农业。[80] 尽管这些种群存在差异（茨维伊奇将诸多差异归因于他们所处的自然环境截然不同），但茨维伊奇坚持认为他们都属于"南斯拉夫"民族。这一立场绝不意味着背叛哈布斯堡王朝，当时的很多爱国者都有类似的想法，并希望二元君主制能给予南斯拉夫人一定程度的自治权利，鼓励南斯拉夫人拥有与匈牙利人同等的自治权利。事实上，茨维伊奇对南斯拉夫民族的描述可以说是奥地利理念的具体化，这也建立在移民交流的民族志研究的基础上，并主张在多样性中实现统一。

爱德华·修斯认为，地质学实地研究的最大优点在于它使科学家得以接触新文化与新景观。修斯认为，地球科学由此也具有道德教育的作用，防止人们受到民族主义者的蛊惑。

> 科学家有幸得以观察另一个国家（的居民）的精神生活。如果他发现那儿的人也有与自己相同的情感，也能体会到痛苦与快乐，他们也崇尚高尚，厌恶卑鄙，那么科学家就会萌生出对人类的普遍热爱。这种情感与爱国主义情感并行不悖，可能会引起政客的憎恶，但能在每个健康的人类灵魂深处发芽。政治家尽管抵触，但也会滋生出这种感情，或者说有可能会滋生出这种感情。[81]

修斯自己的政治生涯就证明了这一点，他孜孜追求可以超越国家分歧的事业，例如提供清洁的饮用水、治理多瑙河，以及敦促教会将初等教育权移交给国家。修斯在 1914 年便去世了，没看到在"一战"、"一战"后的战争，以及领土争端中，自然地理学所发挥的主导作用。他认为地质学可以激发普遍的人文主义精神，要是把这看作普世准则就是天真过了头，但我们可以将其看作修斯对自身职业生涯的理解。我们从修斯的经历中看到，他在研究地方结构与推动全球事业时展现的尺度能力与他的移情能力密切相关，可以说修斯当时为科学家示范了什么才是一名合格的哈布斯堡公务员[82]。

## 结论

在《波希米亚气候学》一书中，克赖尔将气候研究定义为调和微观视角与宏观视角，调和"大尺度世界与小尺度世界"的尝试。[83] 我们马上会在第六章看到，克赖尔的这句话与施蒂弗特那段常被引用的话相似，后者在 1853 年为《七彩宝石》所写的序言中为文学现实主义辩护。他类比地球物理学，特别是地表磁力变化研究，证明自己关注普通人和普通人的生活。尺度的相对性在奥地利科学作品、文学作品中同时作为一种方法论准则与审美原则出现，它在一个领域的修辞力量让它在另一个领域也能引起共鸣。

其他人则试验了这套话术的政治力量。波希米亚哲学家约瑟夫·杜尔吉克以布拉格天文学家开普勒的性格为例，将捷克的政治项目与自然科学联系起来。计算是一项"艰苦工作"，但开普勒始终心怀"探索整体"的目标。他"探索细枝末节，但也保持着对整体自然界最活跃的思考。这是智力健康的标志"[84]。

更有名的要数捷克民族主义者托马什·马萨里克，这位学者写作自然科学分类学专题论文，他说自己的政治策略是从事"小型、细致、平凡的工作"。为了解释地质科学中"小事"的意义，他打了个比方："一直以来，世界都在运作，现在也还是这样……世界只能持续运作下去，而且是小规模、持续不断的运作。正如在地质学中，没有灾难，也从未有过灾难，那些我们曾经以为是孤立事件的突发性灾难，都是无数小之又小的因素综合作用的结果。"[85] 马萨里克有意无意地呼应了 J.E. 普尔基涅创办首份捷克语科学杂志时说的话，J.E. 普尔基涅提醒他的读者要关注微小细节。

这可不是说说而已，而是要把关注微小细节当作准则予以践行，据它规范组织多国家帝国的科学研究。关注微小细节代表了一种协调知识的多元化方法，有了它便无须建立单一的总体系统，也无须划分解释的层级结构，甚至不需要语言相通。它使得科学知识可以持续满足地方性日常目标，而恰恰是这些目标在历史进程中催生了这一准则。[86]

从这个意义上说，尺度工作就是政治工作，因为在哈布斯堡的学术团体中，博物学家们会就他们特定的地方性观点相对于总体综合目标之间的价值进行协商。修斯为君主国不朽的地图集《奥地利的建筑与形象》(Das Bau und Bild Österreichs，1903) 写的序言便传达了这一精神。这本地图集由他及其他三位杰出同行合著，每人负责一个特定地区。他在开篇就提醒读者："这并非一部集体作品，每位作者都在旅途中收集了各自的观察结果，并独立得出结论，每位作者也按照其特有的方式叙述观察。因此，本书不是一种叙述，而是一个共用框架下的四种叙述。"[87] 因此，概述奥匈帝国的自然环境的工作就这样像拼布一样展开，接缝处体现每个贡献者的地方观点的价值。相比之下，普鲁士广泛的地理调查任务则催生了严格的地质科考等级结构，为的就是消除个人的主观性。[88]而奥地利的科考专家则选择了一种玛丽安娜·克莱姆恩（Marianne Klemun）所谓的"建立共识"的文化，提倡适当尊重每个贡献者的地方观点，在此基础上才能形成对君主国整体情况的综合概览。[89]

这样一来，"尺度"便将科学的政治转化为帝国的政治，反之亦然。汉恩明确提到科学政治与帝国政治的平行关系，他将忽视细节的博物学家比作无视贫穷妇女请愿的傲慢王子[90]，但王子也不能一叶蔽目。因此，在1906年一篇关于大气科学全球化的文章中，汉恩对气象学终于突破了"教堂塔楼政治"（Kirchturmpolitik）的狭隘思想而欣慰。[91]"教堂塔楼政治"是此前10年间常被人提及的术语，哈布斯堡的政治家们用它谴责不断膨胀的民族主义政治情绪。汉恩代表他的科学学科，宣称自己具有现代国际主义的宽广胸怀。在这一政治背景下，哈布斯堡气候学形成了自己的语言，旨在调和"细节工作"与"整体协同"的观点。

# 第四章

# 双重任务

克赖尔在维也纳 ZAMG 年鉴第一卷中写道，研究所承担了"双重任务"，在帝国众多机构中独树一帜。它将是一个"模范机构"，示范最现代、最精确、最彻底的地球科学观测。此外，它还将是帝国气象观测网络的中心节点，"监视每个人，并在必要时提供指导与帮助"。"双重任务"这个说法简要概括了帝国–王国科学面临的机遇与挑战。克赖尔说，"双重任务"要求哈布斯堡的科学家们兼顾两头，一只眼睛要盯着国际科学界，产出具有全球意义的成果，另一只眼睛要看到哈布斯堡国民的各种需求。

我们的研究所显然不同于其他研究机构，因为其他研究机构要么只是天文台一类隐蔽的存在，要么不直接参与观测工作，只顾着分析气象观测站传来的结果，然后发表论文。双重任务要求本所合理分工，不能只顾着一边，而须同时关照两边。[1]

双重任务需要科学家将视域一分为二。由此可见，早在二元君主制成形前 15 年，"双重性"概念就先行进入了哈布斯堡科学领域。本章将探究克赖尔为"双重性"赋予的内涵，以及双重性的科学重要性与政治重要性。

双重性意味着要看到事物的两面，多角度地思考问题。这是"帝国-王国"这个特定修饰语的内在准则，它揭示了君主身份的双重性：他既是奥地利这个复合帝国的皇帝，也是个别王国的国王。[2] 科学领域的双重性象征着兼顾全球与地方，也界定了帝国-王国科学家的独特政治责任：他们既面向国际受众，又对本国民众负责。"科普者"职业在西欧兴起时，向公众介绍研究成果是帝国-王国科学家的分内之事。1848 年革命一代期望野外科考能推动哈布斯堡境内外的跨国合作，于是才有了帝国-王国科学家这一独特的公共身份。克赖尔所说的双重性还勾勒出两个研究方向：一是"复制型"研究，把帝国各地看作实验室，用来验证全球大气的普遍规律；二是"脉络型"研究，探究帝国各地特殊大气条件，完成全球大气环流拼图。这两种方法相互补充，书写了现代大气科学的历史。


## 气象学的中心点


19 世纪 40 年代，奥地利才开始建设覆盖全帝国的气象观测网络，而法国、英国、普鲁士的科学家早在 10 年前就已对"地球科学的全球革新"有所贡献。[3] 奥地利科学家意识到自己落后于同行，他们基本不知道气候与磁场在哈布斯堡境内的空间分布。克赖尔在 1843 年写给洪堡的信中说道："新科学发展得如此迅速，分散的欧洲网点马上就跟不上了，我们必须着手研究每平方英里的磁力分布。"[4] 由于得到了波希米亚科学院的支持，克赖尔就以波希米亚为起点开始了地磁调查。1844 年，他又获得了帝国政府的资助，将调查扩展到了全哈布斯堡。那之后的 3 年里，克赖尔和他热心的助手卡尔·弗里奇一起，夏天奔走于调研，冬天忙着计算。他们走遍了上奥地利、蒂罗尔和福拉尔贝格、伦巴第、下奥地利、施蒂利亚、伊利里亚、亚得里亚海沿岸、威尼斯、达尔马提亚、摩拉维亚、西里西亚、匈牙利北部、特兰西瓦尼亚和加利西亚。[5] 只有使用特定方法与仪器，才能协调空间跨度这般巨大的测量工作，这些仪器使担任布拉格天文台台长的克赖尔声名鹊起。此外，他们还在克雷姆斯明斯特、格拉茨、因斯布鲁克和塔尔诺（加利西亚）等地招募了适量合作者。这项工作的最终目标是建成一个横跨君主国的永久性观测网络。

1847 年，维也纳科学院成立，为地磁调查项目注入了新鲜血液。其实，早在莱布尼茨时代，人们就想成立这样一个科学院，奈何学者们兴致不高，又在科学院形式上意见不合，所以很多倡议都无疾而终。与此同时，波希米亚在 1770 年成立了地方学会，匈牙利地方学会在 1825 年落成，克罗地亚（1866 年）与加利西亚（1873 年）紧随其后，1890 年，捷克也成立了新式科学艺术学院。19 世纪 40 年代，立宪主义与共和主义在中欧知识分子中传播开来，甚至连保守派首相梅特涅都支持成立帝国科学院。他向皇帝进言，说国家应该为新思想提供一个出路，不能任由其发酵。[6]弗兰茨一世于是批准成立科学院，并授予其出版自由，帝国审查员不得干涉。

维也纳科学院与当时的其他学术团体不同，它有着明确的超国家研究任务。历史学家克里斯蒂娜·奥特纳（Christine Ottner）指出，在最初的提案里，科学院被称为"中心节点"（Centralpunct），可见它本有望成为全帝国学者的聚集地。然而从一开始，人们就争论起中心与周边应当保持什么关系。科学院的第一任院长拟定成员名单后，梅特涅及其下属就批评说，这份名单太偏袒帝国首都的市民。如果这样下去，科学院有可能沦为维也纳地方社团，成不了真正的帝国机构。约翰大公是格拉茨的约翰博物馆的灵魂人物，他也是认识到地方学者可以有所贡献的人之一。最初名单里科学院院长默认的四十名正式成员中有十三位外省人，他们来自匈牙利、波希米亚、伦巴第-威尼斯王国。科学院讨论应该使用哪种语言？这个问题也没有达成共识。外省成员还抱怨不应统一收取会费，毕竟他们不太可能像维也纳会员一样定期参会。地质学家威廉·海丁格尔（Wilhelm Haidinger，1795—1871）甚至呼吁政府为学者们报销火车票，以便他们乘坐"符合科学家身份的交通工具"前往维也纳参会。[7]然而，1848年革命之后，舆论便掉转风向，开始支持中央集权，外省学者的会议出席率也随之下降。

在气候学领域，维也纳作为君主国"中心节点"的提法尤为有力，只是一样含混不清。早在1849年春天，科学院就计划建立一个专攻气象学和地磁学的帝国研究所。成员们操持19世纪40年代典型的改革主义话术，哀叹奥地利在气候学领域落了下风，"它必须往前多走一步，才可能纠正长期以来因忽视导致的错误"。新闻界也来声援，强调若要迎头赶上，必须"了解我国气候中大气变化的一般规律"[8]。请注意，这里提到"我国的气候"。自然没人会认为帝国拥有统一的气候，所谓"我国的气候"，其实是想弘扬以"整体国家"为对象的爱国主义精神，这正是克赖尔项目的政治目标。

1850 年 7 月，在递交教育部的一份备忘录中，克赖尔呼吁建设横跨"整个君主国"的气象观测网络。他认为，气象、磁场现象会影响人类生活与商业活动，因此研究它们不仅是为了探索自然法则，更是出于实际需要。帝国境内有多个"气候区"，因此需要大量气象观测站，ZAMG 还要求免除气象观测站的邮费和电报费，并主张国家应资助科学家定期前往气象观测站进行检查。[9]克赖尔在公开演讲中说，大气科学是 18 世纪"研究精神觉醒"的产物，它要求"合作交流"，因为"一个人只有在与他人交流才能有所作为"。根据克赖尔的统计，在他写下这则备忘录时，奥地利帝国共有 94 个气象观测站。因此，"毫无疑问，现在是时候整合分散孤立的气象观测站，制定标准给予指导，凝聚各方力量，向共同目标迈进了。总之，我们要建立起一个观测系统，打造一个生机勃勃的有机整体"[10]。

这种有机统一与"共同目标"的爱国主义话语迎合了 1848 年的政治环境。气候学正是梅特涅为科学院设想的那条"出路"，因为比起历史和语言学研究的热点议题，气候学似乎恰到好处地不具政治性，可以安抚那些向往经济收益的自由主义者。而它所要求的合作和协调也会将边缘地区与帝国中心更紧密地联系在一起。

观测网络可以探究诸多领域。在当时，"气候"不仅指大气条件，还包括有机世界的许多现象，它们与大气条件相互依存。因此，可以观察的因素包括今天被归为气象学、水文学、大气光学与地震学的部分属性与现象，还有"其他异常现象"。[11] 这反映出当时的科学家认为气候学知识应用广泛。例如克赖尔本人估计气候学对农业、公共卫生和航运最有用。[12] 该网络的观测结果也被用以评估土地肥力，以便计算财产税，还会被用作判决证据，在这些案件里，被告可能因为"上帝的（气象）行为"而豁免侵权处罚。

这项计划最具创新性的一面在于开辟了物候学观察项目，即记录动植物生命的周期性现象，例如发芽、开花、结果，还有鸟类的迁徙、鱼类的洄游、昆虫的蜕变等。人们一般认为，物候学最早在1841年成为一门科学，奠基人是比利时的天文学家阿道夫·凯特勒（Adolphe Quetelet）。但布拉格植物学家卡尔·弗里奇从1834年就开始了物候学记录，比凯特勒更早，弗里奇还因此受到表彰，被提拔到维也纳担任新成立的 ZAMG 的副所长。[13] 他编写了远比凯特勒更细致的物候学观察指导。奥地利一流植物学家弗朗茨·翁格尔（Franz Unger）马上就看到了物候学观察的价值，他认为物候学是新兴的植物地理学的基础。翁格尔和克赖尔都强调"合作观察最为重要"。翁格尔写道："目前为止，博物学家个体对物候学问题的解答都彼此矛盾。显而易见，只有许多人同时进行大规模的全面观察，经过好几代人的努力，才能找到真正的答案。"[14]

物候学也成为帝国空间、帝国历史可视化的一大工具。科学家开始依据动物迁徙追踪季节变化，因为动物会定期过境帝国。他们也开始关注人类移民，无论是为了季节性作业而迁移——这个时代里很多人都会这样做——还是为了泡温泉或度假而季节性地在停留某地。翁格尔竭力主张搜集跨代的季节性观察数据，如此便能知晓气候的长期波动情况。翁格尔认为，农业等人类活动会暂时性地改变气候，他显然急于收集证据证明这一观点。[15] 这些努力都是为了在哈布斯堡气候图成形过程中，为它添上一个时间变量。

## 定义双重性

克赖尔放言，ZAMG 将成为首屈一指的研究机构，为其他王国的气象观测站树立"典范"。只要是与气象学、地磁学有关的一切学术研究，ZAMG 都不会止于最高水准，而要不断超越。与此同时，ZAMG 也将成为整个帝国观测数据的交流中心，用布鲁诺·拉图尔（Bruno Latour）的话来说，ZAMG 是一个"计算中心"（center of calculation）①。这里会存放标准仪器，其他所有地方的仪器都将以标准仪器为参照来校准，它还会指导气象学、地磁学等"兄弟学科"的研究者使用仪器。[16] 不过，与伦敦气象局、英国皇家植物园等帝国机构不同，ZAMG 还承诺直接服务于各地的实际需要。

---

① 拉图尔认为人类知识整体上具有全局性的特征，但人类存在本身则局限于有限时空，即具有较强的地方性特征。科学研究者的使命在于突破地方性限制，在分散的地方知识之间建立联系，而只有建立有效存储、传播信息的平台才能构建全局性知识网络，这种平台就是计算中心。

## 全国性与地方性

大都会以外的人都认真地对待 ZAMG 这一承诺。摩拉维亚地理学家卡尔·科日斯特卡（Karl Kořistka）自诩忠诚的哈布斯堡公民，他在 1861 年赞扬了过去 10 年的"整体国家"科学，还有孕育了这种新式科学的新机构，包括帝国机构和地方机构。不过他建议，现在是时候利用这些成果为地方社区做贡献了。"任何同胞——只要他密切关注知识界在过去 10 年动向——都知道这些努力与工作在远离政治的情况下，研究了广阔的奥地利帝国全国的自然构成、民族分布、工农业情况，大部分取得了成功……现在是时候根据个别省份（省级地区）的情况，综合运用这项工作的成果了。"[17] 为了说明如何应用这些知识，科日斯特卡编辑了专注于摩拉维亚和西里西亚的《区域地理》一书，收录了 ZAMG 所长卡尔·耶利内克撰写的有关地区气候的章节，该章节就是依靠观测网络的数据撰写的。

摩拉维亚气象学家、气候学家弗朗齐歇克·奥古斯丁（František Augustin）也称赞了 ZAMG，但他更尖锐地指出，ZAMG 强调宏观尺度的基础研究，忽略了微观尺度的应用研究。"维也纳中央研究所（指 ZAMG）不想偏离气象学的主要研究目标，包括总结气象规律，研究气候要素，最近还增加了宏观研究，这无可指摘。（但它这样做时却忽略了）辅助性研究，例如个别地区的详细气候研究，再如田野与森林管理的气象学应用研究。"奥古斯丁认为，现在（1885 年）应该靠王国内的研究来平衡中央集权与地方分权[18]，但在当时还没人清楚具体应该怎么做。两年后，奥古斯丁被指控剽窃，因为他将汉恩的《气候学手册》中的几页翻译成捷克语当作原创。这则丑闻引出了一个问题：科学领域的地方自治究竟意味着什么？[19] 指控奥古斯丁剽窃的是一位制图师，他也是一名年轻的捷克政治家。檄文的开场白是："纵使表象逼真，也难以假乱真。"这句话回应了 19 世纪 80 年代托马什·马萨里克的政治行动，马萨里克在揭露捷克建国文件是赝品时，引用了胡斯的名言，这句话后来成为这位捷克斯洛伐克总统的竞选标语。这位指控者显然希望未来的"捷克科学"能更诚信、更独立。

事实上，ZAMG 努力将帝国宏观研究与地方性实践研究结合起来。例如，1914 年，研究所受命评估波希米亚官员的提议：建立蒸发测量站，测量蒸发这个农业要素。据说设立蒸发测量站是为尽量近距离地研究波希米亚的气候，帮助当地农民选择农作物品种和肥料。[20] 所长特拉伯特回复说，ZAMG 一直以来都在监督波希米亚的此类测量，并会把结果告诉当地人，例如，ZAMG 会告知波希米亚葡萄园夜间霜冻的预测结果。特拉伯特固然欣赏"捷克同行"努力想在"波希米亚的纯捷克人地区"建立观测网络（成效不佳，该地区的观测网络还是"很薄弱"）的态度，但他反对成立一个独立的波希米亚机构来单独处理数据，因为这样会"越权"。[21] 于是，ZAMG 继续充当计算中心，尽管它需要根据地方所需定订研究计划。

### 私人性与公共性

克赖尔还在另一个层面上将 ZAMG 定义为双重机构——ZAMG 既是一个私人机构，又是一个公共机构，因为它既隶属于私人科学院，又服务于公共利益。这意味着帝国－王国科学家在效忠国家的同时，可以保留作为学者的知识自由。克赖尔自己也身兼二职，他既是 ZAMG 的所长，又是维也纳大学的全职物理学教授，该校教师曾在 1848 年为学术自由而战并取得胜利。然而，克赖尔及其继任者需要奋力在忠诚的公务员与自由的知识分子这两个身份间保持平衡。

ZAMG 的公私双重性表明它不是一个典型的 19 世纪天文台式的机构，因为在天文台，天文学家或地球物理学家会藏身其中，不受公众干扰独自进行研究。[22] 但对 ZAMG 下属科学家来说，隐居不在选择范围内，他们必须定期穿越君主国，检查和校准整个网络中的测量仪器，也必须鼓励公众参与科学观测。弗里德里希·希莫尼十分有力地抨击了典型的天文台，说那更像科学家退缩的角落，而非了解世界的窗口。他建议科学家们走出去，四处旅行。他说，气象学家需要养成画家一样的洞察力，捕捉自然界的变化，而蜷缩在"狭窄的天文台里鼓捣仪器"不可能锻炼出这种洞察力。[23] ZAMG 可不是庇护科学家的大都会塔楼，相反，它是科学家进入帝国的门户。

### 普遍性与特殊性

最后，ZAMG 的观测任务在认识论上也具有双重性，既要追求普遍规律，又要关注地方特殊性。克赖尔写道："可能不会再有别的科学任务像气象观测一样受地方条件的强烈影响。（天气记录反映当地地理环境，以及）大量次要现象，而人们基本不会关注这些现象。"克赖尔认为这些"次要现象"包括某地附近山脉与河流的走向、某地与海洋或静止水域的邻近程度、某地的地质条件与植被覆盖情况，还有测量仪器的状况。"如果不了解这些情况，那么应用气象观察就会有风险，可能会把当地条件的作用结果误看作大气的影响，从而得出错误结论。"[24] 因此，大气科学研究需要在多种尺度上同时进行。

总之，帝国-王国大气科学家的双重身份体现在三个方面。首先，他既要树立奥地利科学的国际声誉，又要满足每个王国的实际需要。其次，他既是一名学者，又是一位公务员，在某些方面享有自主权，在其他方面则没有。因此，他既要对一个私人团体（即科学院）负责，又要对公众负责——公众对气象学有浓厚的兴趣，并认为自己有权获知气象学的研究成果。最后，他既要研究地球物理学的普遍规律，也要研究这些规律在君主国境内的无数具体表现。

ZAMG 招募公众作为观测志愿者参与调查时，就凸显了这些双重性特征。1869 年，耶利内克所长监督出版了一份气象观测的官方指南。根据克赖尔的双重性定义，指南写道，观测网络有两个目标：一是"确定特定地区的气候条件"，二是"为调查大气的一般规律搜集资料"。[25] 因此，对观测员的要求是能在"一张准确的地图上"找到自己的家，并确定窗户是朝北还是朝西北，接着据此描述他们当地的环境（平地或丘陵，沿海或内陆）如何影响"整体气流"的走向。[26] 虽然这些观测指示还比较模糊，但它们有效地传达了一条基本准则，那就是要从更大范围的现象中理顺当地偶发现象的逻辑。

## 公众的感受

第一批参观 ZAMG 的外国游客会大吃一惊，想不到这个普通机构居然取得了如此不凡的成果。ZAMG 狭小的办公场所位于法沃里滕大街的一栋新建筑里，地处城市的繁忙地段，而且这里日后会更繁忙。这里太过简陋，但塞满了克赖尔设计的可自动记录数据的仪器。克赖尔尽其所能改造这处空间，使其服务于精密的地球物理学。例如，为了瞄准地平线，首先得获准建造阳台。克赖尔一心想着改建，最初想寻求公众支持，但他很快就学会了低头，在熙熙攘攘的法沃里滕大街上"默默（做着）无人知晓的工作"。[27]

为什么克赖尔这样一个精力充沛、直言不讳的人会突然间沉默不语？外人会觉得这是个谜团。好几年里，研究所的工作都因缺乏财政支持而受挫，克赖尔只好放弃每年出版网络观测报告的打算。[28] 但即便在他的员工眼里，克赖尔也行踪神秘。[29] 他是不是尝到了隐居的甜头？很快人们就发现，"躲进黑暗里"只是克赖尔对政治环境的回应。那是一场早被遗忘的论战，可以追溯到科学院成立早期。

1848 年夏天激动人心的几个星期里，地质学家威廉·海丁格尔领导一群学者成立了一个自然科学之友协会，与 ZAMG 分庭抗礼。自然科学之友协会的议程更为平民化、多元化。[30] 它横跨所有科学领域，并"向所有人开放"[31]。海丁格尔拟订了多中心计划，致力于在帝国其他地方（包括摩拉维亚和西里西亚、佩斯、米兰）建立平行机构。[32] 虽然自然科学之友协会自称是科学院的孩子以示尊敬，但它的存在便是对科学院有力的批判。自然科学之友协会成员对科学院的排他性深表遗憾，也看不上科学院狭隘的研究兴趣。[33]海丁格尔在 1849 年秋天成为帝国地质研究所的新所长，引起科学院众怒，他的研究所也因此受到攻击。在科学院的施压下，地质研究所受到了预算削减甚至是被解散的威胁。1859 年，奥地利因军事上的失利而陷入了财政危机，海丁格尔最担心的事情发生了：科学院从此直接管理帝国地质研究所，削减了研究所的预算，国家也停止支付研究所在列支敦士登宫的宿舍的租金。

随后，新绝对主义的垮台挽救了帝国地质研究所，皇帝因为预算短缺不得不向政治自由主义者低头，之后几代哈布斯堡地质学家都对此津津乐道。1860 年秋天，在新"加强"的议会中，研究所寻觅到了它的庇护者：贵族们赞扬地质研究对矿业的实际贡献，承认帝国地质研究所享有国际威望。未来的匈牙利首相安德拉希伯爵表示，科学只有在竞争中才能蓬勃发展，垄断没有好处，因此要允许研究所继续独立于科学院。[34]

这是多元化原则的胜利，也是奥地利帝国科学政治的转折点。1859 年后，自由主义占了上风，哈布斯堡科学家可以鼓励公众参与科学，而不必担心遭政府报复，这尤其推动了科考事业的转型。在接下来的几十年里，非专业科学网络与非专业科学协会遍布君主国，它们对地理学、地质学、植物学、动物学、人种学，以及气象学与气候学领域都产生了关键性影响。也许是为了庆祝，1861 年秋天，卡尔·弗里奇在维也纳发表了两次气象学公开演讲："论气象观测"和"维也纳的气候"。[35]

克赖尔陪伴 ZAMG 在旷野中跋涉，但却没能活着看到它抵达应许之地。他于 1862 年去世，享年 64 岁，甚至没能出版他计划中的奥地利气候调查专著的第一卷。克赖尔去世后，"ZAMG 陷入财政危机"[36]。克赖尔建立哈布斯堡观测网络的心愿只能留给他的继任者卡尔·耶利内克来实现。1865 年，奥地利气象学会成立了，该学会以激发公众兴趣，促进公众参与为目标。它出版了气象学首份期刊：《奥地利气象学会学报》(*Zeitschrift der österreichischen Gesellschaft für Meteorologie*)，即后来的《气象学报》。耶利内克监督出版的《观测员（详细）指导》成了国际范例，接下来几十年里不断再版。在他的领导下，ZAMG 网络中的气象观测站数量从 118 个增加到 238 个。[37]

1877 年，汉恩继耶利内克后担任 ZAMG 所长，这时 ZAMG 的公共性已经根深蒂固。但在国际上，公共性对气象机构来说却越来越像一把双刃剑。据卡塔琳妮·安德森（Katharine Anderson）说，英国气象局没能预测风暴来袭，引起公众的怒火。人们批评说大量公共资金被浪费在记录无用数据上。1877 年，有议员质疑继续出版气象局每日观测数据是否值当，皇家天文学家乔治·比德尔·艾里（George Biddell Airy）辩称，气象学出版物具有"公益"性质。[38] 艾里所说的"公益"也在维也纳引起了共鸣。25 年后，汉恩还在向《气象学报》的读者承诺"公共利益"。汉恩透露，地方当局甚至个人经常向 ZAMG 所长索取气象数据，以便提供公共服务或进行经济计算。他引用艾里的话："在这些事情上，我们必然会考虑到公众的感受。"[39] 汉恩所说的"公众的感受"是维也纳一个不容忽视的要素。

## 帝国气象观测网络

ZAMG 成立后，整个帝国的气象观测就可以"按照统一规划"进行，"在此基础上可以开展有关帝国气候条件的各类调查"。[40] 但这种乐观情绪掩盖了现实的不足，那就是新的观测网络并没有均匀地覆盖君主国（见图 9）。西部地区的气象观测站密度远远高于东部地区，北部地区也高于南部地区。考虑到人口密度的话，卡林西亚的人均气象观测站最多，其次是阿尔卑斯山其他地区和波希米亚，而匈牙利、特兰西瓦尼亚、加利西亚、布科维纳和伦巴第-威尼斯王国的气象观测站数量最少。1870 年，加利西亚平均每 48 平方英里才有一个站点，而蒂罗尔和福拉尔贝格每 14 平方英里就有一个。[41] 有人说这是因为非德意志人对气象学不感兴趣，但事实并非如此简单。

新的观测网络诞生于战争与革命期间，所以最初匈牙利、克罗地亚和意大利都没有观测点，因为在那里战争一直持续到了 1849 年。[42] 在匈牙利，自 1783 年以来，布达天文台和其他地方的天文台就一直断断续续地记录气象数据。地理学家洪福尔维·亚诺什（János/Johann Hunfalvy）与 ZAMG 合作，对这些数据进行了整合，在 1867 年为《气象学报》编撰了一份匈牙利气候概论。[43] 匈牙利科学院在 1860 年成立了自然科学委员会，气象观测是其职责之一。到 1863 年，匈牙利共有 11 个气象观测站，1866 年增至 26 个。[44] 1870 年，匈牙利中央气象学研究所成立[45]，此时，奥匈帝国匈牙利境内共有 152 个气象观测站。此后，匈牙利就开始全权负责当地气

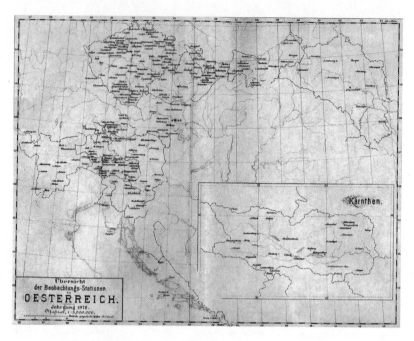

图 9　哈布斯堡君主国奥地利地区气象观测站的分布情况，1876 年

候研究。

　　帝国短短的亚得里亚海海岸线沿岸也设有观测点，而沿岸的大气观测对奥地利的航运利益至关重要。19 世纪 60 年代，耶利内克一直都与的里雅斯特的帝国水文局保持联系。然而在这里扩展帝国观测网络却异常困难，1859 年奥地利失去伦巴第之后尤其如此。耶利内克抱怨这里意大利民族主义横行，很难招募到志愿观测员。[46]他和克赖尔一样叹息自己在该地区缺乏个人影响力，因此呼吁帝国政府为招募观测员提供外交援助。需要注意的是，耶利内克提出这一请求不仅是为了解航运所需的海风，更本质的原因在于"从气

候学角度看来，大陆与岛屿完全不同"。实际上，自 1859 年以来，戈里齐亚-格拉迪斯卡和克罗地亚沿岸就一直在开展气候学研究，1866 年，政府与科学院赞助了亚得里亚海的制图与地理调查，研究海岸地区的周期性（气候学）情况与非周期性（气象学）情况。[47] 在 ZAMG 眼里，亚得里亚海海岸不仅可以提供风暴预警，而且它更是欧洲中部气候图的一角。

对 ZAMG 来说，加利西亚才是最难啃的骨头。尽管维也纳想在那里建新站点，但加利西亚当局还是把研究权牢牢握在手中。加利西亚的地质学家在 1869 年就开了独立研究的先河，他们选择退出奥地利的地质调查。克拉科夫科学院成立了自己的委员会来编绘加利西亚的地理图集，虽然这显然基于帝国地质研究所的调查结果。19 世纪 80 年代，克拉科夫与维也纳就因为加利西亚地理图集的出版权"大动干戈"。克拉科夫的地理学家坚持认为，维也纳主导的调查进行得太快了，所绘制的地图存在错误。他们指责维也纳人"公然蔑视（克拉科夫）"，"垄断科学研究"。[48]

在气象学领域，维也纳与克拉科夫之间的合作也同样出师不利。早在 19 世纪 20 年代，利沃夫就已经开始使用仪器观测天气。[49] 后来有几个地方组织承担了这项工作，包括浴疗学委员会（1857 年成立）、克拉科夫科学院生理学委员会的气象科（1865 年成立）、塔特拉斯协会（1877 年成立），以及地方执行委员会下属的改良局（1881 年成立）。当然，这些站点分布不均，集中在较富裕的王国西部。加利西亚博物学家曾希望在西部启动这些站点组成的网络，再利用塔特拉斯协会将网络向东扩展。1867 年气象观测首次以波兰语出版，但与 ZAMG 出版的内容并不相同。[50] 部分观测仪器是维也纳提供的，但也有一些来自克拉科夫，且没有根据 ZAMG 的仪器进行校准。从现有的资料来看，许多加利西亚的气象观测站选择将结果提交到克拉科夫的气象局，而不是给维也纳。此外，这些观测数据的质量往往很可疑。尽管克赖尔坚持要详尽描述观测地的情况，但大多数报告都没有描述地形，有可能是观测质量日益降低。1877 年，ZAMG 向加利西亚派遣了检测员，检测员发现自己访问的 7 个站点都很难叫人满意：温度计被放置在离地面不同的高度上；降水量是在一天中的不同时间测量的；有的观测员使用当地时间，有的则使用欧洲中部时间。[51]

加利西亚问题的根源可能是 ZAMG 坚持让观测员志愿工作，不提供酬劳，而加利西亚多是贫穷的农村人口，这导致观测质量难有保证。果然，1895 年，在利沃夫的水文局接管克拉科夫科学院的气象观测站，并开始向观测员支付报酬后，观测量就陡然上升了。这些观测员里有教师、国家森林工人和农民，他们无疑都乐于领取额外工资，有些人甚至会因为没有得到加薪而辞职。有关加利西亚气象学的唯一历史研究显示，水文局是唯一一个在加利西亚成功收集到可靠的气候学观测数据的机构。[52]


## 提高标准化水平

由此可见，观测网络没有均衡覆盖整个君主国，设立了观测点的地方也不一定会按照统一标准观测。实际上，网点多年以来都没有统一的观测时间表——"因为志愿观测员有其他工作，统一时间可能会与他们的本职工作冲突，或者不大方便，我们不可能要求他们遵守时间规定。"[53] 既然如此，面对不同地区不同时间的测量结果，有测算日均气温的最佳方法吗？1901 年，有学者在研究奥地利气温变化时，测试了几十个不同的公式，但他这么做只是为了强调有无数种计算方式，没有哪一种能得到"真实"平均数。[54] 如何将这堆数字转化为一组标准化的变量，得到一张连续的气候概览图？但标准化也有缺陷，因此需要设计一套合理的方案，既可以比较不同观测员在不同时间、不同地点、不同环境下记录的数据，也要实事求是地表示结果，不去追求华而不实的确定性。后来维克托·康拉德（Victor Conrad）总结道："气候学方法的主要基本目标是让一系列气候学数据具有可比性。"[55]

困难之一在于控制观测过程中的无关变量。例如，观察云量、降水等因素时的主观性，志愿观测员观测行为的不一致性，以及电报通信中断、使用伪劣仪器、使用替代仪器却未予以报告等情况。雨量计泄漏就常被忽略，没人把小洞放在心上，任它逐渐变大，直到有人去修理或更换，然后又开始重复"如上过程"。[56] 于是分析站点得到的一系列降雨量观测数据的研究者需要区分降雨量真实变化，以及容器不同程度泄漏导致的降雨量变化，因为两者都表现出周期性特征。气候学家将受容器泄漏等无关变量影响的观测数据归为"异质"数据，相反，只反映所研究的气象变量的观测数据则是同质数据。原则上，比较某站点的降雨量数据与附近站点的观测结果，即可判断该站点的系列数据是否具备同质性，因为一地的降雨量如果真的有所变化，那么周围站点的测量结果也会有波动。

困难之二在于气象观测站如果在不同时期启动（或停用），结果就可能出现偏差。比如在异常寒冷的几个冬天，根据一个站点的数据得到的 1 月平均气温，会使人们误以为这里比该地区别的地方更冷。想要比较短时间观测与长时间观测，就需要以后者为标准"化简"前者。因此，持续运行的站点被称为"常态化"站点，它们的工作期是"常态"期。所谓"化简"就是根据两站点重叠时期内气象要素（如温度或降雨量）均值（或比率）之间的差异修正数据。如果两站点受同一起天气事件影响，那么两站数据的差异会比各自原本的气象数据更稳定。

后来，这种化简方法在哈布斯堡气候学研究中的重要性日渐上升。举个极端的例子：维克托·康拉德在"一战"爆发后下决心写成《布科维纳气候学》（*Climatography of Bukovina*）。布科维纳首都以南、以东的地带直到 1910 年都没有气象观测站，加利西亚和布科维纳的气象观测站密度大约只是君主国中奥地利这半边其他地区总和的五分之一。[57] 布科维纳的学院部门曾抱怨，为东加利西亚和布科维纳发布的天气预报，布科维纳完全用不上，因为这里山河交错，气候与加利西亚完全不同。康拉德反过来说布科维纳气象观测站稀少是因为当地缺乏合格的观测员——当地人"太笨了，很不可靠"。[58] 但在战时，康拉德连当地有限的观测数据都拿不到，所以只能采取化简法。康拉德愿意采用这种近似方法，是因为他评估布科维纳的气候后发现，这里的气候虽然并不宜人，却足够"单一"。例如，这里的降水特征"其实很简单"：平原区干燥，降雨量随着海拔升高增加，不过可用数据太少，总结不出严格的规律。康拉德只好用一则逸事证明该地区夏季降雨量极大：1912年的一个下午下了一场大雨，"暴雨成河"，流过街道，冲走了家具，"听说还淹死了几条小狗"[59]。这使人联想到听天由命的农民气质，康拉德细致描绘了布科维纳的"极端"气候，强化了该地区的"大陆性"特征。"大陆性"这个专业术语意味着极冷或极热，在这儿也带有"东方"的烙印。康拉德很快得出结论："草原气候的影响"太强大，"渐渐抹平了这里形态悬殊的自然景观，也连带着抹去了它们对气候的影响，布科维纳的气候趋向单一。"[60]气候学家用这种方式规避了数据匮乏的问题。既然这片土地与草原紧密相连，那么即便是它的不可预测性也能变成可预测的东西。

在康拉德绘制塞尔维亚区域气候图（战时这里被哈布斯堡军队占领）时，化简法也至关重要。他富有家长做派地说，化简法是"战时救援"，因为化简法使用的是"被战争击垮"的站点的数据，这些数据塞尔维亚人无力公布。康拉德使用的是一套典型的殖民主义话语，他坚称"气象学与气候学研究是一种文化需要（Kulturförderung）"，并希望他的努力能帮助塞尔维亚在短期内"重建"。[61]塞尔维亚的观测数据必须用统计学方法进行全面处理，因为它们显然充斥着"印刷错误与不可信的数值"[62]。康拉德在结论中给出了使用化简法的理由，有一点循环论证的意思，他说描述塞尔维亚的气候很容易，因为它清晰一致，非常简单，易于预测。他最后判断说塞尔维亚展现了"具有鲜明大陆性特征的中欧气候"[63]。他承认这里的暴风雨，以及卷起尘土的东南风是农业的福音，但会危害人类健康，令人不适。[64]

1918 年出版的《波斯尼亚和黑塞哥维那气候图》与康拉德的简化气候图完全不同。奥地利人一般都以为波斯尼亚是一块荒蛮的山地，环境极大限制了社会发展，不过那里的森林"未经破坏"。专家们敦促国家根据"合理使用"的伦理准则直接管理波斯尼亚的自然资源，政府这才要求"加快（对殖民地的）科学征服"。[65] 1878 年占领波斯尼亚不久后，哈布斯堡王朝就开始在这里建造气象观测站。汉恩说这里的人"完全不知道气候学为何物"，他们秉持"东方式的宿命论"态度。[66] 哈布斯堡当局尤其想知道波黑西部喀斯特地区的降雨量数据，这里夏季炎热，冬季会刮猛烈的布拉风，十分不利于农业发展与人体健康。此外，地质学家与水文学家又对喀斯特地貌产生了兴趣，想改善土地以便发展农业，这也很需要气候数据。[67]

1918 年版的《波斯尼亚和黑塞哥维那气候图》由萨拉热窝的巴尔干研究所出版，这是一个 1904 年成立的私人研究所，4 年后就会被波斯尼亚临时政府当作"奥匈帝国的服务机构"废除。[68] 气候图的作者是布拉格自然地理学家朱莉·莫舍莱斯，她来自国际性大都会，"一战"后她说自己是个"对民族仇恨毫无感觉"的英裔德国人。[69] 她既没有仿照康拉德对布科维纳和塞尔维亚的研究，也不像汉恩 1883 年勾画波斯尼亚气候概览那样，她不使用化简法弥补数据不足，因为她发现化简法虽然适用于"西欧与中欧气候区"，但无法描述多变的波斯尼亚亚热带大陆气候区。那时波黑的气候连年变化很大，每年都需要一个不同的"常态站"，甚至每个气象要素都需要一个特定的"常态站"。罗伯特·多尼亚（Robert Donia）认为，哈布斯堡当局曾在波斯尼亚大肆宣扬"忠于波黑领土的多宗教波斯尼亚人"身份，颠覆当地的塞尔维亚与克罗地亚民族主义。[70] 气候图似乎就是培养领土认同的宝贵资源。然而现实并非如此，《波斯尼亚和黑塞哥维那气候图》表明，领土认同本身也不稳定。"极端情况下，整个波黑先是被这个政权掌控，不久后又被另一个政权掌控。"[71]

哈布斯堡的气候学家无论怎么做，都无法确保化简法万无一失，而且他们还经常在临界点上使用它。气象观测站间距越大，这种方法就越不可靠。汉恩用一个经验方程总结道，两个站点的系列数据差异的变化，会随着站点之间的距离差，以及站点之间的高度差线性增加。不过，有的地方打破了这个规律，在特定方向的地理分界线上，距离变化导致差异不再连续变化。于是，一旦超出这条地理分界，"常态站"就不能再作为有用的参考点，用维克托·康拉德在20世纪20年代创造的术语来说，就是这个地区不具备"气候一致性"特征。但帝国气候学家可没有就此打住，他们反倒将这种不连续性变成了分析工具，用它来识别"气候分界线"。[72] 如此一来，统计学操作能让当地的气候反差成为焦点，定性那些只能远观的景观。克莱因的《施蒂利亚气候学》（*Climatography of Styria*）说这好比登上高峰就能看清地表，统计学也能提供一个同样"自由的概述"[73]。将混乱的自然世界转变为多样性地图，这就是统计学的力量。

## 优势视角

　　克莱因峰顶鸟瞰的比喻不是个偶然。实际上，山地气象观测站是科学、综合观测君主国的发力点。因此，昙花一现的松文德塞默灵山上的气象观测站被誉为整个地中海地区天气预报的命脉：随着北方低压中心向南移动，阿尔卑斯山区成为"地中海地区的天气墙或天气铰链（die Wetterseite resp. der Wetterwinkel）。所谓北欧的围墙是冰岛，地中海的围墙是阿尔卑斯山脉"。据说哈布斯堡国境最南端需要阿尔卑斯山的高海拔气象观测站这样一道"二级防线"。如此一来，"奥地利南部三分之二的天气事件都能被监测到"[74]。"防御""监测"这类军事隐喻揭示山地气象观测站似乎占据了有利的战略位置，从那里可以鸟瞰整个帝国。

　　此外，"自上而下"的视野一般也相当于超国家、多元化的观点。加利西亚作家利奥波德·冯·萨克-马索克（Leopold von Sacher-Masoch）1881 年创办的科学、文化国际评论杂志就被命名为《巅峰》（*Auf der Höhe*）。创刊号指明，刊名即暗示了杂志的基调：

　　　　我们将摒弃任何政治、民族、宗教、科学或文学上的狭隘观点与可憎偏见，但不会止步于此；我们的目标更加远大，那就是构建一个中立的评论空间，在这里，没有任何利益能代表全人类的利益，各个国家的知识分子无论持何种立场，尽可以公开、诚实地交流并得到尊重。[75]

"巅峰"在这里象征了帝国−王国科学的多元化精神,这种精神在 19 世纪 40 年代和 50 年代的新兴国家机构中得到发扬。

从早期欧洲登山活动开始,山区研究就有两条迥异进路。[76] 第一种是前述的"复制型"研究:将高大山脉视作物理化学实验室,在低压和强辐射的极端条件下进行无生命物质实验或生物体实验。"复制型"研究探究普遍规律,这一规律不限于任何特定山脉的实验结果。第二种是"脉络型"研究:专注探究特定山地的具体情况,自然与人类历史都是它的研究对象。"脉络型"研究既可以满足当地人的需要,也是记录更大尺度内自然条件多样性项目的一部分。尽管这两条进路看似互斥,但实践证明它们其实彼此促进。

尽管奥地利的山脉与海岸线被誉为观察风暴移动路径的窗口,但哈布斯堡的科学家们从来不只利用它们观测天气变化。"复制型"研究会探索山区、海岸线的存在对当地、其他地方天气的基本物理情况有何影响。"脉络型"研究也同样好奇沿海与山区的气候。亚得里亚委员会调查了这些独特物理环境与人类、非人类的交互作用。从"复制型"进路看,海岸线与山脉是实验室,也就是一个在极端条件下产生普遍大气效应的空间。从"脉络型"进路看,海岸线与山脉是一块科学田野,在这里可以像搜集标本一样搜集独特的大气条件,寻找地理变化模式的线索。

有意思的是,奥地利科学家与美国科学家正是在山区研究上产生了分歧。美国人的山地气象观测站定义更狭隘,只是辅助预报天气。美国气象局建高海拔气象观测站不是为了基础研究,也不是为了描述性气候学而建。美国科学家不相信奥地利同行可以用奥地利地区气象观测站的数据总结出普遍规律。根据松布利克山气象观测站的数据，汉恩证明气旋与高海拔地区的低温有关，美国气象学家威廉·费雷尔（William Ferrel）的气旋热学理论不成立。费雷尔则反驳道，松布利克山气象观测站无法确定附近等高的空气温度。松布利克山气象观测站的温度读数虽然低于季节均温，但仍可能高于周围空气温度。亨利·艾伦·黑曾（Henry A. Hazen）与亨利·赫尔姆·克莱顿（Henry Helm Clayton）更是从根本上否定了"松布利克山气象观测站更接近开放大气"的说法。黑曾说，松布利克山不是"孤立山峰"，而是延绵山脉的一部分，所以这里的数据其实交替模仿了邻近山谷中一个或另一个局部气候的影响（见图 10）。[77]费雷尔、黑曾与克莱顿都认为松布利克山气象观测站无法进行"复制型"研究。

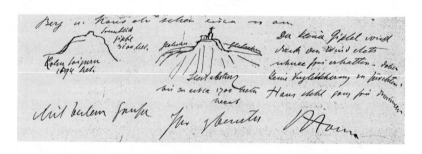

图 10　松布利克山气象观测站于 1886 年运行不久后，尤里乌斯·汉恩所绘制的素描。在汉恩与美国科学家的争论中，汉恩强调松布利克山是一座"孤立山峰"，十分接近开放大气的气候。他写信给柯本："风一直吹拂山峰，所以没有任何积雪，也不会形成冰川，观测站高耸于完全开放的空间。"

美奥分歧凸显出奥匈帝国的山地气象观测站非同寻常。在整个 19 世纪上半叶，阿尔卑斯山旅游业与科学界对山岳的兴趣始终彼此刺激。奥地利高山俱乐部是最早的欧陆登山俱乐部，它于1862年由自然科学家成立，主要是为了开启山区的科学研究。据1900年对全世界"最重要的"山地气象观测站的调查，32个上榜者中有7个在奥地利地区，其中有6个在阿尔卑斯山；排名第八的气象观测站位于哈布斯堡占领的波斯尼亚，被誉为巴尔干半岛上唯一的高海拔气象观测站。这些观测站有一系列特殊政治关系支持。首先，山地气象观测站是当地的现代化项目，所以部分资金来自地区登山俱乐部与旅游协会，用于扩大交通和通信基础设施，进一步发展旅游业。其次，新式高海拔气象观测站也可以减轻现代化的冲击。19世纪80年代，民族志学者已经意识到，哈布斯堡君主国山区的传统生活方式濒临消亡。在文化演变的早期，山区文化是公认的"幸存者"，它在中欧、东欧新兴的民族主义运动当中独具意义，这些运动想要确立起山区文化的历史真实性。波兰与鲁塞尼亚的民族主义者这才痴迷于塔特拉斯地区正在消失的文化。[78]由此可见，山地气象观测站既是地方机构，也是帝国机构。它要记录并保存当地文化与自然环境，它的巨额费用也会由当地志愿协会与帝国共同分担。[79]

总而言之，山地气象观测站既有帝国议程，也有地方议程，它将孤立的站点嵌入帝国气象观测网络，同时记录保存当地的独特风物。下面就让我们以君主国三个迥异地区的三个山地气象观测站为例，看看它们如何履行自己的双重任务。它们分别是卡林西亚的松布利克山气象观测站、波希米亚的米莱绍夫卡山气象观测站、波黑的别拉什尼察山气象观测站。

## 松布利克山气象观测站

1886年，松布利克山气象观测站（见图11）开始运行，海拔3105米，是当时欧洲最高的全年气象观测站。它看上去像个娃娃屋，坐落在高地陶恩的锯齿形山峰上，毗邻大型冰川，冬季风暴期间积雪高达30英尺（1英尺约合0.3米），气象观测站为此加固了工事。想象一下，当游客在距离城市这么遥远的山顶上看到"当时最先进的照明技术"时，他们该多惊讶。那时维也纳的街道还在用油灯照明，而松布利克山气象观测站却享有电力照明、电话服务，以及最重要的机械升降机，可以将科学家、游客与物资从山谷运到山顶。"爱迪生发明的灯泡突然在夜空中闪烁，实在是一场奇观。"在一座被几米高的积雪覆盖的山上居然能找到一部可正常使用的电话，这连科学精英都不敢相信。客人乘坐电梯抵达山顶，将感到现代舒适生活与森林探险的奇异平衡。机械师通过摇晃升降机，或在最令人眩晕的时刻将其停下，将这种错位感渲染到极致，做这些都是为了吓唬年轻女士，而气象观测站的赞助人伊格纳茨·罗雅彻（Ignaz Rojacher）会特意陪伴她们左右。奥地利科学家们常夸赞松布利克山气象观测站的通信技

图11 卡林西亚的松布利克山气象观测站，约1915年

术在阿尔卑斯山区无人能及："想想吧，从滨湖采尔到米特西尔30千米内，上平茨高地区没有电报；在这连绵不断的美丽阿尔卑斯山谷里，有很多小村庄与崎岖山谷只能放弃这种现代通信手段。"可见松布利克山气象观测站知名不是单纯因为技术设备先进，究其根本，这里调和了野性与"现代"之美。[80]

实际上，松布利克山气象观测站有一个明确的现代化议程。高地陶恩很早就开始了原始工业化，这里的金矿开采在15世纪末到17世纪初就达到了现代高峰，劳里斯金矿周围富裕起来，热闹的村庄与学校相继出现，后来的松布利克山气象观测站就坐落于此。然而到了17世纪，小冰期重创了劳里斯山谷。采矿业受到冰川扩张的影响，尽管没有完全停摆，但村子陷入了贫困。一直到19世纪50年代，冰川逐渐退去，这一时期才有了两大历史性发展：登山活动兴起，人们把攀登高峰当作休闲活动；奥地利阿尔卑斯山区进入工业化进程。18世纪以后，周边的卡林西亚逐渐成为钢铁生产中心，尽管会受煤炭资源匮乏的制约。劳里斯金矿已经被开采殆尽，矿长罗雅彻于是提议在劳里斯山的最高点建气象观测站。据另一个气象观测站项目的参与者说，罗雅彻是想将当地人的精力从发展矿业转移到气象观测上，"提升公共精神"。松布利克山协会介绍了当地的一系列转变，它们成功地将劳里斯山谷带入现代社会。协会刊物还报道了近代早期矿村全盛期的考古发现，以及关于异教天气知识残存的民族志研究。[81]总之，松布利克山气象观测站因其在推进劳里斯山谷的现代化的同时，保护了这里的自然美景，挽救了这里的文化传统而广受赞誉。

## 米莱绍夫卡山气象观测站

19、20 世纪之交，喀尔巴阡山脉、厄尔士山脉（Erzgebirge/Krušné hory）和迪纳拉山脉的山地气象观测站相继建成，恰逢君主国权力下放政策试点时期。帝国决议将权力下放地方政府，缓和民族主义情绪。同一时期，ZAMG 以地方观测站能更好地满足农业、贸易、旅游业需要为由，开始将气象观测权力下放。ZAMG 科学家一再表示，应当让各个王国有更大的气象服务自主权，其实 ZAMG 研究者也迫切地想要甩掉日常预报的负担。不过最后只有蒂罗尔获准试点独立气象服务。教育部于 1913 年结束了权力下放之辩，表面上是因为财政紧张。ZAMG 也拒绝了将预报翻译成德语之外的语言的要求。[82] 不过与此同时，各地相应机构自行接手气象服务，建立了地方气象网络，并发布当地预报，意大利语的、捷克语的和波兰语的都有。[83]

世纪之交，一群在地区性故乡运动（Heimat movement）[①] 中活跃的说德语的波希米亚人鼓动相关机构在当纳斯贝格山（也被称为米莱绍夫卡山）上建气象观测站，这座山位于波希米亚与萨克森的边境（见图 12）。米莱绍夫卡山的海拔只有 834 米，按阿尔卑斯山区的标准来说不能算作山峰，但支持在这里建气象观测站的人表

---

① Heimat 是德语单词，表示 home、homeland 之义，但它的含义与德国文化、德国社会有关，所以没有确切的英语单词对应。Heimat 在德语中指能够帮助个体确定其身份，为个体存在提供认同与安全感的空间定位。Heimat 有空间、社会、文化、情感多维度的内涵。在 19 世纪，受德意志浪漫主义与德意志国家主义的影响，Heimat 的情感内涵尤被强调。工业革命期间，城市化加快了传统社区的消亡，引发人们对故乡的依恋。

示，山峰应当由是否孤立来界定，海拔不能说明什么。

19 世纪的人都强调厄尔士山脉虽是条件严酷的原始土地，但却有着令人惊讶的高密度人口。19 世纪 30 年代，一位观察者从米莱绍夫卡山上看到的是"手工业兴旺的地带，四面八方都是城市、集镇与村庄"。[84] 这被当作波希米亚人征服土地与气候的证据。[85] 但工业仍然需要保护才能免受天气侵袭。"米莱绍夫卡山高海拔气象观测站建设中央委员会"在递交帝国政府的请愿书中写道，波希米亚"无论在地理上还是气候上都与众不同"，这里的人苦于"恶劣天气与气象灾害"。因此根据当地观测结果预测天气的需要比较迫切，

建立一个山地气象观测站很有必要，各项费用大概共计 7 万克朗。这项计划的推动者们向五位建筑师征集设计方案。有趣的是，最佳方案是一座微型的石头城堡，满是山墙，有一个 10 米高的塔楼与一个全景阳台。内部装修甚至遵循了当地风俗，客厅被安置在南侧的厨房旁边。从鲍里斯拉夫火车站出发，步行一两个小时即能抵达气象观测站，按当地标准来说是比较近的。气象观测站的

图 12　明信片上的波希米亚米莱绍夫卡山及其气象观测站，1910 年

宣传资料显示，科学主管希望它能"吸引游客多多参观，为气象学的大众科普做贡献"。气象学是一个"迷信色彩挥之不去，处处都是古典残骸（的领域），种种偏见阻碍创新，它们像坚不可摧的堡垒一样挡住了所有研究"[86]。因此，米莱绍夫卡山气象观测站将成为"故乡"旅游景点与大众气象学启蒙之地。

### 别拉什尼察山气象观测站

波黑的山地气象观测站是另一类现代化机构。前文提到，哈布斯堡中央委托波黑当局对波斯尼亚进行气候学研究，乃是要为典型殖民项目（改良土地与治理河流）提供信息。截至 1894 年，工程师菲利普·巴利夫（Philipp Ballif）已经在波斯尼亚建了 77 个气象观测站。[87] 他跟汉恩都想再建一个新的高海拔气象观测站，把 ZAMG 的高海拔观测网络向东南方向大幅扩展。帝国政府 1894 年在别拉什尼察山设立了气象观测站，海拔 1067 米，耗资 3 万克朗。[88] 罗马尼亚国家气象网络和保加利亚索非亚气象观测站也会为该站补充数据。从亚得里亚海穿越匈牙利到黑海，或穿越奥地利到波罗的海，有一条低气压槽，而别拉什尼察山恰恰地处于此，所以它能够向维也纳与布达佩斯发送风暴电报警告。实际上，别拉什尼察山可谓中欧天气的中心，甚至比松布利克山更重要。因此，别拉什尼察山气象观测站就是科学征服巴尔干半岛的第一步。然而，在科学界流传的照片中（见图 13），别拉什尼察山气象观测站被冬季的霜冻笼罩，只能从厨房的窗户翻进去。这类照片反复强调：波黑注定是一片原始地带，这里简直是大自然的殖民地。

图 13 波黑的别拉什尼察山气象观测站，约 1904 年

## 结论

高海拔气象观测站减轻了哈布斯堡气候学的"双重"体制压力。松布利克山、米莱绍夫卡山、别拉什尼察山上的那些气象观测站是"双重"机构，集公共性与私人性于一体，既有帝国议程，也有地方议程。它们加强了帝国－王国科学家的自我认同，让他们沉浸在研究环境中，只能从特定的地方视角进行观察。双重性，或者说二元性是这个超国家政体中气候学的本质特征。1867 年以后，维也纳只是二元君主国的两个首都之一，而布拉格、克拉科夫、萨格

勒布都急切地想要和布达佩斯平起平坐。因此，"中央研究所"的"中心地位"似乎并不稳固。实际上，1870年以后，匈牙利也有了自己的"中央研究所"。可见不存在一个可以准确概述整个君主国的固定的视角。正因如此，ZAMG派遣科学家前往加利西亚搜集观测结果时，才发现那里的很多科学家被派往了克拉科夫。中心研究所已经意识到自己处于边缘地带，正在丧失竞争优势，这一二元特征决定气候学研究只能在多个尺度上开展。

# 第二部分
# 帝国的尺度

# 第五章

# 帝国的地貌

1848 年革命爆发后，克莱门斯·冯·梅特涅伯爵被流放，他在维也纳时曾居住和办公的宫殿举行了一次展览，展出的尽是非凡的收藏品，有生物化石、矿物样本、地质剖面图和阿尔卑斯山的全景图。这次展览由传奇博物学家弗里德里希·希莫尼（见图 14）筹划。他从此开始了科学生涯，也带动了奥地利帝国的自然地理学发展。

希莫尼出生在波希米亚，他的母亲未婚生下了他，和希莫尼的外祖父（奥洛穆茨的一名高级公务员）一道把他带大。希莫尼在文理中学读了两年书后就去给他的一位舅舅当

图 14　弗里德里希·希莫尼（1813—1896）

药剂师学徒。19 世纪 30 年代末，在维也纳配药的工作已经帮希莫尼挣够了钱，他现在可以从事他热爱的自然志研究了。他请了私人教师，完成了文理中学的全部课程，并开始去维也纳大学听课，还在阿尔卑斯山区完成了第一次徒步旅行。在这个时期，阿尔卑斯山区高海拔区的冬季气候对于博物学家来说还是个谜团。希莫尼早期的登高笔记上记满了气温、大气能见度、风和云的形态。他心中阿尔卑斯山区最美的山峰——达赫施泰因山是他的"空中观测站"。他可以把仪器挂在那里，"研究帝国云层的情况"[1]。冬季逆温现象也令他好奇，这里一到冬天大气上层温度就会高于下层，这是山地气候的特征之一，可以据此理解大气动力学，以及污染对健康的影响。后来数十年间，希莫尼因他的登山家经历、阿尔卑斯山区自然志主题的人气讲座，以及精美的风景艺术作品而闻名。[2]

19 世纪 40 年代，希莫尼得到了梅特涅伯爵（中欧最有权势的人）的赞助。梅特涅的女儿梅兰妮觉得希莫尼是位奇人，这个"有趣极了的男人"放弃了他的药剂师职业，跑去做地理学研究，"一辈子都在攀登阿尔卑斯山区的山峰，哪怕是冬天也会待在那儿"。伯爵兴味盎然地琢磨启蒙运动计划建立的全球自然地理学，与洪堡、利奥波德·冯·布赫等博物学家来往密切。在梅特涅失宠前的最后几年里，人们常常能看到希莫尼穿着吊带花纹皮裤，进出于这位赞助人在维也纳伦韦格的庄严府邸。[3]

正是在这座宫殿里，希莫尼设法给哈布斯堡的科学制定新的发展路线。到 19 世纪 40 年代，他那已然相当可观的地质学藏品又添了 40 箱。他还测量了阿尔卑斯山区湖泊的深度，并绘制了一幅长约 6.5 米的阿尔卑斯东部山区地质剖面图。[4]这些展品在梅特涅的宫殿陈列期间，赢得了利奥·冯·霍恩施泰因伯爵的赞许。霍恩施泰因伯爵受新皇帝任命，自上而下改革哈布斯堡大学体制。伯爵与希莫尼交谈了 3 小时，止不住地询问希莫尼的研究。他尤其好奇冰期假设，甚至要求带走希莫尼的几幅素描进行进一步研究[5]。会面结束后，伯爵邀请希莫尼为自然地理学这个新的研究领域草拟一份大学教席名单。

前文已经说过，地理学是 1848 年以后新兴的几门学科之一，这些学科想要调研哈布斯堡自诩的自然多样性，并用地图、图册、全景图和博物馆展览等形式把调研结果公之于众。为此，哈布斯堡的地理学需要新的视觉技术呈现研究成果。在描绘这片领土时，如何才能既让人感觉这是一个统一的整体，又使人察觉到小范围内的差别？例如，单幅地图怎样恰当地表现阿尔卑斯山区的极端地形与匈牙利大草原微妙的起伏？如果说在莱布尼茨时代，"奥地利难题"指的是计算圆的面积，那么 19 世纪的"奥地利难题"就是如何用视觉技术呈现帝国领土的"多样中的统一"。

某些方案已经成了标志性的视觉技术。例如，卡尔·冯·佐尔尼格绘制的奥匈民族地图用了鲜明的色彩对比，用视觉效果论证：君主国的民族多样性如此之高，根本不可能明确各民族的界限。而有些视觉技术已经被世人遗忘，例如后文会提到的豪斯拉布和波伊克配色法（Hauslab and Peucker color schemes）。在气候学领域，"奥地利难题"催生了新的统计与制图方法，能够在整个君主国气候状况整合图像中，将特定地方的短期气候现象可视化。借由这些视觉技术创新，我们可以看到 18 世纪静态的区域气候描述如何让位于多尺度的动力气候学观点。

## 测绘帝国

直到 18 世纪下半叶，哈布斯堡君主国才开始绘制全疆域图。18 世纪以前，哈布斯堡家族对于中央集权，以及在王国混杂的帝国内推行标准化规定，都兴致缺缺。王公贵族们认为那是每个王国自己的事情。而他们所激发的忠诚也只是个人的爱国情感，并非地方精神。这种治国风格的象征物就是皇帝的多个王冠，分别代表神圣罗马帝国、匈牙利和波希米亚（另外还有一些地位更低的王冠，对应其他小型公国和国家）。近代早期的哈布斯堡王朝统治者一般靠荷兰制图师，后来靠法国制图师来测绘全疆域概览图，而国内测绘的地图则偏重区域性和地方性视角。

1683 年，哈布斯堡与波兰-立陶宛公国的联军将维也纳从奥斯曼帝国的围攻中解救了出来，奥地利从此进入了领土扩张的新时代，不仅迅速收复失地匈牙利，还攻占了意大利北部、巴尔干半岛和波兰（虽然失去了西里西亚大部分地区）。这些扩张行动有力地推进了调研工作与制图工作[6]。不过，奥地利在七年战争（1756—1763）中的失利，部分是因为军队没有统一的细致且精确的疆域图，而地图对于新的移动作战而言是不可或缺的。[7]很多地方性地形细节都不为人知，且没有在地图上标注出来，山丘与山峰的高度也没有精确标注。

在七年战争中落败后不久，军队就奉命按照 1∶28 000 的比例尺绘制奥地利全境的新地图，精细程度不同以往。这项被称为"约瑟夫调查"的项目服务于军事目的，测绘得到的地图仍然是国家机密，只有最高级别的军官才能看到[8]。不过它们也可民用。玛达丽娜·瓦莱里亚·韦雷斯（Madalina Valeria Veres）指出，约瑟夫二世曾明确命令特兰西瓦尼亚的军事制图师记下经济相关信息，包括土壤质量、制造业分布情况与自然资源，他好据此做经济决策。[9]

这个制图项目背后是官房主义的考量，它想通过绘制自然资源的分布情况，以及研究新的制造工序来部分实现自给自足。16 世纪的哈布斯堡王朝统治者收集珍奇，是把它们当作权力的象征，希望它们惹人惊叹。到了 18 世纪，官房主义则看到了自然多样性新的实用价值。与文艺复兴时期的珍奇收藏不同，官房主义自然知识有明确的地域性，关注自然资源的地理分布。因此，官房主义促使人们开始关注作为单一领土单位的哈布斯堡君主国疆土。官房主义还帮助奥地利走上了经济一体化的道路，帮助它划定了自己的地理核心与边缘地带。弗兰茨二世免除了境内关税，虽然牺牲了某些地方生产商的利益，但却维护了他所谓的"君主国整体"利益[10]。

尽管哈布斯堡普通国民从未见过约瑟夫二世统治时期的新军事地图，但他们在其他地方感受到君主国疆域观念发生了转变。与大革命期间的法国一样，中央集权不仅包括度量衡的标准化，也包括国内边界的理性化。因此，玛丽亚·特蕾莎在 1756 年采纳了维也纳驿站里标准。在 1871 年改换公制以前，维也纳驿站里一直是标准距离单位。此外，中世纪的税乃以重叠交错的封建领地为单位征收，后来逐渐被改造成以统一且连续的市镇为单位征收。这些市镇的边界依据肉眼可见的自然地标划定，例如树木、山区、河流或界石，有时会与某地的人文地理情况大有出入。中央集权政府在 18 世纪晚期和 19 世纪早期强制推行多种新行政区划标准，但在 1848 年与 1867 年的变革以前，哈布斯堡的臣民们最熟悉的还是市镇划界标准。它们"一方面标志着自治范围，一方面又是每个公民被授予居住权的空间"。不过奇怪的是，在约瑟夫二世时代，这种市镇网格布局并没有被印在任何地图上，直到 1861 年这个项目才完成[11]。简言之，君主国的空间体验正发生改变，但才刚刚以视觉记录的形式展开。

18 世纪 80 年代起，奥地利制图业蓬勃发展，主要是由于以下几个特定因素：约瑟夫二世放松审查，这促进了出版业的发展；约瑟夫二世成功的经济政策催生了商人阶层，他们有钱购买印刷品；维也纳在 1768 年成立了镌版学院。1700 年到 1779 年，只有 300 张地图在奥地利国内付印，而光是 1786 年到 1790 年，就有约 300 张地图付印。这些地图标出了新纳入版图的加利西亚与布科维纳，以及匈牙利军事边境地带巴纳特等地带。[12]

最早出版的现代帝国疆域图反映了 18 世纪交通与通信的扩张[13]，其中包括最原始意义上的邮政路线。一张 1782 年的哈布斯堡疆域邮政地图上有一幅图（见图 15）：马车行驶在蜿蜒的道路上，道路一直延伸到帝国西南角，好像是在邀请查阅地图的人踏上旅途。[14] 同样，一张绘于 1785 年到 1786 年的地图描绘了一个预计可以连通奥地利主要河流的运河系统，实现国内与跨国流通[15]。后来人们发现，这项计划不可行，因为工程师不清楚阿尔卑斯山区和喀尔巴阡山脉的实际海拔。不过，这类地图还是促使人们关注人员、商品和信息的实际流通与潜在流通。

18 世纪末，人们也见证了第一批标示"天然品与工业品"的地图，也就是我们所说的哈布斯堡境内经济地图（见图 16）的出现。《维也纳日

图 15 《帝国-王国邮局驿站路线图》（局部），格奥尔格·伊格纳茨·冯·梅兹堡（Georg Ignaz von Metzburg）绘，1782 年

报》曾评论，此图意在"向公众普及各地的自然贮藏与工业制成品知识，这是此图重点"。这张地图为了囊括所有信息，元素拥挤过头，几乎看不清。[16]

18 世纪的地图有两点特别值得一提。第一，地图会省略气候信息。只有在说明气流是否可以在特定季节跨越特定地形时，才会在地图上标出气候元素[17]。用于农业地理学或医学地理学的气候信息之所以没有在地图上标出，是因为那时中央政府还没有集中搜集这些信息。记录气候数据的项目是地方性的（例如，依照医学地形学传统行医的医生会记录，农业改良协会也会记录），不服务于大范围内标准化测量。第二，显然还没有人想要规范不断涌现的制图符

图 16　卡尔尼奥拉经济图，约 1795 年

号，一种统一的制图美学还没有出现。因此，我们从这些地图中看到，虽然在 18 世纪末的制图大潮当中，人们花了很大精力去呈现哈布斯堡境内的地理分布情况，以及它叫人惊叹的自然物产，但几乎没人试着为此设计一个合适的视觉呈现方案。

## 奥地利帝国的奇迹

直到拿破仑入侵中欧，人们才第一次感到有必要设计出一个视觉呈现方案。神圣罗马帝国的皇帝弗兰茨二世痛失帝国皇冠，不过他还是得到了一顶新皇冠，他成了"奥地利帝国皇帝"弗兰茨一世，哈布斯堡的世袭领地首次处于单一名号的统帅之下[18]。为了团结世袭领地上的臣民反抗拿破仑，弗兰茨想给他们灌输一种新的"奥地利"国民身份。新出版的文学作品号召大家投身爱国研究项目（Vaterlandskunde），这个项目意在宣传奥地利土地与人口的诸多优势。此类作品的出版不仅是为了反击法国人对奥地利的抹黑，也是为了与拿破仑侵略所激发的更狭隘的爱国主义抗衡。新的研究项目发展了维尔纳·特莱斯科所说的"百科全书式美学"，这个形容可谓恰当。[19]

早期成果有《奥地利帝国土地和人民的奇迹》（*Marvels of the Lands and Peoples of the Austrian Empire*，1809）和《奥地利帝国的自然奇迹》（*Natural Wonders of the Austrian Empire*，1811）等赞美奥地利的书籍。[20] 这两卷书都是弗朗茨·萨尔托里（Franz Sartori）编撰的，他是职业作家，也是编辑，业余爱好为博物学研究。他晚年担任《国家画报》的编辑时，研究了"奥地利"文学。萨尔托里所谓的"奥地利"文学指的"不仅是德意志人的文学"，还包括"所有不同民族的文学，只要他们的语言和教育先进到发展出文学"。这些民族包括"波希米亚与摩拉维亚、斯洛伐克与波兰、俄罗斯（加利西亚与匈牙利一带）、塞尔维亚（匈牙利、斯拉沃尼亚和达尔马提亚一带）、克罗地亚、温德（在奥地利境内和匈牙利西部一带）、马札尔、犹太和希腊"。其他像"瓦拉几亚人、亚美尼亚人、吉卜赛人、克莱门泰人和奥斯曼人"，都尚未先进到拥有"本民族"文学作品，但萨尔托里也暗示，它们的文学作品有一天可能也会被收录。萨尔托里说这项调查延续了哈布斯堡王朝赞助科学研究的悠久传统。他为读者展示了"3200 万人口的智力结晶，奥地利不同民族长达几个世纪的文化历史……（这些）在一幅宏大的画面中一览无余"[21]。他用这项研究提出：19 世纪初的文化民族主义运动当中的学术研究，其实可以为新的哈布斯堡爱国主义奠定基础。

简言之，爱国研究项目与区域地理携手并进。爱国研究是一门综合学科，既是自然科学也是人文科学。它那百科全书式的风格试着将对地方和民族的大量研究叠成一个具有美感的"多样中的统一"的哈布斯堡形象。它既是一项"政治与行政"工作，方便政府了解人口和土地，也是一种美学与神学追求，培养人们欣赏哈布斯堡土地上的各种"奇迹"。

但直到萨尔托里离世，爱国研究项目都是一项边缘性的事业，是 1848 年到 1849 年的革命将全国地理研究推向了主流。现代大众的民族主义运动挑战了奥地利的合法性，忠于哈布斯堡的知识分子只得顺应新时代，想办法塑造一种超国家的意识形态。自由派同意国家需要在政治上取得集权与分权的微妙平衡，这需要建立一个统一的经济和法律制度，也要建构全国臣民共享的"奥地利人"身份，不过也要给地方自治空间。用自由主义政治家维克托·冯·安德里安-维尔伯格的话来说，目的是"在不损害整体统一的情况下保持各地差异"[22]。

## 可视化祖国

弗里德里希·希莫尼期望能将爱国研究项目发展为美学事业的核心。他受大臣冯·图恩所托设计了一套自然地理学的研究计划，并在 1851 年 2 月将其提交教育部。自然地理学作为哈布斯堡境内大学的一门学科，将负责统一呈现整个君主国的自然多样性：

> 首先笔者确信，有必要尽可能参考奥地利土地本身的自然多样性提供的丰富的证据，以便晓畅地介绍这门学科。用文字和图像生动地描述肉眼可见的，帝国不同地方最有趣、最惹人思考的自然现象，不可能唤不起人们对我们伟大、美丽、统一的祖国的热爱与热诚。在笔者看来，自然地理学教师的一个重要职责，便是前往君主国各地旅行，这样讲师就可以逐渐积累授课所需的第一手观察资料，还可以搜集物质资料来富有成效地介绍本课程[23]。

我们可以从字里行间中看到自然地理学的许多特征，而这些特征会在未来几十年令哈布斯堡的自然地理学与众不同。首先，受 1848 年革命后政治余波的影响，它具有爱国主义价值。我们听到了拿破仑战后早期爱国研究项目的回音，因为它提议对哈布斯堡境内自然奇观做全景式观察。除此以外，我们也看到了一项研究计划的纲要，它强调帝国"各地"第一手知识的重要性，而只有在科学旅行当中，或赞助收集自然历史藏品才能获得这种知识。最后，希莫尼提到需要"生动"地用"文字和图像"呈现自然现象。这些关键词援引了当时正迅速普及的教学准则。在奥地利，波希米亚爱国者对 17 世纪被视为异端的夸美纽斯的著作反响热烈，夸美纽斯看重视觉辅助工具的教学价值。希莫尼接着详细阐述道，这些"生动"的呈现方式包括使用"全景图与剖面图、特色景观与个别自然历史名胜或风物的图片，以及各种图形来呈现自然现象"，这些手段全都需要组装在一起并加以完善，才能作为科学讲座的辅助材料使用[24]。希莫尼对视觉辅助手段的要求很严格：它们的尺寸必须很大（得有墙纸大小），以供公共演讲，而且要放置在专门的档案馆以便保存。为了有足够的时间制作他的宏伟图示，希莫尼要求尽可能减少授课量。图恩竟不可思议地同意了。希莫尼被准许只在冬季学期授课，授课期间他可以按需停课[25]。

讽刺的是，希莫尼从没有利用这样的机会去探索君主国阿尔卑斯山区、波希米亚与卡尔尼奥拉公国以外的地方，哪怕是喀尔巴阡山脉都不能吸引他。尽管他协助草绘了后工业革命时代帝国科学的愿景，但他还和上一代人一样，只对阿尔卑斯山区的自然志感兴趣。

尽管如此，他还是设计了复杂方案来化解奥地利难题。希莫尼为课程绘制的气象地图和气象示意图大多因为太大而无法付印出版，已经散佚了，但很多描绘细致的景观油画和图画得以保存下来（见图 17 和彩图 2）。这些作品展示了他在构图中精细捕捉细节的创新方法，无论是前景、中景还是背景都清晰可辨。比起希莫尼阿尔卑斯全景图的细致程度，更令人惊叹的是他还设法画出了景深效果。希莫尼曾在维也纳大学担任自然地理学系主任，他的继任者阿尔布雷希特·彭克发现，这一方面是因为希莫尼选择了合适的站立点，另一方面是因为他用粗线绘制前景，用细线绘制背景。他发现，只要在背景中添加大量细节，就能令其暗淡，达到远景的效果，但这在摄影中做不到，所以希莫尼常常会在景观照片的背面上补充细节。[26]

图 17 《奥塞市集》，弗里德里希·希莫尼绘，日期不明。该市集位于施蒂利亚。请注意，远方山峰被清晰地标注了数字

希莫尼的技术是为了科学事业而磨炼出来的，但也反映此时奥地利掀起了户外写生的风潮。艺术史学者托马斯·赫尔穆特（Thomas Hellmuth）指出，奥地利的比德迈艺术[①]的最主要特征是关注自然细

---

① 比德迈艺术（Biedermeier art）指的是 1815 年到 1848 年革命之间的艺术时期，这时正值艺术风格从新古典主义转向浪漫主义。"Biedermeier"得名于一位虚构人物 Gottlieb Biedermeier，隐喻德国中产阶级。受城市中产阶级兴起和拿破仑战争创伤的影响，这一时期的绘画内容主要是家庭肖像和静物等日常场景，旨在加强安全感，避免政治性，代表画家有德国的卡尔·施皮茨韦格、奥地利的费迪南德·格奥尔格·瓦尔德米勒。

节，营造出一种一气呵成的美学印象。赫尔穆特举例，费迪南德·格奥尔格·瓦尔德米勒（Ferdinand Georg Waldmüller）19世纪30年代到40年代的乡村风俗画也描绘了希莫尼最爱的阿尔卑斯山的角落。[27] 比德迈艺术家特别致力于捕捉大气变化所造成的转瞬即逝的细微流变。[28] 希莫尼在一系列人气讲座中谈到了风景画与气象学之间的关系。他想说服观众相信画家应极其细致地关注大气情况，"要不是无尽而千变万化的大气流动，风景哪能如此丰富多变？海陆只会呈现一派无趣沉闷的景象"。大气流变能够极大地改变风景。例如在寒冷的冬季，能见度会急剧上升。1847年2月，希莫尼在海拔3000米的阿尔卑斯山高峰上待了72个小时，他观察到"20多英里开外的阿尔卑斯山峰的轮廓也非常清晰，甚至能看清山形的个别细节"[29]。希莫尼在这些演讲中解释了诸如绝对湿度与相对湿度、上升气流的热力学原理，以及云的分类等专业概念。实际上，他在教自己的听众不要仅仅将大气视作背景，而是要把大气看成冷热气流、干湿气流剧烈对撞的地方。哪怕是变化最为丰富的云也受"温度、湿度、大气运动的交互作用、太阳的位置、地表构成以及植被"的影响[30]。

小说家阿达尔贝特·施蒂弗特向更多民众普及了希莫尼的美学教育。施蒂弗特的小说《夏暮》中主角的原型无疑就是希莫尼，在小说中主角懂得了绘制风景画不应忽视大气光学作用的道理。他的导师引领他发现了他一度无视的东西：

多亏朋友指正，我突然明白了必须去观察并熟悉长期以来自己以为微不足道的事物。在空气、光线、雾气、云层和附近其他物体的影响下，物体会呈现完全不同的风貌，这都是我必须弄明白的东西，我得把这些成因当作我的研究主题，不要像以前一样只关注那些直观入眼的东西。这样我才可能描绘那些涌动在各种介质之间，与其他物质共同构成整体环境的东西[31]。

就这样，希莫尼和施蒂弗特教导广大民众要将大气视作一种起着联系作用的介质，一种动态的景观元素。这对奥地利"爱国研究"的视觉呈现很有贡献。

## 地质之眼

地质学是第一个试图解决奥地利难题的学科。1814 年成立的帝国－王国矿业博物馆（帝国博物馆）按照现代地质学重新排布、整合了矿石与宝石藏品，它们一度被随意地陈列在王公贵族的珍奇柜当中，而这需要了解哈布斯堡国土上的矿藏分布情况，也就需要绘制出帝国全境统一而标准化的"地质"地图，用当地最主要的岩石类型代表各地区。

1845 年，威廉·海丁格尔指导绘制了第一张帝国全境地质概览图。他在现有区域地图的基础上补充了自己的实地研究成果。他对绘图过程的描述颇具启发性："相比于比例尺粗糙的地图，每一张更详细的地图都会表现各个地方不同的岩石构成，这些岩石对当地来说很重要，但一旦放大了比例尺就会被省略掉，并被并入邻近区域的地形当中。"[32] 于是那些看中当地地质差异的地质学家只得投入大量不必要的时间进行野外勘探，以复原那些被省略的细节。地质地图制图者因此需要在刻画更整体的地质结构的同时，保留重要的地方细节。在这个意义上，海丁格尔的项目可谓全球地质综合（爱德华·修斯等下一代地质学家达成了目标）的先驱。1850 年时，修斯还是一名大学生，还在协助海丁格尔整理帝国矿石收藏。海丁格尔需要为他的帝国全境地质概览图选择一个合适的比例尺："君主国的地质构成十分多样，一边是绵延的山脉，一边是广阔的匈牙利大平原，需要分别处理。既要考虑到差异，也要考虑到统一，因此同一张概览图也要用到不同的比例尺。"的确如此，波希米亚、南蒂罗尔和采矿区的地质构成太复杂，不能用太大的比例尺。但是最后出版的地图也不能有太多张，因为它的目的在于"以尽可能低的价格吸引最多的公众"，当然也要推动进一步研究[33]。海丁格尔最终决定使用"1∶840 000"的比例尺，这也是帝国-王国军事地理研究所出版的路线图的比例尺。

海丁格尔认为 1845 年的地图是一项未尽的研究，是进一步调查的基线。他满心希望公众能够基于对当地情况的了解，去修正地图上的错讹。实际上，海丁格尔也把初版草图递送给各地科学协会中的同僚，请他们批评指正。他的意思很明确，君主国地质概况需要地方科学协会与中央机构密切合作。在他看来，哈布斯堡科学的未来发展，有赖于知识生产适度集中，完全实行中央集权行不通。

因此，他邀请"全国各地的朋友们贡献地质学知识"来补充、修正他的地图。[34]

帝国地质研究所1849年成立时，最早承接的重大项目就是用完全一致的比例尺重新绘制哈布斯堡地质概览图，取代海丁格尔1845年的那张地图。于是，1863年，"奥匈帝国的全部领土，从伦巴第（原文如此）到布科维纳，从达尔马提亚到易北河谷地之间"的地质情况按照1∶144 000的比例尺被绘制出来[35]。这项成果的重要性在于它扩展了地质学的研究领域，使其不再局限于个别王国（另见图18）。早在19世纪40年代，海丁格尔就已经开始像一名

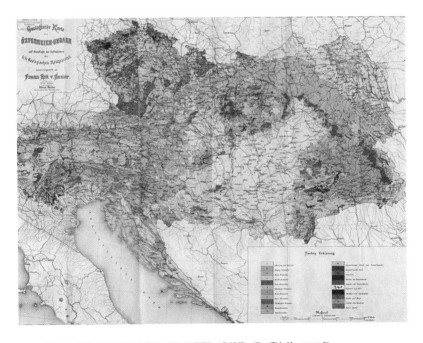

图18 《帝国－王国地质研究所调查结果：奥匈地质图》，弗朗茨·冯·豪尔绘，1867年

帝国–王国科学家那样思考并调研，超越狭隘的尺度重新看待哈布斯堡领土："人们的确可以挨个儿研究王国，但自然山脉会让人为的分界线完全失效。"海丁格尔坚持认为奥地利大部分领土都以一个"山地系统"为主干，这个系统包括阿尔卑斯山和喀尔巴阡山，必须把这种连贯的视觉效果呈现出来。这是思考君主国自然结构新颖、统一而宏观的观点[36]。

## 绘制气候图

绘制奥地利地质概览图过程中遇到的很多难题在绘制气候图时也会遇到。但气候图的绘制更加复杂，因为它完全是一种新的地图类型。一直到 19 世纪，气候区都仅依据纬度进行划分。1817 年，亚历山大·冯·洪堡引入等温线这一实证指标来表示地表气候情况。等温线把平均气温相等的地点用线连接起来，在测得各地平均气温的基础上运用插值法绘制地图。19 世纪的科学家一眼就能明白等温线图透露的信息。它用闭合的线圈表现气温相等的区域，等温线密集，则表示短距离内温度会迅速变化。[37] 但洪堡的数据非常有限，全球只有区区 58 个站点数据，而且只有两个分布在亚洲和非洲。

后来到了 19 世纪，随着观测网络的拓展，观测点日渐密集，分析表述数据的新方法被引入，等温线地图比之前更符合实际了。1848 年，海因里希·多弗（Heinrich Dove）出版了一张基于 900

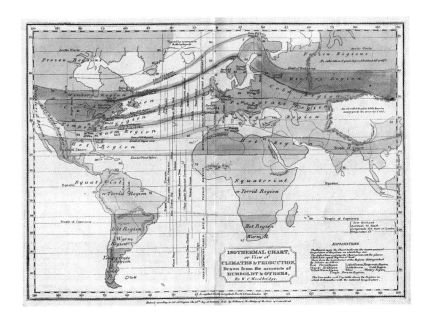

图 19　首张全球等温线地图，约 1823 年

个站点数据的世界气温分布图，1864 年又出版了基于 2000 个站
点数据绘制的世界气温图。气候图也开始呈现气温以外的其他信
息[38]。阿方斯·德·康多尔（Alphonse de Candolle）与弗拉迪米
尔·柯本根据植被的分布情况构想了颇有影响力的气候分类体系，
阿尔布雷希特·彭克则基于湿度设计了另一套体系。科学家们可资
利用的数据日益增多，出现了更多不相容的气候标准，它们的用途
不一，有用于植物地理学的，用于地质学的，也有用于人类生物地
理学的。然而这些分类标准基于单一的气象因素，所以偶尔会因偏
重气候影响，没有反映气候的"本质"而被诟病。[39]哈布斯堡的自
然地理学家亚历山大·苏潘想反映气候的本质，他依据年均温差

（即最冷月气温与最热月气温之差）区分"大陆性"气候和"海洋性"气候。尽管如此，苏潘也承认不存在绝对的分类标准[40]。

这些标准的共同点在于没有呈现天气状况。它们都把气候当作静态变量，做长期变化的均值处理，如此一来天气在时间尺度上的变化，如云、风暴、强风等，就无法反映在气候图上了。那如何呈现气候的动态变化呢？如何用一张地图表示气候在时空维度上的波动呢？[41]

## 一本哈布斯堡的地图集

1898 年，奥匈帝国庆祝弗兰茨·约瑟夫一世在位 50 周年，哈布斯堡的野外科学家们可以自豪地回顾半个世纪以来的成果。这一时期的地形学、地质学、地震学、水文学、气候学、植物学、动物学与民族志成功地为"应用地质学找到了科学根基"[42]。这些科学活动导致信息过载，人们需要想出新办法去解决奥地利难题。

1882 年到 1887 年，爱德华·赫尔策尔（Eduard Hölzel）在维也纳的印刷厂印制了第一部奥匈帝国地图集。这是一项开创性的工作，运用了崭新的方法来呈现自然地理学与人口统计学的数据[43]。即便后来君主国解体了，这本地图集也一直是区域人口信息的重要参考资料，是"解决奥地利难题的最佳地图"。[44] 这本地图集一翻开就是一系列气温与降雨量分布图，因为它把这两个因素作为划分君主国自然地理区域最重要的指标。于是两套分类体系得出了两种结果：一是基于气温（见彩图 3）划分的 22 个"自然气候区"，二是基于降雨量划分的 7 个区域。紧跟在气候图之后的是水文图、地质图与植被分布图，再往后就是各类人口统计图与民族统计图。图集靠后的地图援引之前的地图，以此强调环境因素与人为因素的相互依赖性。例如，约瑟夫·夏万尼的"森林地图"就参考了之前的海拔图、地质图、降雨量图和气温图，还援引了经济生产图的信息，以便读者把握影响森林分布情况的多种因素。图集设计统一，这样有助于读者把握地图之间的关联。总计 25 张地图当中，有 19 张按照 1∶25 000 000 的比例尺绘制，剩余 6 张的比例尺是 1∶5 000 000，配色方案要么相同，要么相近。地名尽可能用德语标注，而图例和说明则一律只用德文。有意思的一处是，在一个对页版面上，四幅配色、比例尺统一的地图分别呈现了君主国城镇、冰雹、文盲和家猪的分布情况。正如海拔图的配文所写："若想清楚了解土地物理条件与人口生理－文化情况的相互作用，奥匈帝国再合适不过。从两者的交互来看，奥匈帝国土地的复杂结构为社会发展与社会形态创造了多样化的条件。"[45] 照这个逻辑，自然地理特征精细的渐变也能让人们更细腻地理解文化差异。

但一张比例尺这么小的地图（即在小纸张上刻画一大片土地）如何尽数刻画相关的局部细节呢？例如，怎样表示海拔，才能让一张图同时呈现阿尔卑斯山的高大与匈牙利大平原的广阔呢？有人会选择呈现山峰与山谷的强烈对比，有人会选择呈现更细小的高度变化。但有没有同时做到这两点的办法呢？这就是奥地利难题的一个经典实例，1887 年的地图集提供了更巧妙的方法。

当时有很多方法可以表示海拔。阴影线法（hatching，即使用细线表示阴影）是最古老的方法，加上 1800 年前后石板雕刻开始取代铜板雕刻，阴影线法的工序加快了。18 世纪末起，人们用上了轮廓线法。亚历山大·冯·洪堡为自然地理学创造的剖面法与水平横截面法则更新一点。[46] 奥地利的制图师选择用色彩表示海拔。他们在一定程度上回应了人们对更精确的阿尔卑斯山区地图的需求。使用不同色彩会让人立刻感知到海拔的变化，这在粗略的概览图上尤其见效，其目标在于实现所谓"塑性"的三维视觉效果。首创色彩方案的人是维也纳的一名军事制图师——弗朗茨·冯·豪斯拉布（Franz von Hauslab，1798—1883），他的方法后来被广为采用。豪斯拉布规定随着海拔抬升，色彩要由浅及深分层，每一层的颜色都要和前一层的颜色区分开来。维也纳和布拉格的制图师把豪斯拉布的方案付诸实践，弗里德里希·希莫尼就是其中一员，他们的地图被收入学校地图集或被挂在墙壁上，在哈布斯堡全境流传开来。相比之下，威廉治下的德意志帝国用的都是两色法，用绿色表示低地，用棕色表示山峰。[47] 1887 年奥匈帝国的地图集则用了豪斯拉布的海拔色彩表示法，唯一不同是它选择用浅蓝色表示终年积雪的最高峰。

奥地利在标示海拔方面独树一帜，不仅因为它使用了色彩，更在于它呈现垂直尺度的理论深度。普鲁士西里西亚的地理学家卡尔·波伊克（Karl Peucker）在维也纳的一家出版社工作，他开发出一种颇具竞争力的方法。波伊克基于物理学、心理学和色彩感知生理学的研究，提出了一种能更加逼真地表示海拔的设色方案。豪斯拉布建议人们用深色代表高海拔地区，而波伊克则倡议人们用"更丰富"的颜色来表示高海拔地区，而颜色的丰富程度由波伊克定义。他还区分了制图的两个优先考虑因素，从而为制图师界定了更精确的用词，它们就是：可测性（Meßbarkeit），即地图上两点之间相对层级与其所代表的真实物体的相对层级的吻合程度；可视性（Anschaulichkeit），即地图上的相对层级在视觉上达到一目了然的程度。波伊克的方案在奥匈帝国内外都产生了深远影响。1913 年的《世界国际地图》使用波伊克方案，因此它不再只是使超国家帝国可视化的办法，也是使全球可视化的办法。[48]

奥地利难题不局限于海拔图绘制。1887 年的奥匈帝国地图集在我们所谓的自然地理与人文地理之间清晰地划了界。绘制语言分布图时，政治风险是最大的。弗朗茨·勒·莫尼耶（Franz le Monnier）根据 1880 年的人口普查数据，用色彩极细致地呈现了特定地区的语言差异。冯·佐尔尼格 1855 年的民族志地图只标示出每个城镇使用的主要语言。勒·莫尼耶认为这种做法忽视了"更小的民族单位"。于是他使用多种色彩标示说多语言的城镇：彩色圆点表示该地区 10%~29% 的人口使用的次要语言，条纹表示30%~50% 的人使用的语言。这种标示方法显然带有政治隐喻：德意志民族现在"不仅是人口最多的民族，而且是分布最广泛的民族"[49]。勒·莫尼耶不仅用粉色代表使用德语者，还用粉色标出政治分界线，进一步强化了政治效果。不过他的地图是个例外，只有这一张图暗示哈布斯堡的统一性发端于德意志文化。

与之相对，图集中的其他地图所传达的讯息都是，统一性源于环境的相互依赖。下面以流域图为例。结合图集其他地图来看，这张流域图说明了地貌与气候等物理因素如何塑造出奥匈帝国的水文，后者又在商贸与交通中发挥着何种作用。流域图的附文强调了多瑙河沿岸多样的海拔、地质、温度与植被状况。"这些因素在极端情况下或在不同程度上会与当地结成相互依赖的关系，水文作用也会相应地改变。"因此，这张地图"既呈现了单一因素对水文的影响，也呈现了这些因素之间的联系与相互作用对水文的影响"。地图的目标在于反映地方上自然与人文的差异，将它们当作一个更大整体中相互依存的部分。为了达到这种效果，这张图把君主国过半的土地都归到了多瑙河盆地，统一用蓝色阴影线表示。多瑙河支流所界定的较小区域则只用文字注明，以免破坏大面积蓝色的和谐效果。就这样，这张图把多瑙河沿岸的水文多样性纳入"欧洲最大流域"这个统合概念之下，描绘了帝国水文的统一形象。[50]

## "但是等温线用得太多了"

1887 年的奥匈帝国地图集包含七幅气候图，其中三幅是气温图，四幅是降水图。每一张图都涉及一个具体的奥地利难题：既然气候数据是从条件迥异的各地气象观测站得到的，那如何描绘出帝国的总体气候模式呢？这是科学国际化进程中最棘手的问题，而哈布斯堡科学家们则在他们的国境线内解决了它。

科学家在绘制等温线的过程中的确遇到了奥地利难题。就山地而言，小范围的气候就有很大差异，所以大规模气候学的策略不再适用。更何况气温垂直方向上的变化能比水平方向上的变化大 1000 倍。18 世纪时，索绪尔首次测量了阿尔卑斯山区气温随海拔上升而下降的情况，但他没能总结出一般规律。汉恩在 19 世纪 60 年代运用热力学原理解释了这个问题，他提出上升气流在进入气压较低地区时会膨胀，因此失去热量。但这种气温的下降速率（即气温直减率）不是均匀的。约瑟夫·夏万尼 1871 年为奥匈帝国绘制第一幅等温线地图时，就得出结论："尚未有人总结出气温随高度上升而下降的规律。"[51] 接下来，山地气象观测站、风筝与热气球实验都表明气温直减率会随地区与季节而改变。1909 年，一位奥地利气候学家感慨道："等温线已经做不出什么文章了。气候学家们的作业还比较受限，他们应该去描述真实情况。"[52]

因此，夏万尼在 1887 年的奥匈帝国地图集当中抛却了化简法，因为它"几乎没什么价值了"，同时也不再使用基于化简法的等温线。他选择以豪斯拉布的海拔设色方案为基础，设色封闭曲线，以此表示不同季节平均气温的分布情况，不将其简化为海平面高度（见彩图 3）。亚历山大·苏潘在 1880 年就开创了先例，当时他正在处理一些从高原地区气象观测站取得的数据。他曾试图找到一种标准校准方式，好将测量值简化为海平面高度水平。然而他发现校准会受季节影响，有时有用，有时则会帮倒忙。因此，他决定使用未经校准的值，以便"最清晰地呈现年均气温波动的水平分布规律"。[53] 这样一幅地图表明，相较于绝对高度，山峰相对于山谷的相对高度才是对气温影响更大的地理因素。当时，一些等温线图已经开始呈现海洋和陆地对气温的影响，例如等温线会向陆地凸出，因为那里更加温暖。[54] 但是几乎没有人做基于山岳形态学的气温可视化工作。夏万尼观察到，山地的气温受山峰与山谷的相对高度的影响更大，而非绝对高度，因此他选择不用等温线。最低的平均气温出现在山谷当中，因为山峰阻碍了从南到西的暖气流。换言之，夏万尼的统计与制图方法已经开始将动力气候学可视化，特别是地表形态如何改变大气运动。

动力气候学的可视化这一目标在夏万尼为地图集绘制的另一张地图中更加明确，即暴雨日（风暴天数）的分布图。以前的风暴分布图会把报告相等暴雨天数的气象观测站列出来，然后把欧洲粗略地分为夏季风暴区、冬季风暴区，以及不会出现冬季风暴的东部地区。[55] 夏万尼的分布图则完全不是这样，他不满足于记录风暴发生的频率，还想呈现风暴产生的动力过程。夏万尼的地图揭示了局部差异，早先的地图则都没能呈现这一点。他关注局部变化，因此其地图可以将风暴生成的动力过程可视化。例如，维也纳的暴雨日比维也纳新城的多，是因为那里向南洞开的环形山谷相比于周边地区更容易受风暴侵袭。

值得注意的是，汉恩在他1887年出版的《气象图集》当中也呈现了相似的动力过程，只是汉恩使用的方法与夏万尼的完全不同。汉恩省略了高海拔地区气象观测站的数据，并将气温标准降低至海平面基准，按照每上升100米降低0.5摄氏度的气温直减率绘制了全球等温线图（见图20）。他在图注中详细地解释了自己这样做的原因。平缓的气温直减率会让高地看起来比周围地区暖和，剧烈的气温直减率则会让海拔较高的地方看起来比周围地区寒冷，这似乎不太对。但汉恩不觉得这是个问题。根据他的定义，等温线是为了表示大气最底层的气温，"山谷就是地表最常见的栖居地带"[56]。换言之，等温线是为了表示气候对人类生活的重要性。不过汉恩也希望他的等温线图可以阐明山地的气温动力效应。他解释道，山地可以挡住冷风而保持温暖，也可以通过阻止经过辐射冷却的气流外流，或阻挡来自海面的暖气流而降低气温。关键在于要让地图呈现这些山岳形态影响，呈现山地导致气流转向，重新分配热

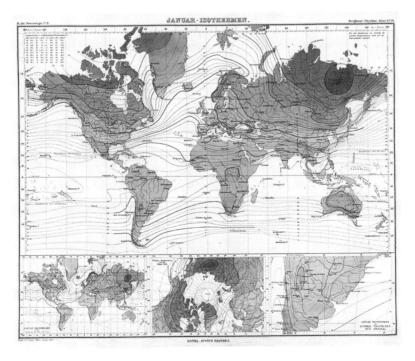

图 20 《1 月等温线图》，尤里乌斯·汉恩绘，收录于《气象图集》。与 1823 年的地图（见图 19）相比，这张图里的等温线会根据当地情况发生弯曲。此外还请注意西伯利亚上空的冷岛，原因在正文中说明

量的过程。为此，汉恩提出需要采用统一的气温直减率。我们可以在汉恩的地图上看到山地对气温分布的真实影响，即他所谓的动力效应。比如在1月的等温线地图上，西伯利亚有一个极度寒冷的冷岛，这是该地区的山谷在反气旋条件下的特性所致，它还处于一个高气压中心之下。俄国气候学家亚历山大·沃伊科夫（Alexander Voeikov）认为这个冷岛只是假象，因为在反气旋条件下，山峰的气温明显比山谷更高。汉恩不同意，坚持认为冷岛效应显示了气候的真实特性，而且山谷的气温才是与人类生活相关性最强的气候要素。"这些都是现实中地表相对较冷或较暖的区域，我认为能表现这些情况就是我这些等温线地图的优势。"[57]

## 结论

根据气象观测站的数据绘制气候图的基本问题在于，如何评估相邻站点之间所测气温与气压之差的意义。这些差异反映的是真实的变化，还是只是测量过程中的人为误差？约瑟夫·瓦伦丁（Josef Valentin）就在他对奥地利每日气温变化的研究中表示："在欧洲其他地方，很难找到像奥地利境内这么多样化的气象观测站。"[58]瓦伦丁发现，海因里希·怀尔德（Heinrich Wild）的研究成果《俄国的气温条件》略去了来自维也纳、布拉格、萨尔茨堡和克拉科夫等哈布斯堡境内气象观测站的数据。瓦伦丁没有质疑怀尔德的决定，但他相信"这些受当地条件影响的气温不会毫无价值"。他进一步提出不能按照处理俄国数据的方法去处理奥地利的数据。单纯以经纬度为基础校准数据的方法可能适用于"山岳条件更加单一的俄国",但它"明显不适用于奥地利,因为那里的地形变化太大"。[59]因此,地形对每日温度变化的影响本身就可以是研究对象。

简言之,如果要合理考虑奥地利地理形态的重要性,就需要明白那些原先被当成谬论摒弃的测量方法的意义。哈布斯堡科学家透过奥地利理念看到了奥地利的气候。他们相信这块土壤具有独一无二的多样性,所以他们发展出了能够呈现这种多样性的统计与绘图方法。汉恩因此相信从邻近的气象观测站取得的数据,他从中归纳出当地地理情况对测量数据差异的动态影响。

让我们回头看看汉恩的全球等温线分布图。我们如何从历史角度解读这幅地图?一方面,它是当今气候变化数据模型的发展阶段之一。它呈现了模拟全球能量收支的基础经验数据,其实在"一战"期间,布拉格的确有位研究者出于此目的使用了这幅地图。[60]然而,汉恩并不打算将其作为输入计算机的数据,而是将其看作一种将信息可视化的方式。他希望这幅地图在多个尺度上都易读,可以同时反映全球模式与地方特色。其实对汉恩来说,殚精竭虑地研究全球标准测量是为了实现更崇高的目标,即将多尺度的气候动力过程(不管是星球尺度的动力,还是局部地表尺度的动力)以视觉形式呈现出来。可视化的策略是19世纪后期对气候新认知的一部分:气候不再是地表某些地带的固定特征之一,而是一个跨尺度的能量输送动力系统。

# 第六章

# 发明气候志

1901 年，奥地利科学院庆祝 ZAMG 成立 50 周年。庆典按照帝国–王国的规格，在科学院金碧辉煌的礼堂当中举行。[1] 科学院的名誉主席赖纳大公致开幕词，接着便把场子交给了自由派教育大臣威廉·冯·哈特尔（Wilhelm von Hartel）。哈特尔有幸宣布了 ZAMG 的一项雄心勃勃的新计划。其 50 年来的观测数据将"很快造就一项具有划时代意义的研究，即详细地刻画帝国多样的气候，以便造福所有臣民"[2]。本章会聚焦这项计划在文体方面的野心，即公平地对待"各个区域"，又确保整个帝国能够连成一幅和谐的图景。

这项划时代的研究一共包含 17 卷内容，每写一卷，ZAMG 都会得到教育部 2000 克朗的拨款，差不多是帝国内绝大多数城市里一位家庭用人的年工资。[3] 在接下来的 18 年里（即哈布斯堡家族统治的最后 18 年），帝国科学院监督了前九卷的出版工作。1918 年，教育部宣布会接着出版后续的几卷，仍然延续构建统一奥地利理念的目标，尽管帝国行将就木。[4] 1927 年与 1930 年，奥地利共和国科学院出版了另外两卷，讽刺的是，罗伯特·穆齐尔（Robert

Musil）挖苦帝国历史的《没有个性的人》第一卷也在 1930 年出版。虽然这项计划一开始壮志满满，但最终合集不够面面俱到。其中名为《奥地利海滨》的一卷涉及的最远不过的里雅斯特。"一战"期间，卡尔尼奥拉的那卷因为资金不足而被砍。布科维纳的那卷不涉及该地区敌占区的情况，摩拉维亚和西里西亚那卷到 1918 年才好不容易问世，至于波希米亚的那卷则一直没有写成，很显然是因为 1918 年以后布拉格拒绝将资料交给维也纳。加利西亚那卷因为气象观测站太少也被砍了。[5] 那么显而易见的后果就是，这套丛书覆盖的地点相当分散，且集中在帝国的阿尔卑斯山地区，这反映了该地区的气象观测站分布得更加密集，还说明科学界对高海拔地区很感兴趣，同时也有所谓的难以在"偏远地区"找到合适的当地协作者的原因。但最遗憾的还是计划拟定的最终卷（即对"奥地利各地气候条件、特性、差异与天气模式"的概述）没能成形。[6] 要写成这样一卷书，必须分析约 400 个气象观测站、241 000 平方英里的数据，从布科维纳的干旱平原到福拉尔贝格的雪山，乃至亚得里亚海的沿岸岛屿，可以称得上是实证气候学截至当时最宏伟的一项研究。[7]

表 1：奥地利气候志各卷出版情况（1904—1919）

| 涉及地区 | 作者 | 出版年份 |
| --- | --- | --- |
| 下奥地利 | 尤里乌斯·汉恩 | 1904 |
| 滨海地区（的里雅斯特） | E. 马泽尔 | 1908 |
| 施蒂利亚 | R. 克莱因 | 1909 |
| 蒂罗尔与福拉尔贝格 | 菲克尔 | 1909 |

| 涉及地区 | 作者 | 出版年份 |
|---|---|---|
| 萨尔茨堡 | A. 费斯勒 | 1912 |
| 卡林西亚 | 维克托·康拉德 | 1913 |
| 布科维纳 | 维克托·康拉德 | 1917 |
| 摩拉维亚与西里西亚 | H. 辛德勒 | 1918 |
| 上奥地利 | P. T. 施瓦茨 | 1919 |
| **1919 年后的相关气候研究** | | |
| 滨海地区 | E. 比尔 | 1927 |
| 维也纳 | A. 瓦格纳 | 1930 |

汉恩经常谈到，气候是一个抽象的统计概念。它与直观的天气有何关联？如何透过静态的平均值看到产生它们的动态过程？这些问题也构成了文体上的挑战，即体裁问题。所谓体裁，就是地图集、旅行叙事、自然写作一类文体，它们会对新信息进行筛选和汇编。它们所提供的框架大体符合人们的预期，不过也足够灵活，可以适用于不同目的。它们能够生成意义，"超越文本表层，产生更加深刻有力的效果"[8]。

climatography（气候志）这个术语于 1813 年进入英语，19 世纪 30 年代后有了对应的德语词。不过，由于 19 世纪中叶以前，长时段的地方天气数据都无法获得，气候志在当时也不构成一种公认的体裁。1800 年以前，任何观测网络最多只能维持 20 年[9]。气候志出现在几乎所有的大陆型帝国和大国内，如奥地利、俄国、印度和美国。帝国气候志出版的目的是划定帝国内部"自然区域"的边界，以便合理地规划与整合各区域的经济关系。我们即将谈到，要在变动连续发生的土地上划定边界，必须关注跨越多重尺度的现象。[10] 因此，气候志作为一种文体，有揭示局部与整体相互作用及变化模式的潜力。

下面讲述环境书写被发明的故事。《奥地利气候志》问世于奥地利地理学家探寻新式文体的时期。美国地貌学家威廉·莫里斯·戴维斯（William Morris Davis）在 1940 年说过，现代地理学写作不能再以地球只是"人类家园"为假设，而应在地球作为"生命家园"的广阔意义上进行。他将"本体写法"（ontography）应用于"地理学有机部分"的书写。本体写法可以记录有机体对环境的生理反应的空间分布情况，如果放在时间的脉络里，本体写法也会构成本体论，记录"始终处于变动的地球的有机反应次序"。[11] 而气候志则是处理现代地理学书写难题的另一种方案，这个难题用罗伯·尼克森（Rob Nixon）的话来说，就是怎么"排布分散在不同时间、空间的（环境现象），使之具象化"。[12]

本章将会先讲述在 19 世纪 40 年代到 50 年代，两个背景相似、志趣相投的人如何用文学化的语言表述奥地利难题，这两个人就是小说家阿达尔贝特·施蒂弗特与地球科学家卡尔·克赖尔。两人都曾就读于克雷姆斯明斯特的文理中学，克赖尔比施蒂弗特高七届，两人都在那里萌生了物理学抱负。后来，克赖尔创建了 ZAMG，施蒂弗特却在追求科学梦想的过程中遭遇了挫折，转而开辟了一种以自然界为创作舞台的文学传统。我们将看到克赖尔与施蒂弗特如何各自练就一种写作风格——他们关心"小东西"，例如昆虫的行为、苔藓的形态、气压的波动等，不过这样做是为了阐明它们对帝国及宇宙的意义。[13] 我们将从他们的故事出发，探索气候志这一文体如何作为哈布斯堡尺度难题的解决方案而发展起来。为了解决尺度的难题，气候志有四个主要视角：一是中央气象观测站，它记录了大气现象进入、离开中央气象观测站观测视野的情况；二是中央气象观测员的观测结果，他们关注大气现象对帝国地表的影响；三是地方协作观测员，他们的视野转向天空；四是行走于帝国的个别观测员，他们一边动用仪器，一边调动感官，记录着大气情况。

## 宇宙志的遗产

但是，我们首先要思考的是，哪些文体不是气候志。宇宙志（无论是古老的宇宙学还是文艺复兴时期的宇宙志）就是一种在叙述中融合环境的物理特征与人文特征的文体。最近有学者指出，文艺复兴时期的宇宙志是一种富含人文精神与想象力的文体，源于乌托邦式的理想。它和古代宇宙志一样，既是自然志也是民族志，而且常常采用叙事形式。实际上在 16 世纪末，宇宙志就已经"消解"：数学制图学、天文航海、水文学与大地测量学从描述型地理学、民族志和自然志等学科中独立，研究前四者的被归为使用数学方法的"宇宙志学者"，研究后三者的则是"编年史学家"。[14] 于是，表述环境的数学模型与叙事模式的差别越来越大。到了 19 世纪末，人文科学开始定义自己的研究方法，以示自身与自然科学的区别。气候志则打断了这一趋势，它冲出了诠释与理解、事实与价值的区隔。它想要同时以文字与图像的方式表述某地气象测量对当地居民的意义。

就此而言，可以认为气候志的发明与亚历山大·冯·洪堡复兴宇宙志一样重要。洪堡的《宇宙：物质世界概要》（*Cosmos: Sketch of a Physical Description of the Universe*，以下简称"《宇宙》"）1845 年以德语出版，被视为科普写作的典范。该书意在解释自然界各个部分的相互依存性。对哈布斯堡的博物学家而言，洪堡坚信自然"多样（现象）的统一"尤有启发：

> 理性思考（即沉浸在思考过程中），便知道自然是多样现象的统一；它意味着和谐，所有上帝的造物，无论它们在形态与属性上是多么不同，都在自然中融为一体；自然是一个伟大的整体，到处都是生命的气息。因此，理性探索自然最重要的成果，就是明确这个强大的巨型物质的统一与和谐。[15]

同样启发哈布斯堡科学家的还有洪堡对文学风格的追求，这种风格能让经验测量生动形象，不再止步于再现结果："对自然的描述不应剥夺其生机。如果只是罗列一般结论，就会像堆砌观察细节那样惹人厌烦。"[16] 例如，洪堡在呈现高度依赖经验，在理论性上还备受争议的地磁现象时，并没有以经验测量为基础，而选择口头表述磁场在不可见的地球内部与高层大气之间变化的原因假设。就这样，洪堡的"物质世界概要"为哈布斯堡科学开辟了可供模仿的模式。[17]

不过，事实并非如此。实际上，帝国－王国科学家的确从宇宙志中得到启发，就像克赖尔最早对帝国的地理科学调查受到过洪堡的影响一样。1859 年，洪堡逝世的那个春天，还是高中生的汉恩读完了《宇宙》。此前他从未接触过"这种严肃而深刻的趣味"，因此大感"愉悦"。翻开第四卷时，他再度感慨"（洪堡的文字）如同和煦的微风，给所有严谨的科学描述披上了一层柔和而迷人的气息"[18]。然而，帝国的气候志文体将与洪堡的宇宙志大相径庭。

　　汉恩在他 1883 年的《气候学手册》当中，就已经明显不同意洪堡从人的视角出发定义气候的观念论假设。在洪堡眼里，自然的统一性由"思考着的人类观察者"赋予。相反，气候志认为气候是所有生灵栖居其中的实存。在某种意义上，气候志采取人类中心视角是出于实用目的，而非浪漫主义理念。帝国－王国科学家赞同洪堡的主张，即宇宙中很多"巨大"的事物，不过是在人类碰巧生存的尺度上才是"巨大"的。但他们从未想过完全放弃人类利益。相反，气候志注重实用性，吸引了一大群依赖气象预测生存的读者。

　　气候志还致力于（也有人认为是沉溺于）描绘局部细节，这一点也跟宇宙志不同。当时的批评家指出，为了提出普遍适用的规则，洪堡倾向于无视局部差异，例如只概括有关火山的一般结论，不展开描述多样化的火山现象。同样，洪堡只用他绘制的钦博拉索山的植物图证明植物与海拔高度的普遍相关性，忽略了世界不同地区山地植被的不同样态。气候志学者则认为即便在帝国框架内（更不用说在全球框架内），局部差异也很重要。

气候志也有新的突破，它决心让公众理解定量测量，而非尽可能减少定量测量在文本中出现的频率。洪堡承认博物学家可以从精确测量中获得乐趣，但他也认为学者们过分强调定量分析，以至于当时的公众认为科学"无用"（verödet）。[19] 但是，气候志学者却毫不怀疑他们能够教会读者看懂测量数值。

帝国的气候志与洪堡的宇宙志的最后一个微妙的不同之处在于对德语书写的看重程度。之前洪堡的著作多以法语出版，他认为《宇宙》只能用母语书写。当时民族主义正激荡，法兰克福国民议会也应势成立，因此洪堡对待语言的态度融合了浪漫主义、爱国主义，乃至神秘主义的观点："可以说，语词不仅是符号与形式，其神秘影响在思想自由的社群中凸显，它还在本土土壤中持续滋生。"[20] 相比之下，《奥地利气候志》以德语出版则是为了方便：德语是这个多语言帝国的通用语言。声称运用德语或任何其他语言，能更好地理解宇宙的运作，会招致帝国-王国科学意识形态的激烈反对。洪堡假定语言和思想之间存在一种理想的密切关系，而哈布斯堡的科学家们则保留了数字和表格，以示语词的局限与模糊。

简言之，帝国的气候志与洪堡的宇宙志有一定的相似性。两者都秉持"多样中的统一"的理念，都在证据不甚可靠的情况下大胆尝试尺度研究。但是，19 世纪很多哈布斯堡思想家都不认同德意志观念论，同样，气候志也坚持局部与特定地区的复杂之处不可简化，并认为追求量化的精确性是为了服务各种实际需求。

## 从圣斯蒂芬大教堂眺望

1844 年，即洪堡的《宇宙》第一卷出版的前一年，一本名为《维也纳与维也纳人的生活画卷》(*Vienna and the Viennese in Pictures Drawn from Life*) 的书在佩斯出版。这本书的编辑是 39 岁的阿达尔贝特·施蒂弗特，他撰写了书中的 12 篇文学小品，全都采用了轻松、不拘一格、世界主义的笔调，与他的后期作品不同。该书其他作者也都是维也纳本地人，而这本书就是为那些不熟悉维也纳的人准备的。在序言中，施蒂弗特向读者保证说这卷书绝对不是枯燥的统计数据汇编，而是一个"万花筒般"的图集，读者可以据此慢慢"自行描绘这座帝国首都的生活与工作图景"[21]。奥地利在人文与自然方面的多样性正成为 19 世纪 30 年代和 40 年代爱国主义颂歌的主题，而这本"万花筒"一样的图集则将维也纳比作帝国多样性的缩影。《维也纳与维也纳人的生活画卷》是实现多尺度文学效果的早期实验。

该书的开篇文章《从圣斯蒂芬大教堂眺望》(The View from St. Stephen's Cathedral) 文如其名，介绍了维也纳的概况。施蒂弗特站在高耸的圣斯蒂芬大教堂这个有利位置，看到了阿斯珀恩和瓦格拉姆的沙场，它们分别是奥地利战胜拿破仑军队的地点和后来又落败的地点。因此，维也纳是帝国的中心，"沟通各民族议院，帮助决定地球的命运"。他指出，卡尔六世在 18 世纪初修建的"非凡大道"(mighty road) 穿越塞默灵的喀斯特地貌，一直通向"我们的的里雅斯特港"，"使我们与整个南方相连"[22]，而另一条大道则从城市向尘土飞扬的黄土地延伸，那是"通往匈牙利和东方的道路"。施蒂弗特使用"我们"做主语，旨在强调帝国的统一性。他将鸟瞰视角与地面视角、近景与远景并置。从天空鸟瞰，维也纳是"一个辽阔的平原，像是万千屋舍组成的海洋"，在地面上看则是"望不到尽头"的车水马龙。而对于从维也纳离开的旅行者来说，它又只是一个"小小的点"。可以说施蒂弗特采用了统计学视角，因为个体已经被淡化，而整体才是焦点。不过，他所依据的，是前统计学认识论的符号与类比法。维也纳人忙于日常生活时，并没有意识到自己是"活跃可爱的字符，而他们的缪斯将会用自己来书写世界历史的惊奇剧本"。施蒂弗特为个体与社会拟定的尺度缩放方法让人想起更早的模型，例如曼德维尔在《蜜蜂的寓言》中对蜂巢的描述。同时，这些技术也预告了更现代的方法，例如托尔斯泰在《战争与和平》中对拿破仑战争的描写。

《从圣斯蒂芬大教堂眺望》最重要的突破是将维也纳看作一个循环系统。施蒂弗特提出，这座城市的居民都是"伟大君主国的心跳……血液，这纯粹的红色香膏，欢快地流淌过整副躯干的血管，并毫不怀疑是自己创造了这具奇迹一般的身体"。1848 年后，有人把哈布斯堡的大一统解释为商业"流通"的结果，而血管隐喻则更早出现。从天空俯瞰，维也纳就是民族与物质流通的汇合点，是商业和文化交流的中枢："物质和民族在日益密切的往来中交错混杂，构成了神经液般精妙的国际纽带。"个人"虽然无疑为增进公益出力，但却不知自己早已贡献良多"。商业人物是促成统一的源泉，同样，金钱也是与之相称的工具。它"吞噬了其他一切"，有了它，

"公国才能被装进口袋"。

施蒂弗特全文都在对比地面城市居民的狭窄视野,以及教堂高塔上观察者的宽广视角,他借此将不同的时间和空间尺度并置,要知道个体无法纵览历时多代的时间尺度。"这个社会依据自己不知晓的计划,不间断地逐步建立起自己无法认知的结构。"施蒂弗特的文章旨在启发读者去理解这项计划,给读者上了一堂转化个人历史与世界历史尺度的课,它同时讲述哈布斯堡帝国及整个世界的历史,还有维也纳市民的人生,每个人都有属于自己的悲伤与喜悦的故事。[23] 简而言之,这篇文章模拟了如何在不同量级的感知与不同程度的情感距离之间进行转换。

就此而言,施蒂弗特描绘维也纳和维也纳人的尺度方法也适用于超国家主体。气候志并非这项计划的附带产物。在《维也纳的天气》(Viennese Weather)一文中,施蒂弗特开头就表明每座大城市或小村庄都有自己独特的天气。虽然他不认为"这个主题很荒谬",但文章的口吻却在科学叙述与讽刺之间游移。施蒂弗特一边严肃地关注烟雾污染,并指出了现在被称为城市热岛的大气效应(卢克·霍华德在伦敦证明了这一效应真实存在)[24],一边无情地嘲笑他那个时代的科学气候学,尤其是博物学家不断划分更小的气候单位的迂腐作风:他们不仅强调差异,还强调差异中的差异,例如"某特定郊区的天气,甚至是某个广场、某条小巷的气候"。他讽刺天气"鉴定家"或"收藏家"。博物学家因邻人们避之不及的气象事件而兴奋。施蒂弗特嘲笑他们珍贵的测量仪器和假想的"城市气象学"研究所,后者中设有"湿度委员会""彩虹局""日食参议院"

等二级机构。他本着这种态度比较不同尺度，以达到诙谐的效果。例如说一个像撒哈拉沙漠一样大的城市会像那片沙漠一样干燥。施蒂弗特还提出，维也纳是整个君主国气候的缩影。"众所周知，阿尔卑斯山的北坡（朝向瑞士）的气候比南坡（朝向意大利）的气候更严酷——而维也纳城里整排整排的房屋不就是阿尔卑斯山吗？还有谁不知道卡尔大公宫殿的南侧就是温暖的意大利气候区？"[25]这个说法就是把维也纳塑造成君主国的缩影，它是君主国自然与人文多样性的等比例模型，不过这种尺度缩放是为了戏谑。

《维也纳的天气》是施蒂弗特对专业科学的复仇之作，它写作于施蒂弗特申请学术职位遭拒之后。讽刺的语调也反映出施蒂弗特不适应城市环境。他写道，城市"毁掉"了人类"唯一可以免费获得且取之不竭的纯净养分"，即空气。现代人身处两难之境，一面想要离开城市呼吸新鲜空气，一面又需要留在城市里赚钱来购买其他形态的"养分"。不过在这个问题上施蒂弗特的观点并不明晰，他不想把当时"气候变化因人类而起"的观点当真。这篇文章在营造诙谐效果上太花心思，以至于没能切实表达作者对城市化进程中环境受到的影响的关注。

就此而言，《维也纳的天气》与施蒂弗特同一时期的另一篇著名新闻作品形成了鲜明对比，那是一篇有关1842年7月8日维也纳日食的报道，其主题是对比抽象知识与生活经验，即科学虽然能计算出天体的运行轨迹，却无法帮助人们在日光逐渐暗淡的白天做好准备。与《从圣斯蒂芬大教堂眺望》及《维也纳的天气》一样，《日食》（The Solar Eclipse）想要讲述帝国首都全体市民的共同经验。"有人从屋子阁楼的窗户探身出去，有人站在屋脊上，所有人都盯着天空一处看……此刻，周遭的山区里也有成千上万双眼睛正注视着太阳。"日食当下就使人意识到人类在宇宙中的位置，以及维也纳在帝国的地位。施蒂弗特借此对比了城市日常生活的狭窄与帝国的广袤。从他站的地方往前望去，可以一路看到匈牙利。不过这里的重点在于宇宙的尺度——一种崇高的美学。这篇文章和《维也纳的天气》都强调了现代科学的局限性。施蒂弗特埋怨道："数学只会告诉我们这个空间（天空）很大。"他又说，上帝对计算毫不关心。施蒂弗特借此表明人类测量系统具有任意性特征，它不同于上帝赐予我们的用于"真实测量"的实感，也不同于"自然的语言"。[26]即便如此，施蒂弗特的文章结构仍旧暗示，借助观测仪器与计算手段，天文学可以为人们获得对宇宙真实尺度的启示性体验做准备。最后，《日食》表明，当天文学科学与第一手经验相结合并得到广泛传播时，可能可以纠正人们对于尺度的感知。

施蒂弗特成功向博物学家抛出了挑战。如《维也纳的天气》所讽刺的，19世纪40年代的气候学仍然是单纯的地方性描述，无法传达地方与帝国的关系，更不用说解释地方对宇宙的意义。现在我们回过头来看，不难发现其中缺少的是什么。那便是如果忽略特殊和一般的联系，无视地方性风与全球大气环流的联系，对气候的描述只会得到一堆杂乱无章的"局部对比"。而这就是动力气候学在文体上面临的挑战。

## 智识的显微镜

> 曾有人批评我，说我只写小东西，我笔下的人物也都是普通人……但我认为空气的流动、水的波纹、谷物的生长、海浪、绿色的大地、明亮的天空和闪烁的星星都是伟大的……有一个人多年如一日地在一天的某个特定时间观察针尖永远指向北方的指南针，并在书中记录下变化。无知的人一定会瞧不上这第一步，认为它微不足道，只是浪费时间。但是，一旦我们发现，全球各地都在进行这样的观察，而这些观察所汇成的表格表明，指南针针尖经常在同一时间，在全球各处产生同等程度的微小变动，就会知道这些浪费时间的小事是何等令人敬畏，叫人着迷。当一场磁暴横扫全球，世界各地的磁针都会同时震颤。
>
> ——阿达尔贝特·施蒂弗特，1853 年[27]

1849 年，剧作家弗里德里希·黑贝尔（Friedrich Hebbel）嘲弄了那些浓墨重彩描绘"甲虫"与"毛茛"的作家。唯有那些对笔下人物内心一无所知的作家，才会对这类细节充满兴趣。4 年后，施蒂弗特在故事集《七彩宝石》的序言中予以回击。施蒂弗特的回应经常被文学史学家当作现实主义的经典声明加以引用，不过它也同样值得科学史学家关注。毕竟，施蒂弗特在开启小说家生涯以前曾立志成为一名物理学家。如果他顺利申请到布拉格、林茨或维也纳的教职，很可能就永远写不出那些大受欢迎的农村社区和自然世界的故事了。[28] 施蒂弗特比照地球物理学,表明他关注"小东西"是合理的。他认为,自然界和人类社会一样,最重要的往往都是小东西,只要认识到它们作为实例可以证明某个更普遍的模式,而全球各地的观察者都能感知其存在,那么这些小东西就会有大意义。他举了一个研究地球表面磁力变化的例子证明,微小的效应一旦聚拢起来就会揭示更大的定律。

正是在这几年里,卡尔·克赖尔开始领头测定哈布斯堡地表的磁力与气象变化。可以说克赖尔和施蒂弗特一直在追求同一个问题的不同答案,即寻找一个新的意义尺度,它不会像狭隘的个人兴趣那样任意。1838年,克赖尔搬到了布拉格的气象观测站,开始在那里收集数据,这些数据将成为他写作《波希米亚气候学》的基础,而这本书将是奥地利气候学研究专著的第一卷。为克赖尔作传的作者说,这本书是"克赖尔一生中最主要的成果",他一直为之努力,直至离世。克赖尔认为这本书与他早期的天文学和地磁学作品不同,那些都是"严谨而抽象的科学作品",而《波希米亚气候学》则借鉴了克赖尔自己的观察结果,且该书旨在指导实践,特别是为像他童年生活过的上奥地利一样的农村地区提供建议。写作本书的难点在于如何将它写得"生动鲜活"。其实,柏林气象观测站站长约翰·弗朗茨·恩克(Johann Franz Encke)曾写信告诉克赖尔,他希望这本书不"单单罗列数字",还要梳理数据,得出一些值得人们关注的结论。[29] 这正是克赖尔写作该书的意图。像施蒂弗特一样,他想打磨一种新的写作方式,来表现小东西之于大世界的真正意义。

在克赖尔逝世后的 1865 年出版的《波希米亚气候学》当中，克赖尔最初将气候学（相对于气象学而言）定义为：

> 气候学所呈现的是观察者运用清楚明确、令人信服的观测方法，所得到的观测事实。它以数字为脚本写出了大气的历史或大气的自然志，以此表现（大气）与地球及地貌对彼此的影响。在熟悉这个脚本的人看来，气候学的表格就是大气现象的真实图像……把表格并置，再将其中的数字翻译成白话（往往还会翻译成图示），气候学的任务就完成了，气象学家、动物学家与地质学家、植物学家与医生、建筑师与农民都能从中自取所需。[30]

根据克赖尔的说法，气候学是描述，而气象学会提供解释，但这并不是一个严格的划分标准。就像历史学家有时会大胆推测人类行为的起因一样，气候学家也可能利用气象学就如何解释气候条件提出建议。克赖尔用"气候学"指代学科与文体，就像"宇宙志"在文艺复兴时期同时指代学科与文体一样。他没有使用"气候志"一词，但他把气候学定义为一种表述方式，与后来的"气候志"定义相吻合，它们都关注气象测量的人类意图。

气候志的出现是为了连接气候因素的数学测量，以及可能与之相关的人类主观经验（例如健康、饥荒和繁荣的变动）。克赖尔解释说，医生想知道温度的分布和变化，降雨量及分布情况，风向及强度；工程师和建筑师想知道洪水的高度，风暴的强度及来向；农民想知道温度的极端值和季节的长短，降雨量及冰雹天气出现的频率。[31] 弗拉迪米尔·柯本在《气候知识》一书中写道，气候科学"为农民、工厂主和医生提供基础信息，帮助他们判断某地常见的气候现象对植物生长、工业制造过程、疾病等的影响"[32]，而人们确实可以在旅行手册、科学农业著作、医疗指南、温泉广告乃至军事战略中找到气候志的参考材料。可以说气候志根据其用途而被定义。它明确面向各种需要了解自然条件的普通人，他们的福祉有赖于这些自然条件，例如季节的长度、霜冻的可能性、水道的冰冻程度等。在气候志 19 世纪的目标读者群里，很多人都行走帝国各地，他们是农民和殖民者、商人和托运人、医生和病人、军官、游客和探险家。H. F. 布兰福德在 1889 年出版的《印度气候与天气实用指南》(*Practical Guide to the Climates and Weather of India*) 中解释过，他的主要目标读者不是"气象学家和物理学家"，而是"普通大众，对他们来说，了解印度及其海域的天气和气候是为了实用，而不是进行科学研究"。因此，他追求"清晰明了的语言"，放弃"专业化的表达方式"。[33] 换言之，气候志的潜在读者是自由穿梭帝国的国民，他们能将环境信息付诸实践。在哈布斯堡的土地上（1857 年后，境内迁移不需要护照，1867 年的宪法则正式授予国民迁移行动自由），这的确是一个可观的受众群体。[34] 气候志与此前的现代宇宙志的决定性区别正在于此，毕竟后一种文献还是国家机密。可以认为，这两种文体的历史关联一定程度上可以追溯到特定受众群体的出现，这一群体看重环境测量的现实意义。

因此，气候志作者必须针对测量确定解释模型。为此，克赖尔的《气候学》采用了施蒂弗特反驳黑贝尔的说法。克赖尔坚称："任何地方都同时存在一个宏观世界和一个微观世界，后者同样重要，且往往比前者更重要。"[35] 两位作者都教导其读者运用小尺度解释自然现象。他们为自己辩护，反对那些指控他们过分关注无意义细节的人（以黑贝尔与恩克为代表）。

随后克赖尔指出，博物学家往往急于提出宏观的自然法则，"在正确理解微观现象与日常过程之前，就因一项大发现而欢欣鼓舞"。他赞同施蒂弗特的说法："很多目前看来用处不大，因此微不足道的东西，都可以并且应该被囊括到气候学中，例如气压的状态和变化，它在气候学的应用领域没有直接意义，但却是大气力学中必须考虑的强大控制因素。"像施蒂弗特一样，克赖尔将气候学与自然界其他领域进行了类比。例如在动物界，"史前巨型怪物"已经灭绝了，但"最小的那些动物却还生机勃勃地存在着。几千年来它们都被忽视，直到现在我们才认识到它们的重要性。物理学领域也是一样"。克赖尔注意到，尽管均变论地质学已经兴起，但博物学家还是会先被"宏观现象"吸引。同理，在大气物理学中，科学家在注意到测量仪器捕捉到的小影响以前，就急着总结宏观天气规律。（克赖尔在这里可能指的是波希米亚植物学家的研究，这些研究证明了近地面温度的变化，参见第九章。他的观点也预示着"波动力学"这个子领域的出现，其在随后的几十年里由奥地利物理学家开拓。[36]）尽管克赖尔受洪堡吸引而踏入地球物理学，但他排斥洪堡急于归纳综合的做法。他坚持认为，人们必须"用智识的显微镜观察生活中的各种过程，不能无视任何不符合常规的东西。那些可能已经干扰过最终结果的，成千上万次出现的最微小偏差，一直都只被当成观察误差，或所谓的随机变异而被忽略，但如果予以正视，它们就会成为一盏明灯，点亮某间一度晦暗的科学房间"[37]。克赖尔将显微镜下的狭窄视野比作一束光带来的更宽阔的视野，倒置大小尺度，一定程度上是为了先发制人，以免批评者指责他的气候学只关注有限的地理疆域。"很多人会认为现在就从整个奥地利君主国出发思考气候学，而不是把它拆分成不同部分分别考虑，很有好处。"但克赖尔坚持认为，"我们的君主国"由如此截然不同的自然部分构成，最有效的方法应该是逐地分析。而波希米亚拥有最长的连续观测期，且有天然的地形边界，因此成为克赖尔项目最合适的起点。克赖尔没有明说的是，在 19 世纪 60 年代初，君主国的物质多样性仍然只是一种说法，还在等待经验证据。这需要新的文体，也需要制图学与风景画等视觉技术。

克赖尔的《波希米亚气候学》融合了两种气候学研究传统，即克雷姆斯明斯特的自然神学（克赖尔曾在那里读中学）与波希米亚的爱国主义区域科学（克赖尔曾在那里担任地方科学协会主席）。基于自然神学视角，克赖尔在理解微观自然界在神圣宇宙计划当中的作用时，会萌生一种宗教意义上的欣赏。从爱国主义波希米亚区域科学出发，他坚信当地细致的自然研究会带来切实的经济利益。于是，结合这两个独特的文化传统，克赖尔开始打造一种新的地球科学研究方法。

然而，尽管克赖尔想要做的不仅是"罗列数字"，他 1862 年逝世时留下的这本不完整的著作的确可能让读者迷失在数据中。文字的主要作用在于指引读者阅读数据表格。气候志作为一种文体尚未问世。

## 现实主义与尺度修辞

就在克赖尔想要为气候学创设一种语言时，施蒂弗特也在做同样的事情，他选择打磨一种文学的语言。即便在那时，读者也能够意识到施蒂弗特的写作风格与自然志写作十分接近。例如，弗里德里希·希莫尼认为施蒂弗特拥有画家和博物学者的观察能力。[38]更重要的是，尺度的相对性在施蒂弗特的小说中已经是一项美学准则，就像它在从克雷姆斯明斯特发端的地球科学研究中作为一项方法论准则一样。

例如，在《夏暮》前面部分的一个关键场景里，睿智的博物学家里萨奇预测，午后厚厚的积云不会带来降水，尽管他的测量仪器显示的情况并非如此：气压计指数下降，湿度计达到最高值。里萨奇在这里进行了第一次尺度转换，即判断这些指标所表示的不过是"一个人凑巧身处的小小空间，还必须考虑更大的范围"[39]。就这样，里萨奇请故事的讲述者注意观察天空，学习解读天空迹象（例如云的形态与运动）所需的民间知识。他说："一点不错，科学常常依赖那些从经验当中总结出来的知识。"随后里萨奇提出了第二次尺度转换，他发现"目前为止，我们所谈到的一切迹象都相当模糊粗糙……而且我们只能通过空间变化加以识别，也就是说，这些迹象如果没有达到一定规模，我们甚至无法观察到"。对我们的感官来说过于庞大的迹象（例如大气运动），科学把它们转化为我们能够读解的符号，但跟其他"精妙装置"相比，科学还是显得苍白无力，而那些装置的运作原理对我们来说仍旧是个谜。它们就是神经，但不是人类的神经，人类的神经容易被过度消耗。这里说的是动物的神经，特别是昆虫和蜘蛛的神经。耐心地定期观察这些小动物的习惯与"家事安排"，我们就可以学会把它们当作可靠的天气预测指标。里萨奇总结说，只要人们能够调整他们的尺度感，所有迹象都会直观明了。"很多惯于把自己及自己所求之物视为世界中心的人，会觉得这些东西很渺小，但对上帝来说完全不是这样。我们觉得有些东西不大，只是因为我们多用尺子量几次就能把它们量出来；我们觉得有些东西小，也不过是因为没有尺子能够衡量它们。"在小说的结尾，故事的叙述者已经彻底吸取了尺度的教训。

施蒂弗特在很多故事中都构思了这种逆转、倒置尺度的情节。阿米塔夫·高希（Amitav Ghosh）认为，现代小说的一个根本特征在于非人世界的确定性与被动性。[40] 施蒂弗特则是个例外，他不断地将注意力从人类角色转向非人类的背景。例如，《单身汉》的叙述者打断人物的谈话，转而关注他们周遭的世界。"他们谈论着自认为伟大的东西，周围的一切在他们眼里都是渺小的存在：灌木继续生长，肥沃的土地继续发芽，并开始和春天第一批小动物玩耍，好像在摆弄宝石。"[41] 这段话甚至点明了自然有自己的价值尺度，它独立于人类的规范，因此对于什么是宝石也有自己的定义。的确，人们可以说，施蒂弗特所有小说都在质疑叙事优先于描写的写法。《两姐妹》的叙述者也采用类似的手法，邀请读者把人类生活的时间性与非人类自然的时间性并置考察。"如果你能携带感情与思想，走出当下，不困在其中，那么一切不安、贪婪、热情的东西都转瞬即逝……如果你能观察自然，就会发现……此处何等浮躁，而那里又何等恒常！"[42]

在其他作品中，施蒂弗特又为读者提供了一个新的视野：用望远镜来观察世界。例如，在《从圣斯蒂芬大教堂眺望》当中，叙述者指引读者"拿起望远镜"，问道："你看见了什么？"这和《日食》与《乔木林》的开篇一样，施蒂弗特带领读者游览风景，在综观与拉近望远镜放大远处景色两种视野之间转换。在一些作品中，施蒂弗特笔下的人物会用望远镜缩短地表距离（例如《乔木林》）或地面与天空的距离（例如《秃鹰》）。[43] 有时施蒂弗特甚至要透过非人类生物的眼睛来缩放尺度，想象世界。在《乔木林》当中，湖泊被比作"自然之眼"，这可以把人类尺度的故事放置到更长的时间脉络中。透过这个比人眼更深邃的镜头，象征人类悲剧的建筑废墟与象征生态悲剧的森林破坏相比，简直相形见绌。在另一些作品里，人眼本身会被训练来做新的观察。在《森策之吻》当中，"小东西"本身就可以指引人眼转换尺度。尤其是苔藓，它们教人欣赏自然的奇迹。叙述者学到透过苔藓观察万千世界："我在苔藓藏品里看到的苔藓数量远比我想象的要多。我看到了类同、关联与演变。在被压平的叶片上，我看到了叶子丰富多样的形态，感叹它们的精妙与独特。"苔藓是最古老的植物之一，以生长缓慢著称，因此它不仅帮助叙述者缩小空间尺度，还指引他放大时间尺度。在 1848 年革命失败的背景下，这些最渺小的生物带给我们的教益是："只有自然界中的事物才是完全真实的。"[44] 施蒂弗特在此将描写凌驾于情节之上，让史剧成为单纯的背景。不过这是一个富有意义的背景，因为政治动荡促使人们学习用新的方式观察世界。施蒂弗特缩放尺度的文学技法和克赖尔的科学方法一样，都是对新兴的超国家主义理想的回应。

在 1875 年出生于布拉格的诗人赖纳·马利亚·里尔克（Rainer Maria Rilke）看来，这种尺度转换是施蒂弗特全部作品的驱动力。"在一个叫人难忘的日子里，施蒂弗特先是想用望远镜拉近一处极其遥远的风景，接着他的视线完全被打乱了，先后看到了房间、云层与物体等丰富的景色，这短短几秒已经足够他那开放而好奇的心灵捕捉世界，他（无可避免地遵从了）内心的呼唤。"[45] 里尔克从施蒂弗特那里借鉴了缩放尺度的文学语言，并指引读者根据人类欲望以外的尺度观察世界。他曾经在给一位画家朋友的信中描述过这种洞察力：

> 大多数人都会用手里的东西去做些蠢事（例如用孔雀羽毛互相挠痒），而不是仔细地观察每一个事物，或与人讨论它们的美。因此，大多数人根本不知道世界有多美，也看不到一朵花、一块石头、一片树皮、一片白桦树叶等小东西绽放的光彩……小的东西并非那样小，就像大的东西也未必是大的。世界处处有伟大而永恒的美，而且这种美均匀地遍布大小事物之上，在重要而根本的事情上，世界是公正的。[46]

里克尔在其他作品中也说过，要"向事物学习"，"要臣服于地球的智慧"。[47]


## 气候志的动力因素

我们可以联系施蒂弗特缩放尺度的写法，思考气候志的文学技法。汉恩 1904 年出版的《下奥地利气候志》（*Climatography of Lower Austria*）就打算为该系列后续所有作品奠定模板，它也被誉为"其他国家气候志的典范之作"。[48] 在引言中汉恩就表达了他想在文学上达到的目标：

> 除了想为我理想中真正意义上的气候描述提供合理搭建的必要框架之外，我别无他求，但此刻我却无法说出这种气候描述是什么样的。真正意义上的气候描述需要展现活生生的自然，即一切相互作用的气象因素的整体效应，才是所谓的气候。气候描述需要考虑当地因素的关联，它们决定地表自然植被，更会影响某地农业与工业境况，影响人类栖居及其生活方式，这些因素在多大程度上取决于大气的平均情况及其变动，就会在多大程度上影响人类对其居住地的选择。[49]

即便参照德语散文的标准，汉恩的最后一句话也算得上曲折的长句。汉恩插入了许多主动语态的主语引出最终结论，更凸显他将气候定义为一个涉及多个活动部分的动力系统。他努力让气候志不拘泥于"数字框架"，不只是"数字之海"。

《下奥地利气候志》是一部侧重动态变化的作品。它追随风吹过地球表面，记录风被山脉与山谷形塑的过程。它解释了风（有些是地方性风，有些是远处吹来的风）如何反过来成为天气的载体。它研究了或多或少封闭的气候区域，发现它们也都能借着风与其他地区联通。这种动态过程就是气候志尺度转换效应的关键效果。

因此，气候志将每个地方视为整体动力系统的组成部分，以便传达局部与特殊的意义。这个系列的每一卷都将每个地区的实时气候、日均或月均气候与更大区域的气候关联起来，借此描述其特殊性。每一卷都区分了严格意义上的地方性风，例如那些在封闭山谷里产生的风（"气候学最不关心的就是它们"），以及会跨越很长距离的气流。这套书往往循着人类旅行者的行踪，记录较大规模的气流运动轨迹。例如，沿着因河往下走时，蒂罗尔的年均气温会下降。同理，也有文本会采用物候学数据来跟踪某地入春的情况，有的作者想象自己追随特定花朵绽放或特定水果成熟的步子，也有更拟人化的表达方式，把风说成是沿着"道路"穿越山脉。这种对气候的描述不仅涉及大气的流动，还与人的流动有关。"避暑胜地"、"冬季度假区"或"气候疗养地"的称号初步佐证了某地气候的特征。"避暑胜地"夏季凉爽，"冬季度假区"有厚厚的积雪与温和的冬天，"气候疗养地"阳光充足，因此吸引游客到来。值得一提的是，需要关注气流与人流不同步的情况，例如阿尔卑斯山脉西部的朗根（Langen）和圣安东（Sankt Anton），这两个城镇的月均气温相差 1 摄氏度。这"两个地方仅仅是被阿尔贝格山隔开，彼此间通过长达 10 千米的阿尔贝格隧道相连，但可以肯定，它们在气候上并不连续"[50]。

在这一点上，气候志让人讶异。我们期望它像洪堡的宇宙志一样，成为一种书写"地方性"的文体，可以像美国的"自然写作"一样，优先考虑地方性，对"根植性"有一种近乎海德格尔式的迷恋。[51] 但作为一种帝国文体，气候志就和早期的宇宙志一样，根本不是为了书写地方性而存在。相反，它关心流动，即空气、货物与人在帝国中的实际或潜在流动情况。与之对话的也不是关注静态力量与稳定平衡的物理学，而是新兴的动力气候学，这是一门关注气团运动及其形态如何受地表作用的科学。

施蒂弗特也着迷于如何在文学作品与视觉艺术当中呈现动态过程。实际上，他认为艺术的美学效果取决于读者或观者的动态体验，无论它是艺术家激发出来的，还是观者自身目光的移动。里萨奇在《夏暮》中说过："运动使人振奋，静止叫人满足，这样就产生了被我们称为美的精神宽慰。"[52] 让我们据此考察施蒂弗特一系列名为《运动》的绘画与素描，19 世纪 50 年代末和 60 年代初，他忙于耕耘这些作品好多年。它们想去捕捉运动的纯粹本质，例如云朵或流水呈现的动感。其中一幅作品的中心竟是一块大石头（见图 21），它在一条浅浅的小溪里一动不动，画家只通过石头四周的水流呈现微妙的动感。这幅画要靠观者把静态形象转变为动态形象，因为构图会将其目光从前景引向背景，又以逆时针的方式返回

图 21 《运动 1》，阿达尔贝特·施蒂弗特绘，约 1858—1862 年

前景。

气候志采用的是一种类似的技法。它的动感全来自对自然界中运动的描述，同样重要的还有观察者潜在的活动。就此而言，气候志的动力修辞有表演性质。正如我们即将看到的，气候志不仅描述了帝国国民的流动，还促进了它。

## 旅行热

气候志营造了一种"栩栩如生"的效果，不单因其文本质量高，而且因为它将测量与经验关联起来。实际上，这种文体取决于一种隐含的叙事，即帝国博物学家倾向于将自己的地方性知识内置于其服务的帝国的大陆框架中。

1887 年，皇储鲁道夫向读者介绍《奥匈帝国图文集》的概览卷时，邀请他们"穿梭于变动的图像之中，经由广袤开阔的地带，游历多语言的国家"。当尤里乌斯·汉恩为这部作品撰写帝国的气候概览时，他也把这当作一次旅行。他想象，一位旅行者从寒风凛冽的维也纳出发，只消花上半天便能摆脱"单调的积雪、晦暗的天空和叫人不适的低温"，来到阜姆，那里"阳光和煦，天气如同油画一般"。而假若有铁路的话，人们也可以继续从阜姆出发，沿着达尔马提亚海岸，走进繁盛的春天，或是朝西走，抵达不远处的卢布尔雅那和卡林西亚，在"奥地利的西伯利亚"重返寒冬。这可谓是旧瓶装新酿，因为汉恩在这幅无尽的图画中引入了一个人为因素，那就是旅行者，他有意将自己置身于"气候反差"当中，任它们"直接作用于他"。[53] 他不忘提到帝国著名的气候疗养地，例如阿尔科和里瓦，也不忘指出阿尔卑斯山上有些地方的寒疗效果可以和达沃斯媲美。铁路旅行的节奏适合遍历帝国的多样性，这个构想让人联想到约瑟夫·罗特的《皇帝的半身像》当中莫施丁伯爵的旅行："当他在多姿的祖国中心环游时，最激动的时刻是看到车站里再三出现的一些具体而明确的事物，它们既一成不变，又丰富多彩。"[54] 19 世纪的铁路旅行是推进时间标准化的动因，它表明多样性可以被有意识、有条理地整合。

罗特笔下的莫施丁伯爵追随反复出现的帝国徽章与咖啡馆的图

案，而汉恩笔下的旅行者则跟着春天的新芽与花蕾。汉恩说，从一处到另一处的季节性植被的形态，要比温度计的读数更生动地反映气候的差异。就这样，旅行的隐喻成为一种研习物候学的方法。所谓物候学就是研究季节性自然现象及其地理分布情况。跟着帝国入春的脚步，其实就是在变化中找寻规律（用罗特的话来说就是"在变动中找寻熟悉感"），而这种做法在两幅描绘春季植被的版画中得到了视觉呈现。第一幅（图 22）画的是西里西亚，一间农民的小屋，几只动物和一对母子，背景是广阔、平坦但荒芜的土地。第二幅（图 23）画的是拉古萨附近的拉克罗马岛，似乎是一座宫殿的废墟，长满了蕨类植物与斑驳的郁金香。在汉恩的语境下，这两幅画是原始与颓废共存这一主题的变体，其描绘的不是非同时的同时性（Gleichzeitigkeit des Ungleichzeitigens），而是近乎共时性：地中海入春与西里西亚入春存在两个月的时间差。帝国入春花了两个半月的时间，春天从南部海岸线出发，抵达西部低洼地带，爬上高山，进入东部。汉恩一再用"征服"而非"苏醒"的隐喻来描述春天的到来（这或许有点民族主义的味道）。春天把一块又一块的帝国土地"纳入麾下"，除了最高的山峰，因为"冬天已经永远驻扎在那里"。帝国隐喻也延续到汉恩对帝国特殊气流的描述当中："到目前为止，奥地利的大部分地区全年都在大西洋气流的支配下。"加利西亚和布科维纳"向来自俄国东北和东部的冷空气大开门户，而帝国其他土地则躲过了寒冷的入侵，部分是因为有山脉阻挡，部分是因为它们地处西部"。[55] 在汉恩笔下，风、天气和季节横扫帝国，其耀武扬威的姿态和皇储鸟瞰其父领地时并无二致。

图 22 《春天的进军：西里西亚》

图 23 《春天的进军：拉克罗马岛》

春天的意象生动地说明了《奥地利气候志》的中心论点之一：帝国是温和的海洋性西部区与严酷的大陆性东部区之间的过渡区，这种过渡既是地理上的也是气候上的。因此，帝国的气候差异可以被理解成连续的过渡。而连续性的语言对于气候志来说十分重要。例如，施蒂利亚的气候就呈现"连续不断的过渡态。从欧洲中部往东，气候愈加严酷，往西则温和的海洋性特征愈加明显。但如果我们想找到陡然的变化则是徒劳的，因为气候不存在跳跃式变化，没有一处会突然从一种气候类型切换到另一种，不管在哪儿，山脉对气候的影响都像是柔和、圆润的共振"[56]。这句话里大气波动的潜在意象创造了一个更典型的哈布斯堡隐喻：帝国的统一如同乐曲协奏。

哈布斯堡君主国后期的旅行文学中一再出现这一意象，例如弗里德里希·乌姆劳夫特（Friedrich Umlauft）的《奥匈帝国之旅》（1879 年出版，1883 年再版）。这是一本由维也纳教育部委托出版的图文集，既是面向大众读者的休闲读物，也能为教员所用。序言表明该书想要"激发人们对君主国陌生地区的好奇""唤起广大读者的旅行热情"。乌姆劳夫特想要在描述中整合文化与环境，"首先要描绘民间文化，接下来要细致地思考气候或地理环境"。和汉恩一样，他也强调了奥匈帝国的游客会遇到的景观差异与气候变化。行走在阿尔卑斯山区，"一天就好像走了几百英里。难怪只是这里的景色就能唤醒全方位的精神与感官体验"[57]。流动性、连续性和对差异的亲身感受是气候志对奥匈帝国文学的贡献。

## 发现多样性

撰写气候志就是为了划定疆界。写作者需要基于定性和定量证据，确定所研究地区的"自然边界"，以及地区内一个"气候区"和另一个"气候区"的边界。有些时候，从一个地区到另一个地区的过渡是渐进的，而有些时候则是急剧的。历史学家在思考这种变化过程时很可能会问：气候志是发现了自然中本就存在的边界，还是新建构了差异？气候志的一个关键特征就在于明确了这个认识论问题。

海因里希·冯·菲克尔负责编写蒂罗尔的气候志，他面临双重挑战：第一，当时甚至没有一个山地气象观测站可以提供高海拔地区的数据；第二，他认为南北蒂罗尔是两个"完全独立的气候区"。北蒂罗尔是典型的"中欧"气候区，受山脉影响，有相对温暖的气温、充足的日照与臭名昭著的焚风。而南蒂罗尔则是地中海气候的"高山变体"。出于实际需求，菲克尔认为有必要全面描述蒂罗尔，毕竟它是单一的"行政单位"。但如何比较这些不同的地区，特别是如何处理数据的缺失呢？菲克尔请求一位动物学同事提供蒂罗尔州动植物群如何依赖气候的信息，因为它们"比简单的气象学数据更清晰地界定了气候的边界"。实际上，这位动物学家发现南蒂罗尔有许多（适应）"地中海气候"的物种。不过他给出的只是一份详尽的物种清单，完全不是系统"概况"。相比之下，菲克尔本人通过计算南北蒂罗尔平均海拔上的平均气温，写出了惊艳世人的蒂罗尔气候概览，揭示这里南北气温差异比全球标准要大上三倍。这就是菲克尔有关南北蒂罗尔气候差异甚大的惊人观点。不过他也在著名的布伦纳山口附近的艾萨克山谷看到了"一个过渡区",证明了蒂罗尔的气候也具有连续性。那里相比于南部,夏季气温略低,温差略大。最后,他向帝国的多样性致敬:

> 在气候志书写者眼中,蒂罗尔是君主国最有意思的地区之一。这里气候变化鲜明,但这种独特性大体上算是蒂罗尔的福祉。用数字表现这些差异并对它们进行评估对气候志书写者来说很有成就感。当然,如果能花上几个小时跟随春天降临的脚步,在布伦纳河来越旅行,就能前所未有地强烈感知到气候的突变。这样一来,气候学家的负担就会减轻,因为每个受过教育的人都能凭着直觉,毫不费力地把他的数据与"北蒂罗尔""南蒂罗尔"联系起来。气候学家研究气候差异明显的地区时会更轻松,尤其是那些因风光旖旎而闻名于欧洲大陆的地区。

循着登山者的目光跨越布伦纳山口,我们看到的不仅是差异,还有连续性。如菲克尔所说,"从高处看,南北蒂罗尔的巨大反差就不太清晰了"[58]。

但问题是:这种边界是真实存在的,还是主观感受?是自然界固有的,还是统计学上的人为产物?《气候志》没有对这个问题做出明确回答。写作者们在文章里经常会停下来讨论如何在几种统计方法间抉择。《施蒂利亚气候志》提出了一个类比,说选择统计方法就像选择从哪个高度看风景一样。采用新方法以后，"原本微不足道的差异就会被放大到整数层次，随着进一步区分，这些差异将会更加明显。找不到差异的时候，就处理均值并根据季节分类，绘制年度曲线图，最后在一度看起来一样，最多只有细微偏差的东西那儿，满意地发现了差异"[59]。《奥地利气候志》的作者们完全不想掩饰"气候边界"是模糊的这个现实，而是选择在措辞上强调自己也不太确定。

## 结论

气候志与编年史或教区纪事等环境文体不同，它不会明确以时间为序记录变化。气候志把气候定义为数十年间天气的统计学描述，认为从中提炼出来的规律超越了历史时间。它进一步会考虑，有没有可能定义出超历史的"自然"区域。它对气候变化不感兴趣，但却详细地探讨了应该选择何种尺度分析天气，并以此表明划定气候边界是一个永无止境的过程，需要不断进行修正。气候志就这样开辟了一个空间，在其中，人们不仅能感知气候跨区域的变化，还能感知其跨时间的变化。我们会在第三部分看到，划定气候边界的经验也推动了几位哈布斯堡研究人员去调查气候变化的证据。

20世纪初，气候志的风潮已经过去，今天这个词已经不太常见，它只意味着数据。[60]然而，最近又有了用"文字和图像"书写气候学的呼吁。2012 年政府间气候变化专门委员会（IPCC）发表了第一篇涉及社会科学的报告，提出"我们将无可避免地从个体、个体家庭和共同体各尺度上理解、应对"气候变化。作者们用一个"民族志小插曲"来阐述这个观点，他们介绍了一名据说"见证过许多变迁"的 80 岁的坦桑尼亚人。"对一个其父曾在'一战'期间目睹德英战争，其祖父在维多利亚女王时代抵御过马赛人劫掠牛群的人来说，变化意味着什么？……对约瑟夫来说，气候变化意味着什么？"这段话强调了约瑟夫对边界变迁的体验，这种边界变迁既是政治上的也是生态上的，约瑟夫不会把变化的自然驱动力与人为驱动力区别开来。放在 IPCC 报告的语境中，约瑟夫的例子引出了如何调和专家知识与地方性知识的问题。[61] 虽然约瑟夫自有一套语言理解"气候变化"，但这个概念本身对他来说毫无意义。

也是在 2012 年前后，欧洲和北美的作家们开始迫切地想要进行文学创新，让受过教育的西方读者理解气候变化的意义。我们可以看看 2010 年多人合著的《气候难民》一书的序言："我们的任务是讲述我们所听到的故事，展示我们目睹的一切。2004 年我们开始写这本书时，就已经有气候学这门学科了，但我们想强调的是人的层面，特别是那些最容易受到气候影响的人群。"《气候难民》的一篇书评恰如其分地评价称，"难以界定这本书的问题"，而亚马逊网站上则有批评家表示困惑："我本期待在书里看到事实与数字、表格与图形，但翻阅并看到里面这些精美的图片后，我其实有点怀疑：这本书在处理这个严肃主题时是否太过夸张了。"[62] 这是一场从科学结果中提炼人文意义的自我意识的实验，它一改当前科学写作与文学写作的规则，打破了读者的惯常期待。

正如这个例子所表明的，IPCC 提出的意义建构不仅仅是一个翻译上的挑战。它不是一个全新的问题，长期以来，人们一直探讨怎么表述环境信息的人类意义，全球模型与"当地故事"如何关联的问题，这些讨论也应该被视为这段历史的一部分。这段历史有文学家们熟悉的文体，例如抒情诗、旅行小说、自然写作和未来主义小说，也有科学史学者们熟悉的文体，例如宇宙志、生物地理志、地理学、博物史、医学地理学、天气日志、航海日志和教区纪事等。气候志是这些文体里最新潮的一种，而且它是卡尔·克赖尔首次提出的写实方案，即从人的层面描述气候，综合大小尺度，尽可能确保客观性，并吸纳主观因素。

# 第七章

# 局部差异的力量

　　1884 年，切尔尼夫齐的地理学教授亚历山大·苏潘在他的教科书《自然地理学原理》中总结了新兴动力气候学的教益。"因此，可以毫不夸张地说，风是气候的实际载体，而既然气候条件调节着有机生命与人类发展，风也就成了最重要的文化力量。"[1] 本章将要阐述风赢得这一物理与文化意义的过程。

　　苏潘把风定义成气候的载体，这就承认自己打破了上溯至古希腊的自然哲学解释传统。在亚里士多德的模式中，气候由不同纬度的太阳入射角决定，气候的词源——klima 在希腊语中指斜坡或倾斜度。苏潘拒绝接受气候的太阳动因，他认为各地气候受到访其地的风的影响。每一种风都来自不同的地方，也携带着不同性质的空气。地方性风及其所造成的差异被当成简单几何气候区的干扰因素，风对 klima 意义上的气候来说只是附带产物，但它在希波克拉底医学传统中却很重要。想要保持健康必须了解所处地方的常见风，这种医学传统延续到了 19 世纪，例如绘制风玫瑰，风玫瑰直观地总结了当地各个方向来风频次的统计数据（见图 24）。[2]

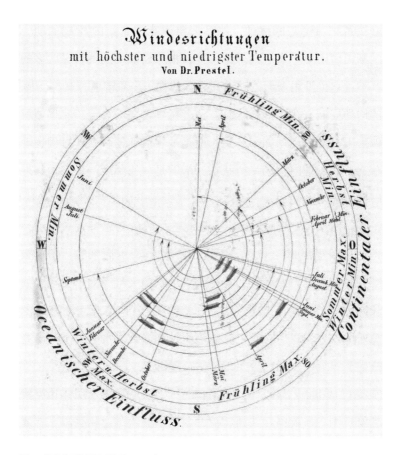

图 24　德意志西北部风玫瑰图，1861 年

　　苏潘这是在暗示 19 世纪的人已经赋予风以全新意义。在动力气候学体系下，风被视为反差强烈的气团相遇的产物。动力气候学提出了一些问题，比如既然干燥的气流一开始是静止的，那是怎样的温度与压力的空间差异导致了我们在自然界中看到的风。一旦气流开始运动，地球自转又会对它产生什么影响？接下来，理论家可

能会试着把湿度与摩擦纳入解释框架。就这样，19 世纪的动力气候学不再像亚里士多德的理论一样，把风看成别的气候区吹来的空气。不过它也没用今天的动力气候学的视角来看待风。其实，19 世纪的这种提问方式可能会让某些读者感到奇怪。今天，我们要解释的似乎不是大气运动如何开始，而是地转流的偏移，即打破运动平衡状态，而所谓的运动平衡状态，指的是气压梯度产生的力与地球自转的科里奥利力达到平衡后，空气会沿着等压线流动。直到 20 世纪 30 年代，人们才开始从"准地转"的角度思考大气运动，但这也是从困扰 19 世纪动力学家很久的问题发展而来的。是什么力量维持温度与压力的差异，并导致了活跃的大气运动？大气层如何能长时间维持不稳定的状态，从而维持强风？这些问题都是由尤里乌斯·汉恩和亚历山大·苏潘等奥地利研究人员列入国际研究议程的。

到了 19 世纪 70 年代，欧洲、北美的政府和学术团体斥巨资进行气象观测。在英国、法国、荷兰、斯堪的纳维亚和美国，首要目标是建立起一个风暴预警系统。风暴预警需要各地观测者利用电报进行同步观测，绘制天气图，最终他们拓展了风力、风向与地表气压分布之关系的经验知识。就这样，风暴预警的经验开始积累，逐步打下基础。其中一则经验知识指出气旋中的风力强度与气压梯度成正比，或与相邻站点的气压读数之差成正比。[3]另有经验知识描述气旋风向。[4]对当时的许多博物学家来说，这些只是预测强风的便捷经验规律。[5]对其他人来说，它们是风暴的基本物理学原理。只有少数人看到了另一种可能性，即运用这种新的压力与风的关系的经验知识，去阐明全球的气候地理。担负起这最后一项挑战的大多是受雇于欧洲宏伟的大陆型帝国的科学家，其中最著名的是俄国的弗拉迪米尔·柯本和亚历山大·沃伊科夫，以及奥地利的尤里乌斯·汉恩和亚历山大·苏潘。

汉恩费尽心思，扩张 ZAMG 的观测网，发展自己的动力气候学方法。他于 1867 年作为助理加入 ZAMG，1877 年到 1897 年担任所长。他坚持认为，详细的大气压力图是"科学理解"所研究地区"气候条件最重要的基础信息之一"。[6]这是在用物理数学的方法解决奥地利难题，即在精准表示局部差异的同时揭示更高层次的统一性。它所使用的表达方式反映了 1848 年以后哈布斯堡君主国的叙事潮流，即在回顾历史发展，展望经济与政治未来时，侧重混合与交流的现象。

可见，研究气压梯度及其产物（风），似乎是把握气候全球分布情况的关键。本章还会讨论苏潘论点的第二部分：动力气候学与对人类健康和文化发展的新思考有关。在一个着迷于现代科学进步故事的时代，新兴的动力气候科学很快激发了大众的好奇心。到 19世纪 80 年代，学童、德语科普杂志乃至地方报纸的读者都有机会了解基础的大气运动新理论。气候学提供了尺度缩放的工具，哈布斯堡治下全体臣民都能利用它，设想自己在帝国流通和交换网络中的位置。直到 19、20 世纪之交，科学家们才开始质疑这种流行观点背后的物理学原理。

## 风的轨迹

可以说奥地利动力气候学的研究计划是 1866 年启动的，当时汉恩还在 ZAMG 担任助理，他推翻了解释温暖、干燥山风（即人们所说的焚风）的主流理论。汉恩利用热力学（即研究热和运动之关系的新科学）解释空气被迫沿着山坡上升时的情况。一团空气沿着山坡攀升，抵达压力较低的区域，就会膨胀并作用于周围。上升的过程降低了气团的温度和比压，因而凝结降水。相反，如果气团从山坡的另一面向山下运动，它就会收缩，温度和比压也会上升，而且温度的上升值会大于上风侧的下降值，因为降温会被冷凝时的潜热抵消。这个原理很快被认为可以解释一切大气上升运动。汉恩证明了，从热与动力相互转化的角度思考气候现象的新方法潜力很大。

汉恩判断，只有对气压分布这一基本热力学变量进行更精确、详细的区域研究，全球气候科学才能有所发展。而德籍俄裔气候学家弗拉迪米尔·柯本早在 1874 年就提出了这个观点，他说亚里士多德派的风玫瑰图存在不足。知道风的来向并不足以揭示风的特性，还需要知道周围的压力分布，他利用西伯利亚的数据证明了这一点。[7]

这也是汉恩细致分析中欧和东南欧的压力分布的动机，他用到了 ZAMG 观测网运营头 30 年（1851—1880）的平均数据。这的确是一项艰巨的任务，毕竟在广阔地区实现标准化的精确测量不是一桩易事。同一高度的相邻地点之间的压力差远小于温差，它们其实近似汉恩时代气压测量的系统误差。[8] 幸而奥地利每隔 6 年就要校准一次观测网各站点的气压计等标准仪器，产出合理数据的必要条件得以具备；得益于帝国－王国军事地理研究所的大地测量项目，每个站点的海拔高度数据都是准确的，剩下的就是人工计算 30 年平均数据这项漫长且艰巨的任务了。

汉恩承认，他经常要花一整周乃至更长时间来决定是否要将一个地点的平均压力向某个方向调整十分之一毫米。他写道："许多人可能会怀疑，一个严谨的人为了得到这么微小的结果投入这么多时间和精力是否值得。"自然，他也怀疑过。但他坚信，一个人如果长期抱有这样的怀疑，那他根本不适合做一个自然科学家，他引用了弗朗西斯·培根的论点。[9] 培根将他的经验主义奉献给了女王，汉恩的成果也是为了哈布斯堡王朝的治理。事实上，汉恩写作《气压分布》（1887）与《奥匈帝国图文集》（他撰写的那部分正好与《气压分布》同年出版）的目标都是在构建帝国整体视角的同时保有细微偏差。等压线图及其文字说明解释了与区域趋势有关的地方特殊性。如冬季等压线图有一个高压区，其中心位于东阿尔卑斯山的南侧，相当于山谷中的冷岛〔其上空会有温度上升或"覆盖逆温"①（capping inversion）的现象〕，这就解释了来自南方的温暖气流为何没能深入中欧。匈牙利东部和特兰西瓦尼亚也有类似现象。而地中海东部和亚得里亚海上空的低压中心则造就了气压梯度，这就解释了达尔马提亚海岸的下坡的布拉风为何会如此凶猛。[10] 汉恩希望有朝一日，人们能理解这张地图的重要性，它可以完整描述奥匈帝国的气候条件。只有到那时，才有可能利用气压差异"解释风的差异及其影响"。[11]

---

① 由于云的覆盖作用而形成的逆温，或指层结不稳定的边界层顶的逆温。

## 写给所有人的动力气候学

即便新学科动力气候学还处于发展阶段，它也开始面向广大受众。在汉恩担任 ZAMG 所长期间（1877—1897），帝国气象观测网络的气象观测站数量从 238 个增至 444 个。[12] 自愿每天在规定时间里记录大气状况的人有教师、医生、旅馆老板和电报员。多亏了安置在公园和城市广场的"天气小屋"（见图 25），没有气象仪器的人也可以观察天气，奥地利所有主要的温泉小镇都有这类建筑，"它们往往富丽堂皇，很有设计品位，十分受当地人和游客欢迎"[13]。这些志愿观测员和温泉访客都是受过良好教育的人，他们渴望了解天气与气候科学的最新动向。

汉恩的高人气作品——《把地球当成整体》（*The Earth as a Whole*，1872）介绍了将热力学应用于大气研究的基本原则，其中就解释了海风的物理原理和信风的起源。1874 年的《气候学教程，尤以农业林业为例》（*Textbook of Climatology, With Particular Attention to Agriculture and Forestry*）还有更多实用性介绍，其中包含首幅奥匈帝国气候图，该图显示帝国是东西"海洋性"气候与"本都"①气候的过渡区，原本突兀的差异消失了，变成了连续平缓的过渡。这本书解释道，无论是大规模环流还是小规模环流，都是"相邻地点较暖与较冷的气温差异导致的"，接下来我们会讨论这一说法。[14] 约瑟夫·罗曼·洛伦茨在被任命为农业大臣时，差点就

---

① 古代小亚细亚北部的一个地区，在黑海南岸。

图 25　格拉茨市区公园里的"天气小屋"，1889 年。此类建筑在 19 世纪末中欧温泉城镇的市区公园和公共广场随处可见。

写完了这本书，最终是维也纳的中学老师卡尔·罗特（Carl Rothe）收了尾，他也得到了耶利内克和汉恩等专家的帮助。因此，虽然书中许多解释都用到了最新的热力学知识，但也有片段复述多弗极地气流与热带气流"斗争"的陈旧观点，包括认为气旋只是整体大气环流的例外或偏差。[15] 实际上，71 岁的多弗为该书撰写了序言。另有评议者称赞该书通俗易读，指出医生和农民也能从中获益。

公众还能通过新闻了解动力气候学的最新进展。1880 年，《特普利采-舍瑙公报》（波希米亚北部地区的出版物）就有一系列文章宣称，"直到最近我们才知晓决定气流及其运行轨迹、速度的因素。古希腊人以为是万能的宙斯命其祖先（即娴熟的水手伊奥鲁思）担任风的守护神，而不久之前我们对气流关系的认识也不比古希腊人更深入……现在我们知道了，地球的风力系统主要受制于两种气流，它们因太阳不均匀地加热地表而产生"。接着文章勾勒了大气环流的哈得来模型（见第八章）。最后作者解释道："风力与风向似乎取决于气压及其分布情况的差异"。该系列的一篇后续文章则利用 ZAMG 的报告追踪了某个气旋的生命周期。[16] 1885 年的《维也纳农业报》（一种流行的农业画报）告诉读者如何订阅 ZAMG 的天气预报服务。读者们还从中获知了"现代气象学的基本原理"，例如气压分布与风向的关系。如作者所言，这样一来读者可以自己解读天气图，并"独立判断总体天气情况对他们居住地天气的影响"[17]。

到 19 世纪 80 年代，动力气候学至少已经进入一本高中课本。它告诉学生们要把局地天气理解成全球链条的一环。"大多数时候，局地天气并非由当地条件与环境决定，而取决于最高气压点与最低气压点的移动。气压最低点生成于大西洋，主要穿越苏格兰和北欧上空。如果这样一个低压中心接近中欧地区，那我们就会迎来南风和西南风。云层随风而来，西风和西北风紧随其后，其中的水汽便会凝结成雨。"[18] 这段文字也承认很难预测这种天气，因为如果最低气压点继续沿着老路前进，那么中欧地区可能会受东北风的影响而变得晴朗；但如果从第一个低压中心分裂出第二个低压中心，那么南欧可能会出现强风天气（可能是西洛可风 ①、焚风或布拉风）。

---

① 地中海地区的一种地方性风，源自撒哈拉，在北非、南欧地区变为飓风。西洛可风会导致干燥炎热的天气。许多人会因此而患上疾病。

1899 年，"等温线、等压线、风"的主题已经进入帝国实科中学的物理课堂，虽然并不总有合适的教科书。[19] 总之，在 19 世纪的最后几十年里，受过教育的德语人士已经可以接触到动力气候学的基本原理。

## 寒流、冰霜圣徒与土生土长的匈牙利人

动力气候学不单单是作为现代科学的标志性成就被引介给学生和报刊读者，它还是沟通科学知识与民间智慧的桥梁。前文谈到，科学家在描述局地现象（例如焚风与山地逆温现象）的过程中，把民间知识纳入了动力气候学的框架。而将动力气候学介绍给普通公众，也凸显了专家与非专业人士观点的融合。

例如，5 月的第二或第三周，人们就可以在中欧大部分地区的当地报纸上看到气候主题的文章，因为春天第一个温暖的星期过去以后，气温经常骤然下降，由于它实在太过常见，甚至有了以此为主题的复杂神话故事。在流传较广的故事里，5 月第 12 天到第 14 天的温度下降现象，在德语中被称为冰霜圣徒、冰霜人或严寒领主。在捷克语中是潘·塞尔波尼先生，这个名字取自各个日期对应的圣徒名字（即潘克拉兹、塞尔瓦兹和波尼法兹）的第一个音节，所以有这样一句话：潘·塞尔波尼使树木枯萎。在波兰这句话就成了潘克拉兹、塞尔瓦兹和波尼法兹等冰霜圣徒是花园里的坏孩子。在中欧，冰霜圣徒令人极其恐惧，因为它们能在生长季节的开头就

毁掉所有庄稼。这类代代相传的天气传说提醒农民采取适当的预防措施。很多农庄都会制定策略来保卫庄稼不为霜冻所害，最常见的就是烟熏土地。[20]

人们还不清楚，一年中这类天气是不是在 5 月出现得最为频繁。[21] 早在 19 世纪 70 年代和 80 年代，某些科学家就将 5 月中旬定期出现寒流的报告归因于错误的统计数据和顽固的迷信思想。[22] 1887 年《因斯布鲁克报》上的一篇文章写道："无事发生时，人们就不会记得。开普勒早就说过，人们只会记住事情发生时的情况，而忽略无事发生的情况，毕竟那没什么好说的。"[23] 尽管如此，当时中欧大多数人都还觉得 5 月中旬会出现寒流，而报纸编辑需要安抚他们的情绪。

冰霜圣徒之所以成为科学家关心的研究主题，某种程度上是因为广大受众都期待着能有个定论，无论结果是什么。同时，冰霜圣徒也是科学家想一探究竟的物理难题，多弗首次提出，寒流涉及不同温度气团之间明显的对抗，他将冰霜圣徒视为极地气流在春季与热带空气斗争时的背水一战。他说，这种气流之所以如此寒冷，是因为它来自拉布拉多和格陵兰的融冰地区。[24] 19 世纪 70 年代出现了另一种解释，遵循动力学框架的科学家们开始有意识地根据平均气压分布解释典型的风向。新的理论由德国的威廉·贝佐尔德（Wilhelm Bezold）和 W. J. 冯·贝贝尔（W. J. von Bebber）提出，他们观察到，入春时，陆地的升温速度快于水域升温速度。在像匈牙利和东南欧平原这样的大块陆地上，较热的空气会上升并在地表形成一个低压中心，于是北方的冷空气会流入其中，席卷中欧，导致气温骤降。贝佐尔德发现在冷空气来袭之前，匈牙利的气候会异常温暖，于是他给这股寒流取了个绰号，即"土生土长的匈牙利人"，这是奥地利说德语的科学家们最常使用的称呼。[25]

大众媒体纷纷登载了"土生土长的匈牙利人"的理论，蒂罗尔、上奥地利和下奥地利、波希米亚和摩拉维亚当地的德语报纸刊登了一些文章，表明先前只见于民间传说的现象都是真实存在的。《林茨每日邮报》说，解释冰霜圣徒的成因是"现代气象学最艰难的任务之一"[26]。《因斯布鲁克报》称，这一次，科学家们决定认真对待民间传说[27]。在特兰西瓦尼亚，路德维希·赖森贝格尔（Ludwig Reissenberger，1819—1895）将动力学观点引介给了当地自然科学学会的同行。赖森贝格尔曾在柏林接受教育，并在赫曼施塔特（锡比乌的旧称）当过文理中学老师与气象学家，自 ZAMG 成立以来就一直是其通信会员。他积极组织当地科学社团，激发大众对气象学的兴趣。他尤其对温度变化与死亡率之间的关系感兴趣。赖森贝格尔在讨论冰霜圣徒的问题时解释道，直到近期，科学界都还不太了解气压分布对空气流动的影响——这正好是汉恩正在研究的问题。[28]

这些文章邀请读者综合考虑当地的气候，追踪寒流从瑞典到俄国产生，后席卷欧洲的整个过程。我们会在下文中进一步谈到，气候的动力学理论不仅向非专业人士解释了晚春寒流这种常见现象，叫他们信服，而且还提供了一种方法，能把中欧想象成一整个物理单位，一整个大气流动的空间。

## "死于新鲜的山地空气、鸟语和玫瑰花香"

气候学在 19 世纪末吸引了哈布斯堡的很多中产阶级臣民，因为它可以帮助他们监测身体的健康状况。医学气候学十分看重收集经验数据，包括山脉、海岸和外海、草原和沙漠的气候特征及其对生理的影响。医学气候学教科书详细介绍了气象仪器的工作原理，并坚持认为医务人员必须自己观测气候。它认为气候学的要义是第一手观测而非理论研究。威廉·普劳斯尼茨（Wilhelm Prausnitz）在格拉茨卫生研究所的研究和教学包括室内气候对健康的影响，他坚持"不可能捧着书'研究'卫生，卫生学研究方法尤其需要实际检验，不能仅靠观察"[29]。1901 年，奥地利药剂师协会对 ZAMG 进行了一次实地考察，成员们被那里展示的大量器械吸引：

> 每个人去了解，以及更密切地关注他的家园的气候状况，肯定是有意义的。但只有精确且定期调查大气现状——气压、温度、湿度、电和光学现象的规模与变动，以及气压、风、各种形式的水蒸气（云、雾、霜、露）和各种形式的降水（雨、雪、冰雹、雨夹雪）所产生的气流——才能得知气候状况。[30]

虽然大气压力似乎是人类无法直接感知的因素，但人们普遍认为气压的变化会影响身体和精神健康。ZAMG 研究人员收集的证据也佐证了这一点，他们研究了气压变化对学生、工人和医院病人健康的影响。[31]

医学气候学的研究成果向医生及病患普及。《奥地利温泉报》（后来的《奥匈帝国温泉报》）创刊于 1871 年，连续出版了 25 年。紧随其后的是较早停刊的《气候学季刊》《气候疗养度假胜地特刊》《沐浴与旅行杂志》《水疗画报》《旅店》《疗养院》《旅游与体育》及其他报刊。《气候学季刊》在创刊号中宣称："本刊的职责在于支持、传播气候知识，尤其是气候对人类生活及健康之影响的知识。这些知识如此广博，如此重要，因此需要一本专属期刊，它不仅面向医生，也面向受过教育的一般读者。"[32] 大气动力学著作也被纳入参考书目，例如埃诺赫·基施（Enoch Kisch，1841—1918）的《气候疗法》和威廉·普劳斯尼茨的《基础卫生学》。[33]

在那个时代，医学在解释疾病起源时，还纠结是归因于环境还是传染。我们需要注意，哈布斯堡当权者有理由抵制传染这种解释，因为它意味着在东南欧暴发霍乱期间必须对病人进行隔离治疗。帝国的商业阶层游说宫廷，反对隔离，认为它会阻碍商业交流。因此，帝国的医学专家们在巴尔干和黎凡特寻求代替隔离法的公共卫生方案，例如监督伊斯坦布尔的卫生改革和医学教育试验。[34]

同时，关于什么是"有益于健康的气候"，人们的想法也在变化。到 19 世纪末，哈布斯堡的医生们都同意，没有绝对有益于健康的气候，只有相对有益于健康的气候。即不存在一个普适的健康地区，特定的气候对某些人有益而对另一些人有害，或在某些季节有益而在其他季节有害。正如马林巴德（玛丽亚温泉市的旧称）的医务主任埃诺赫·基施 1898 年所写的，在 19 世纪的最后几十年里，医生们划定的适用于气候疗法的疾病，以及具有潜在治疗作用的气候范围都大为扩展。在 19 世纪早期，采取气候疗法意味着要去南方旅行，而现在寒冷的气候同样可能是处方，哪怕是在冬季。[35]

此外，医生们经常特别建议病患去不同的气候区。像是治疗呼吸系统疾病，最好的办法就是"换换空气"，不管是"去山谷还是山峰，去南方还是沿海地区，去山林还是外海，总之在外待一段时日"。这一建议基于希波克拉底原则，即"治疗顽疾应当更换居所"。医生推荐利用气候的变数而非定数来治疗其他一系列疾病，例如瘰疬（一种与结核病有关的皮肤病）、糖尿病、关节炎、心脏和神经疾病，及"神经系统与性器官的各种疾病"。据说置身于多种气候的根本目的是"增强器官功能，改善机体营养"。简而言之，"变换气候应该被视为一切气候疗法的根基"[36]。通常情况下，病体需要换换空气，只要体验不同的气候就行，当然这可能会给身体带来负担，但身体一般几天就可以适应。

要考虑的最重要因素是疗养地相对于病人最近居所的气候特点。"也就是说，必须考虑的不是病人去往的疗养胜地的绝对温度，而是那里和他原来住处的气温差异。"在这个意义上，这句描写疑病症患者的诗句也包含医学真理："死于新鲜的山地空气、鸟语和玫瑰花香。"这种思想流派甚至影响到了军人。例如哈布斯堡海军军官卡尔·魏普雷希特（Karl Weyprecht），他在 1872—1874 年带领过奥匈帝国极地探险队。他一反常识，认为来自亚得里亚海的船员早就体会过多变的故土气候，想必是有备而来，能很好地适应北极之旅急剧的气候转变。[37]

这样一来，气候就成了一个动态的、相对的概念，而那被重新安置的病体也成了地理差异的记录载体。当时的医学教科书强调了气候的相对性，从基础大气动力学的角度解释了气候疗法。新的动力气候学告诉我们，当地的条件并非自成一体，其取决于盛行风，进而取决于大规模的气压分布。[38] 就这样，气候疗法让病患亲身体验了奥匈帝国多样的自然条件。在海洋与草原之间，哈布斯堡国土有多种治疗性气候，它们变幻无穷，而又永无止境地相互作用。马林巴德的基施引用汉恩的话写道："是风，消除了气候的边界，确保相邻的气候区之间的连通。"[39]


## "平衡极端值"


很快，动力气候学也被纳入奥匈帝国地理测量计划中。从 19 世纪 70 年代开始，出版社日益频繁地出版这类报告。约瑟夫·罗曼·洛伦茨在他受众广泛的哈布斯堡疆域气候著作当中，描述了地方温度与气压差异如何形成，进而被气流"平衡"。"大气运动的起因与地球流体流动的起因一致。大气中，水平方向与垂直方向上相邻的空气层温度不同，促使空气移动，平衡极端值。"我们可以想象洛伦茨对布拉风的描述，那是一股沿君主国南部边缘的达尔马提亚海岸吹来的寒冷而干燥的风，洛伦茨曾在达尔马提亚教过 6 年中学课程，研究过沿海气候及其动植物群（见图 26）。布拉风起源于两股"反差极鲜明"气团的对抗，即内陆地区静止而致密的冷空气，以及迪纳拉山脉靠亚得里亚海那侧的暖空气。布拉风的风力取决于冷暖气团的大小及其差异的大小：

> 如果冷暖气团长时间、远距离对峙，那么内陆气流就会流动一段时间，而且会吸引北方更遥远地区的气团，取代之前的气团。布拉风会这样持续地刮上几天，温度也会不断下降……而如果对峙仅仅是小范围的，或者不太显著，那么只要吹来一小股微弱的内陆风就可以达成平衡，也就是局部地区会短暂出现布拉风或更加温和的小布拉风。

从物理学来看，这种分析相当粗糙，它忽略了大气翻山越岭时的上升与下沉运动，但它作为一个地理学框架则颇具启发性。因为突然之间，长期以来被当成划分海洋性气候与大陆性气候、沿海文明地区与落后山区的迪纳拉山脉似乎不再是巨大的屏障。布拉风意味着地区之间能够跨越边界，真正地"相互依存"。[40]

图 26 布拉风来袭时的达尔马提亚海岸

奥匈帝国最有影响力的地理科普学者之一弗里德里希·乌姆劳夫特（1844—1923），是弗里德里希·希莫尼的门生，担任过文理中学老师，信奉希莫尼的"整体国家"地理学，也同样致力于向公众普及科学研究成果。他1876年出版的《地理统计手册》旨在阐明"土地与财富"（或自然与文化）的相互依存与相互作用。奥匈帝国各地"在自然条件、人口和知识文化方面，都对比鲜明。这就是君主国被称为差异王国的原因"[41]。为了在顾全整体的同时客观看待这种多样性，乌姆劳夫特依据洛伦茨的气候区系统划分了君主国，这个体系乃基于降雨量和温度。这样一来，每个地区都"还是欧洲大气候区的一部分"，但"其特殊性也在更加细致的观察中得到凸显"。他解释说，气候总体上是盛行风的结果，而风是压差"平衡"的结果："当气压分布受到热分布不均匀的干扰，就有恢复稳态的倾向，因而也就刺激了大气的流动。"乌姆劳夫特转而做民族志研究时，也使用了这些自然流动的意象。他认为奥地利各民族之间没有绝对的界限，它们都是"欧洲主要文化群体"的代表。"于是，奥地利的历史与德意志、匈牙利、波兰的历史交汇，仿佛若干支流在不同河段汇入干流，一齐涌动。"君主国是流通的空间，空气与水也好，人也罢，都在这里混合。"这里所说的民族并不聚集在边界明确的封闭地带，而是分散各处。于是在边境地区经常见到混居的独特现象。可以说欧洲其他地方都看不到像我们的祖国这么大规模的民族融合现象。"[42]乌姆劳夫特用自然地理类比民族志，有助于后者的自然化。

多弗和后来的挪威气象学派选择用"斗争""战斗"等意象表述不同性质气团的对峙，奥地利气候学家则更青睐"混合、平衡、交流与相互依存"等用词。就像基施医生在他的医学指南当中说的，风是一股"相互依存""消除边界"的力量。为了描述差异显著的气流之间的相互作用，并避开这种差异如何维系的问题，奥地利的气候学家甚至重拾了浪漫主义的"自我实现的运动"的概念。费利克斯·埃克斯纳（Felix Exner）在 1925 年出版的高度专业的教科书《动力气象学》当中就用了这个古老的术语。[43] 提到自我实现的运动，就不得不提 19 世纪早期杰出的地理学者卡尔·里特尔（Carl Ritter）。自我实现的运动代表了莱布尼茨的观点，即宇宙既是一个整体，也是不断发展的结构，综合了运动着的各个部分。里特尔认为，得益于观察、通信与运输技术的不停更新换代，自然要素之间的地理关系、人类文化要素之间的地理关系，都始终处于流变之中。"有了新工具以后，曾经那些遥不可及的东西更近了，甚至有了日常互动。"可见在里特尔眼里，"自我实现的运动"不仅包括各种形式的大气环流与洋流及其激发的有机反应，还包括人类的迁徙，以及人类行动者有意推动空间关系发生转变。[44] 一篇奥地利动力气候学论文也认为，如气流中有一部分朝着气压梯度的方向运动，"努力削弱差异，那就是一种自我实现的运动"[45]。当时的读者们会把这当成暗指浪漫主义宇宙论那不断再生的多样性。如此一来，气候学就为哈布斯堡"多样中的统一"的理念提供了切实的合理证据。

## 局部差异的动力学

1881 年，亚历山大·苏潘出版了一部重要专著，是最早应用大气动力学解释全球各地气候特征的著作之一。[46] 用阿尔弗雷德·赫特纳的话说，这本书与科芬和沃伊科夫 1875 年合著的《地球的风》一起，"首次从生理学或遗传学的角度思考地球气候"[47]。苏潘很大程度上靠着汉恩的观察和解释，一上来就阐述了风与气压分布之关系的最新研究结论，接着他概述了北半球和南半球的主要风系，最后用了大量篇幅依次讨论世界上每个地区的风，包括平均风频表，其中大部分数据是他直接根据汉恩给出的站点数据测算的。针对每一种情况，他都说明了如何利用原生压差极值与次生压差极值的典型位置来解释盛行风，并在此基础上解释一年中不同时间区域气候的已知特征，例如挪威海岸的典型暖冬现象，或新地岛极其凉爽的夏天。

就在苏潘发表了那篇有关风的论文后不久，他开始从更多角度思考汉恩的见解对于地理学的意义。这些年，地理学家们在界定专业领域时，持续与日益侵占地理学领域的学科（如地质学、气象学、经济学和人类学等）发生争执。他们眼见自己的学科不断分裂成狭窄的专业。在后来的辩论中，苏潘掌握了主导权，有力地捍卫了地理学科的统一性。他的方法论宣言在奥匈帝国之外引起了很大反响，影响了未来从列宁到魏玛地缘政治学派的思想家们。[48]

在 1889 年的德意志地理学家大会上，苏潘提出了他对地理研究的未来的看法：将地理学的自然方面和人文方面结合起来的关键，在于将"特殊的"地理或"生物地理志的"地理提升到"生物地理学"的水平，换句话说，就是要超越系统性描述，走向因果分析。他对《奥匈帝国图文集》的批评表明他一直在思考奥地利难题，图文集的问题在于未能将多名作者的描述综合为更高层次的统一体，未能超越生物地理志而抵达生物地理学。苏潘接着解释了他所说的生物地理学是什么意思：生物地理学是对自然和人类之间相互关系的研究。因此，它反对弗里德里希·拉采尔（Friedrich Ratzel）的人类地理学的环境决定论。生物地理学研究的第一步是标出"地理区域"，它们的地形、气候、植被，或许还包括动物和矿藏，具有一致性。重要的是，任一"地理区域"对其人类居民的影响还取决于其邻近"区域"的地理条件。即某地的人类群体如何适应其周围环境，并利用当地资源，还将取决于当地环境与资源和邻近地区的环境与资源有何不同。随着各区域间相互依存的关系深入发展，各区域内人与自然的互动也会相应地发生变化。因此，苏潘的关键洞见在于，自然条件"引领某地居民的社会朝特定方向发展"，但这并非简单的决定论，而是地区间自然条件的差异促使它们缔结了相互依存的关系，或是滋生了潜在的冲突。[49]

苏潘给地理学制定的研究方案就基于考察邻近地区的差异：研究地理学就是研究自然地理区域与人文地理区域的关系，以及它们之间不断演变的相互依存性。如他所言："邻近区域尽力平衡彼此差异的力量，就是一个国家繁荣发展最重要的动力来源。"苏潘坚持认为，地理学的使命就是描述邻近地区的差异，以及研究它们所激发的邻近地区的依赖与冲突关系。

他一再用"力量"这个词去形容环境的差异，可谓相当生动。苏潘是最早将气候学归为研究气压或温度梯度引起的大气运动的学者之一。仅仅过了 6 年（1887 年），苏潘就把这个计划提上了政治和文化研究的议程。这意味着，像苏潘和汉恩这样的帝国－王国科学家之所以觉得动力气候学的解释很有说服力，一定程度上是因为可以由此类推，解释气候以外的现象。实际上，苏潘把气压与风的关系当作他为《欧洲地理学》丛书编写的奥匈帝国卷的行文准则。面对概述多民族国家的任务，苏潘和汉恩一样采取了将差异性重塑为连续性的方法。苏潘以概述为目标，写下了纲领性的宣言："生命勃发于邻近地区差异之平衡。我们的科学职责在于确定这些差异，描述它们对人类的影响。"[50]

## 平衡的政治

当然，"邻近地区差异之平衡"只是对大气动力学粗略的近似表述。但这句表述有物理学的权威性。在另一处有关"力"之术语的文字游戏中，苏潘认为他提出的方法会赋予生物地理学更多"科学力量"。[51] 他给国际地理研究制定了通用研究框架，奥地利的学者们早就以帝国一统的名义实践了。如前文所述，帝国－王国科学家普遍认为，不同社会元素之间的对抗是发展的动力之源。用阿洛伊斯·里格尔的话来说，"一旦陌生的事物相遇，长久相处结下密切的关系，发展就开始了"[52]。现在我们能清楚地知道，这种对帝国统一的解释，乃基于一系列学科的相互类比，这些学科既协同合作又有所区别，都对自然资源与文化资源的空间分布感兴趣，包括气候学、地理学、政治经济学、民族志和艺术史。在这样的类比关系中，帝国被视为一个循环系统，其能量来源于地区各个维度的梯度张力。

这就是将动力气候学与帝国意识形态结合在一起的有力隐喻。哈布斯堡的科学家们在讨论气压梯度与风的关系时，隐含了一个文化-经济的类比：差异创造了循环，进而创造了文化的连续性和相互依存性，果真是"多样中的统一"，或者可以说是"邻近地区差异之平衡"。

特别是1867年奥地利-匈牙利折中（Ausgleich）方案签订以后（该方案赋予匈牙利王国自治权，帝国成为二元君主国），这个类比普遍引起了人们的共鸣。"Ausgleich"一词通常被翻译为"妥协"或"和解"，常与"Ausgleichung"互换使用，后者的字面含义就是"平衡"或"均衡"。苏潘在他1889年关于奥匈帝国的论文中，就是在这个意义上使用了Ausgleichung一词，从字面意义和隐喻层面强调邻近地区差异之平衡的重要性。

忠于哈布斯堡王朝的作家们有意利用从Ausgleich到Ausgleichung的滑移，让1867年的结果显得自然合理。在折中方案谈判过程中发挥重要作用的自由派政治家安德拉希·久洛，被诟病太过同情维也纳，因此失去了在匈牙利议会的议席。卸任后，安德拉希发表了一篇为匈牙利和奥地利关系辩护的文章，他把现代匈牙利描绘成一个无法独立生存的"小国"。奥地利是它生来的伙伴，因为如果没有匈牙利的帮助，奥地利就无法保卫自己的边界。折中方案是两国"差异"日益加剧的结果，"每一个人，每一个由人组成的有机体，只有平衡了差异才能生存下去"。安德拉希将折中方案当作解决不平衡问题的方法，而其目标还是恢复一种平衡状态："谁能预测，往昔的和睦会就这样恢复，还是对立的冲突又会导致新的妥协？谁又知道是否真有挽救濒临崩溃的两国关系的办法？"[53] 这个部分的关键术语是德语单词 Ausgleich。在 19 世纪的人的眼里，它不仅意味着外交妥协，更生动地暗示了一个物理过程，对立的力量可以在这个过程中保持动态平衡。

## 流通理论

动力气候学说明了多样性如何成为流通的动力，以及流通如何反过来"平衡"最尖锐的对立。这个观点被证明对于政治经济学颇有启发意义，它十分生动，可以从物理类推到经济政治，让人们充满希望，即奥地利的自然对立会带来经济上的相互依赖，进而促成政治上的统一。

动力气候学的兴起与中欧政治经济学的空间转向同时发生。政治经济学的新转向乃基于约翰·海因里希·冯·屠能（Johann Heinrich von Thünen，1783—1850）的思想，他是一名出生于北德意志的地主与农业改良者。1811 年，屠能试图推导出经济生产的最佳地理分布。他假设有这样一座城市，只有一条道路连通城外，而且城市有着统一的自然环境。屠能根据生产地到城市市场的运输距离假设，农业生产区会形成以市中心为圆心的环形区域，并逐渐向外围扩张：首先是蔬菜区，再是林业区、谷物种植区和酒厂区。一旦超过一定的半径范围，农业就不再有利可图，土地只能用于狩猎。虽然这只是一个粗糙的模型，但中欧的学者还是把它作为思考19世纪贸易规模扩张的工具。他们感兴趣的是环境、技术或人口的变化，与经济扩张、经济紧缩之间的动态关系。[54]

例如，这个模型促使一些人首次尝试在维也纳经济地理学家弗朗茨·诺伊曼-斯帕拉特（Franz Neumann-Spallart，1837—1888）所说的"世界经济有机体"体系中，把奥匈帝国的位置可视化。[55]诺伊曼-斯帕拉特一开始专研奥匈帝国贸易统计，后来转而探索纵观国际经济的方法。为此，他建议经济学参考气候学的模型。于是问题变成了，如何用"统计学方法呈现一个国家在一定时期内整体的经济情况"：

这项任务近似于气象学家去探究某地区的气候特征。在某种意义上，气候就是大量相互依存的要素相互作用的复杂结果。同理，我们所说的经济状况也是一系列独立事实的总和，这些独立的事实反映了特定人口的物质生活强健程度。对于这两个问题，分析的要点都在于将整体情况分解成基本构成因素。不过，气象学找到了诸如气压、温度、湿度、风向和风力等因素，而且这些因素是气候状况的真实起因，针对它们也有精确的测量仪器，能够基于因果律推而广之，因此可以从一系列对类似情况的观察当中得出结论。但经济学统计只能模仿自然科学的方法。[56]

换言之，气候学为政治经济学提供了多因素推理模型的示范。尽管经济学没有精确的因果律研究，但经济学家们也可以把复杂的事态分解成具有因果关系的因素。

如埃马努埃尔·赫尔曼（Emanuel Herrmann）1872年指出的，气候学还给了经济学一个空间分析的模型。赫尔曼时任维也纳商业学院的讲师和帝国教育部的顾问，从1882年到1902年在维也纳技术大学担任正式教授，讲授国民经济课程。经济思想史学家们认为赫尔曼与经济学主观主义转向有关，因为他公开表示想模仿自然科学来给经济学建模。但赫尔曼的模型参考的不是牛顿物理学，而是博物学和气候学在地理、历史、统计上的经验研究。他像探索生命多样性的博物学家一样，着迷于不同时空中经济生活的变化。他也像博物学家一样想通过普遍规律、局地条件和历史脉络的相互作用，解释经济活动的地理条件。他实际上认为经济学与进化生物学、人类学构成了一个连续体，他指出屠能的统一经济生产圈与亚历山大·冯·洪堡的等温线之间有明显的相关性。"统计与城市市场相关的某一生产条件在各地的水平，水平等同的地点可以连成一个闭环，这也是一种'等温线'。"[57] 赫尔曼指出，城市经济生产圈与等温线这两种可视化手段是十年内相继问世的。[58] 他接着详细地类比了经济与气候地理学，把"需求"比作热量，经济增长的"热带"地区由此出现[59]。因此，自然地理学不仅为奥地利经济学家提供了经验数据和统计方法，还提供了经济关系空间分析的新模型。一旦屠能的理性方法适用于多变的地理状况的分析，就表明经济学可以转变为一门科学，它不是抽象力学，而是以自然地理为模型的观察型科学。

新的空间经济学的另一个倡导者是埃米尔·萨克斯（Emil Sax），他是维也纳的卡尔·门格尔圈子里的独行者。他和诺伊曼–斯帕拉特一样，想用屠能的分析来拆解"新的全球商业规模"，分析新运输方式的影响。在屠能的理论当中，铁路与蒸汽船问世以前，匈牙利一直地处维也纳第五或第六商业圈。而现在，匈牙利的养牛者必须同加利西亚的养牛者竞争，但从匈牙利向维也纳运输粮食更容易了。因此，匈牙利农民越来越多地种植粮食作物，阿尔卑斯山地区的粮食价格随之下降。萨克斯解释道，运输条件的改善可以提高产品的"适销性"，进而会提升"其自然产区的价值"[60]。因此，现代交通网络能使奥匈帝国从其自然区域的互补性中充分获益。在这种情况下，从 1900 年到 1904 年，自由派宰相恩斯特·冯·克贝尔（Ernst von Koerber）开启了大规模经济发展和一体化计划，包括广建运河与铁路网络。用他的话来说，所有这些都是为了"缓解民族纷争"，为"国家精神与经济建设铺设自由之路"。[61]

在为发展君主国经济而进行空间规划的人中，萨克斯与克贝尔这样的自由派并非极少数。在铁路如何影响奥匈帝国的问题上，社会民主党的领袖人物之一卡尔·伦纳（Karl Renner）不同意萨克斯的观点，但他也强调自然地理对君主国的社会经济生活具有重要意义。帝国统一的可能性取决于领土的自然形态。[62] 更重要的是，伦纳赞同萨克斯对自然多样性价值的认可，即自然多样性有益于国家经济健康：

从表面上看，一个商业中心位于一个同质地区的中心，这似乎十分自然，十分合理。但这种观点大错特错。同质化地区将过剩产品用于交换其匮乏的东西，贸易才会出现；因此贸易总在外围地带发展起来，它总在两种土壤的交界地带或两国接壤之处兴起……城市会出现在山脉与平原的过渡处，或是连接陆地与海洋的河流入海口，工业区与农业区相邻的地方。

伦纳辩证地解释了这种地理上的相互依存关系。"局部之间有差异，整体保持独立自主，这是所有国家成立的条件，特别是大国……因此，对立面被纳入此在（Dasein）中，以便被超越（aufzuheben）。"在奥匈帝国这儿，这个观点帮助奥地利-马克思主义论证跨民族国家的优势，因为跨民族国家具有自然资源的多样性："这里不仅有工业用地和农业用地，还有结构多样的农业用地：森林、牧场、黑麦地、小麦地、大麦地、甜菜地、动物饲料田、果园、放马牧牛的土地，应有尽有。"[63]

虽然萨克斯和伦纳都没有直接提到动力气候学，但所有此类分析，无论是经济学分析还是气候学分析，都用的是同一套"整体国家"话语，即假定地区之间的对比是流通的动力，因此也是团结的力量。气候多样性尤其被认为是打开贸易的空间分工的开关。1866年《军报》的一篇文章就拙劣地使用了大气的比喻：

最广义的世界贸易遵循的是流通法则。流通的媒介是自然与文化产品的不均衡性，不均衡乃由气候与土壤决定；流通的动力是人类在其天性与需求范围内寻求平衡的努力，而由于需求无穷复杂，其地理与历史起源几乎如气象现象一样让人费解，今天我们看待气象有时还会觉得它像象形文字一样难懂。[64]

不仅仅是多样性推动了商业互通，各种形式的流通（不管是大气的、经济的还是人口的）反过来也弥合了过大的分歧。1910 年，维也纳举办了经济学家与企业家国际经济研讨会。开幕式上，驻卢布尔雅那的商业地理学家弗朗茨·海德里希为外国友人塑造的就是这样一个奥匈帝国的形象。他负责介绍奥匈帝国"经济生活"的"自然条件"，首先自然离不开君主国"明显的地理与经济差异"，但自然与人类都尽力平衡这些差异，将各个部分缝合在一起：

> 得益于河流和冰期留下来的沉积物，山脉才会逐渐平缓，与平原接续。进一步，风吹来的沉积物和水体缓慢收缩而产生的沉积物又减少了高度这种垂直差异，并将各种地形连接起来。大自然用这种方式平复了尖锐的地质构造边界，取而代之的是渐进的过渡区和宽阔的边界地带。文化、经济和政治生活穿过一个自然区域，抵达另一个自然区域，起初是殖民行动，后来则逐渐融合……因此，从物理意义上来说，君主国是一个统一体，各个部分就像巨型角砾岩一样牢固地黏合在一起。[65]

海德里希在此用两个地质学的隐喻解释了哈布斯堡的统一性。第一，君主国就像一个巨型角砾岩。这是一种碎岩经搬运沉积、胶结而成的岩石，各个部分都保留了自己的特性，却又因自然的不可抗力合为一体。第二个意象则是气候学隐喻的地质学变体，即邻近地区的差异之平衡。地质学考虑的不是气压梯度，而是海拔梯度，它被一个自然的风化过程中和。海德里希就这样将帝国建立过程描述成了如侵蚀一般的自然过程，这个过程如风吹水流一样不可阻挡。

因此，气候的经济意义既是字面上的，也是隐喻的。一方面，气候的差异促成贸易；另一方面，大气环流也是对贸易调和分歧效果的恰当比喻："气流没有颜色，货物与金钱在交换时也不分地区。"[66]

最后，在帝国末期，气候学和政治经济学的交融也点亮了欧洲工业化的未来曙光。正如赫尔曼所说，现代人习惯只考虑直接原因，但地球科学为经济思考提供了更适用的尺度，即宇宙本身就是一个可持续的生产系统，一个"由光、热、气、土、水组成的持久经济体（Wechselwirthschaft，字面含义是作物轮作）"。"加热烤炉的煤炭在几亿年前是一棵葱郁的树，它和许多同伴一起突然被风暴连根拔起，被海水卷走。油灯里的油来自鱼的脂肪……不过地球一定像一个保护容器一样，费了几百万年，或至少是几千年的时间，将这些储备浓缩成我们今天能够不假思索地使用的东西。"[67]哪怕是欧洲人早餐里的牛奶和黄油，也是数百万年来哺乳动物进化的结果。赫尔曼震惊于19世纪80年代资源枯竭的速度，他倡议成立一个世界性组织调研地球资源的存量，并就其分配达成共识。

简言之，气候学为帝国"多样中的统一"的意识形态奠定了动力学（动觉）支持，即通过观察大气现象，绘制气象要素，科学家和非科学人士能够直观且具体地想象帝国空间。哈布斯堡国民们在阅读地图集、报纸、医学指南里大气动力学的成果时，体会到风乃是一种弥合分歧的力量。自然自会中和各地差异，这一观点为 19 世纪末兴起的"折中"政治提供了支持，波希米亚、加利西亚、南斯拉夫都要求和维也纳建立"持衡"关系。在医学和政治经济学领域，由于多民族国家有益于国民健康与经济繁荣，因此医生与政治经济学家们呼吁平衡邻近地区的差异。到 19 世纪 90 年代，这个简单的大气动力学模型已激起哈布斯堡公民（专家和普通人）的想象，它为"统一萌发于多样"的观念提供了一个生动而真实的意象。

1900 年后，哈布斯堡气候学的大部分研究都是在完善这一理想化的大气环流意象，以便解释它如何导致了区域气候的可感特征。然而，"邻近地区差异之平衡"只是首个对大气动力学理念的近似表述。如今天的科学家所言，气压梯度只有在地转流这个简化条件下才能决定风向。只有在这种情况下，压差才能维持，风才能持续吹下去，因为风向是垂直于气压梯度的。[68] 然而，到了 19 世纪 90 年代，这个模型的意识形态力量已经使其看似不证自明，需要一个局外人来质疑，下一节要讨论的就是这个问题。

## 一个怪家伙

讽刺的是，在 1900 年前后供职于 ZAMG 且有所成就的科学家里，今天的人只记得马克斯·马尔古莱斯。马尔古莱斯最为大气物理学家所铭记的一点是他提出了"倾向方程"（tendency equation）①，这是早期自动化天气预报的基础。马尔古莱斯也发明了有效位能（available potential energy）的概念，长期以来一直对气候建模者的工作很有价值。[69] 某些大气物理学教科书里会写，马尔古莱斯 1900 年前后在维也纳工作，被大家称为怪人，结局也很悲惨。但其实，他并未留下什么线索让人一窥他谜一般的生活。虽然马尔古莱斯在当代很有名气，但他一生都只是帝国－王国科学界的一个边缘人。在反犹主义猖獗的学术界，身为犹太人，马尔古莱斯向来没有机会竞争高级职位。据一些报告，马尔古莱斯不善社交，在历史上是一个独行者。套用一本教科书里的话，他在"智识孤岛"上独自工作。[70] 的确有证据表明马尔古莱斯孤僻内向，档案馆里只有他的几份涉及物理化学的简明手稿，那是他 1906 年放弃大气物理学后接手的课题。但即便是他发表的论文，也都是密密麻麻的方程式，几乎没什么文字。不过，马尔古莱斯是否真为其所处的环境所不容，这一点还有待评估，我们只能从政府记录及马尔古莱斯同事的回忆中拼凑出他的故事。

1856 年，马尔古莱斯（见图 27）出生于加利西亚东部犹太人聚居的布罗迪镇上的一个犹太家庭。就读文理中学的最后两年，他搬到了维也纳，住在莱奥波德城的犹太人社区，后来进入维也纳大学学习物理学，1879 年到 1880 年，他在柏林大学学习。柏林物理学学

① 表征某物理量（如地面气压）局地变化的方程。

图27 马克斯·马尔古莱斯 (1856—1920)

会的主席是赫尔曼·冯·亥姆霍兹 (Hermann von Helmholtz)，当时他刚刚重新开始研究大气不连续性（atmospheric discontinuities）。马尔古莱斯还没准备好进入这个领域，因为他接受的是以电磁学为主的数学物理学教育，也没有在阿尔卑斯山度过悠闲的童年，而他的许多同事都是因此才踏上地球科学之路。尽管如此，他还是转向了大气科学研究。

20 年中，马尔古莱斯先后在 ZAMG 担任助理、副研究员和秘书，只在柏林求学期间中断过任职。他于 1877 年被研究所聘来撰写年鉴，因为气象观测网络迅速扩张，归纳其产出数据是一项繁重的任务，所以研究所年鉴迟迟没能赶上预期出版时间。马尔古莱斯的工作卓有成效，到 1885 年，1883 年的年鉴就已经出版了。可能因为他懂斯拉夫语，所以他被安排去负责联络君主国东部和南部的气象观测站。[71] 第四章已经说过，ZAMG 气象观测网络的站点在哈布斯堡境内分布不均，早期的 ZAMG 所长都优先在加利西亚、布科维纳和达尔马提亚等地区增设气象观测站。马尔古莱斯也将这视作自己的目标。他乐于见到站点稀少的地区建起气象观测站。[72] 到了 1888 年，他负责审查观测网所有站点的数据，并筹备年鉴出版工作。他还负责检查加利西亚、布科维纳、达尔马提亚、波黑的气象观测站，很快又加上了奥地利西里西亚、上匈牙利和特兰西瓦尼亚的。[73] 这些考察工作让马尔古莱斯有机会涉足帝国边缘地带，去那里评估观测员与观测的质量。回到维也纳后，他仍不厌其烦地与这些地区的观测员保持联系。[74] 马尔古莱斯还负责归纳大量原始数据。[75] 他不是一个喜欢合作的人，但还是偶尔会拿着一沓测量数据去找同事，上面用他标志性的红笔圈出了有关他们当前研究的观测结果，同事们见了都大吃一惊。[76]

尽管马尔古莱斯被视为"孤身"工作的"基础"研究者，但他研究的问题却牢牢地嵌入了帝国-王国科学计划。他影响最深远的贡献，开始于质疑哈布斯堡气候学的核心隐喻：地方差异对整体循环具有潜在影响。

## 质疑核心隐喻

马尔古莱斯在 19 世纪 90 年代意识到，现有的观测尺度没能捕捉到某些现象，这些现象本应用于定量评估与之相关的大气运动模型。ZAMG 的气象观测站分布不均，但即使在卡林西亚这种站点最密集的地方，每 3 平方英里也不会有两个以上的站点。[77] 也就是说，靠站点数据无法追踪飑线（squall line）一类的现象，因为飑线约长 100 千米。于是马尔古莱斯定义了一个新的观测尺度，或者说他建立了气候学第一个专用的中尺度观测网，它由距维也纳 60 千米的四个站点组成。[78] 马尔古莱斯会利用这个网络的观测结果，确定观测到的气压梯度和飑（即局地风暴或强风）的关系。

马尔古莱斯提供了一个研究 ZAMG 高优先级课题的基础框架，即根据苏潘所说的"邻近地区差异之平衡"的理论预测风力。而马尔古莱斯观测网的气压计与风速计表明，较大的压差其实没有导致更强的风，两者"甚至没有一丁点关系"。马尔古莱斯不禁怀疑，压差其实不是大气运动背后的驱动力，他后来发现它们只是"机器当中的一个齿轮"。经验证据已经表明，压差驱动的环流模型不大有效，于是完善这个模型就成了哈布斯堡气候学的新议题。

马尔古莱斯在其理论工作中，想用第一原理来解释这种情况。以"倾向方程"为例（这个方程现在还是大气物理学入门课程的内容，也是许多自动化气候模型的常用方程），其将压力的变化与空气的流动联系起来。马尔古莱斯 1904 年根据空气的不可压缩性，以及气压与高度之间的关系推演出了倾向方程。[79] 任何一点的气压都取决于这一点上方的空气重量，马尔古莱斯的倾向方程（方程 1）给出了某一点气压的变化，与吹向或吹离该点的风的关系（摩擦与地球自转忽略不计）。第一项是气压的变化率，第二项和第三项是空气在水平面上的辐散，第四项是空气的垂直运动。根据该方程，当空气从一个点水平移开时，该点的气压会下降，除非有垂直流入的空气来平衡压力。

$$(1) \qquad \frac{\partial p}{\partial t} + \frac{\partial (pu)}{\partial x} + \frac{\partial (pv)}{\partial y} + g\mu_h w_h = 0.$$

气象史学家认为这个方程是最早的自动天气预报手段，即通过观察风场来预测气压计数值的上升或下降。马尔古莱斯从方程中看到，风场测量中的一个小误差就会导致预测结果相差巨大。在 20 世纪 40 年代，这个问题可被"准地转"理论解决。这是朱尔·查尼（Jule Charney）提出的办法，利用涡度（vorticity，描述空气旋转程度并表征气流大型运动特征的物理量）计算得到困扰马尔古莱斯的辐散流（divergent flow）的近似结果。无论如何，这种流动在热带以外的地区通常规模很小。不过早在 1904 年，马尔古莱斯的分析就加深了他本人及他 ZAMG 的同事对天气预报的怀疑。费利克斯·埃克斯纳认为，大气流动的数学模型乃以解释为目的，不能用于预测。[80]马尔古莱斯直言："预测，对气象学家来说不道德，也很危险。"[81]

那么，我们应该如何看待马尔古莱斯的倾向方程呢？他是想用它证明预测工作实际不可行吗？还是说他或许是在追求另一种知识？接下来，让我们看看马尔古莱斯在那之前 3 年提出的一个非常类似的方程。在方程 2 当中，他首先平衡了气团膨胀的做功与周围气压的做功。方程 2 假设压力变化很小，空气只在水平面上流动，于是可以进行类似于方程 1 的计算。

$$(2) \qquad \frac{1}{2}(V^2 - V_0^2) = RT\frac{p_0 - p}{p_0} + \frac{RT}{p_0}\int(\partial p/\partial t)dt.$$

可以看出，方程 2 用与方程 1 相反的顺序表述了等价关系：现在要从气压梯度反推风速的变化。换言之，方程 2 的兴趣不在于预测晴天或风暴，而在于估算空气如果从初始位置流向最终位置（这里的气压虽然较低，但并不恒定），会做多少功。压力上升会导致更高的最终风速，而压力下降，最终风速就会较低。如 1901 年论文的标题所示，方程 2 的目的在于理解"压力分布的能量"，换言之，它表述了马尔古莱斯那代人所说的"邻近地区差异"所产生的动力。

## 大气中的能量储备

今天人们之所以还记得马尔古莱斯，还因为他提出的第二个概念，即"有效位能"（APE），它在 20 世纪 60 年代和 70 年代的第一个大环流模型中发挥了重要作用，并且仍然是分析斜压区（baroclinic zone，温度突然变化的大气区域）不稳定性的关键。我们可以把"位能"定义为储存在一个系统中的能量，而"有效位能"则是指该能量中可用于做功的那部分（即产生运动的部分）。在大气中，APE 只是位能的一小部分。马尔古莱斯证明，通过计算大气初始构型的位能与位能降至最低时（大气最终状态，热量不增不减）的差值，就能得到 APE。图 28 解释了一个非常简单的情况。被垂直墙体隔开的不同温度的空气是大气初始构型，而大气最终状态则是水平分层的，上方是压力和温度较高的气体，下方是压力和温度较低的气体。在这里，要注意 APE 与总位能的区别。我们可以想象一下，像这种稳定的最终态一样水平分层的大气，仍然会有重力位能，因为分子所在位置高于地平线。但它无法做功，也就是说它无法在不转移热量的前提下，进入较低位能的状态（即所有分子均落到地平线上）[82]。

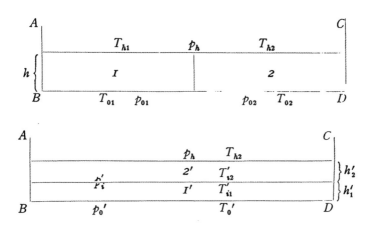

图 28　计算 APE：被可移动墙体隔开的一室空气，在墙体移动前后的位能差值

APE 的意义在于，人们能用它准确计算一些重要的新东西：它测量了储藏在大气不同状态下可用于做功的能量。马尔古莱斯可以利用它来检验邻近地区差异产生动力的假设。假设一个 5 米高的房间被一堵可以移动的墙体一分为二，墙一侧的气压高于另一侧，两侧地面汞差 10 毫米（这种规模的气压梯度经常会在强风天气中观测到）。这时把墙体移走会发生什么？根据马尔古莱斯的计算，空气重新排布只会产生 1.5 米 / 秒的风，这至多是一阵和煦的微风。无论多大的房间都会是这个结果。现在让我们假设另一种情况。还是一样被一分为二的房间，但这次两边不同的是气温。一边是 0 摄氏度，一边是 10 摄氏度。移开墙体，就会感受到 0.67 米 / 秒的风，

比微风还小。当然，这没什么，但如果房间高达6 000米（即温带中云的高度），就会产生23米/秒的接近于风暴强度的风。

马尔古莱斯还曾挑战气旋生成的主流理论。汉恩对焚风起源的热力学解释激发其产生了一个想法，即气旋的热理论，讽刺的是，后来汉恩却努力想要推翻它。气旋的热理论认为，气旋所扰动的热量和焚风产生的热量一样，都来自湿润气流上升所释放的潜热。在那个痴迷于新式工业发动机的时代，人们很容易这样想，因为蒸汽可以扮演动力的角色。正如吉塞拉·库茨巴赫（Gisela Kutzbach）在一份杰出的研究报告中所说的，气旋的热理论在19世纪60年代成为主流理论。汉恩从未认同它，他还是把重点放在气压分布所产生的动力上，但无法解释是什么在维持气压分布。马尔古莱斯则走得更远，他的观察和理论计算都证明，气压梯度不是风暴的起因。所以，风暴是怎么产生的呢？

受有关大气逆温和其他鲜明温度差的研究的启发，马尔古莱斯假设，强风可能由水平温差引起。他推断这种温差会导致小型气流将较轻（较暖）的气团运送到较冷的地带，而把较重（较冷）的气团转移到较暖的区域。接着，强大的重力会作用于这些气团，试图让它们回到原来的位置。根据这个解释，风暴是大气不稳定状态的结果，这些不稳定条件不断累积，直到突然之间被小型空气流动释放。马尔古莱斯引入了可移动的墙体的比喻，他承认自己无法解释大气如何一直保持这样不稳定的状态。他的结论是，当不稳定平衡被打破时，"释放"的能量要比"那些在大气中被观察到的最大水平压差所产生的能量更大"。[83]

马尔古莱斯的理论发表于 1903 年，但被很多人无视，还遭到一些专业读者的抵制。因此，他的同事特拉伯特才会就忽视垂直气流的问题为他辩护。[84] 尤其引发争议的，是马尔古莱斯主张凝结释放的潜热对大多数风暴的能量贡献很小。[85] 爵士内皮尔·肖批评马尔古莱斯随意限制了暖湿空气的垂直对立，而根据热理论，这是气旋的动力所在。[86] 实际上，马尔古莱斯对大气动力学的基本贡献在几十年内都不会被德语世界之外的人认可。[87]

1954 年，美国气象学家爱德华·洛伦茨（Edward Lorenz）抓住了马尔古莱斯的 APE 概念，认为它能追踪大气能量流动，从此为 APE 开辟了新路。[88] 洛伦茨在两个方面调整了 APE 概念，首先，他不像马尔古莱斯那样用它解释单一风暴，而是用它解释整个大气层（把大气层理解成一个封闭系统会更加合适，在这个系统里，固定质量的空气会在一个固定体积内被重新分配）。此外，洛伦茨重新命名了"有效位能"，用的就是"available potential energy"，这表示能量是以张力形式储藏在大气当中的，而马尔古莱斯最早使用的"有效动能"（available kinetic energy）没有传达出这一点。随后，洛伦茨展示了如何利用 APE 追踪大尺度与小尺度之间的大气能量交换，以及"纬向风和涡旋"之间的大气能量交换。这样一来就有可能证明，较大的涡旋（气旋）将足够的角动量传递给纬向风，补偿了因摩擦而消耗的热量。因此，APE 的概念可以给汉恩的质性想象提供量化支持，而早在 1900 年前后汉恩就在思考大气环流了。我们下一章就要讨论这个问题。

## 悲惨的结局

所长汉恩多次向部里请示，给马尔古莱斯升职加薪，以表彰他辛勤的工作与卓越的智识。[89] 1890 年，马尔古莱斯被任命为副研究员，1901 年则被擢升为研究所秘书，他也是研究所的第一个秘书。多年之后，他对自己从汉恩那里学到的一切表示了感谢。[90] 1897年，约瑟夫·马里亚·佩恩特（Josef Maria Pernter）接替汉恩担任ZAMG 所长。佩恩特是活跃于政坛的坚定的天主教保守派人士，一个蒂罗尔爱国者，而且很可能是一个反犹主义者。菲克尔回忆说："任何认识佩恩特的人，如果不知晓他的背景，都不会想到这个活跃好斗的南蒂罗尔人会对科学如此着迷……这个接受耶稣会教育的人看似更有可能成长为一名政治家，或是一位要强的红衣主教，总之不会是科学研究所所长。如果要为这个非凡人物作传，人们只好说：他对政治和宗教论证的热情，至少和对科学难题的热情一样大。"菲克尔判断，"凡是认识佩恩特和马尔古莱斯的人，都知道俩人不对付实在可惜，但这也可以理解"[91]。佩恩特一定让马尔古莱斯难以忍受在 ZAMG 的生活，很明显，马尔古莱斯不会再被提拔。于是，在提出 APE 概念两年后，马尔古莱斯就辞去了秘书一职，并永远离开了气象学。他给教育部的解释是，自己与同事发生了冲突，多次晋升失败。

所长佩恩特同意了马尔古莱斯提前退休的申请，并补充说马尔古莱斯是一个"特立独行的怪家伙"，"过于敏感"，总觉得自己被人攻击，在外人想帮忙改善他的处境时，也只做出冷淡的回应。[92]

其他同事对马尔古莱斯的描述则要亲切得多。菲克尔写道：

　　我很有幸能来 ZAMG 工作，那时马尔古莱斯还在这里。更走运的是我跟他走得更近。我很清楚地记得……他那双灰色的眼睛注视着我，对我说："我读过你对焚风的研究。我这儿有松布利克山和某个山谷气象观测站几年的数据表，是为你准备的。你随时都能来跟我说你的发现，不过我不会给你任何建议。"我负责研究阿尔卑斯山中部上空冷气团的移动时，他也是这样。顺便说一句，那是我遵循他的新想法而进行的第一次气象学调查。他只会在我发表研究成果后提出批评。他显然不适合当老师。有一次他对我说："你现在真该去处理理论问题，你很快就能算出来！"[93]

费利克斯·埃克斯纳则描述了马尔古莱斯的悲惨结局：

　　过去几年里，我每每有幸去拜访马尔古莱斯，都会见到一位开明友善的智者，没有一丝苦涩的感觉。他已经放弃了世上所有的快乐与虚荣，过起城市隐居者的生活。每每从他那儿离开，我都会被他伟大的灵魂感动。在他生命的最后几年，几乎没人跟他定期交流。他是个单身汉，独自住在一个没有装修过的小公寓里，也不叫家政服务。马尔古莱斯喜欢独立、自由，别的都不在乎。有一次他来信说自己几乎没东西可吃，询问我是否健在。后来，国内外的热心人士都会给马尔古莱斯送吃食，但说服他接受这些馈赠不是件轻松的事。他就这样活活饿死了。他不愿成为别人的负担，也不愿接受任何不属于他的东西。[94]

尽管马尔古莱斯的同事们非常看重他的贡献，但他们不能或不愿欢迎他进入帝国-王国科学界。马尔古莱斯逝世时，帝国也接近瓦解，可以说他是弗兰茨·约瑟夫皇帝一位忠诚的犹太臣民。

不过，在19、20世纪之交，马尔古莱斯视解决奥地利难题为己任，广泛而深入地扩张了帝国的气象观测网络，与观测员建立了联系。他不像人们常说的那样是个"孤家寡人"[95]，但他热爱独立思考，不受帝国-王国科学意识形态的限制，乐于检验其核心隐喻，而其他的奥地利研究者将会跟随他的脚步。

彩图 1　克雷姆斯明斯特及周边地区，以天文塔为中心。阿达尔贝特·施蒂弗特绘，约 1823—1825 年

彩图 2　《韦内迪格山脉》，位于阿尔卑斯山脉东部，弗里德里希·希莫尼绘
　　这幅创作于 1862 年的油画主要刻画高地陶恩的一段山脉，希莫尼认为这个海拔超过 10 000 英尺的地方有一种"不同凡响的对称"。附文要求观者特别留意背景山脉的地质结构，同时也要关注前景的细节，尤其是那名注视着松树上的宗教画像的朝圣者。画中的景色是希莫尼在诺伊基兴镇的有利位置观察到的，这个镇子一直以来都是朝圣者的目的地。

彩图 3 《7 月热量分布》，约瑟夫·夏万尼绘，收录于《奥匈帝国物理统计手册》

彩图 4　匈牙利大草原的植被，安东·克纳·冯·马里劳恩绘，约 1885—1860 年

彩图 5　《奥匈帝国花卉地图》，安东·克纳·冯·马里劳恩绘，1888 年
　　　　这幅图将帝国画成了四个不同植物系交汇的地带，包括阿尔卑斯山系（红色区）、波罗的海系（绿色区）、黑海系（黄色区）、地中海系（粉色区）。

# 第八章

# 全球扰动

哈布斯堡学者对动力气候学的贡献在于阐明了各个尺度的现象，上至行星，下至农业与人类健康。这些研究绝非互不相干的调查，它们相互依存，意在了解不同层面现象的相互作用。为此，1903 年至 1921 年，马尔古莱斯、施密特和德凡特等 ZAMG 研究人员开发了本章将要讲述的两个重要的尺度缩放工具：大气运动的小尺度流体模型，以及适用于任何尺度湍流运动的量化测量手段。[1]将它们与马尔古莱斯的 APE 概念结合起来（见第七章），就可以估计湍流、涡旋对赤道和极地地区之间热与角动量变动的作用。这是一个具有革命意义的观点。气旋与较小的涡旋不再被看作附着在稳定行星流上的"局部扰动"，这些无序的运动现在成了大气系统的基本组成部分。

## 大气模型及“扰动”现象

气象史学家汉斯-金特·克贝尔（Hans-Günther Körber）认为，人们是在17世纪哥白尼体系问世之后，才开始从动力学角度思考大气的。这是历史上第一次可以用地球的运动来解释风。伽利略的确将热带地区的东风作为地球自转的证据。[2] 但是，17、18世纪的自然哲学家们还固守着亚里士多德的太阳气候带模型。1686年，埃德蒙·哈雷（Edmund Halley）把一种常见风解释成对流效应：太阳的热量使空气在赤道地区上升，较冷的气团涌入下方填补真空，于是形成了环流，与人们观察到的“信风”大体吻合，即热带地区的空气在地表上朝着赤道移动。1735年，乔治·哈得来（George Hadley）将地球自转纳入考虑范围，修改了这个模型。如果大气跟随地球一起自转，气流在赤道上空的流速就必须快于气流在高纬度地区上空的流速。因此在北半球高空中，空气从热带流向中纬度地区时，也会向东流动；而当空气从中纬度地区流回热带时，地表的风会偏向西方。因此，在北半球可以观察到信风吹往西南方向。19世纪，美国物理学家、气象学家威廉·费雷尔（1817—1891）进一步完善了这个模型。费雷尔意识到，上层哈得来气流在接近中纬度地区时（在北半球向东北方向移动），就会冷却下沉，空气和地球表面之间的摩擦也将减缓它的速度。由于地球自转速度恒定，费雷尔假设中纬度地区的地表有一股力发挥平衡作用，使它朝东流向极地（北半球），而在更高纬度地区则有一股朝西流向赤道的气流（见图29）。这个模型直到20世纪初都是标准环流模型。

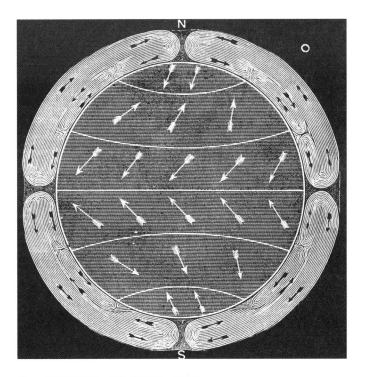

图 29 大气环流示意图，威廉·费雷尔绘，1859 年

　　费雷尔的气旋形成理论与他的环流模型保持一致。据他所说，气旋是垂直方向上的环流，像蒸汽机一样，由水蒸气凝结时释放的热量驱动。温暖的空气在上升过程中冷却，凝结释放潜热，导致空气膨胀，表层气压降低，空气会涌入下方，从而形成环流。可见费雷尔将气旋视为封闭系统。根据他的环流模型，气旋和较小的涡旋可以被看作"局部扰动"，即叠加在纬向环流上的无序运动，是纬向环流不规则性的根源。[3] 普鲁士的海因里希·多弗提出了气旋及气旋与大气环流关系的另一个理论。多弗把气旋解释为极地气流与

热带气流之间的对抗，而这与 20 世纪初斯堪的纳维亚气象学家的极地锋线理论只是看起来相似罢了。费雷尔、多弗乃至同时代的所有人的共同点在于，他们未能明确说明区域现象与全球现象的相互作用。费雷尔认为气旋的能量来自凝结释放的潜热，所以全球气流运动与它们的形成无关。相反，多弗认为气旋的能量直接来自地球的赤道气流，因此对纬向环流与涡旋之间的能量传递机制不感兴趣。简而言之，19 世纪的环流模型将气旋规模（即直径在 100 千米到 1000 千米，可以持续几天）的现象视作半球环流现象的偶然偏差。他们忽略了不同尺度大气现象之间的能量交换。

到 19 世纪 70 年代，汉恩既不认可费雷尔的理论，即认为气旋由空气上升，凝结释放潜热引起，也不同意多弗的观点，即认为气旋源自极地和热带气流的对抗。他反倒认为气旋是因区域气压差之间张力的释放而产生，而这些气压差又为全球环流所维系。这个观点具有潜在的革命意义，因为它强调局部的无序运动对于来往于赤道与极地之间的大气环流十分重要。

## 大气"有点混乱的运动"

在汉恩的时代，大多数科学家没有动机去调和气旋形成机制与大气环流模型。在海军扩张和帝国建设的时代，比起全球进程，人们更关心的是风暴，况且风暴只被看作单纯的局部扰动，不太需要将它纳入整体大气理论中。[4]

苏格兰气象学家亚历山大·巴肯（Alexander Buchan，1829—1907）的研究改变了这一情况。1869 年，巴肯发表了《全球平均气压和盛行风》（Mean Pressure and Prevailing Winds of the Globe），他在文中提出，气旋体现了气流和气压分布之间的基本关系。巴肯还证明气压图对了解世界气候大有裨益。汉恩判断巴肯的贡献比多弗的贡献更大，因为巴肯给真正"科学"的气候学指明了前路，这一观点在德语受众中引起了争议。[5]

汉恩调查了中欧气压和温度的分布，从而对气旋风暴的形成给出了突破性解释。汉恩基于天气图指出，当一个低压带被两侧高压中心包围时，就会产生气旋。他认为是高压带提供了维持气旋运动所需的空气。他在这里假设，长距离作用的小气压差，可能是一个强劲气旋的起因。经过公认可行的粗略计算（把空气视作一个旋转的圆盘，并据此估计其动能），汉恩证明这个猜想具有合理性。他接下来继续完善此猜想，在 19 世纪 90 年代，他就能利用第一代高海拔气象观测站的新数据了（设置这类气象观测站是他孜孜不倦推动的一项创新研究活动）。简而言之，汉恩的结论就是风暴的对流理论混淆了因果关系[6]，它把上升和下降的空气之间的初始温度差当成了运动的原因，就像解释蒸汽机一样。汉恩坚持认为，这种温差是运动的结果。他指出，如果热量不增加，像这样的封闭环流很快就会消失。他的结论与热理论相反，他认为风暴并非大气环流的"例外情况"，而是驱动大气环流的力量所产生的小规模效应。尽管单独分析风暴时，找不出它们的规律，可一旦综合分析，规律性就显现了：如果分析月平均值，就可以看到气压梯度与风之间，遵循被称为白贝罗定律（Buys Ballot's law）[①]的实证关系。气旋也是一个开放系统，可以认为它从海洋上空的低压气团中汲取能量。这就很容易理解为何中纬度地区的气旋会频频在冬季出现，因为冬季赤道与极地之间的温差最为明显。汉恩曾在 1890 年做出了前瞻性的判断："气旋与反气旋只是大气环流的局部现象。"[7]

因此，汉恩坚持要变革分析尺度。哈佛大学地貌学家威廉·莫里斯·戴维斯曾对此有过诗意的表述，他说汉恩表明气旋是"绕极流有点混乱的运动中被驱动的涡旋"。[8]汉恩从涡旋本身的大小向外扩展，把周围的压力场和整个大气环流都包括在内。气旋和反气旋本身并不是封闭的系统，而是整体大气环流的组成部分。事实上，根据苏潘的说法，汉恩的观点在风暴论争中取胜得益于尺度转变。苏潘指出，从前，风暴被视为"不规律的局部现象"，即其似乎与多弗所说的全球范围内极地和热带气流的对抗无关。汉恩的成就在于调和了学者们对风暴成因的描述，与人们对压力分布和风之关系的新认知。"总之，看似例外的东西现在成了定律：在我们所在的纬度区，持续存在或周期性发生的扰动大气平衡的现象，乃由一系列小规模现象组成，它们一度被归结为局部现象，具有非周期性特征。"[9]汉恩把气旋现象看作更大整体的一部分，赋予曾经看起来不过是"细部"或"扰动"的东西以意义。

汉恩的同事将这一新的气旋生成理论称为"动力"，这是说，

---

[①] 白贝罗定律描述大尺度天气系统中风场与气压场之间的关系。一个人在北半球背风站立，大气压左低右高，因为气流绕着北半球的低压区逆时针运动，南半球则相反。

这一理论用地球自转产生的力量来解释气旋。20 年后，奥地利气象学家威廉·特拉伯特将会感慨：大气理论随处可见"动力"一词，以至于它已经不再有任何特殊意义了。[10] 本章末尾会思考 20 世纪的科学家如何叙述动力气候学的起源，届时我们会再讨论这一指控。

## 局部扰动

如果把气候定义成天气的平均状况，那么随时间而变化的天气将不在气候学的讨论范围内。但正如前文所说，汉恩及其同事不是这样定义气候的。"多变性"是气候学概念的核心，在当今人类世快速变暖的背景下，情况更是如此。实际上，早在 1872 年，汉恩就将中纬度地区气候的不规则性定义为值得其研究的特征。"温带和极地的气候就这样受相反风向的风的交替支配，但迄今为止还没有人能发现交替的规律。热带地区的气候具有恒久性，但热带以外的地区，气候则呈现彻底的不规则与多变性。"[11] 汉恩质疑了多弗的理论，即大气在两个连续的气流中循环。汉恩及其同事指出，这种假设在一阵突如其来的风面前就站不住脚了。也就是说，我们能够感受风的不稳定性，比如通过摇曳着的草枝，或是树枝、树叶的轻微颤动。[12]

到 1891 年，汉恩根据松布利克山新的高海拔站点的数据得出结论，大气环流的一个基本特征就是不规则性：

理论（即多弗的理论，假设气流直接在赤道与极地之间循环）中说的那种大气环境的静止状态，在现实中从未出现过。冬季半球的高纬度地区地表附近的短时位移与巨大温差，以及由此产生的上层气流的空间迟滞与加速现象、可变阻力等，构成了一个持续变化的干扰源。在快速旋转的上层气流中，这些干扰因素一定会生成涡旋，再使底层空气运动起来……既然在时间和空间维度上，有不断变化的温度差、不同的阻力系数，进而会生成诸多干扰因素，我们怎么能假设大气环流完全不受局部扰动影响呢？[13]

要再过 30 年，科学家们才能根据基础物理学原理证明汉恩的假设。那么，汉恩为何会如此着迷于大气能量流动呢？

汉恩在 1901 年的《气象学教科书》中就"大气扰动"的问题给出了一个答案。他提出，气候是提炼具体经验而得到的平均值，天气是所有大气元素一同"交互"，在一瞬间给人留下的"整体印象"。我们无法准确地形容一个星期、一个月或是一年的天气，实际上超过一天就不行了。甚至大气条件这个术语"本身就指向了一个抽象概念。天气是真实状况，是从一系列不断变化的大气现象中挑出来的单一事件"。一旦我们开始读取仪器的平均值，就从天气转到了气候（即给定地点的平均大气状况），所以"天气"可能会使人误以为它是"气候"。我们感受到的天气，其实是静止的大气受到了扰动。正因如此，汉恩才会花很长时间来阐明大气静止状态。"大气环流实际上只会以扰动的形式出现，因为扰动所产生的平均效应会促使空气流动。这与高纬度地球大气整体流动的示意图相吻合。这一点，我们知道得太晚，而且也只透过快速变化的现象，发现了部分隐藏的规律。"[14] 汉恩的观点是，所谓大气环流，只是中纬度地区的人所见到的景象，对于地球另一个地区的人而言，气候基本就是"天气"。热带地区天气的变化十分小，人们大有机会在任何时间都感受到"平均"天气条件。[15] 汉恩的话是对尺度的双重逆转。首先他指出欧洲科学家所谓的全球视角不过是一种狭隘的地方主义，而在这个全球视角看来微不足道的细部，事实上对于整体来说至关重要。[16]

这个尺度缩放过程让汉恩意识到，无序运动对赤道和极地之间的能量传输至关重要。但他没有办法量化并检验这一假设。如果不能测量能量，就无法准确判断大气"不规则运动"的重要性。

## 测量湍流

> 最厉害的飞鸟能通过调整翅膀与尾巴来适应所有细微的气流变化。[17]
>
> ——威廉·施密特

"一战"期间，人们突然对液体和气体的不规则运动产生了浓厚兴趣，因为设计更高效的飞机和潜艇需要这些知识。但是，正如奥利维尔·达里戈尔（Olivier Darrigol）曾在他优美的流体动力学史著作中提到的，19 世纪最后 20 年，人们已经大体理解了大气湍流运动。亥姆霍兹在 19 世纪 80 年代开始研究大气湍流。那时，他在瑞士的阿尔卑斯山徒步旅行，看到了天空中涡旋状的稀薄云层。他推测，这些无序运动是两层不同密度的空气对流的结果。他可以看到较大的涡旋旋转成越来越小的涡旋，形成今人所谓的分形图案。他意识到，可能是大气湍流削弱了高层大气的风力。如果没有这种阻力，地球自转的确会使风加速到难以想象的地步。[18] 英国物理学家奥斯本·雷诺（Osborne Reynolds）很快就将这种伪阻力命名为"涡黏性"（eddy viscosity，也译"涡动黏滞率"）。1922 年，气象学家刘易斯·弗莱·理查逊（Lewis Fry Richardson）化用乔纳森·斯威夫特的诗句来形容这种现象："小涡旋从大涡旋的速度中汲取能量，更小的涡旋又从小涡旋的速度里汲取能量，就这样层层传递，产生了分子意义上的黏性。"当务之急在于如何用数学语言描述这个现象。

要实证地回答这个问题，需要辨识大气中实际发生且易于测量的湍流过程。换言之，地球尺度的现象与实验室可控设备之间，在物理上有何相似性？奥斯本·雷诺在英国的研究为解决这个问题提供了一个方案。他用狭长的水槽来研究流体的动力学。他往流速可控的水流中注入一小股染料，让湍流运动变得可见。19 世纪 80 年代，雷诺根据实验结果，知道了怎么预测流体从有序运动转向无序运动的时间节点，可以说他提出了从层流过渡到湍流① 的标准。

---

① 层流指流体的速度、压力等物理参数随时间和空间的变化都很平滑的流动。湍流指区别于层流的流体不规则随机运动。

雷诺在实验中引入了一个有效的新方法来缩放尺度。他认为下面的假设存在逻辑错误，即，无论如何，流经管道的流体的性质都取决于该流体"绝对量与绝对速度"。[19]因此，只要保证比例不变，就有可能通过研究小规模湍流模型，将结论推及大规模湍流。这个比率被称为雷诺数，它与速度、密度和管道半径的乘积再除以黏性值成正比。在理论上，流体流经形状与比例相同、大小不同的管道时，因为雷诺数相等，所以湍流的散乱程度也必然一致。雷诺数就是一个在各个尺度上都保持不变的东西，所以它是一个有效的缩放工具。雷诺本人渴望用自己的实验结果回答早年困扰汉恩的难题：如何测度大尺度运动与小尺度运动之间转移的能量？用雷诺的话来回答这个问题，就是，内部摩擦消耗"动能"并将其"转换为热能"。[20]

想把这种方法应用于气象学研究还要解决一个问题。流体在一个相对狭窄的水槽或管道中流动时，其性质取决于水槽壁或管道壁的高与宽。但在大气中，空气流动几乎是没有边界的，两者如何相提并论呢？因此，测量大气自由无序运动这复杂而短暂的现象，就需要新的尺度缩放工具。

## 气候实验

在今天的大气物理学导论课上，学生们可能有幸目睹"转盘实验"的演示。先在一个圆柱状的大桶里装满水，然后在它的中心放置一块彩色的冰块，用来模拟极点，再把大桶放在一个快速旋转的转盘上，观察冰块融化过程中出现的波纹形态。仔细观察就能看到"赤道"和"两极"之间"大气"的半球循环，甚至能看到螺旋状的旋涡开始形成——"气旋"出现了。

彼得·加里森（Peter Galison）所说的"模拟"模型在 20 世纪初吸引了科学家，在当今这个数字时代，我们很难重拾这些方法。[21] 这类模型是人造设备，用来模拟大气或地质过程，可以研究无法直接观察的大规模、远距离或极慢速过程，科学家通过这类模型能看到高空或地球深处的作用过程。而对于那些研究太过复杂的作用过程，乃至无法用线性微分方程进行描述的科学家而言，模型提供了必要的简化。它们还给了地球科学家一个难得的机会来进行"实验"，让他们操纵模型参数及作用于模型的力来达到理想效果，这些都是无法直接施加给地球的。现在，科学家可以检验气旋、龙卷风或地层褶皱等现象的成因假设。在实验室里可以模拟的大气条件包括小规模湍流、斜压不稳定（即由水平温度梯度引起的运动）、哈得来环流和罗斯贝波。对许多科学家来说，使用模型工作也有一种美学上的吸引力。他们发现自己在处理站点数据上花了太多时间，模型补上了他们错过的实时的、多感官的、完整的知识。

但不是所有地球科学家都喜爱建模。娜奥米·欧瑞斯克斯（Naomi Oreskes）告诉我们，地质学从 18 世纪开始就有质疑模型的传统。当模型提供的证据与科学家的理论相悖时，有的科学家拒绝接受，有的科学家只认可模型具有借鉴意义，即模型可以证明某些原因合理，但无法证明这些原因确实就是自然界中相同现象的成因。[22] 尽管相关争论持续不断，时而相当尖锐，但科学家们很少关注在什么标准下，有效的模型可以模拟实际地球运作。

因此，当威廉·施密特在 1910 年将大气建模当作自己论文研究的一部分时，他感叹"纯实验"在气象学中"十分罕见"。他所说的纯实验指的是那些不为获取观测数据而进行的实验。[23] 换言之，真正的实验应该用来检验因果假设。回看历史，施密特说对了。虽然詹姆斯·汤普森（James Thompson）早在 19 世纪 60 年代就想设计一个大气环流模型，但却没能更进一步。19 世纪 50 年代，一位名叫弗里德里希·维京（Friedrich Vettin）的柏林医生兼业余气象学家建造了一系列龙卷风模型，但是他的成果在气象学家中鲜为人知。据说是海因里希·多弗威胁他不准声张。[24] 施密特认为，正因为大气现象十分复杂，往往取决于许多不同因素，气象学才能从打磨实验方法的过程中获益良多。身为弗朗茨·埃克斯纳和路德维希·波兹曼（Ludwig Boltzmann）的学生，施密特学会了将自然界的波动看作自成一体的现象，并尝试用数学语言进行描述。[25]

施密特想检验的第一个假设是：当较冷的气团与较暖的气团相撞时，会产生暴风。尽管马尔古莱斯也尝试过，但施密特认为"数学方法在这儿是行不通的，它最多只能给出一个差得很远的近似值"。实验成功与否首先在于精确表述假设，其次在于简单复刻但不至于过度扭曲自然条件。"因此，要想实验结论经受得住自然尺度的检验，我们就必须发挥论证的力量，检验所有可供调查或验证的类比关系。"[26]

施密特的实验仪器是一个尺寸为 181 厘米 ×31 厘米 ×4 厘米

的水槽，纵向两端各盖有一块玻璃板。距离其中一端 40 厘米的地方有一个挡板，倾斜一定角度。水槽较长一端灌满一种液体，而较短的一端则注入密度更大的另一种液体，没有漫到隔板顶部。用不同密度的液体是为了模拟不同温度下的空气。（对于像飑这样的中尺度体系，地球自转的力忽略不计也不无道理。）移开隔板以后液体会混合，这时会出现一个典型的涡旋，施密特称其为"抬头"（见图 30）[27]。这是一个检验马尔古莱斯理论（即冷空气以楔形气团的形式侵入暖空气）的方法。为了更仔细地研究这个微型飑，施密特将锯末撒入两种液体，使其悬浮其中，让阳光照入，拍摄液体混合的过程，得到流线清晰可见的图像，显示了冷空气入侵导致的旋转运动。每一点的流速都和照片里锯末移动留下的痕迹的长度成正比，这就说明了飑每一点的相对风速。此外，施密特可以调整"暖空气"和"冷空气"之间的温差（即调整密度差异），从而改变飑的特征，如其移动速度。这就是说，他可以调控模型，利用温差产生较弱或较强的气旋（一个高宽比更大或更小的"头"）。施密特还询问地面观察者，"头"是怎么仰起来的，由此进一步完善了这个尺度缩放工具。首先，观察者会看到云层从远处逼近，接着雨墙出现，然后风会变大，温度会下降。如果是夏天，可能会有雷声和闪电。但很快雨就会停，天空会放晴，飑会平息，转为凉爽而稳定的微风。施密特总结说，他的模型在质和量上都模拟了实际的飑。

施密特接下来又设计了两个实验改进方案，来模拟地面情况。在第一个方案中，他在水槽的底部加了一个楔子，代表山丘。送一缕烟雾进入水槽中，模拟冷空气的入侵，这就又形成了一个"头"。

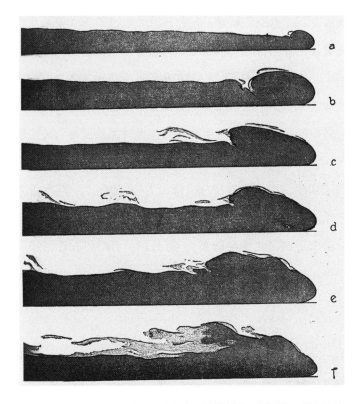

图 30　威廉·施密特的风暴实验中"头"的前进［冷热流体的温差范围为 0.5 摄氏度（a）到 35 摄氏度（f）］

不过，这次的"头"在推进时会比在平坦表面上推进时仰得更高，且大小随烟雾上坡而缩小。当烟雾被迫下坡时，"头"会慢慢低下，推进的速度却更快了。施密特认为这些结果证实了特拉伯特的经验观察，即"任何景观都会在特定方向上促进风暴的形成，又在相反的方向上抑制风暴形成"，具体作用力取决于地面的坡度。

　　在第二个改进方案里，施密特想考察初始条件是地表逆温（下方空气较冷，上方空气较暖）的情况。[28] 水槽的一半灌了几厘米高的高密度浅色甘油，再灌水，液面几乎到顶。在被隔板隔开的另一半水槽中，施密特加入了一种密度介于另外两种液体之间的深色溶液。这次的"头"比之前实验中的都更小更低，可以看到中间层的形成。实验结果与马尔古莱斯对地表逆温"舔舐干净"的经验描述类似。施密特推断，冷空气团抵达更高处后，会在那儿产生更强的水平气压梯度，把地表冷空气"挤出去"，地面上的观察者就会经历一个逐渐变暖的过程，但几乎不会有风。最后，施密特反驳了那些说其模型过度简化现实的人："有人说，自然界在任何情况下都比实验更加复杂。但实验是抽象的思考，认知必须经历从简单到复杂的过程。"[29]

## 战火燃起

"一战"引入了两种新式武器——战斗机与化学气体，使得空气动力学与天气研究的紧迫性大大提升。在奥地利，民间气象学在回应军队需要方面独具优势。每所大学都有专业教授开设气象学课程，任何人要申请物理、数学或地理教学资格证，都要修习气象学。[30] 1915 年，费利克斯·埃克斯纳晋升为 ZAMG 所长，并负责领导奥匈帝国军队的气象部门，该部门驻扎在研究所位于上瓦特山的一栋别墅里。几名年轻的研究者被征召到前线，但威廉·施密特和阿尔贝特·德凡特留了下来，施密特担任 ZAMG 秘书，德凡特则是气象部门的副部长。[31] 与战争无关的研究几乎全部暂停。

在国内，出版审查制度很严格，食品也陷入短缺。1916 年 11 月，在位近 70 年的弗兰茨·约瑟夫一世逝世，王朝的合法性岌岌可危。民族主义者大声疾呼，争取帝国联邦化。1918 年 10 月，新皇帝卡尔一世默许了。当和平最终到来时，大约有 120 万奥匈帝国士兵死亡，近 200 万人作为战俘被关押，许多人还耗在俄国内战中，不得回家。[32]

ZAMG 的研究人员相信他们的科学已经被证明具有战时实用价值，期望战后国家能予以适当支持。但战争结束后，新成立的奥地利共和国陷入了经济危机。埃克斯纳及其同事都在努力找寻足够的食物和给家人取暖的煤炭。遭受最大打击的是马克斯·马尔古莱斯。偶尔有熟人与他照面，熟人都会担忧他极其糟糕的身体状况。战时食物告急，战后通胀又让这位退休的气象学家没多少钱可花。尽管如此，他还是拒绝接受援助。1919 年，奥地利气象学会授予他汉恩奖章，但他拒收了相应的支票奖励，坚持认为这笔钱在其他地方更能派上用场。

经济状况如此紧张，政府不可能资助基础研究。而且 1918 年帝国解体后，ZAMG 的科学家们更不可能再指望从奥地利新国界以外的地方获取观测数据。因此，他们只能使用缩放模型来做研究。

施密特直到那时才知道，一个竞争小组也在开发类似的尺度缩放工具。1907 年，格丁根大学在路德维希·普朗特（Ludwig Prandtl）的指导下建立了一个空气动力学模型和实验研究所，于次年开始运行第一个风洞。普朗特是一名工程师，曾在慕尼黑理工大学读书。他基于自己的实验研究，开始对靠近物体边缘的气流运动和形成涡旋的条件进行数学描述。[33] 但直到 20 世纪 20 年代初，普朗特才想着把他的成果应用于气象学。

1926 年，威廉·施密特因为路德维希·普朗特也对大气模型感兴趣，第一次联络了他，普朗特抱怨说："我们在奥地利的资源太少了。"当时，普朗特是新成立的位于格丁根的威廉大帝流体动力学研究所的所长。而施密特则正在向德国科学紧急协会申请资助，以便实施"一项更大的研究计划，对自由大气当中的湍流运动进行更精确的研究"[34]。这是一项基础大气研究计划，仿佛是为战后资源紧张的 ZAMG 量身打造的。[35] 不过，普朗特实验室的精密仪器所能做的研究还有很多。普朗特热心大气湍流研究，部分可能是因为在战后德国的悬挂式滑翔机风靡一时，但更多的还是因为受到了威廉·比耶克内斯（Vilhelm Bjerknes）气旋动力学新成果的刺激。普朗特和施密特、埃克斯纳一样，对比耶克内斯将气旋描述成"极地空气与热带空气之间不连续面上的波"存疑。如果这样的面稳定到能支持波，又是什么导致波发展成了气旋？如果面并不稳定，那么怎么能把它当作大气层的永久特征之一呢？比耶克内斯梦想着将大气运动简化为分析方程，但正如埃克斯纳所言，不能用这种方法解释涡旋形成这类非线性的过程。他和施密特都选择了实验法，"因为要采取别的方法才能取得进展"。[36]

## 茶壶里的风暴

实际上，正是埃克斯纳设计了大气环流经典的"转盘"模型。1923 年，奥地利通货膨胀危机最严重的时候，他首次在书里讨论了这个模型。埃克斯纳在一个圆柱状的大桶里装满水，在它的中心放置了一块冰块，让桶旋转起来，并加热边缘，据此模拟赤道与极地之间明显的温度梯度。照片里是被埃克斯纳比作旋风的涡旋形式（见图 31）。战后，ZAMG 在有限的预算内还开展了另一个项目，那就是埃克斯纳的"人造龙卷风"。一个旋转的大桶，里面只有空

图 31　费利克斯·埃克斯纳的大气环流转盘模型，俯拍，1923 年。冷水"舌"从中心的冰块向外辐射，并形成类似于气旋的涡旋

气，沿边缘加热。当边缘上方的空气变暖上升时，就会向中心流动，形成一个高大的涡旋空气柱，埃克斯纳用烟雾来表现它。最重要的是，埃克斯纳可以随意干预这一过程。只要对准大桶中心和底部的管道吹气，就可以生成一个新的涡旋。

在近距离操纵涡旋的过程中，埃克斯纳感到自己已经深入气旋生成的核心。"如果你经常观察这一现象，它的过程就会变得很清楚。尽管看起来很简单，但这不仅是涡旋生成的基本过程，还是一般气旋生成的必经阶段。"[37] 其基本特征在于：冷空气舌向外伸，靠近桶边缘转速更快的空气时，就会生成一道障碍。埃克斯纳推断，其结果是在冷空气后面形成了一个低压中心，使空气旋转运动。更重要的是，埃克斯纳发现，如果他去除旋转大桶中心和边缘之间的温度梯度，涡旋就会消失。

基于这些实验，埃克斯纳反对比耶克内斯的观点，即将气旋定性为极地和赤道地区空气之间不连续的稳定环流表面的波。在埃克斯纳看来，这与最初汉恩的观察结果（气旋是大气环流的重要成分）不符。波怎么可能参与封闭的环流？相反，气旋是不稳定表面的"摊开"。[38] 同时，埃克斯纳用这些实验驳斥了瓦格纳新近的理论，即两种不同运动状态的气团对峙，就会形成气旋。[39] 转盘实验表明，温差才是诱发旋转运动的必要条件。正如该模型所展示的，当温暖的西风遇到冷空气阻挡时，就会产生气旋。埃克斯纳对比耶克内斯模型的疑问，一直到20世纪30年代末才得到解答，那时卡尔·古斯塔夫·罗斯贝阐明了在极地与热带空气的边界地带，形成稳定的全球波动的必要条件。[40]

## 实验室里的景观模型

施密特和埃克斯纳从现实景观中获得了构建实验室模型的灵感。他们从湖泊、河床和沙丘中，看到了与大气运作相似的自然现象。当不同的空气层、水层或土壤层一层流经一层，就会生成特定的运动形式，这些都被记录在景观特征之中，不像云彩那样转瞬即逝。例如，埃克斯纳 1921 年研究沙丘和河床时，首先将河床视为一种痕迹，它记录了水与沉积物互相流过时，塑造彼此的方式。沙丘也可以被看作空气与土壤相互流经的痕迹。[41] 景观是流体动力学半永久性质的记录仪。

身为维也纳农业大学气候学教授，施密特的研究涉及土壤、水和空气的相互作用。回到 ZAMG 实验室后，他就开始研究地球自转对河流及河床的影响。长期以来，人们一直认为，河床和气流一样，因地球自转而自然弯曲（即拜尔定律[①]）。这可以解释为何北半球许多河流向右岸弯曲。人们很容易把这个效应类比为白贝罗的大气旋转定律，但施密特觉得这种类比会误导人。他认为，河流中的水和自由大气中的空气，两者在流动条件上有本质区别。

为了回答这个问题，施密特要评估河流形成类比大气动力学的可能性。在什么条件下，可以认为两者相似？他将这个问题转变为量纲分析。他指出，比起水受压差驱动而产生的梯度力，水受重力而向下流产生的梯度力要强得多。但河水流动时的摩擦力也远大于

---

[①] 拜尔定律，即河流侵蚀定律。受地球自转影响，北半球河流右河床受到的侵蚀通常较严重，南半球则相反。

自由大气流动的摩擦力，因为河水会三面受限。考虑摩擦力的话，施密特估计地球自转的偏转力作用于大气时，会比作用于河流时大390倍。基于上述原因，他怀疑河流弯曲是受科里奥利力作用。为验证这个猜想，施密特设计了一个马达驱动的转盘。他在这个转盘上放置了一个平底大桶，里面装满了潮湿的沙子，沙面向一个方向倾斜。然后他把水慢慢地倒在某个位置的沙子上，并观察水流走向。根据实验结果，施密特声称，是旋转和侵蚀的共同作用导致水流向左急转，"这与一般假设恰好相反，甚至与某些亲眼观察到的结果相悖"[42]。

但埃克斯纳不相信这个实验结果。他在这个实验的基础上，用沙与淤泥的混合物设计了自己的方案。他制造了一个比施密特的模型更平缓的坡度，并在加水之前挖了一条直渠，在另一端加了一个排水口。埃克斯纳据此得到的结果更符合人们对自然河流的观察结果。他发现，旋转力将流水压向沟渠右侧，导致水面向右倾斜，且流速最快的部分不是中间而是右侧。更快的流速加剧了对右侧河床的侵蚀，所以河流才会向右弯曲。不过，在水流的某一点上，斜坡的重力位能会超过离心力，导致水流向左转弯并向下流。所以叠加的效果就是，在流量大时，河床会向右弯曲，再向左急弯。这既解释了施密特的观察结果，也解释了蕴含在拜尔定律当中的常识智慧。[43] 事实上，就在这个实验的前一年，爱因斯坦也发表了有关河曲的简明理论，与埃克斯纳的观察结果一致，但埃克斯纳显然并不知道这个巧合。[44] 今天，地球物理学家仍在争论河曲成因，但他们大多强调局部湍流与重力影响，而非地球自转力的作用。[45]

就像他对自然界中的沙丘和河曲的观察一样，这些实验让埃克斯纳认识到相关现象的复杂性。他感慨，实验结果对水流流量、土壤成分等条件非常敏感。但这不代表科学家要放弃实验，相反，复杂性意味着数学分析有局限性，而模型不可或缺。

埃克斯纳想找到大尺度与小尺度之间更确切的相似性。例如，为了比较实验室的结果与多瑙河的观测结果，我们必须比较转盘的旋转速度与地球在维也纳纬度上的自转速度。更贴近现实的模型还需要除沙子、淤泥以外的材料，其渗透性应当与天然河床一样。最后，埃克斯纳转向了量纲分析，以便比较实验室中的侵蚀效果和在自然界中观察到的效果。他简单假设了作用力的数学表达，得到了一个平均流速方程，既适用于实验室模型，也适用于实际河流，得到了合乎实际的相似性。[46]

施密特曾计划在他战前开展的冷空气入侵实验中用上这个转盘，但那时资源很紧张。相比之下，到 1926 年，普朗特已经建成了一个可以整体旋转的房间，房间被他的女儿们亲切地称为"旋转木马"[47]。这个房间呈圆柱状，宽 3 米，高 2 米。[48]普朗特在写给施密特的信中说："在我看来，你的实验跟我的实验并不是竞争关系。我乐意与你保持联络，同步这个领域里的任何实验结果，避免不必要的重复劳动。"一次，普朗特大方地提供了他的实验室设备，帮助施密特精确测定了一个表面有很多小洞的铜球的阻力系数，施密特想用它来研究湍流在产生空气阻力中的作用。至于普朗特，他直到那时才知道维也纳也在进行相关研究。他对埃克斯纳早先的转盘实验一无所知，直到施密特后来在回信中提到这些实验。[49]尽管如此，这位格丁根的工程师与维也纳的地球物理学家们也有一些相同的动机。施密特对普朗特抱怨："我们一直听到的是，风暴锋面源于这一不稳定层的瓦解，可在纯粹的拓扑学看来，这不可能发生。"普朗特在 1922 年德国物理学学会会议上也提出了这个疑问。[50]更为根本的是，普朗特与施密特、埃克斯纳和德凡特都有一种直觉：到当时为止的大气物理学都忽略了湍流的基本作用。施密特怀疑极锋的不稳定性是地球自转产生的湍流效应，这也是他要用转盘验证的假设之一。"你能看到实验形成了特定尺寸的涡旋系统，和我们在地球上看到的相似。"[51]

但问题还没解决：研究人员如何在比自由大气小得多的实验室里，模拟自由大气那么大规模的湍流呢？施密特和普朗特在私下交流时承认他们还没完全理解模型。施密特写道，需要进一步的实验来模拟大规模的环流，但他也担心实验室里无法复刻真实的湍流。"其实，巨大的困难在于我们必须按实际情况缩小湍流。过于纠结复杂的流量问题，分给尺度的关注就不够了。"[52]普朗特同意这个说法："在这些模拟大规模气流的实验中，我自然会关心尺度问题。哪怕目前只能在质上做到相似，我也心满意足了。"不过施密特没有就此放弃，他想找到一个标准，确保实验室模型与自由大气在质与量上都相似。他在 1932 年 4 月给普朗特的信中写道，他好奇自己"能否像你的实验一样，找到一个简单的准则复刻自由大气的湍流与层流。其实就是给我一直在思考的问题下个定论：自由大气能否表现被气象学家视为层流，而被物理学家视为湍流的过程（或者正好相反）"。施密特质疑了自由大气的湍流定义。他认为实验室物理学家的一贯标准不一定适用，而且在大气流动中，雷诺数有可能"完全是另一码事"。早在 1917 年，施密特就提出了在大气中发现"一种新的运动形式"的可能性，这种运动与实验室研究中已知的"湍流"有关，但并不与之完全相同。[53] 施密特和普朗特一致认为，想从实验室中得出有关自由大气的定量结论，必须确保异常强大的力量和极高的精度。事实上，普朗特计算过，任何实验室模型都需要 10 到 50 倍的重力力量，才能生成与地球大气相当的密度曲线。[54]

在 20 世纪 20 年代，像这样追求精准的大气动力学实验室模型，在中欧以外的地区几乎见不到。当时，军事和商业航空的发展刺激了对可靠天气预报的需求。大多数气象学家打算将锋面和气团的新概念应用于多少有点实用性的天气预报。刘易斯·弗莱·理查逊有一个著名的构想，即一个雇用了 6.4 万名工人的预报"工厂"。有意思的是，他在这个提议中添加了一幅轻蔑的漫画：一个"狂热分子"在地下室"观察一个巨大的旋转碗里的液态涡旋"。[55] 奥地利人热衷于模拟实验可不仅仅是怪诞行为，在某种程度上，这幅漫画是在批判急于将复杂的大气过程简化为分析方程的做法。

讽刺的是，大气模拟模型在 1950 年左右才开始引起国际前沿研究人员的注意，但这时首批数字计算机也问世了，可以实现大气动力学的定量模拟，于是模型模拟也显得过时了。1947 年，出生于瑞典的大气物理学家、芝加哥大学新成立的气象学系的系主任卡尔·古斯塔夫·罗斯贝开展了一系列大规模湍流混合实验。他于 1950 年离开芝加哥前往斯德哥尔摩，而他在芝加哥的几个同事和学生在之后几年里还在继续改进这些模型。[56] 他们发掘了埃克斯纳 20 世纪 20 年代发表的论文，并从中获得了启发。"O. R. 伍尔夫博士给我们介绍了埃克斯纳的转盘研究，我们决定重复并扩展埃克斯纳的实验，特别是要借鉴数据测量的方法。"[57] 到 20 世纪 50 年代初，麻省理工学院和剑桥大学都开展了类似的实验，实验结果得到包括爱德华·洛伦茨在内的理论界的关注。[58] 弗尔茨小组还细致爬梳了这种实验模式的历史，他们怀疑这类实验在气象学思想史上所起的作用比人们以为的要大。在他们看来，这对"科学史学家"来说是一个"极有趣且有价值的"议题。[59] 当然，那几年数值天气预报刚在普林斯顿起步，计算机前所未有的强大计算力很快就让模拟模型相形见绌。

今天，有关大气涡旋的实验室实验提醒我们，有些东西仅靠计算是不行的。气候的计算机模型已经复杂到令人惊讶的地步，甚至专家都无法直观理解其运作机制。因此，当今世界气候科学的领导者之一艾萨克·赫尔德（Isaac Held）提倡构建一个化繁为简的模型层次，生物学家也会通过研究较简单的生命体来了解更复杂的生命体。这样的话，模拟模型或许能发挥新作用。就像赫尔德提议的那样，"旋转和对流流体的实验室模型还是很有价值的，只是没有得到充分利用"[60]。


## 量化"交换"

1913 年，施密特已经开始设想用一种通用的数学方法来处理大气中的无序运动。[61] 他的目标是效仿上一代奥地利物理学家在热力学领域所做的工作，开辟流体动力学的新局面。路德维希·波兹曼、约瑟夫·斯特凡和弗朗茨·塞拉芬·埃克斯纳（费利克斯的叔叔）根据他们在气体动力学领域得到的成果，对无序中涌现秩序的现象做了统计描述。1916 年，施密特响应了共过事的前辈埃克斯纳的观点，他说："湍流活动有着随机且不可估量的特性——如果我们想将其拆解到最小尺度，这句话就是对的；但如果我们研究湍流效应的规律，这句话就不对了。"[62] 热力学的统计处理和施密特处理湍流的方法很相似，描述湍流气团交换的微分方程与气体动力学理论中热传导方程的形式相同。但湍流是比普通传导更有效混合较暖空气与较冷空气的方式。

1917 年，施密特给"交换"下了数学定义。[63] 这一概念基于亥姆霍兹和雷诺对湍流作用的认知：大气湍流同时在多个尺度上作用，无论是分子尺度上的运动，还是被我们称为风暴的气象尺度上的运动，抑或全球尺度上的环流。因此，必须有一种方法来测量较小的涡旋与较大的涡旋之间，经由无序运动相互转移的东西，测度它的质量和其他属性，例如动量、热能乃至悬浮在空气中的杂质等等。而且，即便不曾对其流动路径有过任何细致的了解，也可以进行测量。施密特进一步推断，测量将只取决于涡旋运动，而不取决于流体或气体的成分，也与被转移的东西无关。[64] 他根据没有平均垂直运动分力的流体与气体动量守恒的规律，直接推导得到交换系数（Austausch coefficient），即给定的横截面积下，从上层转移到下层的动量。用今天我们更熟悉的术语表述的话就是，交换系数与混合长度、密度和局部平均垂直运动速度的乘积成正比。在数学上，施密特的交换系数类似于动能气体理论中的扩散系数、传导系数和黏度系数，但它取决于气体的动态特性而非分子特性。因此，它会随大气条件的变化而变化，即所谓的风切变和热稳定性。[65] 根据施密特的测量，在平静条件下以及近地面的大气中，交换系数为 $1kg/m \cdot s$；在埃菲尔铁塔顶部，交换系数平均约为 $90kg/m \cdot s$；在北大西洋信风区上层，交换系数高达 $140kg/m \cdot s$。[66]

施密特的交换概念填补了他那个时代大气科学中的一个概念空白，很快就被推而广之，直到 20 世纪 30 年代还很流行，特别是在农业气候学和更广泛的"微观气候学"，以及大气湍流的经验测量当中。[67] 施密特和他的奥地利同事阿尔贝特·德凡特，英国同行 G. I. 泰勒、哈罗德·杰弗里一起被誉为大气湍流领域的研究先驱。施密特用交换概念加以解释的现象多得吓人，他一举综合了前半个世纪对大气（和海洋）湍流的大多数研究。评论家们称赞他涉猎广泛、善于综合、研究贡献有奠基价值。"几乎完全由威廉·施密特本人引入气象学的'交换'系列新概念，已经自证其几乎适用于这门学科的所有分支领域，所以这里向读者们介绍的普通气象学概念知识都是基础内容。"[68] 路德维希·普朗特说他"很高兴看到你（施密特）的研究已经有了清晰的成果"[69]。直到普朗特"混合长度"的概念流行起来，"交换"才逐渐让出在大气物理学湍流测量方法当中的地位。

交换概念一下子为研究开辟了两个方向。首先，研究垂直于地面的气流时，交换概念很实用。请注意，垂直运动是大气中较高的暖空气层与较低的冷空气层混合的方式。大气中一个区域交换系数偏低，意味着当地的气候更独立于整体大气条件。所以，交换系数是描述"局地气候"的重要工具。[70] 例如，山谷的交换系数小于山峰和山脊的交换系数，这也解释了山谷的昼夜温差和年温差为何更大。同理，林间空地的气候（低交换系数地带）也是"独立的"，而开阔地的气候（高交换系数地带）则是"依赖性的"。施密特一直青睐现象学的解释，他说一只猎狗嗅嗅地面，就会凭直觉知道哪里的交换系数最低。同理，低矮的植物与高大的植物生活在两个气候区，因为蒸发取决于大气混合程度，所以高大植物的蒸发速率会更高。因此，可以用交换系数表示对生物意义重大的气候特征。

1925 年，施密特出版了《自由大气中气团交换及相关现象》（*The Exchange of Mass in the Free Atmosphere and Related Phenomena*）。他认为这本书是一次"尝试"，"以一种更易懂的方式，将一个还在建设中的科学研究领域呈现给更多的读者"。他向很多应用科学家介绍了这本书，主要是气象学家、海洋学家、地理学家、物理学家、植物学家和农业学家。一位评论家也确曾判断说，这本书应该会激起"所有气象学、海洋学、气候学、大气电学，甚至植物学相关领域人士的兴趣"[71]。遵循"图文"传统，施密特不强调方程，而是用数值示例和量化结果表来呈现。在结论部分，施密特自得于他能展示大气湍流"形象的图像"。[72]

交换框架有很多实际运用。它可以让农民了解蒸发过程（正如施密特在 1916 年的研究中已经指出的那样），同时它可以让渔民了解浮游生物在海洋中的分布。交换系数还能预测人类活动（如森林砍伐和城市扩张）对当地气候的影响。这些问题已经在施密特的脑海中盘旋了几十年。早在 1905 年，他就测量了城市空气的"杂质"，参考的是艾特肯冷凝室所测得的灰尘颗粒的数量。[73] 他一直重点关注这些议题，直至 1936 年辞世，他当时刚写完一本以"人类环境"中的气候为主题的书，是和一位工业卫生专家合著的（见本书的结论章）。

不过，施密特没有把精力全花在交换系数的局地实际运用上，因为这个概念也适用于全球研究。施密特的兴趣从能量的垂直转移转到水平转移上，以便利用为研究局域现象开发的数学工具，去研究全球现象。交换框架可以量化赤道和极地之间的湍流交换。这样一来，它就可以计算出气候波动对地球的影响。[74] 早在 1917 年，施密特就推断，比起分子摩擦消耗的能量，经湍流、涡旋水平转移的能量是维持大气循环的一个更重要的因素。这是亥姆霍兹在 19 世纪 80 年代秉持的信念，但现在施密特用数学将其精确表述。施密特希望借此进一步理解"整个地球的能量与水资源"[75]。

## 大气环流

1921 年，几条跨尺度湍流能量交换研究的线索最终交织在一起，形成了大气研究活力四射的新图景。同年，阿尔贝特·德凡特第一次提出了基于大气动力学的气候变异理论。[76] 德凡特用上了哈布斯堡尺度缩放的全套工具，包括数学方法、实验方法和论证修辞，去研究他所称的"气候波动理论"，第一次将风暴等日常时空尺度上的现象视为大气环流的起因，描述了大气环流，而从前的理论家只把它们当作"局部扰动"，不予重视。

巧合的是，英国物理学家哈罗德·杰弗里在 5 年后也得出了同样的结论，但他用的是完全不同的方法。我们可以先看看杰弗里的方法，将其与德凡特的方法对照会很有启发性。杰弗里选择从第一原理出发推理。他首先基于地球大气层中给定的温度分布预测风，他的方程可以正确预测风力级数，但风向全都向东，与众所周知的南北半球的西风带相矛盾。他推断，自己在计算中忽略了摩擦。但仅靠摩擦是不会产生西风的。这次预测的教益在于：当压力分布对称并完全由其决定风向时，他的数学模型就失效了。这就是说，大气环流必须包含小的非地转因素。这个高度形式化的论证导向的结论是：维持整体大气环流系统唯一可能的压力分布，就是中纬度地区大型涡旋或气旋导致的压力分布。如果从这个新角度看，"既不能认为气旋代表了大气环流的不稳定性，也不能认为它是围绕稳定大气环流发生的振荡"。相反，气旋是中纬度地区大气环流唯一可能的形式。杰弗里的整个分析都是正规的、简洁的，抽象的数学论证导向了有力的结论。[77]

德凡特的方法则与众不同。他是南蒂罗尔人，曾在因斯布鲁克和维也纳接受教育，1919 年被任命为因斯布鲁克的宇宙物理学教授。他在处理大气环流时，借鉴了哈布斯堡研究人员在过去半个世纪中发展起来的一系列尺度缩放实践。他在专著导论中邀请读者把"地球看作一个整体"。肉体凡胎的观察者怎么可能看到大气循环的全貌呢？这样一幅全球范围、时间均匀的大气运动图会是什么样的？德凡特呼应了汉恩在《气象学教科书》里的观点，提出居住在热带的观察者更容易得出答案，其他地方只能在一个相当长的时间尺度上构建全球范围的环流图景。接着，德凡特像阿达尔贝特·施蒂弗特将大小尺度诗意并置一样，大胆而富有想象力地缩放了尺度。为了更直观地呈现，德凡特诉诸读者对湍流的生活体验。他想象"有一条宽阔的大河"，河水"不是流动，而是滚动着、旋转着、脉动着"。当时的读者可能会由此想到埃克斯纳和施密特对河曲的研究。对水流做均质处理，那么在一个给定的横截面上就会产生流速的有序分布，但这种分布"在现实中并不存在，它只是无序水流的抽象结果"。因此，时间均匀的半球气流有序环流图其实是一种虚构。现实情况又如何呢？[78]

德凡特接下来让读者想象一下"普通气流"。人们在日日吹拂的风中，很容易感知到小型涡旋或"躁动"。谁不会把这些小型涡旋效应归结为"微不足道的扰动"呢？但瓦格纳最近的研究表明，如果没有这种小型湍流，风型就会完全不同。[79]同理，以前对大环流的研究忽略了气旋和反气旋，只把它们当作"扰动"。当然，对人类来说，气旋太大、范围太广、持续时间太长，看起来不像是随机波动。但德凡特的计算结果告诉我们，气旋在空间与时间上的延续程度，与大气环流成一定比例，就像风特有的"躁动"的湍流运动与风本身成比例一样。研究人员低估了风的"躁动"，所以他们也没有认识到气旋的真正特征，"而这是因为它们对我们所处的纬度地区的天气影响实在太大，在人类体感的现实范围内，受扰动影响的区域太过广阔，时间太过漫长"[80]。科学家们重视人类尺度的现象，却忽略了小于或大于人类尺度的现象。

德凡特分析的另一个关键之处在于借用了施密特的交换概念。他提议用交换系数 A 来表述北半球中纬度地区大气湍流程度，该系数根据特定地点年平均值计算得到。德凡特自己推导出了水平交换（即从南向北的湍流）的交换系数，这需要估计相关参数。他将特征长度看作气旋和反气旋的平均直径，"这些都是无序运动中实际的扰动因素"，另外使用风速计数据来估计风速，以此推测动量通量，最终得到"中欧"地区的 A 为 $10^7$kg/m·s。然后，他根据埃克斯纳的比例论证对 A 进行了第二次计算。让我们回想埃克斯纳的河曲研究，他曾总结出一些条件，而在这些条件下可以认为两个密度相同的流体系统的湍流在几何上具有相似性。具体说来，一个规模较大、速度较快的流体也需要相应较大的黏性才能流动起来。这给计算中纬度环流的"实质"黏性（交换系数）提供了一种思路。已知一定速度的普通气流的涡旋规模的测度值，以及气旋直径，通过简单的比例论证就能得到中纬度地区的水平湍流 A，为 $10^7$kg/m·s。前文提到过，垂直湍流 A 即便在埃菲尔铁塔塔顶，也要比水平湍流 A 小上五个量级。水平湍流 A 是如此巨大，因此绝对不能否认湍流对赤道和极地间热量传输的关键作用。这就证实了亥姆霍兹很久以前凭直觉得到的一个原理：实际上，地球上的风速无法破纪录的原因不在于地表摩擦，而是大规模湍流产生的涡黏性。德凡特的结论是热带地区之外的大气环流"是目前为止我们所知最大规模的随机运动"[81]。

可见，德凡特的大气环流理论与杰弗里的理论基于不同的推导过程。杰弗里从数学论证开始，而德凡特则诉诸一系列生动的语言意象。杰弗里只分析整个地球的尺度，德凡特则让读者思考从微观到综观各尺度的现象。从气体分子运动到涡旋风，从狭窄管道中的水流到天然大河，德凡特告诉我们湍流会在各个尺度上作用于自然界。德凡特的方法论准则其实是尺度相对性原理，其中回荡的是哈布斯堡博物学家的精神和语言——从普尔基涅，到爱德华·修斯，再到德凡特的导师尤里乌斯·汉恩。德凡特告诉我们，如果只调用人类自身的感知能力看待世界，就太过天真了。

## 地球气候的稳定性

接着，德凡特又提出了一个杰弗里甚至从未思考过的问题：既然湍流在大气环流中如此重要，它对气候变化有何影响？这意味着德凡特想用交换框架评估局部气候扰动对整体大气环流状态的影响。全球气候到底有多稳定？

这个问题源自气候变化历史证据重要性的持久争论（见第九章）。虽然人们一般都同意，（用德凡特的话说）"地球的温度和压力呈现稳定状态"，但最近有研究表明，周期性和非周期性的气候波动的确存在。德凡特在维也纳的同事，气候学家爱德华·布鲁克纳对此进行了深入研究，德凡特在其结论中也引用了布鲁克纳 1890年的研究《自 1700 年以来的气候波动》。布鲁克纳根据历史文献确定了一个跨度为 35 年的冷暖周期，但他无法解释个中原因。詹姆斯·克罗尔将这种变化归因于天文因素，即地球围绕太阳公转的轨道形状，以及地轴倾斜角度的变化，再加上被称为"岁差现象"的地轴进动。[82]另一方面，继约翰·丁铎尔和斯万特·阿伦尼乌斯之后，德凡特认为，引起气候波动的原因至少有一部分要在"地球上"才能找到。他认为，波动可能源于局部扰动，而这种扰动又会使大气圈其他区域发生变化。那么，对于该扰动在大气中传播的方式，系数 A 能提供什么见解呢？

德凡特举了一个具体的例子。他假设热带地区存在一个为期 11 年的温度振荡周期（对应于观察到的太阳活动周期），这将对地球其他地区的气候产生什么影响？假设交换系数不变，德凡特计算预测，扰动会扩散到更高纬度地区，温度振荡周期不会有明显变化，但振幅会迅速下降，也伴有些许的相位延迟。这个说法存在一个问题，那就是根据观察，最剧烈的气候波动发生在中高纬度地区，而非热带地区。德凡特回答 A 不变这个假设不合理，从而解决了上述观点与现实的矛盾。他提出中纬度和高纬度地区温度的大幅波动应该与交换系数的大幅波动相关。于是他提议利用 A 将大气环流概念化，同时要根据时间变动调整 A，将其视作一个参数而非一个常量，这样就可能归纳出全面的"气候波动理论"。[83]

德凡特告诉我们，若纬度已知，就可将大气温度伴随时间推移的变动写成包含两个项的函数，其中一项取决于 A 的纬度变动，另一项取决于太阳辐射的强度和大气的辐射特性（德凡特将其定义为"发射系数"，他承认这个系数的值极不确定）。他据此认定气候波动可以大致归因于以下三个因素：太阳活动的变化、大气成分的变化，以及 A 所表示的赤道和极地之间动力交换程度的变化。德凡特把大气环流比作蒸汽机的调速器，他得出结论："在发生交换行为的较长时间间隔里，大气环流就像一个调节器。"但他也说事情不会这么简单，有地质学证据表明气候波动在地球早期更加显著。另外已经很清楚的是，"大气吸收率受制于其成分变化（例如，火山爆发引起的大气成分变化等等）"。自然，工业二氧化碳产生的温室效应也属于德凡特所说的"等等"。德凡特认为，如果大气成分的变化提高了"发射系数"，南北温度梯度会更明显，这会增进湍流交换，反过来促使热量分布更加均匀。尽管大气发射率和交换系数将继续升高，温度分布还是会回到原先的水平。德凡特推测大气层的吸收率最后也会恢复到较低的初始水平。就这样，更活跃的大气交换会把更多的热量带到两极，进而减缓赤道和两极之间的交换，概括来说就是地球会恢复到原始状态。同理，湍流也会作为一个"调节器"来维持大气环流的稳定。但德凡特承认两个关键因素存在不确定性：一是高纬度地区经历的气候波动的强度可能很低，二是系统平衡所需的时间可能很短——"就像历史上出现的小型气候波动一样，也有可能强度很大，时间很长，好比地质学发现的冰期中绵延数千年的气候波动"[84]。

因此，将大气环流视为一种湍流现象，对于解释地球气候的历史变异性意义非凡。德凡特就此确信，气候变化的至少一部分原因在于地球而非其他天体。可以说新的框架带来了一种显而易见的可能性，即大气成分的重大变化可能导致大规模、长时间的气候变异。但德凡特没有直接提到丁铎尔和阿伦尼乌斯给出的证据，即人类活动可以改变大气成分。于是，读者可能会有这样的印象：无论面对什么干扰因素，地球大气湍流都能自行恢复稳定。

实际上，德凡特的大气环流图景有"天赐"的意味，正是中纬度地区的大气湍流

向高纬度地区输送必要的熵，调节不同季节的温度平衡，以及高纬度地区的气温条件，人类、动物和植物才得以生存和繁衍。中纬度的大气湍流确保太阳辐射带来的热量在全球均匀分布，防止赤道地区的生命死于炎热，高纬度地区的生命死于严寒。在几乎到处都是奇迹的星球上，这也是最奇妙的自然现象之一。[85]

德凡特用这段话把自己的研究牢牢嵌入奥地利天主教自然神学传统之中，即把科学的注意力放在神圣计划最不起眼的地方。他的目标不是归纳出简洁的"基础方程"，而是绘制一幅"地球全景图"。他一开始就向读者许下此诺言，不过他却得出了模棱两可的结论。尽管德凡特让读者惊叹于地球系统的稳定，但他表明在一定条件下，地球也会经历深刻而漫长的气候变迁。德凡特提供了一个框架，原则上可以了解人类的干扰对地球的影响。

## 结论

20 世纪头 10 年里，大气科学已经变成了大气动力学。但这究

竟意味着什么，当时的人们还不清楚。在 1908 年《气象学报》刊登的一篇文章中，新上任的 ZAMG 所长威廉·特拉伯特坚持认为，"动力"已经成了大气科学家爱用的"流行词"，其因滥用而丧失了确切含义。[86] 19 世纪 70 年代末，"动力气象学"这个短语进入德语、法语和英语。虽然该用什么方法进行研究还有待商榷，但这个标签本身似乎没有问题：它表示要结合热力学和流体力学，用数学语言表述大气运动。相比之下，"动力气候学"这个短语在 20 年后才出现，而且一直未被明确界定。

第一个使用"动力气候学"的人是卑尔根气象学派①的领袖人物之一托尔·贝吉隆（Tor Bergeron），1929 年他在德国气象学会发表讲话时用了这个词。[87] 当时，气象学正在改革，想成为一门建立在物理原理上的数学科学，气候学家们感到自己落后了，于是贝吉隆谈到了气候学的"变革"。后来他在媒体上发表了这则演讲，标题是《动力气候学概要》，点明了贝吉隆提出的动力气候学领域的规范性主旨。贝吉隆一开始将动力气候学定义为流体力学和热力学在大气中的应用，但他也规定了动力气候学的研究方法，即确定自成一体的大气系统，描述其气流构成，并在大气环流中找到这些气流构成的起源。这一质性方法在二战期间十分流行，因为当时的数据统计处理因太慢而无法满足"作战需要"。不过，这一方法经常被称为"综观"法而非"动力学"法，且因为要主观判断"典型"条件而广受批评。[88] 贝吉隆后来选择只以锋面分析为例来表述动力

---

① 威廉·比耶克内斯等人 1917 年成立的学派，以流体动力学和热力学交互作用的数学模型定义大气运动。

气候学，进一步限定了动力气候学的含义。他让人感觉将动力学引入气候学，只是为了预测风暴。但贝吉隆的批评者也同样罔顾历史，例如莫斯科的谢尔盖·克洛莫夫（Sergey Chromow）企图证明海因里希·多弗早于卑尔根学派半个世纪就发明了动力气候学，因为"多弗的极地与赤道气流理论可被视为解释大规模气流构成的先驱"[89]，尽管多弗等人对这些过程的热力学与流体力学解释毫无头绪。20年过去了，地理学家还在尝试界定真正的动力气候学。世界气象组织的动力气候学小组用了两年时间就定义问题达成一致，但很快就被诟病混淆了动力学方法与综观方法。其实该小组的领导者也承认，"一开始我的确看到了真正的动力气候学的光芒，并理解了它的基本前提，但……后来就迷失了方向"[90]。

之所以难下定义，部分是因为在20世纪中叶，气候学和气象学地位悬殊，尤其是在美国。在那儿，人人都在关注数值天气预报。不过只要数值天气预报是为了长期预测，它就有可能被定义为"动力气候学"。但它的开发者却回避了"气候学"的标签，因为这个词太过老派，还让人联想到没头没脑的经验主义。用地理学博士肯尼斯·哈尔（Kenneth Hare）的话来说："叛国罪永远不会流行起来。为什么？因为它一旦流行，就没人敢说什么罪是叛国罪了。"用"气候学"代替"叛国罪"，足以说明问题。[91]目睹如此混乱的术语界定，我们终于能理解，为什么要花这么多年的时间去理解动力气候学的历史意义。

但术语论证分散了人们对20世纪头20年一项更重要的意义转变的关注，即"气候"本身意义的转变。那时，气候已经是一个适用于多个尺度的概念，可以描述区域，也能描述全球。早在1895年，根据弗拉迪米尔·柯本的定义，大气环流就标志着气候学向气象学靠拢的界限。[92]施密特、埃克斯纳、德凡特在展示如何用交换等气候学概念工具解释整体大气时，就表明了大气环流是气候学的研究对象。他们实际上赋予了"地球气候"（世界气候）概念以实质内容。有人可能会反对说，气候学一直都在研究大气环流，因为在热带地区之外，气候学处理的都是大气的时间均质状态。但是，只有在汉恩及其合作伙伴的共同努力下，这些研究才表明被均质处理的东西究竟是什么。正如动力气象学在1885年被定义为对大气平衡干扰因素的研究一样，1900年前后，奥地利帝国时期出现了被定义为"研究地球气候系统干扰因素"的动力气候学。到那时，才有可能研究局部气候变化的全球影响。气候已经成了一个多尺度的动力学概念。

这一转变的关键在于帝国-王国科学的"复现"技术，即动力气候学之所以兴起于奥地利帝国时期，乃归功于尺度缩放技术的创新——从地球大气的桌面模型，到半球湍流与常见风可感的"躁动"的类比。交换系数和有效位能的数学表述是物理学家的视觉技术与文学笔法（参见前几章），所有的努力都是为了在获得综合概览的同时，不埋没最小尺度上的特异性。对于汉恩小组的研究工作而言，气候学追求的还是汉恩所说的，复现大气现象"最栩栩如生的面貌"。所以我们才会在施密特、埃克斯纳和德凡特的著作中看到精彩的类比、诗意的描述和对直觉的诉求。文字和图像不仅是方程的图解，它们还带领我们进入复杂的领域，在这个领域里，仅凭分析已经不够，要靠身体直觉来把握规律。

# 第三部分

# 尺度缩放

# 第九章

# 森林–气候问题

西格蒙德·弗洛伊德用沼泽排水比喻文明进程的心理影响。本我（id）这个原始驱动力，如同一片尚未被人类双手征服的荒野。用自我（ego），即成熟的"我"取代本我，就如同将荒地辟为农田。弗洛伊德问道："但是，我们能否假设最初存在的东西，可以与后天衍生的东西并存？当然可以。"[1]他认为在精神世界里，本我以"诡异"（uncanny）的体验宣示其存在，这种"遭遇"可被视为本我沸腾的冲动。生态的类比有其意义，因为文明化进程对于人类心理和非人环境来说，都可能会产生意想不到的后果。在沼泽里，早于文明主宰沼泽的力量只是被平息了，并未被消除。突如其来的洪水淹没了曾经抽干沼泽开垦的土地，它们以"诡异"的方式宣告其存在。"一战"爆发以前，奥地利国内对文明的抵触情绪主要源于农耕对环境的破坏性影响。这种论述的一个特点，即记忆的争议性，想必会对弗洛伊德的胃口。居民对"原始土地"的记忆究竟准不准确？

弗洛伊德很可能从维也纳的同事弗里德里希·希莫尼于1878

年出版的广为流传的小册子中，读到一位德国北部林务官的如下证言：

> 我对你报道的水源情况深有感触。身为地方（曾经隶属于汉诺威王国）首任林务官，我用 25 年的时间穿梭在森林之中，山谷林木曾经茂密，如今却日渐稀疏……可以认为，水源状况必然发生了异常严重的变化……泉水和地下水曾足够栲木和山毛榉生长。[2]

气候变化的证据是记忆。每个生活在特定地区的人都能分享这些记忆，但记忆只能被表述而无法被测度，"曾经"这个词就可以唤起它。

但即便在那时，也有批评者发现人们对气候的记忆存在出入。后来在维也纳担任教授的爱德华·布鲁克纳观察发现，干旱的年代人们会说旱灾源于森林砍伐，但发洪水时，人们又说砍伐森林增加了降雨量。[3] 1905 年出版的《森林政治手册》谈到，直到 19 世纪中叶，人为气候变化的证据还依赖"历史对比"，即将人类干预与自然灾害或农业条件的普遍退化联系起来的局地观察。"这种今天还在误导人的思路有其固有的诱惑性，因为它和人们眼前的事实直接关联，有极其有力的证据支持公众意见。相比之下，公众却背负着艰巨的任务，也就是划分原因和影响，并排除主观印象导致的夸张结论与谬误。"作者进一步写道，涉及气候变化问题时，"公众舆论"容易出错。例如比较过往与现在的情况时，容易对以前轻描淡写，而且乐意把任何"负面的自然现象"归结于森林破坏的加速，哪怕这个时代森林得到相当成功的保护。[4] 另一位专家认为有关森林砍伐导致东南欧的喀斯特地区干涸的报道是"子虚乌有"："如今广为流传的报道——今天，大量来自伊松佐的瓦砾第一次被冲进平原；现在达尔马提亚的橄榄树不再像古罗马时期那般茂盛；土壤都被冲走了；过去雨水更多；森林水分稀少，导致晨露罕见；森林砍伐导致泉水干涸——都是人们在没有调查的情况下，口口相传的结果。"[5] 要么就像《新自由报》说的，"群众的意见的确很容易动摇，他们更愿意相信，而不是求实，因为前者要方便得多"[6]。19 世纪末，奥地利气候变化论争正处于 18 世纪的理性思辨，以及 19 世纪对易受摆布的公意的担忧之间。例如，《森林政治手册》绝非意在否定主观经验的意义，相反，它指出科学专家举出的气候变化证据"完全不令人惊讶，因为完全符合世人的感受与猜想"。[7] 人们不禁要问：那些与公共舆论相悖的证据还有什么存在空间？

这就是 19 世纪 70 年代的关键问题，当时一些大胆的科学家开始反驳森林砍伐有害气候的流行观点。哈布斯堡君主国晚期发生了一系列关于人为原因导致气候变化的辩论，21 世纪的读者乍听起来都会觉得很熟悉。当时的辩论也和现在的一样，都涉及科学的时空框架与集体记忆的时空框架的沟通。用本书的话来说，它们都是对尺度缩放的演练。

前文已经谈过，尺度缩放是一种真实的体验，与时空运动有关。但正如胡塞尔所观察到的，尺度缩放也是一个社会过程。"近"，一定程度上是某个共同体熟悉的东西，而"远"则对应外来的事物。我们对"远方"的了解往往更多来自其他人，而非第一手经验。[8]当我们思考跨时间维度的尺度缩放时，它的社会含义就会很明显，因为我们对过去（即在时间上而非空间上遥远的事物）的了解，通常要依靠别人的记忆。因此，尺度缩放过程一方面是科学家的工具，另一方面又与社区身份和集体记忆有关。

## 气候变化议题纷争

历史学家们在寻找现如今"人为因素导致气候变化"的观念源于何处时，提出源头应该是经久不衰的所谓"干旱理论"，即清除一个地区的植被会导致降雨量减少。这是一种典型的局域变化理论，而非全球变化理论。尽管直到 20 世纪，人们都认为森林砍伐是大气中二氧化碳水平上升的主要原因。理查德·格罗夫认为该理论的起源可以追溯到 16 世纪，当时出现了以欧洲帝国主义殖民拉丁美洲之后果为题的辩论。就像他和其他人所说的，人们努力想证明森林有益气候，借此批判欧洲殖民对原住民环境和社会的影响。该理论认为，从南太平洋岛屿到北美平原，干旱现象源于欧洲人与原住民有了往来。到 18 世纪，该理论已经说服很多人相信森林的气候效益。[9]这一理论引起了环境史学家的兴趣，认为它是生态意识丧失的标志，是拉丁美洲的一种生态反殖民主义，或者相反，认为它是欧洲帝国主义在亚洲和非洲合法化的一种手段。[10]但除少数例外，这类研究在思考干旱理论的意义时，大多忽略了这一事实：

与其说这是一个理论，不如将它看作一个问题。

事实上，在 19 世纪和 20 世纪的中欧和东欧大部分地区，所谓的干旱或干燥被称为"Wald-Klima-Frage"（或其他语言的对应词），即森林–气候问题。一位林业学家在 1901 年说过："从前和以后，都很少有一个问题会像森林–气候问题那样，被人们毫无保留地从多个方面讨论及解决。"[11] 戴维·穆恩（David Moon）记录了俄国全境就林地带来的气候效益展开的激烈辩论。[12] 为什么地球上的这个地区尤其关注这个问题？地面条件是一部分原因。与西欧相比，中欧和东欧的大部分地区容易出现干旱现象和极端气温。此外，奥地利和俄国中心地区的森林覆盖率都比周边地区高；因此，俄国官员对俄国南部和中亚的草原印象深刻，而奥地利的官员对巴尔干地区的喀斯特地貌和匈牙利大草原也有同样的感受。

在奥地利，维也纳的帝国议会、地方议会和新闻界（尤其是日益重要的林业和农业报纸），都热烈开展有关"人为气候变化"的辩论。它们不光是专家论坛，"数不尽的乡野百姓也不厌其烦地公开表达自己的观点，分享自己的经验"[13]。维也纳自由派日报《新自由报》在 1879 年刊写："没有哪个问题能像一个地区的森林覆盖率对该地气候和水源的影响那样，频繁引发众人争论，时而还很激烈。"[14] 爱德华·布鲁克纳是效忠于奥地利政府的科学家之一，在这个问题上有很大贡献，他形容人们为此吵得不可开交。[15]

"森林–气候问题"的提法促使人们把它和当时其他热点话题进行比较，如"妇女问题"或"犹太人问题"。历史学家霍利·凯斯（Holly Case）提出，这种说法是一种策略，可以将一个地方性的社会问题提升为刚出现不久的国际公共领域的辩论问题。[16] 凯斯的说法启示我们，作为历史学家必须关注尺度政治，它事关地方、帝国或国际治理的权威。普通公民努力想解决这个问题时，其实就在调和地方性自然、社会环境的尺度框架，与动力气候学的尺度框架。于是，公共话语出现了明显的转变。非科学人士第一次把气候看作地球尺度的动力系统，而不仅仅是局部环境特征。

## 森林政策

哈布斯堡君主国和 19 世纪其他欧洲国家一样，遵循 18 世纪"警察国家"的干预主义传统拟定森林政策，反对逐渐兴起的私有财产原则。自 1848 年废奴以来，森林使用权在奥地利一直是一个特别令人紧张的问题。废奴方案剥夺了农民对其领主的森林和牧场的使用权。结果，土地所有者说"木材被盗"的次数增加了，哪怕农民认为自己只是拿走了本该属于他们的东西。在 19 世纪上半叶，1805 年，下奥地利的玛利亚布吕恩建立了林业学院，此后第一批帝国林业学院相继成立。本着 18 世纪的绝对主义精神，这些机构意在将林务人员培养成忠诚的国家公务员，而非研究人员。1848 年后，崛起的职业林务官阶层指责农民在森林中非法放牧，并肆意砍伐树木。他们指出木材短缺日益严重，并以此作为证据，尽管历史学家已经发现这一说法没有根据。[17] 林务官还坚持认为林地提供了一系列的公共利益：增加降雨量，调节温度，为周遭挡风，防止洪水、雪崩、落石和水土流失发生。19世纪的林务官援引中世纪的禁林（即受保护的森林）传统，呼吁国家健全法律保护森林。[18]

1852年，第一部适用于全帝国的森林保护法颁布，赋予国家出于"公共利益"干预私人森林的权力。这部法律背后的意图有待商榷。在某种程度上，1848年和1851年的大洪水可能促成了森林保护行动，为的是将其作为防洪区。不过，历史学家指出，这部法律的目的在于保护森林的生产性，以图工业发展，而大部分工业产业那时还归国有，所以它似乎更倾向于利用森林而非保护森林。[19]虽然该法律在君主国时期一直有效，但很少被执行。

到19世纪70年代，林务官协会鼓动政府采取更有力的干预措施，可能是受到法国的启发。拿破仑三世领导的法兰西第二帝国在1860年颁布了一项关于"山区重新造林"的法律，抗击法国南部的大洪水。安托万·贝可勒尔（Antoine Becquerel）等知名科学家证明森林对气候有益，从而为这一政策提供了权威支持。[20]后来奥地利官员到访法国，调研这些措施的实施情况。[21]此后，森林-气候问题就频频登上《奥地利气象学会学报》，不过面向普通读者的森林-气候问题出版物还很少。[22]

接着，1872年，波希米亚西部暴发了大洪灾，人们猜测是森林砍伐让这里的气候变得脆弱。波希米亚的林务官认为，森林衰退是旱灾与洪灾交替频发的罪魁祸首。植物学家埃马努埃尔·普尔基涅在关于洪水损失的调研报告中，试图反驳关于森林破坏导致降雨量减少的猜测。[23]随后，波希米亚议会提出植树造林的法案，但最终没有通过。

尽管如此，森林-气候问题仍在发酵，并成为大众媒体经常讨论的话题。1873 年，世界博览会在维也纳召开的同年，在第一届国际农业和林业专家大会上，这个话题又被提起。虽然讨论只是浮于表面，但大会的确倡导建立国际观测系统，以研究森林对气候的影响。同时，在展览大厅里，公众可以仔细研究普鲁士、巴伐利亚和波希米亚的森林-气候学测量成果。[24] 随着议题关注度上升，帝国政府开始考虑转变方向。1873 年，帝国政府发布法令，宣布对帝国全境的林业管理进行重组，将国家森林的监督权交给农业部，5 年后又起草了新的帝国森林法，但从未正式颁行。[25]

1881 年，大洪水袭击了阿尔卑斯山地区，森林-气候问题又引起新一轮关注。这场洪灾造成大约 51 人丧生，虽然少于 1872 年波希米亚洪灾，但正如一位林业历史学家所言，这场悲剧促使维也纳做出前所未有的反应，帝国政府第一次发挥了人道主义力量。[26] 政府利用铁路和电报网络，还有新整合的专业科学家网络进行救灾。灾难发生后，国家委托蒂罗尔和卡林西亚的科学专家调查被淹地区，确定导致洪灾的决定性因素到底是降雨异常还是过度砍伐。

没想到，很多大型林场的所有者都支持进一步保护森林。1848 年，大型林场的所有者抵制国家干预森林管理。但从那以后，社会经济条件发生了很大变化。何种政策才最符合这一精英阶层的利益？已经说不清楚了。许多地主开始觉得更强硬的森林法对他们有利，可能是希望借此甩脱农民对森林使用的传统权利要求，以便从更高的木材价格中获利，并为发展家族制造业而开发森林。[27] 在 1883 年澳大利亚林业协会的一次戏剧性会议上，卡尔·冯·施瓦岑贝格亲王呼吁大地主拥护比 1852 年更强硬的新森林法。他利用大地主对木材投机者和无产阶级壮大的恐惧提出，更严格的国家保护只会损害小地主的利益。一旦中农被迫出售土地，大地主就可以自由地以低价购进。更妙的是，大地主们可以防止这些土地落入资本家手中。于是森林被保护起来，农民也不会无产阶级化。施瓦岑贝格含蓄地用反犹口吻说道，大地主"有能力与大资本家进行斗争"，因此"要购进小块土地，防止农场被大规模'侵吞'（他用的词是 Güterschächterei，暗指犹太人的仪式宰杀）"[28]。施瓦岑贝格促成大地主和林务官的结盟，后两者齐心反对小地主。

因此，在 19 世纪的最后 25 年，帝国议会要审议一系列加强森林保护的提案。议会辩论中，不断有当选代表主张森林对周围气候有益。加利西亚贵族斯坦尼斯瓦夫·米洛斯洛夫斯基（Stanisław Mieroszowski）表示，森林是气候的"调节器"，因为它"让冬天不至于酷寒，夏天不至于酷热；吸收大量降水，将水分涵养于地下，再将其输送回小溪与河流中，夏天尤其如是"[29]。有时，人们倒也会用森林有益气候的"事实"批评贵族和他们使用土地的方式。例如一位自称加利西亚农民的议员指责大地主的"掠夺式经济"（Devastationswirtschaft），它导致木材短缺，而且"曾经装点我们的土地，保护土地不受狂风侵袭的整片森林，都是这种野蛮经济的受害者。（同意。）毋庸赘言，这是气候最大的不幸"[30]。问题似乎已有定论，那就是为了保住适于农耕的良好气候，必须以公共利益为名保护森林。

## 法律困境

然而，这些主张的自信口吻掩盖了眼前问题的复杂性。作为一个立法问题，重要的不只是森林是否改变了其周遭气候，而是受影响的范围有多大。确定影响的空间范围十分关键，因为帝国的森林立法有含糊不清的成分。1852 年的森林保护法允许国家出于保护"公共利益"的必要性，干预私有森林。但人们如何才能知道"公共利益"被威胁了？如何界定公众及公共利益？1883 年 3 月的法律也是一样，它要求在蒂罗尔进行防洪保护，并将责任划分给帝国政府、地方政府及相关各方。但是，谁是受所谓的森林砍伐导致气候变化的影响的相关各方？地位最为显赫的奥地利森林政策史学家表示，麻烦就是"'相关各方'这个概念没有得到明确界定"[31]。

法律学者和政策制定者们渐渐明白，很难界定清楚受任何特定林地开垦行为影响的公众。1898 年出版的奥地利农业政策史著作的一名作者表示，"我们的确没有对什么算作'公共利益'进行更确切的说明"，也不知道如何去衡量砍伐森林的气候影响。[32] 1884 年，农业部承认之前的用词模棱两可，倡导专家"用最严格的方式"调查森林砍伐对"农业整体情况"的影响。林业专家需要确定"从气候和大气角度（考虑），森林砍伐大概会给受影响的省份或地区的农耕造成什么负面影响"[33]。

人们渐渐认识到这些表述的模棱两可，证明环保思想的确在转变。让我们看看奥地利自由派和林业专家的辩论用词。许多自由派人士认为，森林的确是一种"公共物品"，但这不是说它需要被保护。[34] 相反，这意味着每个人都应按照自己认为适合的方式，不受限制地自由使用森林，仅受市场调节。自由主义者主张，森林应该像空气一样可以自由使用。林业专家反对这种比较，因为砍伐森林会破坏局地气候。他们认为，不能像对待空气那样对待森林，允许所有人无限制地使用，因为森林是一种有限且脆弱的资源，而"空气是一种无法被滥用，也无法被随意污染的公共物品"。[35] 实际上，大卫·李嘉图曾认为，不能给空气、水或气压标价，因为这些资源用之不竭，无须在保护和使用之间二选一。[36] 空气与森林的区别似乎不言而喻：森林是一种有限的资源，而空气则不是。具有讽刺意味的是，19 世纪 70 年代的林业专家在认为砍伐森林会威胁到空气的同时，还坚持认为有限的森林与无限的空气不同。可以说，他们这样想，是因为他们完全无法想象，像大气这样不受约束的东西怎么会受到某地人类行为的影响。

人们需要一个框架，用于评估大气受森林砍伐威胁的范围。让我们思考一下，这可能会涉及哪些尺度：有植物蒸腾的微观尺度，有风穿过或越过森林树冠的中观尺度，有全球大气环流的宏观尺度。原则上，气候受影响的规模将决定由奥地利的哪一级政府来负责森林保护（是市政当局、王国的议会，还是维也纳的帝国行政部门），或者决定这是不是私人事务。问题变成了：森林在多大程度上能够超出自身边界，改变周围的大气条件（又会波及多远的未来）？这个法律问题促成了一项森林气候学的研究计划。

## 研究计划的提出

直到 19 世纪 70 年代，关于森林对气候的影响的少量科学文献几乎完全基于逸事和猜测。这些文献一般都笼统定义"森林"，不区分不同类型的森林和不同的地理条件。最常被引用的参考文献可以上溯到 19 世纪 20 年代和 30 年代，最突出的贡献来自法国军官兼业余博物学家亚历山大·莫罗·德·约翰内斯（Alexandre Moreau de Jonnès）。他基于比较地理学提出，良好气候所需的林地不用太多也不能太少。[37] 1831 年在奥地利，玛利亚布吕恩林业学院的助理教授戈特利布·冯·佐特（Gottlieb von Zötl）提出，森林可以阻挡风，吸收阳光来降低周围温度。[38] 其他人也重复了佐特的说法，但没有齐心合力进行经验验证。类似的文献有写给林业学生的农业气象学教科书，它们往往是对气象学的整体概述，为了方便阅读会简化内容，不会有针对性地讨论与农业有关的现象。[39] 1853年维也纳某家农业报纸上的某篇文章，感慨了这类缺憾："为什么我们在评估局地气候时经常会犯错？不过是因为长期以来，农民和林业人员都没有记下足够多的对气候的观察。"[40] 1869 年，汉恩在《奥地利气象学会学报》第三期中谈到了森林-气候问题，他承认农民还是可以借着询问开垦森林会否改变降雨模式、导致收成不利使气候学家"难堪"。目前，气候学家"无法提供准确的解释来回应这有理有据的忧虑"[41]。

1873 年，恩斯特·埃伯迈耶（Ernst Ebermayer）发表了在巴伐利亚所做的森林实验的初步结果，为森林-气候问题打开了新局面。[42] 3 年后（即 1876 年），在布达佩斯举行的国际统计大会上，科学家们审议了一项提案，该提案建议针对森林-气候问题开展国际合作研究。该提案由约瑟夫·罗曼·洛伦茨·冯·利伯瑙提交，他在 3 年前被任命为维也纳新成立的农业部的顾问。他在萨尔茨堡、阜姆和维也纳任职期间，就各类自然环境发表了一系列文章，涉及上奥地利的荒野、亚得里亚海沿岸和多瑙河流域等，已经赢得了作为"帝国-王国科学家"（君主国广阔领土的专家）的发言权。在农业气象学方面，洛伦茨在大会上制订了一个雄心勃勃的研究计划，好收集与农业有关的气象数据。但是，谁来负责生产这些数据呢？洛伦茨希望能说服他的国际听众同意，由气象机构来承担这个责任。[43] 他希望能从国际同行那里了解到，国家气象机构是否准备承担农业气象学和气候学的研究，或者这些研究的成果在"必要时"是否会被交给农业部门。[44]

洛伦茨私下报告说，在布达佩斯，与会者只不过初步讨论了他的提议。"相关讨论十分仓促，敷衍了事，这类会议上的讨论几乎都是这样。人们总想在规定时间里完成任务，因为马上又要开始庆祝活动了。这类会议的价值不在于人们在会上完成了什么，而在于它所激发的准备工作，这些工作有持久的价值，甚至会产生重要的提议。"[45] 尽管如此，大会还是颁布了一项简短的决议，呼吁"各国政府"建立农业气象观测站，负责天气预测、物候观测，以及研究森林砍伐和植树造林对气候的影响。[46]

1876 年在爱森纳赫举行的德国林务官协会会议的与会者对森林-气候问题缺乏兴趣，但他们不会因此像统计学家那样被指摘。

洛伦茨在这次大会上是有备而来，打算围绕八个科学命题，"不受拘束"地讨论这个问题。在这个国际舞台上，洛伦茨提出了一个尺度上的策略转变。"为了正确理解水循环，有必要认识到，地球及大气共享固定存量的水资源，但水循环在不同时间、不同地点的分配非常不均衡。"他接着指出，现有研究已经证明，森林在其边界内对气候有影响，但对于"森林范围之外较近或较远距离的气候影响"，还没有定论。[47]关键的问题是，气候影响的空间与时间范围取决于森林类型及其地理位置。洛伦茨强调，森林对其周围环境的任何气候影响都必须是动态的。如果像以前的林务官那样，认为森林的影响"显而易见，就像冰窖里寒冷、烤箱上暖和的道理一样简单"，是行不通的。[48]森林的影响只能从动态的角度，用气流经过森林时发生的偏转与改变加以解释。洛伦茨认为，这个问题不仅要在局部范围内分析，而且要从地球水资源存量的角度分析，他提出任何局部效应都要和全球模型保持一致。他向林务官引介了思考气候的新方式，即 ZAMG 正在发展的动力气候学的观点。

但让洛伦茨沮丧的是，林务官不想用动力气候学的术语来讨论这个问题。正如一家德国报纸所描述的，"讨论并没有朝着精确研究的方向开展，而是在举重复的例子，而且这些例子几乎都不适合拿来讨论这个问题"[49]。时间紧迫，大会只得出这个结论：聚在这里的林务官，没有几人能理解洛伦茨。洛伦茨所取得的成果是大会通过了一项决议，即日后进一步讨论这个问题。出师不利后，他写信给同事说，林务官或许至少能承认，他们给森林砍伐定下的罪"还是缺乏确切证据"[50]。要不是因为洛伦茨说对了，当时的证据还不确切，且没有达成科学共识，那么放到今天，我们很容易会觉得他是个气候怀疑论者，或是兜售怀疑论的人。

玛利亚布吕恩林业学院的院长约瑟夫·韦塞利（他一直担任学院院长，直到 1875 年学院迁到维也纳）说："大会上全在胡扯。"当时韦塞利已经 60 岁了，他和洛伦茨都在很多地方工作过，从南蒂罗尔到卡尔尼奥拉，再到摩拉维亚，甚至是巴纳特，因此有机会积累每个地区森林的专业知识。国家在 19 世纪 60 年代开始自由化转型，韦塞利也随即主张扩大奥地利的木材出口。为此，他想让公众了解"奥地利的木材宝库"在每一个王国的性质和分布情况。根据观察和计算，韦塞利声称，奥地利拥有"太多尚未投资的森林资本"，"任何时候都能砍伐且无损其可持续性发展"。因此，他认为森林砍伐会影响气候的呼声会威胁奥地利林业，而且他因林务官讨论这个问题时并不科学而丧失耐心。他参加 1877 年林业大会后私下写了一份报告，说林务官对"查明真相"不感兴趣，他们只想给"与生俱来的偏见披上理性判断的外衣"。[51] 随后的讨论基本是"彻头彻尾的胡言乱语"。韦塞利私下还侮辱其对手，对手中有一个"大骗子"，有一个"愁眉苦脸的骑士"，还有一个"唯利是图的人"。对于其中一个，他写道，说不准他是"耶稣会士、学者，还是马屁精"。在韦塞利看来，很明显没有人费心去读他的提案，因为他们没有带着小册子，如此就不可能在辩论期间阅读它。韦塞利感觉自己被反智文化排挤了，"长时间以来，我忍受仇恨、诽谤、愤怒和迫害等多重攻击，在我看来这完全不应该。甚至连我自己都经常想扇自己巴掌，因为我是一个可悲的奥地利人，且没有动用权力移民国外，在那些地方，敢于偏移正统路线的人，不会像在我们的祖国（这片所谓的蓝色多瑙河的土地上）这样受到如此欺凌"[52]。

## 到公众中去

尽管如此，洛伦茨还是坚持了下来。他在 1878 年出版了《森林、气候和水文》（*Forest, Climate, and Water*）一书，把有关森林-气候问题的动力学观点传播给了德语区公众。一位美国作家称这本书是"最知名的科学调查者关于森林对气候的影响的最佳通俗讨论"[53]。它是《自然之力：自然科普图书馆》（*Forces of Nature: A Natural-Scientific Popular Library*）当中的一卷[54]，售价低廉，还在妇女杂志等刊物上宣传。在这本广为流传的书中，洛伦茨教导读者要根据环境因素可能影响气候的空间尺度来区分它们。

他用"修改因子"（Modificatoren）一词来表示"太阳气候发生重大改变"的条件，这些因子"横跨多个尺度，有的即便不会彻底改变地球大部分地区的气候，也会产生非常明显的影响，但有的因子只能影响一小片区域，甚或更加狭小的地方"。他认为，区分三种尺度的修改因子"就可以正确解释气候现象"。首先是"全球尺度"的因子，例如大陆和海洋的形状以及主要洋流；其次是地形、地势、水文和植被；但最重要的是，洛伦茨发现，上述这些因素也是更小尺度的修改因子。如何划分尺度全取决于"判断者的立场。一个小村庄，一小块单独的林地，乃至一亩花园或耕地，都有特定的地形、地势、水文与植被分布，和一个国家是一样的"。换言之，观察的角度才决定尺度。

在《森林、气候和水文》的最后一章，洛伦茨谈到了动力气候学对立法的影响。在他看来，要避免两个可能出现的极端情况：不能完全禁止伐木，也不能任凭自由市场摆布。不能把世界截然划分为"朋友"或"敌人"。相反，立法者应该遵循的原则是，只有在需要维护公共利益时才进行干预。"因此，首先要认识到，在哪些情况下，在哪些方面，森林会影响公共利益或特定毗邻区域的利益。"他承认，这种"影响"无法确定，但我们可以进一步区分出于经济必要性伐木的情况，和其他可以避免伐木的情况，只要估计气候的影响范围就好，因为"森林的影响范围有很强的可变性"。他认为鉴于目前的人口增长率，全面阻止中欧农田和牧场扩张完全不可行。"出于人类生存的考虑（当然整个问题和立法动议都是基于人类的利益），农业和畜牧业的扩张势不可当。"[55] 这是洛伦茨的核心立场，即如果法律要服务于公共利益，就要权衡森林保护的利益和公众对经济发展的诉求。

但判断任何个案，都先要判断森林对气候的影响范围。所以洛伦茨给读者介绍了几个"不同尺度的"例子，来思考"立法与执法上可能的情况"。如果风向表明，砍伐森林会有跨国影响，那么有效的法律只能由国际机构制定，保护鸟类运动就是这样。而如果是砍伐一小块森林，那一般就是国内行为。能生活在森林附近是幸运的，但森林的邻居们也无权要求继续享受森林带来的好处。但如果砍伐森林导致邻居的土地不再肥沃，就是另一回事了，这时有必要考虑后代的利益和他们的生计。因此，是否允许砍伐森林需要逐案判断，并预测气候影响的规模。如果不允许开垦，森林所有者将得到"相关"行政机构的补贴，可能是市、区政府，也可能是王国当局。[56]

评论家们显然抓住了这一点。自由派的《新自由报》和《维也纳农业报》赞赏洛伦茨对"流行"意见的纠正。两位评论家都称赞洛伦茨的书是"大众"或"非专业"读物的典范，指导读者使用科学框架来得出他们自己的实用结论。二人进一步称赞洛伦茨对影响范围所做的现实评估，说洛伦茨驳斥了常见的夸张言论。"作者一方面纠正了夸大毁林后果的流行表述，将森林砍伐的影响范围缩减到适当范围内，另一方面毫不否认证明森林对气候有影响的有理有据案例的重要性。"[57]同样，《维也纳农业报》也承认，洛伦茨在评估诸多实际因素的相对重要性方面，的确具有权威性。"无论是谁，想原创性地适切阐明森林、气候和水文之间的关系，就必须钻研诸多自然力量的相互作用，拥有判断自然现象的能力，而迄今为止，能做到这些的人非常少。"[58]这段话表明，洛伦茨已经赢得了一种新的权威，这是缩放尺度分析不同范围现象的权威。

在这场公开辩论中，洛伦茨成功扩大了气候概念。19世纪中期的人为气候变化理论使用的是局域气候，即将气候视为地方属性，这个空间比局地要大，但比半球要小。正因为气候的定义相对狭隘，人们才会认为皆伐①应该由帝国政府主导才对。而到了19世纪

---

① 林业和伐木业采取的一种方法，即砍伐一个区域内大部分或全部林木。

70 年代，一旦有了法律分析的诉求，明确界定森林本不确切的气候影响范围，就变得重要起来。多民族国家中并行的各个权威机构，开始对不同尺度的大气现象进行实证调研。当然，调查资源取决于多民族国家的结构。首先，调研得以开展多亏帝国政府协调对多种生态系统的研究，其次，帝国－王国科学家队伍也贡献很大，他们受到的训练使他们能够跨越地方进行综合与比较。像洛伦茨这样的帝国－王国科学家已经在科学生涯中磨炼出多尺度分析的系统性能力，即针对任一观察尺度，都能确定哪些要素需要精确计算，哪些可以取近似结果或是忽略不计。这就是今天大气物理学家所说的尺度分析，而它现在还是大气物理学家研究的重要工具。

## 波希米亚森林里的仙人掌

到目前为止，我们主要利用公共记录材料（包括议会辩论记录、报纸、会议记录、科学期刊）编织出了森林－气候问题的历史。现在让我们进入布拉格的一个档案馆，这里有一批重要的书信，可以媲美 2009 年"气候门"丑闻① 曝光的气候科学家往来的电子邮件。换言之，这些信件让我们看到在公开辩论的幕后，科学家面对公众攻击采取了什么策略，它们揭开了哈布斯堡尺度政治的另一

---

① 2009 年 11 月，在英国，隶属东安格里亚大学的气候研究小组的计算机被黑客入侵，有关温室效应研究的一系列电子邮件被公开。邮件显示，有科学家伪造数据来支持人为气候变化的说法。

角，即帝国-王国科学家群体的形成过程。

这些信件的主人，是一个几乎没在公共记录里留下痕迹的人。只有最仔细的议会辩论记录的读者才会认出他的名字，他就是埃马努埃尔·普尔基涅（见图 32），J. E. 普尔基涅的长子。老普尔基涅是一位生理学家，被冠为捷克"文化觉醒"的奠基人之一。那是一场开展于 19 世纪初的大众启蒙运动，改良了捷克语，发展了捷克民族历史、文化和福利的学术研究。埃马努埃尔的母亲是柏林一位生理学和解剖学教授的女儿。埃马努埃尔在布雷斯劳（弗罗茨瓦夫的旧称）长大，他的父亲曾在那里教生理学。埃马努埃尔 19 岁时，老普尔基涅获得了布拉格大学的教职，一家人搬到波希米亚生活。在布雷斯劳，埃马努埃尔·普尔基涅接触了世界主义、人文主义、泛斯拉夫爱国主义，这些都是他的父亲在整个职业生涯中孜孜以求的。[59] 在父亲的指导下，埃马努埃尔接受了植物生理学家的训练，后来尤里乌斯·萨克斯（Julius Sachs）和拉吉斯拉夫·切拉科夫斯基也加入进来，他们都是埃马努埃尔父亲的科学同事的遗孤。搬到布拉格后，埃马努埃尔因为人文学科素养不足，被迫又上了两年中学才进入大学。[60]

图 32 埃马努埃尔·普尔基涅（1831—1882）

1855 年，他当上了波希米亚魏斯瓦瑟林业学院的自然科学教授，这个学院当年是大地主们提倡成立的。[61] 它是当时哈布斯堡境内仅有的四所林业院校之一，其他三所分别位于下奥地利、摩拉维亚和斯洛伐克中部。埃马努埃尔·普尔基涅或许有幸得到了学术职位，但他在林业学院里，就像仙人掌长在松树林里一样格格不入。

埃马努埃尔·普尔基涅的学术志趣在于植物生理学和地理学，而非林学。他真正感兴趣的是植物解剖学的显微研究，但他也多次被要求调研其他波希米亚公众更关注的议题。他也给 19 世纪 50 年代捷克蓬勃发展的植物地理学做出了很大贡献，其研究主要以捷克语发表，经常见于他父亲主办的杂志《生活》上。他的早期工作包括，研究泥炭沼泽中的植被对一系列复杂的环境条件的依赖性，以及某树种扩散的有利条件。[62] 他还受波希米亚国家博物馆的委托，编制了一份波希米亚植物群的目录，并在 10 多年里应布拉格的捷克国家博物馆邀请，调查了农作物产量存在地区差异的原因。[63] 而正是在这项研究中，普尔基涅开始怀疑当时的森林-气候测量并不可靠。

为了探索这个问题，普尔基涅从 1857 年开始，在波希米亚国家博物馆的花园和城市郊区，进行了可能是世界上最早的系统性微观气候学研究。他考虑到不同的地理条件，在不同地面高度，不同土壤深度里，阴凉处和日晒处都安装了温度计，首度研究了大气圈最底部的气候，即近地面的气候。

普尔基涅说道："我发现在一个有限的范围内，可以找到许多相邻的气候。"[64] 作为一名植物学家和生理学家，普尔基涅深知这些测量很重要，因为是气候条件让生命存续。他实际建立了微气候学这个子领域，并将其应用于农业和人类健康，比德国和俄国的研究人员早了几十年——早于埃伯迈耶 1866 年在巴伐利亚开始的森林气象观测；早于沃伊科夫和道库恰耶夫 19 世纪 80 年代在俄国大草原的农业气候学研究；比鲁道夫·盖格尔（Rudolf Geiger）在 20 世纪早期的知名研究早得多。[65]

我们大可以说，普尔基涅遵循他父亲的指令：认识到人类尺度的相对性。在《生活》创刊号上，其父写道，人类的需求不能成为衡量"无限自然"的唯一标准。对年轻的普尔基涅来说，这一准则意味着，去批判那些在便于人类活动的空间尺度上不假思索的观察。在科学家碰巧居住的地方，把温度计摆在人眼所及的高度，得到的观察不能作为判别气候长期稳定性或可变性的证据，因为在不同尺度上，气候会有不同程度的变异性。

普尔基涅特别注意到，因为测量仪器处在不同气流之中，所测得的温度和降雨量也会发生动态变化，这取决于自然和建筑环境以及仪器距地面的高度。如果把仪器放在风中（例如放在高山或塔楼上），得到的降水量观测值可能会大大减少。例如，普尔基涅发现，布雷斯劳大学院子里的雨量计测量的一系列降雨量，与大学塔楼高度上测量得到的降雨量之间存在巨大差异。因此，他批判道，根据布拉格气象观测站的降雨量数据，比较森林和城市的气候是无效的，因为那里的大风"人为"地减少了数值。[66]进一步，普尔基涅认为，为解决森林-气候问题而收集的数据实际上没什么作用。他的微观气候学观点表明，截至当时，被用作证明森林能增加降水的观测结果都不可靠。

总而言之，普尔基涅开始看到，气候现象在不同时空尺度上是相互依存的。"局地气候"往往只会在风力较低、气流不大混合的情况下被短暂地识别出来，因为长期的观测平均值会掩盖它的存在。因此，跨时间的气候测量可能会被跨空间的气候变化干扰。为了确定固定时空尺度上的气候变化，普尔基涅意识到有必要建立一个密集的气象观测站网络，其站点分布均匀，各站点仪器距地面的高度保持一致，而现实中所有的站点都太受人口分布影响。普尔基涅影响深远的教益在于，研究者要校正小尺度下反映气候变异的数据，而不是在不同高度、不同日照和风况当中进行观察并比较观察结果。[67]

同时，普尔基涅还要求对森林-气候问题进行更大尺度的分析，也就是要考虑局域和局地气候的全球和陆地决定因素。他绘制的有关全球森林覆盖率的大尺幅地图，在传达这一空间观点上卓有成效。这些地图旨在证明降雨量首先依赖于由山脉和水体分布产生的风向模式，而非植物覆盖情况。

实际上，普尔基涅的地图比他的长篇大论对时人更有吸引力。他私下说过："我经常被针对，因为我总和精英唱反调。只有以视觉效果为重的醒目地图和图形表述，才能助我一臂之力。"[68]尽管这些地图无法复制出版，普尔基涅的同事们还是会费心描述。1879年波希米亚林业协会的一份会议报告指出：

普尔基涅展示了一幅全球大挂图，用阴影表示降雨区降雨量，用不同颜色表示森林、大草原和沙漠。他借此说明，北方大陆的降雨量从沿海到内陆递减，森林覆盖率从沿海到内陆递增……（他进一步画出了热带）信风地区的无雨区……并证明了在湿度很高的地区，降雨量反倒很少。

他又接着展示了一幅北美地图，这张地图说明了降雨量的分布会取决于山脉、洋流以及海风和陆风。最后，他展示了"异常"气候地图，即气候偏离长期平均值的情况。他解释说，就波希米亚这样的小地区而言，"在地图上清楚标出云和干风的走向要困难得多"，但对波希米亚，他也能指出"波希米亚的东半部或南半部的气候表现往往不同于与西半部或北半部，这只取决于某些风的主导地位和影响范围"。[69]普尔基涅教导他的听众将气候视为一个动力问题，只有考虑全球大气环流才能加以分析。

普尔基涅还强调要扩大气候分析的时间尺度。他利用历史文献和地质观察证明，波希米亚的降雨模式在过去的1000年里不可能发生很大变化。根据历史记录，即便在森林茂密的年代，波希米亚也一直受到洪水和干旱的困扰。简言之，为了评估森林-气候问题，有必要"跟踪世界各地森林和草原的分布情况，然后了解个别地方的气候和当地气候变化的原因，以便阐明一般气象规律，以及个别国家的山脉、陆地及海洋的范围造成的气象变化"，还要收集"已知的全部历史事实"。基于这些证据，普尔基涅给出了针对森林-气候问题的纯原创性解释。[70]

他的本质论点在于，当时对气候变化的讨论，已经掩盖了更加广泛而深刻的问题。据称受气候变化影响的地区，实际上往往困于整体社会经济和生态危机。在许多情况下，那些被归咎于气候变化的困境，其实是因为"种错了农作物，选错了定居地点，还有人口过多和过度放牧以至于过量使用现有植被"[71]。普尔基涅坚持认为，把植树造林当作万金油，去解决原本属于社会经济领域的问题，是一种危险的还原论。他举了拿破仑三世时期法国的例子，当时在贝可勒尔等科学家的支持下，法国把植树造林作为解决社会弊病的万能办法。他们引导公众"寄希望于大规模的植树造林，认为那是未来和救赎。但如果不改变人口和经济状况也不会有效，真正的补救措施只会被拖延，公众和政府只会误以为，只消把手放在腿上，不用付出智慧与劳力，干坐着就能解决问题"。他甚至将缺乏其他形式的国家援助归咎于对森林力量的"迷信"，但那些没能付诸实际的措施可能可以救灾，例如修建堤坝或将房屋搬迁到不易受灾的地区。普尔基涅总结说，植树造林事宜，"不能一概而论，因为它完全是地方性问题"[72]。于是，早在 19 世纪 70 年代初，普尔基涅就成为第一个提出重新思考森林-气候问题的科学家。

## 波希米亚的逆流

至少可以说，普尔基涅身为林业学院的教员，持此立场是叫人惊讶的。当时的林业专家坚定地支持森林-气候效益观念。普尔基涅很清楚，怀疑主义对于这个科学领域来说回报太少。在写给同事乔治·恩格尔曼（George Engelmann）（他是生活在美国密苏里州圣路易斯的德裔植物学家）的信中，普尔基涅把自己形容成经验主义的殉道者："我没有欺骗自己。我逆潮流而行，不可能交到同伴，至少10年、20年内不会，但以后再有就太晚了。"[73]

私底下，普尔基涅认为自己逆流而行，是受一个推动德意志科学民主化的人的影响，那个人就是博物学家奥托·福尔格。奥托是一位激进的民主人士和德意志民族主义者，1848年之后逃往瑞士以免受迫害。10年后，他成为自由德意志科学、艺术和公共教育基金会（Freie Deutsche Hochstift für Wissenschaften, Künste und allgemeine Bildung，简称FDH）的创始人。这是一个位于法兰克福的机构，旨在向公众普及自然知识，抵制科学界的分裂。福尔格以约翰·沃尔夫冈·冯·歌德的弟子自居，但此歌德不是写下《少年维特之烦恼》和《浮士德》的歌德，而是写下《色彩论》的歌德，那位不知天高地厚的博物学家，正向牛顿色彩理论的堡垒发起围攻。（普尔基涅的父亲也是歌德的忠实崇拜者，并且是他构建"主观"色彩理论的盟友。）出于对歌德的钦慕，福尔格买下了位于法兰克福的歌德故居，并将研究所迁入其中。在反对者眼里，福尔格是一个爱唱反调的人：火成论是地质学主流理论时，他反对火成论；面对达尔文主义，他又是坚定不移的物种恒定论者。但在崇拜者（包括汉恩）眼里，福尔格是科学诚信的化身。[74]

普尔基涅把德意志民族主义者福尔格当作自己的英雄，可能有点讽刺。但对普尔基涅和福尔格（以及中欧许多1848年革命的老兵）来说，民族主义更多地与阶级相关，而无关种族。实际上，他们的民族主义更接近于我们所说的科学国际主义，因为在后拿破仑时代，科学国际主义促成了跨中欧狭窄政治边界的合作。在普尔基涅与恩格尔曼的一位共同友人（他也是个博物学家）离世之际，普尔基涅给恩格尔曼写了一封信：

> 老伙计莱昂纳迪走了。他拥有在我们这个时代非常罕见的东西，那就是深厚的友爱之心，还有对自然界一切事物真正的好奇心。他的眼里只有自然，没有部门和行会。我很感念他，从 1850 年到 1860 年，我一直都与他保持着密切的联系，即便他没能说服我皈依克劳泽的哲学（因为所有的哲学对我来说都太远了），我还是从他那里学到了很多东西。特别是他把我介绍给了福尔格，让我成了一个全新的人。我从此知道，一个人要自己去看、去想所有的事情，固守学究身份对博物学家没有好处。歌德的许多精神一定留存在法兰克福人身上，或者可以说，歌德本人只是幸运法兰克福精神的化身。[75]

就这样，普尔基涅认为自己继承了福尔格、歌德独立思考、热心公益的自然志传统。1881 年，在他去世的前一年，普尔基涅有幸成为 FDH 的成员。[76] 在那个孤独的年代，这对他来说或许是一种慰藉。

在波希米亚，普尔基涅还有一个强大的对手。1873 年，数学家弗朗齐歇克·约瑟夫·斯图德尼奇卡（František Josef Studnička，1836—1903）在几个波希米亚大地主的支持下，开始组建自己的雨量观测站网络。斯图德尼奇卡比普尔基涅小 5 岁，是一名教师的儿子，但他却拥有普尔基涅梦寐以求的学术生涯。35 岁时，他就已经是布拉格大学的数学教授。普尔基涅可能还会羡慕斯图德尼奇卡也是一名成功的科普作家，后者撰写了大量自然科学和自然科学史的书。普尔基涅偏好用大量证据进行有力论证，而斯图德尼奇卡则青睐华丽、谦和的古典风格，斯图德尼奇卡常说，自然科学可以放大自然界的神奇，而不是消除它。[77]

斯图德尼奇卡认为，对捷克土地的科学研究可以滋养出良性的爱国主义。值得注意的是，他将欣赏自然景观而萌生的爱国主义与出于"奴性和利己主义"而产生的世界主义做了对比，他还赞同赫尔德和拉采尔的理论，这些理论将"民族和个人性格的各个方面"归结于"地理因素"。[78] 相比之下，普尔基涅则更坚定地拥护捷克人所说的"区域科学"。例如，在 1853 年第三期《生活》杂志登出的一篇考察塔特拉山脉的文章里，普尔基涅表示，捷克人和波兰人已经开始称赞喀尔巴阡山脉无与伦比的美丽，但德意志游客却"称喀尔巴阡山难以通行，毫无魅力，不舒服，完全不吸引人"。他承认，德意志人没说错，"因为最有意思的地方不会是两个旅馆之间……喀尔巴阡山脉有特殊的魅力和舒适性，但也有不便之处"[79]。我们可以得出结论，两人都把自然科学当作民族自我意识和文化进步的载体，但两人对这些理想的理解不同。此外，从 19 世纪 70 年代初开始，普尔基涅更多地使用国际语言，为全球读者写作。

尽管斯图德尼奇卡认为波希米亚是一片异常肥沃的土地，但他认为这里的气候正在迅速恶化。他写道："我们拥有得天独厚的条件。自然赐福这片土地，给了我们有利的条件。因此，我们不需要做什么，只要努力维持现有条件，同时在可能的情况下采用合适的手段改善它们。但我们绝对不能让它们受到无能之手的迫害！"在斯图德尼奇卡的作品里，自然界面对人类破坏（无论有意与否）展现出脆弱性，是一个反复出现的主题。他写道："弱小的人类竟能如此严重地破坏自然！"斯图德尼奇卡分析了北美森林的砍伐情况，预测欧洲在不久的将来会出现灾难性的气候变化，届时欧洲人会失去全球经济主导地位，欧洲大陆也会成为"地球上最不宜居的角落"。[80]

尽管斯图德尼奇卡的大多数研究都依赖区域比较，例如欧洲和北美之间的比较，但他也认为气候可以逐地区分析。他评估了来自其网络的数据，却没有考虑邻近地区的情况。他对"波希米亚气候学"的定义也隐含了这个立场，该定义稍显拙劣：波希米亚气候学"指解释地球表面之上现象的知识领域，只要在我国范围内就都属于波希米亚气候学"[81]。这个定义排除了关注跨国界的大气环流的必要性，而普尔基涅则敦促科学家追踪全球地表的大气现象。

此外还要注意，在帝国政府统筹气象学和气候学的问题上，普尔基涅和斯图德尼奇卡同样意见不合。斯图德尼奇卡批判了卡尔·克赖尔在19世纪40年代开展的中央集权式科研计划。他指责维也纳当局的入侵导致运行当中的波希米亚气象观测站减少。另一方面，他赞扬波希米亚的几个大地主支持他扩张地区级气象观测网络，还列出了他们的名字。[82]至于普尔基涅，他则直接寻求维也纳当局赞助。

## 趁热打铁

直到 19 世纪 70 年代初,普尔基涅都没有发表过论述森林-气候问题的文章。1872 年,他应波希米亚议会的要求,调查了波希米亚西部的大洪水,研究成果里有一则简短的结论,即否定把洪灾归于森林-气候问题的流行观点。[83] 第二年,在维也纳的世界博览会上,他展出了一系列大幅图表,它们都是近 8 年气候观测的结果。[84] 他后来在圣路易斯对恩格尔曼回忆说:"气象学研究花了我很多时间,所以其他事情都没做完。我把 1800—1807 年所有年份、所有德意志站点的降雨量按照差异进行汇总……以此证明,某月或某年的天气变化不会影响降雨量,降雨量变化不取决于局地因素。"[85] 普尔基涅跟恩格尔曼抱怨了很多回,说气象学工作使他无暇顾及他真正的爱好,即植物生理学。但他也不能不管气象学,"因为这个问题关系到立法"[86]。

普尔基涅从在其父受众广泛的《生活》杂志上刊文起,就在练习撰写面向受过教育的普通读者的自然科学文章。他很快就知道,19 世纪 70 年代用德语为专业读者写作,与 19 世纪 50 年代用捷克语为普通读者写作,需要不同的技巧。在捷克"文化启蒙"的年代,不是只有原创性研究才有必要发表。如果一篇文章能够用捷克语描述更广泛的自然现象,就足够了。正因如此,随便翻译一下外国作品就可以当成原创研究发表。[87] 这些文章往往是兜着圈子的口语化表述,经常因为把自然史与文化史混在一起而偏题。但随着科学的日益分化、职业化,德意志专家读者期待科学家发表原创性研究，而且要尽可能简洁。这时专家们要翻看的科学期刊日益增多，新颖性和简洁性便成了科学写作的美德。

普尔基涅开始跟维也纳科学家套近乎，以便发表森林-气候问题研究论文。他从洛伦茨开始——在一本林业杂志上评论了洛伦茨的气候学教科书，想博取其好感。很快，他就要求维也纳联络人帮他在农业部美言几句，因为他在林业学院的处境越来越糟糕。或许他们还能帮他的儿子奥托卡申请到一份奖学金。

1873 年 8 月，这位陷入困境的植物学家收到了来自汉恩的第一份答复，可以想见他多么高兴。普尔基涅给汉恩寄了一份手稿，并请求他将其递送给科学院。信开篇就声称，汉恩"与他的观点基本一致"。可以肯定的是，相比林木茂密的土地，风暴不会给林木稀疏的土地带去更多降水。森林要想改变气候必定要取决于地理条件，但人们基本不清楚这一事实。普尔基涅还想对风暴的起源进行机械性解释，汉恩觉得这样没有意义。在汉恩眼里，更重要的是森林-气候辩论往往忽略了森林在调节水位方面的作用。森林不是助推土壤吸收水分，从而避免山洪暴发吗？我们可以把这封最初的信当作鼓励，但在接下来的几个月里，汉恩的语气变得不耐烦。他说："欢迎你寄来文章，只要不太长。"此后，汉恩给普尔基涅的回信日渐简短。1877 年，当汉恩拒绝给普尔基涅的某篇欲发表的文章写推荐信时，又一次指出该文章"不够统一也不够精简"。对于《奥地利气象学会学报》这样一份报道"气象学领域一切新事物"的期刊，汉恩建议普尔基涅将其评论浓缩到一个对开页面的篇幅。[88]

普尔基涅于是又去求助 ZAMG 的所长卡尔·耶利内克，想让他帮自己在布拉格找到一个教职。耶利内克在 1874 年 1 月答复说，很遗憾，在这件事上他几乎没什么能帮上忙的。耶利内克由于健康状况不佳而被迫辞去了在教育部的职务，更何况教育部无法影响布拉格理工学院的决定。实际上，雇用决定会由波希米亚议会独立做出。耶利内克后来表示对普尔基涅的作品感兴趣，但也提醒他注意一个明显的事实："我得同你说实话，你是少数派。"[89]

幸运的是，普尔基涅在约瑟夫·罗曼·洛伦茨·冯·利伯瑙和约瑟夫·韦塞利那儿感受到了更强的合作意愿。从一开始，这两个人就向普尔基涅承诺会支持他。洛伦茨同意，森林-气候问题只能通过严格的实验研究来解决。历史证据是不确定的，因为人们永远无法确定它基于何种背景。韦塞利也支持普尔基涅，认为他对历史证据的研究表明，"从几年的天气记录中得出气候稳定性或变异性的结论，实属可笑"[90]。洛伦茨后来说普尔基涅的测量"比撷取古老编年史的数据更有价值"。但洛伦茨就普尔基涅忽视森林的水文影响，礼貌地表达了异议（这一点和汉恩一样），洛伦茨本人在《森林、气候和水文》一书中着重强调了森林的水文影响。他同意普尔基涅的说法，即很有必要发展实验计划，同时还拿波希米亚（包括摩拉维亚和西里西亚）区"副主管"的头衔诱惑他。"气候学和土壤科学有很多问题有待解答，如果可能的话，也就是钱够多的话，雇 10 个普尔基涅都不过分！"但鉴于议会最近对农业部预算的审议，这种想法无法实现。或许更重要的是，洛伦茨担心普尔基涅会因他在森林-气候问题上的"坚定"立场而遭遇巨大"偏见"。

洛伦茨安慰他说："我经常想，一定要为你创设一个更合适的职位。"他继续解释说，这将是一个能保证普尔基涅在维也纳养家糊口的职位，哪怕"不太配得上他的阶层"。洛伦茨令普尔基涅再次燃起希望，因为他说："你会看到，在这里，森林-气象学很快会完全建立起来。"洛伦茨坦言，某个"M"姓侯爵极其厌恶普尔基涅，这会大大增加这项工作的难度，但即便如此，他也希望能给这位饱受批评的博物学家"一个新职位"。[91]

洛伦茨还坦白说，他正在为普尔基涅和他在维也纳的地位而斗争。这场斗争"激烈且动荡"，反对者包括《保卫森林！》的作者，即据说思想开放的希莫尼。这和发生在波希米亚的辩论没什么不同，因为只在口头上进行——"我现在肯定没时间付诸笔端。"[92]毫无疑问，洛伦茨是个大忙人，但他也很精明。他的社交技巧让他从外省人晋升成了帝国政府的要人。实际上，他震惊于普尔基涅直言不讳的风格，而他们这样的人必须谨慎行事才行。例如，他在和某著名林业期刊的编辑交谈后得知，只要普尔基涅对埃伯迈耶的批评"言辞温和"，他的评论就可以在该期刊上发表。这意味着普尔基涅需要学习维也纳科学界的游戏规则：何时，以什么方式发表在哪本期刊上。

韦塞利虽然私底下会以各种方式侮辱对手，但在公开场合他和洛伦茨一样谨慎。他在 1874 年跟普尔基涅说过，"你的论战十分到位，也很有效果"，但普尔基涅必须把持好度，"这样，那些不了解事实的知名人士就不会被误导，认为这类论战不过是恶意进攻"。由于韦塞利身体状况不佳，他本人不可能公开表达立场，但他敦促普尔基涅公开表达，而且要快，因为立法者当时正在修订森林法。韦塞利不止一次地建议普尔基涅"趁热打铁"。[93]

洛伦茨同意时机就是一切。他以自己的职业生涯为例。在阜姆时，他"太骄傲，太想得到完整的结论"，以至于多年来都在申请教授职位时，遭到"那些成就比不上我十分之一"的人的拒绝。因此，他给普尔基涅的建议是："如果你想让自己的研究尽快被人认可，就不要拖延，每次都要公开一部分。"他也解释说："分多次在小型出版物上发表文章，可以对更广泛的受众产生更大的影响，而结集出版的大部头对专业人士影响更大。"但非专业人士的意见也能左右专业人士的命运，更重要的是"学术作品绝对不会影响"农业大臣的决定。[94]

于是，洛伦茨和韦塞利拟定了发表的游戏规则，即选在辩论最激烈的时候发表文章，但要避免论战口吻；简明扼要，把细节放在脚注中；必要时在专栏上匿名连载。篇幅长的"专业"文章永远不适合发表在报纸上；一些林业期刊会收录它们，但"它们在公众中的发行量都很小"。总体说来，媒体写作需要更加谨慎。"在小册子中，人们能完全独立地按照自己的立场写作，但在期刊中总要尽可能保持审慎。"[95]尽管韦塞利直言不讳地批评了普尔基涅的手稿，但他恳请普尔基涅不要会错意。要想触及更多读者，采取一种"更轻松"且"不那么让人讨厌的风格"会更好。他相信，这位波希米亚林业学家的著作会"引起轰动"，只要他听从自己的建议——哪怕韦塞利自认并非专业编辑，他还是给出了长篇的详尽建议。最后，普尔基涅的《论森林与水文》还是分九期在韦塞利的期刊上刊登，共近 300 页。[96]

这些建议表明，如果我们以为科普写作是简单而机械的"翻译"工作，那就大错特错。韦塞利说它其实是一种"概念化"的写作方式，即一种特定的写作风格。这是一种需要训练多年的思维习惯，一个人写得越多，这种风格就越刻入"血肉之躯"。[97]

韦塞利不仅给普尔基涅提供了编辑建议，还给科学论战制定了指导方针。在 1877 年林业大会召开之前，他写信给普尔基涅，告知他"他的主题"已经被会议收入。他建议普尔基涅和一个对手在会前先辩论一次，好在与会者之间"点燃火花"。但星星之火可以燎原，很快会议上的辩论就在林业报刊上引发了大火，一发不可收。[98]事后，韦塞利回忆说："在那场所谓的森林问题辩论当中，你是我们自由科学的斗士……我厌恶对手的论战方式，因为那既不能达到他们的目标，也不高尚。"但韦塞利并不打算在日记里花几页篇幅讨论这场论战，实际上他认为"这场论战不能也不该以书面形式详细讨论"，最好是"让对手随心所欲地号叫，偶尔发表一篇简短但有意义的文章，紧扣主题，必要时用压倒性但专业的口吻提及对手"。在引发了一场对抗之后，韦塞利关心的是如何保持他自己及其期刊专业超然的形象。

普尔基涅慷慨地全盘接受了韦塞利的建议，乐观地以为这些位高权重的导师能让外界公正地倾听他的想法。1878 年，他写信给他在圣路易斯的朋友恩格尔曼，说农业部已经注意到自己。他甚至被邀请在维也纳就其研究发表演讲，而且大获成功，"大人物们谄媚地鼓掌，当然，他们对我说的问题一无所知"，他还得到了"汉恩博士"的赞赏，这对他来说"十分有意义"。更重要的是，他还得到"物质保障，好开展研究"，这里也许指的是对他的观测网络的资助。在普尔基涅看来，最要紧的在于他可以回头研究森林植物学的其他课题。洛伦茨甚至承诺为这些研究争取"最大范围的认可和宣传"，只要它们能"为奥地利赢得荣誉"。普尔基涅看到的未来，是一个真正的"奥地利"科学家的事业。[99]

毫无疑问，普尔基涅在维也纳的赞助人非常看重他，也想帮他更多。但命运开了个玩笑，我们在普尔基涅的文件当中找到了一封信，而这封信显然不是写给他的，从中却能了解约瑟夫·韦塞利对普尔基涅的真实看法。1878 年 5 月，在普尔基涅维也纳演讲结束之后，韦塞利给一位不知名的通信人写了一封信，赞扬了这个波希米亚人的研究和他的"信誉"，在他看来，普尔基涅的悲剧性缺陷在于，他无法用德语公众能接受的方式在报纸上发表观点。韦塞利认为，这是一种"真正意义上的奥地利式痛苦"，即科学工作者的地位完全依赖公共评价。

与此同时，洛伦茨感到自己对普尔基涅负有很大责任。"自从我们更熟络以来，你的信任就让我感到不安，因为我到现在也没法如你所愿地提升你的地位，回报你的信赖。"洛伦茨希望林业实验的新研究计划能提供一个机会给普尔基涅，但他们友善的通信语气在 1875 年发生了改变。普尔基涅天真地提议让洛伦茨用洛伦茨的名字发表普尔基涅的一些观点，洛伦茨则用一种很容易被理解为被冒犯或开玩笑的语气，回应说自己不理解普尔基涅为何做此提议，然后坦言自己感觉被冒犯了。普尔基涅来信道歉，洛伦茨也接受了。但几个月后，洛伦茨透露他打算就这个问题写一些"更全面"的东西，他对普尔基涅说："如果我真的先于你发表这些，就会像个剽窃者。"[100]

但是，他还是先普尔基涅一步发表了。1878 年，洛伦茨的《森林、气候和水文》出版了，大受欢迎。这本书的论点，和普尔基涅分享给他的手稿，以及普尔基涅在相对小众的波希米亚期刊中发表的论点非常相似。奇怪的是，洛伦茨只在第 184 页，讨论气候变化的历史证据不可靠时，一笔带过地提到了他在魏斯瓦瑟的通信人，还把名字写成了埃米尔（Emil），而不是埃马努埃尔（Emanuel）。

洛伦茨和普尔基涅很快就不再通信。3 年后，普尔基涅中风身亡，终年 51 岁，为他的科学真理观殉道。[101] 对普尔基涅来说，为森林-气候问题而斗争，可能是想从政府和权贵那里争取一定程度上的自主权，这意味着科学独立，而这在 19 世纪 70 年代就被德意志帝国和美国的科学家默认为准则了。普尔基涅的失败告诉我们，什么人才能爬上帝国-王国科学家的宝座。普尔基涅到底还只是个外省人。


## 所谓"公共利益"

尽管不太可能，但普尔基涅确实在维也纳找到了另一个强大的支持者。格奥尔格·冯·舍纳雷尔（Georg von Schönerer）当选下奥地利州的自由党议员，就此开始了他的政治生涯。不过等到 1882

年扩大投票权之后，他才有了自己的政治纲领，即反天主教、倡导德意志民族主义、强烈反犹。今天，他是作为希特勒效仿的政治家而为人所知。[102] 谁能想到他居然也是一个气候怀疑论者？

1876 年，冯·舍纳雷尔在议会发言，谴责最近波希米亚森林保护运动引起的骚乱。他自称小农的保护者，保护他们按自己的意愿开发土地的权利。他驳斥说，砍伐森林导致气候恶化的理论是一种从未被证实的"教条"。[103] "森林即便对降雨和气候有影响（这一点完全没有得到证明），影响也很小，因此普遍限制森林所有者的法律肯定是没有道理的。"[104] 这位刚刚崭露头角的德意志民族主义者仰仗的是哪位科学家的权威？讽刺的是，这个人的名字与捷克民族主义有着不可磨灭的联系。

事实上，冯·舍纳雷尔对普尔基涅的研究非常感兴趣，他在波希米亚北部的报纸《利托梅日采日报》上刊登了一篇长文来回应普尔基涅。这样一篇文章在一个旱灾接连不断，乃至保护森林运动激烈开展的地方，显然会引起公愤。编辑们在刊登这篇文章的同时，还写了一则说明，赞成"从不同的角度"讨论这一重要问题。他们收到的最有趣的来信的作者自称"小农场主"，只附上了名字的缩写。他说不能把干旱理论看作迷思，而要尊重集体记忆的权威性：

你靠几小块田地维生；在干旱的夏天日日守望丰沛的雨水，几年来都是徒劳无获；你看到庄稼逐渐枯萎，预期的收成降到最少；你看到心爱的果树叶子枯萎，似在哀鸣……接着到了漫长的冬天，谷仓里没什么活好干，也没什么能拿到市场上卖，这时你才会知道，气候比过去干燥太多了。

接着，作者笔锋一转：

　　就这样，问题自然而然浮现了：干旱会持续下去吗，甚至越来越糟？为什么会这样？有没有补救的措施？我既不是科学界的英雄，也不是能够讲述一个世纪的经验的玛土撒拉，我只是一个普普通通的小农场主。我想拜托专家去解决这些问题，如果有可能的话，我希望那些坐拥知识宝库，常常向农业施以援手的人，把我们从这场灾难中拯救出来。

　　作者在这里交代了他知道的事情和他不确定的事情。他的确知道气候越来越干燥，但他不能确定长期趋势，也不知道这种变化产生的原因。在这封来信中，我们能看到尺度缩放如何调和集体记忆和专家知识。

　　正是在这块肥沃的土地上，洛伦茨1878年的《森林、气候和水文》才得以问世，并产生深远影响。此后，1878年起草的帝国森林法修订提案没能被列为讨论议题。1881年的洪水再次引发争论，这次弗兰茨·约瑟夫一世设立了一个委员会，权衡收紧帝国森林法的建议。15名委员中有5名大学专家（包括爱德华·修斯）、7名大地主、1名律师和2名公务员，其中有8人拥有贵族头衔，只有4人家住洪灾地区，而有9人来自斯拉夫地区，这无疑是保守派宰相爱德华·冯·塔夫伯爵（Count Eduard von Taaffe）安排的。委员们对拟议的法律修改提出了批评。他们反对照搬法国措施到奥地利。他们还批评提案未能将森林管理和防洪基础设施保护合成一部法律。[105]在随后的议会辩论中，一位发言者特别指出公众意见的变化。这个人就是来自萨尔茨堡的农场主诺伊迈尔先生，当年他52岁。诺伊迈尔认为拟议的法律没能保护小农利益。他抨击该法不民主，因为它允许未经林地所有者许可，仅凭专家建议就在私有土地上植树造林。他建言，至少要咨询真正有实践经验的当地专家。[106]他的分析与普尔基涅对森林保护政策的批评一致，后来也被奥托·鲍威尔（Otto Bauer）和瓦尔特·席夫（Walter Schiff）等社会主义者采纳。这些批评者都认为，严格的森林保护措施是在保护大地主、林业专家和铁路产业（支持植树造林，以防止洪水和山体滑坡破坏铁路）。他们提出，森林监管只有准许森林有多种用途，才能最好地服务于"公共利益"。他们警告说，不要把植树造林当作解决不仅因环保意识低下，更因社会不平等而生的问题的捷径。[107]

　　帝国政府没有通过更严格的保护性法案。实际上，在奥地利，1852年的《森林法》直到1975年才被修改。与洛伦茨的分析一致，植树造林的问题在较低的政府层面上得到了行政处理。例如，在1884年和1885年，蒂罗尔和卡尔尼奥拉分别通过了植树造林以防洪的法律。经过王国议会多次协商，保护措施费用由帝国政府、王国政府和当地居民共同承担，当地人承担的费用不得超过5%。[108]这个结果是保护主义与发展主义的妥协，也是地方自治和帝国监督的妥协。

# 结论

上述协商的结果是重新界定了森林-气候问题的尺度，把它从帝国政府立法的问题转变为地方行动和国际研究的问题。为提供一个研究框架，帝国农业部在 1886 年通过了一项"实验性林业站的一般组织与运作的计划"。该计划规定：

> 森林气象观测最重要的原则是，进行或继续观测，以填补其他国家在处理本问题时的空缺，其中有两个特别的问题：
>
> 1. 在相同海拔高度，没有森林覆盖的地面的空气湿度，与林地树冠内及林地上空的空气湿度，两者相较如何？这个问题的答案，会给判断森林对大气湿度影响的问题提供最重要的材料；
>
> 2. 森林如何影响其周围地区的气候，影响范围有多大？当然，这里不仅包括问题 1 中的空气湿度，还包括温度、降雨频率与降雨量、风力等。[109]

这项计划站在了国际趋势的前沿。欧洲和北美政府当时刚刚承担起调查人类活动对环境的影响的责任，例如调查河流污染和城市烟雾污染。[110] 该计划的提出者洛伦茨认为，由于奥匈帝国境内气候条件的多样性，它在森林-气候问题的实验研究中拥有独特优势。[111] 于是三个实验站点建立起来，一个在下奥地利，一个在靠近俄国边境的加利西亚东部，还有一个在喀尔巴阡山脉的山麓。这项研究证实，与附近无森林覆盖的土地相比，森林内的气候更加湿润，温度也不至于那么极端，但未能发现森林对其边界以外的气候的影响。因为这项研究，洛伦茨的合作者，下奥地利州阿格斯巴赫林业学校的校长弗朗茨·埃克特（Franz Eckert）认为，森林-气候问题终于得以解决。森林的气候效应以前被"大大高估"，森林保护被"非气候学的动机"引导。森林不能通过辐射或传导的方式直接影响周围的气候，而只能间接、动态地施加影响（即通过"气流介质"影响）。因此有必要区分"来自地表植被的局部气流和调节此种影响的一般气流"[112]。埃克特的分析遵循了动力气候学框架，以及帝国-王国科学的尺度缩放原则。

如果比较其他环境问题，奥地利没能颁布更严格的帝国森林法并不奇怪。对德意志帝国和美国的研究表明，这一时期，中央集权式的国家环境监管在其他方面也不可行。以烟雾污染为例，1848年普鲁士的一项减污法很少被执行（很像 4 年后通过的奥地利森林法）。19 世纪的大多数政策制定者似乎都认为减少烟雾是城市的责任，而非国家的责任。[113] 同样，在河流污染问题上（无论是生活污染还是工业污染），监管也应由地方当局负责。难怪有城市会故意无视为其下游清理废料的工作。城市规划者解释说，河流本身可以通过自然的自我清洁过程（Selbstreinigung）来抵消污染。很少有人会问，一座下游城市必须距离污染源多远，才能从自洁效应中获益。[114]

实际上，河流污染空间层面的研究，最早也是维也纳大学的卫生学家进行的。其中，恩斯特·布雷齐纳（Ernst Brezina）是威廉·施密特在城市气候学研究领域的合作者。1903 年，布雷齐纳向帝国政府多瑙河管理委员会借了一艘独木舟，从维也纳出发，向下游的普雷斯堡航行，途中观察并采集水样。在 10 千米至 20 千米之间，多瑙河运河的污水已经与河中的淡水混合。到了 31 千米处，河水有了"污染的痕迹"，但那不是"通常所说的水污染，即便情况最差的地方也不是"。[115] 这里和森林-气候辩论一样，哈布斯堡科学家们提出了一个尺度问题，而这个问题在其他地方似乎还没被考虑过。

　　哈布斯堡科学家、林务官、政治家和农民将森林-气候问题重新表述为一个尺度问题，即比较放宽森林使用所带来的经济效益，与严格限制森林使用所带来的气候效应。这是早期环境政策的典型困境，也是哈丽雅特·里特沃（Harriet Ritvo）研究瑟尔米尔水库建设争端时，所说的那种环境保护主义与现代化之间的权衡。森林-气候问题的不同之处在于环保主义者的论点不够确切，因为森林砍伐的区域影响没有可靠的量化测量手段。即使在今天，森林砍伐对区域（而非全球）气候有何影响，还能激起争论。如今讨论的方向转向反馈机制。正反馈意味着，哪怕只是砍掉一部分森林，也能将一个地区推入"永久干燥的气候体系"，例如亚马孙部分地区已经是干燥的草原。另一方面，反馈机制也可以帮助区域恢复原有的平衡，某些情况下，较小规模的森林砍伐已被证明会带来更多降水，催生更多植被。[116] 今天的科学家就像洛伦茨、普尔基涅及其合作伙伴一样，强调要在多个时空尺度上进行分析，否则可能无法理解局部气候的时空波动，以及整体气候的渐进变化。[117]

在 19 世纪，人类有多清楚自身改变气候的潜力？法比安·洛谢（Fabien Locher）和让-巴蒂斯特·弗雷索（Jean-Baptiste Fressoz）质疑"人类世"概念的隐含前提，即人类活动会导致气候变化的观念是在 20 世纪末突然出现的。[118] 不过，在我们把知识往前追溯之前，要先考虑已有证据是否符合时人的判断标准。正如本章所说，许多 19 世纪的前沿气候学专家断定数据是不完整且不确切的。当然，没有证据表明砍伐森林对气候的影响是不可逆转的，或是全球性的。事实上，不可能有这样的证据，因为现有的一系列一致性仪器测量，最多只存在了几十年，套用保罗·爱德华兹的话，"采集全球数据"的基础设施还处于初步建设阶段。[119] 在评判 19 世纪的科学家未能公开反对"人为因素导致气候变化"之前，我们应该考虑他们的困境。是基于不可靠的证据去倡议更严格的森林保护，还是让农村人口有机会发展经济，平衡封建主义在中东欧社会遗留下的巨大不平等？历史学家有责任传达当时的科学家所面临的复杂选择。

通过回顾森林-气候问题辩论及其法律决议，我们已经了解了尺度缩放的社会过程。森林-气候辩论意味着气候有了作为"公共利益"的新含义。如前文所述，帝国的法律包含了一个矛盾：它认为砍伐森林会使周围的大气恶化，但又把大气看作无限并因此不受管制的资源。动力气候学则提供了一个解决矛盾的方法。它一方面指出气候是地球尺度的概念，即如果不考虑大气环流，就无法在区域尺度上解释气候；另一方面又根据空气的混合程度，界定了气候作为一种区域现象的可能性。

因此，全球气候不是一个等待被发现的物质事实。理解这一点，就更能认识到 19 世纪末气候学所谓的"全球"，不是 21 世纪气候科学所谓的"全球"。19 世纪的全球数据是二维而非三维的，只限于地表。它借助纸笔，从第一原理出发，调整数据，将其理论化，而不基于卫星图像和计算机模拟。但森林-气候问题的历史表明，这种 19 世纪意义上的全球气候概念的出现不仅是一项技术成就，还是专家意见和常识之间协商的社会产物。更重要的是，全球气候并非此过程的唯一成果。本章后半部分已经谈及，因这场辩论而问世的区域气候也一样关键。

最后，让我们回到弗洛伊德的比喻，把驯服无意识比作沼泽排水。19 世纪的环境改造，如沼泽排水和砍伐森林，可能都有"诡异"的色彩。让庄稼绝收的旱灾、毁灭性洪水意味着，弗洛伊德的同时代人所面临的，不完全是自然的力量，因为自然科学既不能预测也无法解释这些灾难。对于那些相信自己驯服了野蛮自然而变得文明的人来说，这种无法控制的力量就如同冥界访客。阿米塔夫·高希谈到今天的气候变化人为因素问题时说，"诡异"比其他任何词汇都更能"描述我们周遭发生的事情的奇怪之处"[120]。

# 第十章

# 植物档案

历史学家很少能亲身经历他们所描述的过去的事件。他没有目睹历史事件，而是根据手头的文件来描述历史事件。这些文件有的是古老的法典，有的是泛黄的羊皮纸，还有的是煤层中的褐色叶片化石，或是植物世界里活生生的绿叶。

——安东·克纳·冯·马里劳恩，1879 年[1]

在 19 世纪引入的所有关于尺度缩放的复杂新工具（用来解释此时此地的天气，以及长期大规模的气象过程）中，没有哪一种比自然界固有的气候指标更有效，这种指标就是植物。植物与岩石、化石一样，都能让气候变化变得可见可感。但它又和岩石、化石不同：岩石、化石的变化在人类时间尺度上不可见，而活体植物的功能就是连通人类历史与地质历史。花果作为气候指标，几乎可以同时调动人的一切感官。它们不仅表现了跨越巨大时空差距的气候关系，而且普通人也可以理解。今天，植物学很少出现在我们的地球气候历史的知识谱系中，因为气候史集中于地质学和大气化学的发现。但在 19 世纪末，植物研究有独特潜力，它可以把对森林-气候问题的关注，与重建地质史气候变异的科学项目联系起来。[2]

19 世纪的科学家们非常尊重植物，并将其作为气候测量工具，以及证明当地气候对健康有益的线索。可以肯定的是，植物对温度或气压等单个气象要素的读数影响不大，它测量的是与生存这一直接目的相关性最强的因素的组合。研究人员指出，目前还没有任何测量仪器能"以植物的方式反映这些因素的影响"。18 世纪 80 年代，波希米亚的博物学家塔德乌斯·亨克（Thaddäus/Tadeáš Haenke）细致地记录了波希米亚和加利西亚之间山区植物分布的地点。亨克激励了亚历山大·冯·洪堡，后者在 1791 年仔细阅读了亨克的书，称赞他放弃林奈的二名法，转而根据植被类型和位置对植物进行分类的做法。针对这一点，洪堡给了一则关键性评论，说亨克为世人提供了"一个植物温度计"[3]。约 30 年后，洪堡开始出版精美的剖面地图，将植被类型与海拔联系起来。他把人在登山时看到的植被变化，比作从温带前往极地的过程中看到的变化。这些地图把亨克利用植物划分气候区的方法推向世界，很快"植物可以反映局地气候"成为博物学家的共识。[4]

然而，植物与局地气候的关系过于复杂，测量仪器无法测得精确数值。森林-气候问题已经告诉我们，不仅要考虑气候对植物的影响，还要考虑植物对气候的影响。此外，归纳这些影响也很棘手，物候学面临的挑战，在于很难确定任何特定植物出现变化的时间。植物的季节响应因局部环境而异，甚至在不同植物之间也不一样。那些愿意赋予植被主体性的人甚至会认为植物的响应是"主观

的"，"每株植物的反应都会不一样"。⁵

因此，到 19 世纪中叶，博物学家普遍认为植物是其生长地气候的指标。但用植物测量历史气候却是一种新颖的观点。当时，在史前年代气候是否已经发生重大变化的问题上，地质学家还没有达成共识。有人（尽管并不是所有人）相信，在大约两万年前的一个时期，现在地球上的大部分温带地区都被厚厚的冰层覆盖。直到最近，一些博物学家意识到，常见的景观元素是冰期的证据。被称为"漂流物"的沉积物重新被解释成冰川沉积物，而被称为"漂砾"的看似随意放置的岩石，则被说成是以前的冰层运输过来的。但哈布斯堡的地质调查排除了冰期理论，就像大多数英国地质学家都选择追随赖尔①。⁶冰期理论的支持者花了 20 年的时间，才赢得了胜利。在 19 世纪 70 年代，学者们完成了全球证据调查，包括测量尚存的冰川和海平面并绘制地图。

19 世纪 50 年代，历史气候研究仍然争议不断，存在各种解释。由于当前地球气候明显很稳定，要将此与较近的历史年代发生过剧烈气候变化的理论相协调不大容易。其中一些成果不是物理学家或地质学家取得的，而要归功于植物学家。一定程度上，这是一个由专业和业余研究者组成的网络所取得的成就，而这个网络也连通了哈布斯堡君主国和其他国家。

---

① 查尔斯·赖尔（Charles Lyell，也译查尔斯·莱伊尔），英国地质学家，均变论支持者。

## 帝国−王国植物学家

这个网络是富有远见的博物学家安东·克纳·冯·马里劳恩（1831—1898）（见图33）带头建立的。据克纳的传记作者、犹太植物学艺术家和作家恩斯特·莫里茨·克龙费尔德（Ernst Moritz Kronfeld）说，克纳一生都想写一本完整的奥匈帝国植物志，他的所有其他研究都在为这项事业做准备。他教导科学家和普通人怎么从植物地理学的视角看待哈布斯堡的领土。因此，他被奥地利人称为"奥地利的洪堡"[7]。他还绘制出君主国的第一张植物学地图，并

图33 安东·克纳·冯·马里劳恩。尤里乌斯·维克托·伯格（Julius Viktor Berger）绘

为《奥匈帝国图文集》的自然科学概览卷撰写了植物学章节。《多瑙河流域的植物》（1863）激励了哈布斯堡新一代的植物学家，而其优雅的散文则被收录进学校读本。[8]更重要的是，克纳引入的中欧植被分类术语在他去世后仍长期被采用，并常被用在整个欧洲大陆的植物上。

今天，克纳偶尔会被看作"植物群落"概念的创始人，因此也是植物"社会学"分支的创始人，还是现代生态学的奠基者。在他的时代，克纳在植物育种研究方面的成就令查尔斯·达尔文钦佩，达尔文提到过克纳关注"各种看似完全不重要的微小结构细节"，而它们"可以极其奇妙地适应各种目的"。[9]克纳对气候学也有很大贡献。值得注意的是，其子弗里茨·克纳·冯·马里劳恩与他密切合作，后来成为古气候学这一新领域的首批专家之一。[10]今天，当气候建模者设法生动地向普通受众呈现他们的预测结果时，更应记住，克纳十分擅长用视觉和文学形式传播科学。他知道如何满足时人对通俗植物学读物日益增长的需求，从《花圃小屋》《植物乐土》《植物学》等德语杂志的畅销就能明显看出这一点。克纳巧妙地运用了艺术图像和诗意文字，还对植物对中欧民间文化的影响产生了民族志兴趣。他用绘画和抒情散文，教导公众将植物景观视为气候变化的指标。

克纳出生在下奥地利的瓦豪河谷，大约在匈牙利大平原和奥地利阿尔卑斯山的中间地带（见图34）。他的父亲是高级行政官，为有权有势的舍恩博恩（Schönborn）家族工作。克纳一家住在毛特恩的舍恩博恩城堡，那里有丰富的保存完好的艺术历史宝藏，实际上克雷姆斯地区后来是帝国纪念碑委员会公布的第一批人文地形调查地之一。[11] 安东的兄弟约瑟夫与他一样热爱自然界，尽管约瑟夫从事的是法律工作，只把植物学研究当作爱好。[12] 安东在他最早的一本著作中，将瓦豪描述为"一个浪漫的森林山谷，在这个狭小地带，我们能看到最多样的开花植物挨挨挤挤"[13]。克纳对瓦豪河谷植被多样性的迷恋极大影响了他早期的植物学研究，他就这样沿着熟悉的植物的足迹向西走到阿尔卑斯山的高处，向东走到匈牙利大草原，向南抵达亚得里亚海沿岸。他一生都感觉，自己出生的这片土地横跨了截然不同的自然环境。[14]

图 34　瓦豪河谷。水彩画，安东·克纳·冯·马里劳恩绘，约 1852 年

安东遵照父亲的意愿，进入维也纳大学医学院学习，这是当时欧洲最先进的医学院。在那里，他师从生理学家恩斯特·布吕

克（Ernst Brücke）和病理学家卡尔·冯·罗基坦斯基（Karl von Rokitansky）等知名学者，学习最新的科学医学。在学习医学课程的同时，他还修习了弗朗茨·翁格尔的"植物史"课程，这肯定对他产生了巨大的影响。到 1851 年，克纳向维也纳新成立的动物学-植物学协会呈送了自己的植物学研究成果。[15] 当时 1848 年革命结束不久，植物学研究刚刚起步，克纳就已经往其中注入了爱国主义色彩。他在瓦豪发现了一种以前只在波希米亚和摩拉维亚见过的蕨类植物，以及一种原产于意大利阿尔卑斯山的植物，认为它们"证明……我们美丽祖国的植物群是如此富饶，取之不尽"[16]。

与此同时，克纳的医学信念却在 1855 年的霍乱疫情中动摇了，因为面对霍乱，医生们似乎束手无策。[17] 他的老师翁格尔曾从医学转向植物学，现在克纳也准备这样做。1855 年，他通过了考试，成为一名教授化学和自然志的实科中学老师。他的第一份工作是在奥芬（Ofen，在匈牙利语中读音为"布达"，今天是布达佩斯市的一部分）的一所帝国高中任职。1860 年，他接受了因斯布鲁克大学的邀请，担任那里的植物园园长。两年后，他与玛丽亚·埃布纳·冯·罗芬斯坦结婚，后者出身优渥，兄弟是因斯布鲁克大学一名医科学生。他们于 1878 年搬到了维也纳，这样克纳就可以担任帝国植物园的主任。弗兰茨·约瑟夫一世授予他宫廷顾问的头衔，以及铁冠骑士勋章，在他去世前两年，又授予他艺术和科学荣誉勋章。[18] 克纳的事业就这样领着他从维也纳到了匈牙利，又去了蒂罗尔，最后回到了维也纳。这是他为撰写哈布斯堡植物学史而持续付出的努力，但也是一个不断调整方向的过程，因为克纳曾试图将植物世界与爱国主义色彩浓厚的帝国移民史和帝国文化交流史结合起来，但都失败了。

## 匈牙利大草原生机不再

克纳担忧匈牙利正在发生的环境变迁。奥斯曼帝国占领了这片土地后，迅速砍伐森林，洪水和干旱于是更频繁地发生，而人口的增长又使土地和资源更加紧张。[19] 例如，克纳说，名字里有"桦树"的地方已经看不到桦树了。"不出 50 年，匈牙利大草原的浪漫生活将不复存在，与之一同消失的还有草原上原有的植被。"[20] 尤其要提到的是，早在森林-气候问题席卷奥地利 10 多年以前，克纳就卷入了有关匈牙利抽干沼泽对气候的影响的公开辩论。在 1859 年为《维也纳日报》撰写的一系列文章中，克纳回顾了匈牙利拓荒历史，其中包含他所谓的欧洲历史上最重要的水文项目，即在 19 世纪 40 年代对蒂萨河的管控——抽干 300 平方英里的湿地。[21] 凭借他的医学背景，克纳在讨论这个问题时，引入了有利于有机物生长的大气条件这一因素。他认为沼泽地具有与森林类似的调节作用，它收集和蒸发水分，因而缓和草原环境中冷热骤然交替的情况。

他的贡献是在这场辩论中插入了一个新的视角，即植物地理学的视角。起初，如他坦言，他的专业似乎与公众的关注相去甚远。克纳其实觉得，大多数奥地利林务官对自然科学不屑一顾，埃马努埃尔·普尔基涅可能也会同意这个说法。[22] 在这种情况下，植物地理学所提供的是"地方植被线"（örtliche Vegetationslinien）这种研究工具。1859年，克纳在维也纳的动植物学会上发言时，被要求定义这一术语。[23]"主要植被线"指能找到某种特定植物的区域，地方植被线则不一样，它在前述区域里划分了该植物常见与少见的内部边界。正如克纳后来解释的那样，他认为地方植被线类似于气象学的等值线，都是"生动地"表现气候条件的技术。[24]

他在尝试理解匈牙利现代化的影响时，想到将它与帝国其他地区进行比较。克纳将匈牙利大平原的森林生长边界比作阿尔卑斯山的森林上限。根据 ZAMG 网络最新气象观测数据，他指出，这两组界限源于同一种原因：每种气候的生长季节时间有限。高大的树木至少需要三个月的生长季节。在阿尔卑斯山，生长边界取决于春秋两季的夜间霜冻，而在匈牙利，则要看夏季干旱高峰期。[25]问题在于，森林只能在特定的环境中生长，因此只有在那些地方才有可能通过植树改善气候。因此，克纳坚称，胡乱造林没有任何好处。

这一判断默认植被和气候相互影响。早在19世纪60年代，克纳就警告说，砍伐森林、排水等人为干预造成的破坏不可逆转。在毁林的地方，植树造林只是个梦想。只有在肆意砍伐森林的恶劣影响刚出现时，造林等努力才会让帝国受益。[26]

最能支撑这一论点的，是克纳在奥地利多处"无林"景观之间进行的类比工作。[27]他隐隐受到洪堡比较海拔增加的气候影响与纬度增加的气候影响的启发，将奥匈帝国已知的七种地貌，按照从冰雪覆盖的山峰到"贫瘠沙漠"的顺序排列，它们的共同点是主要都被用于放牧。然后，他根据8年来个人测量的结果，画出了一张全君主国上层树线变化的初步表格，表格显示，偏北或更接近海平面的地区，上层树线高度较低。[28]

克纳用这种方式向他刊文的通俗德语杂志的读者传播了一个新观点。首先，他引导他们看到帝国天壤之别的环境之间的生态相似性，即高山上的环境问题与草原上的环境问题类似。更重要的是，这种环境比较具有社会意义，它表明匈牙利大草原居民的困境与阿尔卑斯山农民的困境没有什么差别。如果山地农民理应享受农业和技术发展的好处，那么草原牧民也应如此。但无论是山地还是草原，都要负责任地发展经济。克纳呼吁采取相应措施，抵消人为干预对自然环境的不利影响，这首先意味着在匈牙利改善灌溉条件，在阿尔卑斯山植树造林。

为了减轻匈牙利排干沼泽的气候后果，他提议建造"贯穿整个平原的灌溉渠系统和大型人工水库，集纳洪水以备干旱所需"，再建造"灌溉站，确保能在很长一段时间内最合理地分配偶尔才有的降水"。[29]克纳承认，匈牙利的灌溉工程需要"付出很多心力、时间和金钱"，要"投入大量资本，回报也相对延迟"，但这项工作会有"长远价值"。他敦促其读者考虑造福后人的意义，还引用了德国诗人埃马努埃尔·盖贝尔（Emanuel Geibel）的话："我们需要的一切，都有幸从父辈那里继承，而我们也有责任为后人做好准备。"[30]

他跨地区和跨世代的观点，也隐约地表示这些任务一定程度上是维也纳帝国政府的责任，而不仅仅是地方事务。如此大规模的工程必须由帝国政府发起。克纳认为，哈布斯堡政府有责任为了其未来的公民去保护匈牙利大平原的气候。奥匈帝国是一个"差异巨大的国家",是一个"东西方、南北方截然不同"的国家,"因此在奥地利境内,差异很大的元素之间的竞争几乎不可避免"。但克纳坚持认为,奥地利无须担忧这种竞争。恰恰相反,他写道:

> 即使这些对立元素之间,偶尔会因为冲突擦出火花,也是一种完全有益的火花,它能活跃我们的神经,让我们保有新鲜与活力,绝对不能让它爆发成噬人的烈焰。奥地利有其自然历史的必要性,它既是堡垒也是纽带,隔开而又连通东部蛮荒、千篇一律的大陆草原,以及西部沿海景观。正是因为奥地利地势高低不平,这里才发展出丰富的文化生活。[31]

此处,年轻的克纳还是落入了"蛮荒"东方和"文明"西方之间的简单对立,以及一种粗暴的环境决定论。但他的植物学研究已经让他看到了一种更注重细微差异的地理学。需要注意克纳强调了东西方在哈布斯堡领土上碰撞而产生的生产力,他将其比作不同材料摩擦产生的电能(神经能量)。他也试图从地方差异产生的活力出发,解释这个国家的多样性带来的好处。

多年的通俗写作经历,已经让克纳形成了特定的情绪和笔调,这预示了《奥匈帝国图文集》的风格,但这种相似性并非巧合。19世纪70年代,鲁道夫在计划推出这一系列的作品时,向克纳寻求帮助。鲁道夫打算自己写关于多瑙河洪泛区和维也纳森林的自然历史部分,但比起植物学,他更精通鸟类学,于是他写信给克纳寻求专业指导。通信中,鲁道夫邀请克纳为自然历史概览卷撰写植物学章节，题名为《奥匈帝国的植物世界》，这是该卷的五个章节之一。这项任务也契合克纳的志趣。克纳通过对君主国植物群的研究，试图构建一个跨越时空的连续性愿景，以便为保护自然纪念物的呼告提供证据。

尽管"自然纪念物"的概念还没流行起来（见第二章），但它已经藏在了克纳的著作中。伴随现代农业和铁路的扩张，"现代文化已经侵入匈牙利人的世界"。克纳还说，帝国–王国科学家有责任推进现代化，但也要挽救传统自然–文化景观的遗留物，"在图像和文字中保留这最后的真实遗迹"。他相信，这些遗迹仍然可见，但"如果我们想记录并向后人传承现在还能看到的东西，就必须抓紧时间了"。[32]

克纳的研究项目与 19 世纪 50 年代初由鲁道夫·冯·艾特尔贝格尔在维也纳发起的建筑保护运动有很多共同之处。克纳关注人类活动对植物生命的影响，艾特尔贝格尔则是主张在城市和工业发展当中，保护奥地利的艺术历史遗迹。两人都想教会公众用一种新的眼光去看待历史遗迹，欣赏帝国的风景。它们可能是中世纪教堂饱受风蚀的石头，可能是老树那饱经风吹日晒的树皮，这些东西都有相似的美学效果，透过其表面，我们能感受到时间的流逝，以及生长和腐朽的循环。[33] 保护运动将这些自然或人为的遗迹，与散落在哈布斯堡土地上的其他遗迹联系起来，使人联想到跨时空的联结。

## 植物自己的声音

那是 1855 年的一个春天的早晨，在奥地利镇压匈牙利革命者 6 年之后，安东·克纳第一次踏上了匈牙利大草原。[34] 他感到自己"被深深吸引"而来到此地，这片"一望无际的绿色海洋，有数不尽的牧场，小屋与水井散落各处，沼泽和缓慢的溪流几乎都是一副模样"[35]（见图 35 和彩图 4）。在布达 / 奥芬的 5 年里，他一次又一次地回到这里，这里日新月异，他想赶在旧时风貌永远消失之前研究它们的特征。他绘制了地质地层图，汇编了物候观测资料，并收集了有关当地农业实践和生活方式的民族志信息。[36]

图 35　匈牙利布尔根兰的沼泽，安东·克纳·冯·马里劳恩绘，约 1885—1860 年

但一开始，克纳不太认可当地居民。他在家书当中写道，当他与同伴们"回到德意志地区，按德意志礼仪行事，听到德语时，由

衷地感到高兴"[37]。克纳的早期叙述反映了当时常见的对欧洲"东部"的刻板印象。他对土地的"管理不善"（Unwirtschaft）和瓦拉几亚人的迷信表示遗憾。[38]"他们没有一次觉得值得花时间去眺望远方。除了最近要走的路线以外，罗马尼亚人对地形漠不关心。"[39]克纳认为当地人明显缺乏美学感受力。

克纳怀疑（而且他逐渐相信，并且此后一直相信），草原上没有艺术文化是因为草原上没有树木。他认为森林理所当然是文化创造力的摇篮。很多人都相信这一点。19世纪的这个阶段，德意志人、波兰人、俄罗斯人和立陶宛人都创造了起源神话，将他们的文化之根追溯到一个又一个"原始"森林。[40]相比之下，克纳从草原居民的目光中看到了狭隘性与功利性。当地人不愿意看向远方。他指责他们对里格尔所说的氛围，即远观风景所产生的"情绪"毫无感觉。

这个24岁的孤独青年开始写诗。在《我的花》当中，他写到了从维也纳带来的种在窗台上的阿尔卑斯山花，寄托乡愁，同时以医生的眼睛观察它们的变化。在《虎耳草》中，他把这种植物"枯萎的叶子"比作自己的脸，它们"逐渐苍白、枯萎"。人与植物都无法适应"炎热的匈牙利大草原"。这种思乡之情既是浪漫主义的比喻，也是一种医学诊断，反映的是克纳长期思考的命题，即生物体的心理与生理健康都依赖其故土的气候。诗人相信，回乡之后人和植物都会恢复健康，"我们回到家乡，叶子绿了，脸颊红了"。在《龙胆草》（另一种阿尔卑斯山植物，也可以在欧洲和亚洲的低洼草地中找到）中，诗人把叶子上的一滴水想象成龙胆草姐妹们的泪水，"姐妹们，她们站在遥远故乡的山上"流泪。他恳求花儿别再流泪，否则他也会"像孩子一样"哭泣，因为他同情龙胆草这位"最亲爱的朋友"："对我来说，无论远近／在这异国他乡，你就是我最亲爱的朋友／我们因那甜蜜的共同家园而无法分离。"[41] 用植物隐喻思乡对克纳来说很正常，因为他知道某些植物很依赖特定地方的自然环境。

克纳后来说道，植物在诗歌中扮演着各种角色，它们既可以作为象征，寓情于景，也可以拟人化地表达人类的情感。[42] 花在青年克纳于匈牙利创作的诗中的作用，是表达克纳自己的思乡之情。

克纳想象着自己与花的对话，并开始思考植物究竟会说什么。于是他在匈牙利时写了一首诗，诗中的植物更多是在真正地"说话"。诗中提到了一棵椴树，这种树在下奥地利很常见，但在匈牙利很罕见。诗人听着风吹动椴树叶的声音，仿佛听到了来自远方的声音。"来自故乡的甜蜜故事，是那么遥远，那么漫长。我头顶上沙沙作响，那是亲爱的、熟悉的歌声——哦，甜美的音调，停下脚步吧，你为什么一定要急着离开！"[43] 克纳很少能听到乡音，只好学着倾听自然的乡音。

事实上，克纳在锻炼倾听植物说话的想象力的过程中，逐渐转变了对草原的态度。起初，他发现当地文化对自然界的美无动于衷，因为这里的艺术和建筑都没有提到植物。但是，他在写诗的过程中锻炼耳朵，并因此适应了草原的听觉文化，听懂了它的诗歌和民歌。他收集草原的诗句，甚至尝试翻译它们。终于，在诗歌里他发现了植物。先前，草原在他眼里是一片美学的荒原，这是因为他不知道该到哪里去寻找美，或者说不知道该去哪里倾听美。

旅居匈牙利的 5 年结束之时，克纳已经对草原文化有了新的看法。1862 年，他在《花圃小屋》（德语世界最受欢迎的家庭杂志）上发表了他的结论。他问道："如果没有高大的树木和长青植物，想象力可以附着于哪些植物之上？我曾仔细研究过草原视觉艺术和建筑，想从中找到答案，但无果。答案反倒在音乐和诗歌中。在匈牙利民歌中，植物发出了自己的声音。"

音乐翻译了匈牙利大草原的"哀婉"之声。铜钹模仿"秋风中灌木丛的簌簌低语"，小提琴模仿芦苇丛中的莺歌燕舞。克纳请求读者想象"蒂萨河畔长满芦苇，河岸上"的渔民"终日望着水面，听到的都是芦苇丛忧郁的沙沙声，以及以芦苇丛为家的水鸟那凄厉的哀鸣"。渔民的歌声"完美融入周遭自然"。克纳认为，匈牙利歌曲的歌词同样表达了对自然的崇敬，其"严肃"程度不亚于瑞士人对阿尔卑斯山的敬畏。歌词再现了草原景观的"整体形象"（洪堡称之为"形貌"），赞美这里的特殊物产，当然包括玫瑰、郁金香、丁香和其他从东方带到匈牙利的观赏性花卉。更让克纳感兴趣的是诗歌对本地植物的关注，如蒺藜和月见草（后者实际上原产于北美），这两种耐寒的开花植物都适应了大草原的土壤和干燥气候。更令西欧读者惊讶的是，匈牙利诗歌中常见一种低等的草本植物，即针茅（*Stipa pennata*），因其"轻柔的羽状白色芒针"得名"孤女之发"。它遍布整个南欧，西至莱茵河，北至瑞典南部。[44] 但克纳坚持认为，它只在草原地区"安家"，即俄国南部和匈牙利。它体现了这两地"真正的植被特征"，而且也是该地"景观"的基本元素。克纳将针茅对匈牙利诗歌的重要性比作阿尔卑斯山区歌词里的"阿尔卑斯玫瑰"（*Rhododendron ferrugineum*，高山玫瑰杜鹃）。他举了一个例子，使用了自己对一首匈牙利民歌开头部分的德语翻译。翻译成中文后，这几句诗是："我用孤女的头发装饰我的帽子 / 我选择一个孤女做我的妻子 / 我在广阔的草原上将她摘下 / 我在村庄里找到了一生的伴侣。"这篇文章所附的插图是克纳的一幅水彩画，看得出针茅是大草原典型植物群落的一员，它的卷须在风中飘扬，像极了松散开的长发（见图 36）[45]。

图 36　针茅。水彩画，安东·克纳·冯·马里劳恩绘，约 1860 年。档案里的水彩原作要比印刷雕版画更能捕捉针茅水漾的光泽

匈牙利之行结束时，克纳已经一改先前对东欧风景单调的描述。"匈牙利大草原上的居民，像瑞士人爱阿尔卑斯山一样热爱自己的家乡，他们知道如何从草原汲取灵感，并在诗歌中令其升华，将其化作意象与隐喻。我这个山区矿工的孩子，第一天踏上这荒凉而千篇一律的平原时，就陷入了孤独寂寞。但大草原的居民却为之心醉神迷。"[46] 现在，克纳看到了整个欧洲植物的多样性，且这里的人类文化也懂得如何欣赏它们。

## 多瑙河流域的植物生态

在《多瑙河流域的植物》（1863）中，克纳用寓言手法回忆了他与匈牙利大草原的相遇。这本书的重点是克纳熟悉，但在帝国中较少得到科学关注的地区。该书用十一章写匈牙利，四章写匈牙利-特兰西瓦尼亚边境的喀尔巴阡山脉，四章写波希米亚南部、摩拉维亚和下奥地利，六章写阿尔卑斯山，特别是蒂罗尔北部。他在匈牙利章节中开宗明义地强调，对一个首次踏足于此的"西欧"旅行者来说，草原景色自然十分陌生，他感到"自己来到了一个全新的世界"。克纳用文学的笔触描述了这种流离失所的感觉。他说人们在大草原上会产生幻觉，比如地平线上的一抹亮光会让观察者误以为自己看到的是远处的山丘（见图37）。同理，一片草地可能看起来是一片森林，一座农舍，或一座城堡。克纳尽职尽责地提供了一种解释：温度较高的土地不均匀地加热低洼地带的空气，导致气流波浪式运动，进而扭曲了远处的物体。但他刚把这个问题弄清楚，就又遭遇了新的幻觉和扭曲。他讲述了遭遇劫匪的经历，后来发现那是一场梦，梦中劫匪很快幻化成了水精灵。即便是光天化日，大气也会扭曲视野，除此以外，草原还会让人迷失方向。"周遭都是一样的景色，缺乏参照物，所以我认为，一个人不可能在这里认清方向。我的导游却对当地了如指掌，这使我大为惊讶。"[47]

图 37 《大草原上的海市蜃楼》，保罗·瓦戈绘，1891 年

如前文所述，迷路对尺度缩放工作很重要。乘坐热气球迷路，或迷失在暴风雪与森林中，都说明人要重新在时空上定向，掌握新的测度时空距离的工具。"西欧"旅客需要在草原上重新定位，因

为这里的距离不像它表面上看起来的那样。为了说明这一点，克纳引用了匈牙利民族主义诗人裴多菲对草原的赞美诗。裴多菲死于1848—1849年的革命战争，这首诗写于1844年，19世纪50年代在匈牙利人中传颂。裴多菲说著名的喀尔巴阡山脉的山地景观与他的故乡（匈牙利大草原）相比，唤不起他任何感受。这首诗的一种译文如下：

> 对我来说你是什么，冷峻的喀尔巴阡山脉？
>
> 浪漫的野生松树森林会带给我什么感受？
>
> 我的家乡，我的世界，都在那边，
>
> 在匈牙利大草原，那像大海一样辽阔的地方，
>
> 当我看到草原无垠，
>
> 我的灵魂就会冲破桎梏，像鹰一样翱翔天际。[48]

克纳在抒情式德语译文中，将草原的"无垠"放在了句尾，以示强调。他认为，草原和山地一样给人辽阔之感，这种感觉不一定是"崇高的"，或许用里格尔所说的"氛围"来形容更加合适，尽管里格尔是想用其形容高山和海洋的全景效果。如果要找一个有利位置来描绘"祖国"的概况，德奥作家倾向于选择下奥地利丘陵的某座山顶，或是圣斯蒂芬大教堂顶。克纳引用裴多菲的诗句，表明有不止一个视角可以提供帝国的概览——前文谈到过，克赖尔和施蒂弗特也是这个看法。但克纳在这篇序言的结尾又谈到了一个更常见的鸟瞰地：从维也纳城外的一座山丘上眺望，可将哈布斯堡的

领地"尽收眼底"。不过，克纳还是以裴多菲为例提醒读者，帝国旅行者不需要从维也纳出发，也能对尺度有适切的感知。裴多菲在《匈牙利大草原》中明确表示，出于对草原的热爱，他也可以去欣赏"巍峨的山脉"，哪怕它们无法与他的"心灵"交流。


## 好物种与坏物种

事实证明，克纳在匈牙利的几年对他理解植物的多样性也很关键。像约瑟夫·胡克和阿尔弗雷德·罗素·华莱士在英国的研究一样，克纳开始质疑"典型"物种的概念。[49]他在年轻时开始学习植物学，当时就被教导要收集所谓的"好物种"，即可以根据权威的性状特征清楚区分的那些植物。这样做的目的是为每个物种找到理想标本，其他不一样的样本都可以放在野外不管。然而，克纳在抵达匈牙利以后，就发现自己陷入了困境。"很长一段时间，我都不知道要怎么做。几乎所有植物都有点不一样，而且几乎都跟我在西欧故乡看到的典型的'好'物种不一样。"他接着用尺度缩放的语言描述了这种困境："匈牙利的植物群，根据维也纳的标准衡量，其实主要是'坏'物种。"接着他开玩笑说，"我正身处一个坏透了的地方"，他既嘲讽了传统植物学家，也讽刺了"落后的匈牙利人"的刻板印象。[50]

克纳还注意到，在不同的地区，同一个名字经常被用于指称不同的物种。例如，被称为黑松的树木实际上是三种不同的树种：第一种在特兰西瓦尼亚和巴纳特，第二种在维也纳盆地和加利西亚、克罗地亚、达尔马提亚和波斯尼亚的部分地区，第三种在波黑的边境地区。[51] 同样，被称为报春花的植物，如果生长在下奥地利，叶子背面就只有薄薄一层茸毛，但在匈牙利却有天鹅绒般的灰色茸毛，在特兰西瓦尼亚则有像是白色毡毛的茸毛。于是，克纳开始保留"坏物种"，而不是把它们扔掉。

就这样，他在旅行中采集标本，并按照形态排列它们，相邻的植物自然是同一物种，而两端的植物则完全不一样——的确，它们实在太过不同，要不是因为有中间的标本，克纳绝不可能知道它们同属一个物种。

这些经验使克纳相信，"绝大多数的分类都只是人为的……大多数时候，传统定义的两类物种，没有明确的区别；而且，一般来说，根本不存在惯常理解的那种物种"。但克纳仍然认为，物种分类具有重要的作用，只是物种的定义必须加以修改。新的定义需要考虑地理分布，而不仅仅是形态学。

在这个问题上，我们可以举出一个典型的例子，来说明哈布斯堡帝国的结构和意识形态为科学设定的激励措施，与拥有海外殖民地的帝国极其不同。此时，英国首席植物学家约瑟夫·胡克坚持认为，他的大都会视角使他能够看到殖民地收藏家眼里不同事物之间的共性，他是最杰出的分类能手。[52] 但克纳可以说是个拆解能手，他多次主动表明，被归为同一物种的标本应该被认为是不同的，因为它们是在不同地区被发现的。克纳认为，如果自己不在奥地利工作，可能永远不会有这些见解。为了说明这一点，他讲了一个西欧某国植物学家的寓言，他称这个人是"简化论者"，"迷信权威"，决心前往奥地利，"这个拥有完全不同的植被区域的差异之地"，去研究不同植物区域的独特特征。但他却大失所望，因为这里全是"坏物种"，是书里说的无用生物。"真是奇怪的植物群，"简化论者想道，"这么多典型植物居然都是坏物种，甚至连坏物种都算不上。"[53]前往匈牙利以前，克纳一直是简化论者，他用这个故事含蓄地表达自己是在匈牙利才真正学会了观察和欣赏自然世界的多样性。

## 另一个时代的遗产

1863年，克纳在《多瑙河流域的植物》调查报告的结尾，提议借用语言学的一个术语，来说明他前面章节中所谓的植物形态之间的"亲缘（即历史）关系"（genetic/historical relationship）。[54]这种关系在阿尔卑斯山的一个河岸尤为明显。该河岸因其动荡的地质历史而与众不同：雪崩和洪水反复扰动着地层，为植物生存创造新的表面。克纳对这一过程的描述，可能是对生态学家后来所说的演替现象的最早描述，即植物生长以为其后继者准备土壤的过程。[55]他不仅厘清了其顺序，还估计了所需的时间。为此，他将早春短暂绽放的杜鹃作为时间尺度的缩放工具。他将杜鹃"长成成株所需的大量腐殖质"与"杜鹃每年短暂的生长季节"相比较，估计要形成1.5英尺的腐殖质层至少需要1000年，而杜鹃群则是这一过程圆满的顶点。克纳总结说，除非受到人类或自然灾害的干扰，这一过程将持续存在，杜鹃也会向外扩散。[56]

但它们会扩散到哪里？气候因素是如何划分阿尔卑斯山植被的地理范围的？在湿度较高的低洼地区（可能是降雪融化较晚的阴凉处，或者靠近瀑布激流的地方），可以发现与高海拔地区类似的植物形态。有时候人们可以假设种子或整株植物是被溪流运下山坡的，但当克纳在离高峰很远的地方又发现阿尔卑斯山植物群时，他很难想象出这些植物抵达此处的过程。它们似乎濒临"灭绝"，克纳还注意到阿尔卑斯山的许多植被都在往"更高的潮湿地区退去……"。他毫不怀疑，这些都是因为"历史上砍伐森林、排干沼泽等诸多侵犯原始土地的行为而导致水分减少"。克纳强调，人类活动会破坏植物世界，有强有力的经验可以佐证，即植被线。他强调人类、植物和气候会相互影响，并推测阿尔卑斯山北部和东部的气候在更早的时代肯定是"海洋性的"，淡水湖也会更多，"阿尔卑斯山"的植物会覆盖更多低洼地带。随着气候日益干燥，许多湖泊消失了，植被也发生了变化。

从这个角度来看，他所描述的河岸，那里的树桩和阿尔卑斯玫瑰，都是"洪积世"阿尔卑斯山景观的幸存缩影。这才是这个地区植被"最真实的一面"，当时的人却还无法欣赏它的"壮美"。"发挥想象力，愉快地畅想这里漫长的过去吧，它曾是一处凉爽的山地。"[57]借由这些不起眼的植物，克纳将读者带入了一个人类从未见过的过去，但这次穿越时空的壮举还只是一次试探，不过是在广袤帝国的一小块地方进行了测试，克纳的野心是要讲述整个奥匈帝国的历史，而且要用鲜花来讲述。

## "我们的洪堡"

克纳发现，植物学家经常"图文并茂地"描述远方的植物群，而他们自己后院的植物却还在等待着人来书写，这真是讽刺。[58] 他引用了格里尔帕策《祛魅》的结尾："我的印度就在摩拉维亚。"这句话后来出现在《奥匈帝国图文集》的摩拉维亚卷中，在克纳那个时代完全可以充当哈布斯堡科学的座右铭。本着这种探索精神，克纳开始探索帝国中几乎不为科学界所知的地区，如东喀尔巴阡山脉、下奥地利瓦尔德威尔特尔地区和南阿尔卑斯山高地。他还激励其他哈布斯堡研究人员探索巴尔干地区，包括波斯尼亚、阿尔巴尼亚、保加利亚和黑山在内。[59]

这些调查有何目的？动植物学会称其有实用价值；他们或将回答"理性农业在满足我们这个时代高涨的经济需求的同时，所提出的全部问题"[60]。植物学调查因此与新兴的经济地理学领域，以及它为哈布斯堡政府管理提供的理性支持联系起来。

同时，哈布斯堡的植物地理学也被注入了新的"整体国家"研究计划的美学理想。前文说过，在19世纪50年代，自称"奥地利派"的研究者，对民族主义导向的研究项目直接发起挑战。针对民族文化独特而古老的论点，奉行"整体国家"的学科收集了哈布斯堡文化交流和种族混合的历史证据。这就是克纳研究奥地利植物史最开始采取的态度。

为此，他的插图旨在尽可能生动地捕捉地方细节。与克纳合作的一位插图画家解释了他们的工作方式："我们都知道这位植物学家非常看重表现'熟悉的风景'（paysage intime），因此明白有必要适当调整观众的视角，以及图像的边界或其他内容。"[61] "熟悉的风景"是 19 世纪法国自然主义的、非浪漫主义的乡村风景的理想写照。在克纳的作品中，这个术语被用于解释他绘制的许多插图中不寻常的特写视角，例如最小的植物占据了中心位置（见图 35 和彩图 4）。事实上，克纳认为，由于最小的植物数量众多，因此往往对表现景观最为重要。[62] 他对奥匈帝国植物生活的概述就来自无数"熟悉的风景"。

克纳将自己比作想知道当前"政治和国家边界"是如何形成的政治地图读者，带着同样的"好奇心"进行着历史调查，[63] 就像做民族志研究的冯·佐尔尼格和做艺术史研究的冯·艾特尔贝格尔一样。克纳从 19 世纪 50 年代开始，就从混合和交流的历史角度来解释整个帝国的植被多样性，但这些植物似乎也在说不同的故事。

## 植物迁移

1860 年，当克纳离开匈牙利前往因斯布鲁克大学任职时，他已经在制订一项雄心勃勃的研究计划，该计划将为植物地理学增加一条时间轴。克纳曾将植物地理学定义为一门关注物种分布的空间界限，以及解释这些界限的土壤和气候条件的学科。但他的下一句话却从植物地理学飞跃到植物历史学。"同样，植被线的迁移、某一特定物种在一个或另一个方向上的进化、其他物种在特定历史时期的缩减和灭绝也都被纳入观察范围，植物迁移的编年史由此诞生。"[64] 这种从空间到时间的转变对克纳的同时代人来说不同寻常。奇怪的是，历史学家们忽视了克纳在这方面的独创性，反倒把他与奥古斯特·格里泽巴赫（August Grisebach）等同时代人放在一起讨论。格里泽巴赫是一位更著名的植物地理学家，但他否认了气候变化的可能性。[65] 显然，我们需要了解克纳为何以及如何打破这一信念。

克纳那个时代的植物地理学家已经深刻地反思了他们所选择的空间研究视角，尽管他们还是很少考虑到时间维度。在业余研究者和低薪制图匠的帮助下，他们不断地绘制出更精细的植被地图。在一个被尼尔斯·居特勒（Nils Güttler）称为"放大"的过程中，这些新的表现手法将 19 世纪初的洪堡式植物地理学转变为 19 世纪末的植物生态学。放大使人们有可能根据地理条件来解释植物分布的空间模式，这比洪堡时代的粗略概括（如"热带"或"高山"）更加具体。因此，"放大"可以实践生态学的观点，精确理解生命所需的环境。[66]

但克纳是第一个证明"放大"工具还有另一个重要成果的人，即还开辟了从历史视角研究植物生命的路径。只有精确测绘植物，直到奇特的树线等异常空间分布也被呈现出来，我们才能回答植物随环境条件变化而迁移的问题。用克纳的话说，树线随着气候的时间变化而"摆动"。

克纳将他的老师弗朗茨·翁格尔和英国博物学家爱德华·福布斯（Edward Forbes）看作植物世界的第一批历史学家。他反思他们的研究，并开始制订自己的研究计划。翁格尔在 19 世纪 30 年代转而研究地质史，可能是因为他有机会检查从煤矿中出土的植物化石[67]。他意识到，植物当前的分布情况不能只用当前的力量来解释。翁格尔是一个进化论者，但他不相信嬗变是环境直接作用的结果。相反，他赞成观念论的构成本能理论，即一种从旧物种中创造新物种的普遍动力，会推动地球从有机生命的一个阶段进入下一个阶段，植物王国好像一个单一的处于进化中的有机体。他认为，在地球的历史进程中，气候逐渐变冷，这就解释了在很早的过去，具有"热带"特征的植物更频繁出现的原因。[68]翁格尔将植物学史前研究比作植物地理学研究，但他实际上在进行时间分析的同时放弃了空间分析。另外与克纳不同的一点是，翁格尔认为在他自己的时代，除了某些宇宙波动和人类活动的负面影响之外，地球的气候基本处于稳定状态。因此，自然界的波动和人类的干预可能会让一种植物暂时扩张或缩减，但不会造成永久性的变化。他认为，未来的进化过程不取决于环境条件，而视大自然追求完美的天性而定。[69]

1851 年，翁格尔出版了《原始世界的不同形成时期》（*The Primeval World in Its Different Periods of Formation*）。在这本书中，他用引人深思的文字和丰富的插图描绘了失落的世界。他说他只希望"表达存在一种可能性"，以此"唤醒受过自由教育的人，带领他们思考那些被遗忘的时代，并把现在看成这个伟大过去的结果"[70]。本书没有篇幅来详述翁格尔的观点带给世人的冲击，毕竟那个时代的文化氛围还在受 1848 年革命影响。[71]对本书来说，更重要的是克纳从翁格尔的观点得到的启发。虽然克纳与翁格尔的观念论决裂，但却和导师有共同的目的，即把经验性的观察结果综合成生动形象、通俗易懂的植物历史描述，哪怕只是推测性质的。

爱德华·福布斯的研究对克纳同样有启发。福布斯来自马恩岛，是一位广受尊敬的地质学家和博物学家，他曾试图解释困扰克纳笔下那位"简化论者"的现象：世界上存在相似但不完全相同的物种，它们生长在类似的条件下，但彼此之间相距甚远，例如不列颠群岛高原上的"斯堪的纳维亚"植物，或是爱尔兰西部的"西班牙"植物。[72] 福布斯将英国的植物分布归因于欧洲其他地方植物的迁移。他不认为这些植物的种子是由气流或洋流携带而来。相反，继赖尔之后，福布斯又提出，英国曾经通过大陆隆起时期形成的陆桥系统与欧洲大陆相连，从那时起，外来的动植物已经来到不列颠群岛定居。随着土地沉降，生长条件不断变化，古老物种"退场"，"适合较温和气候的新物种"迁来。[73] 因此，福布斯秉持这样的信念：物种不是神一次性创造的，而是在不同地点，地球历史的不同时期分别创造的。

福布斯在其事业抵达巅峰时去世了，年仅 39 岁。在接下来的 10 年里，他的研究受到了格丁根植物学家奥古斯特·格里泽巴赫的攻击。格里泽巴赫和福布斯一样，相信有多个创造中心，但他从这个信条中得出了不同的结论。他认为，如果每个物种都是为其特定的环境而设计的，那么就没有必要利用物种迁移和环境变化的理论来解释植物的空间分布。格里泽巴赫不是孤军奋战，这一时期多重创造理论的盛行可能解释了，为何许多欧洲博物学家对跟踪和解释物种空间分布随时间而变不感兴趣。[74]

格里泽巴赫甚至指责福布斯伪造证据，而安东·克纳则站出来为福布斯辩护。本章的开头就摘自该辩护文。克纳认为，福布斯在拼凑植被史时，只是像所有历史学家一样行事。克纳在为福布斯辩护之余，也在文章最后陈述了自己的研究计划。该计划结合了历史和实验方法，克纳将收集植物史前分布的历史和地质证据，同时通过实验研究它们的扩散机制，借此评估进化的假设。

## 网络扩张

该研究的第一步是建立一个观察者网络，因为只有在密切合作的基础上，才有可能绘制出统一的植物分布图。卡尔·弗里奇的物候学网络为此提供了基础，克纳的私人关系也贡献良多。在对卡尔尼奥拉进行植物学调查时，他与后来担任奥地利气象学会主席的约瑟夫·洛伦茨（第九章）结下了友谊。[75]克纳还发起了与整个中欧和南欧的不知名博物学家的交流。1865 年，塞尔维亚的一位通信人答复说，他"欣然接受"克纳的"友好邀请，愿意与他进行植物学交流"。克纳的通俗作品也帮助他扩展人脉，这一点从那些后来成为收藏家的植物爱好者写给他的信中就可以看出。[76]

1871 年，克纳说服《奥地利植物学学报》的编辑为该报增加了一个新栏目，名叫《植物迁移纪事》。克纳说这是因为他经常收到来自"最近新出现"某种植物的地区的该植物标本。收藏家通常都会附上该植物分布历史的说明，但很少有人认为这些细节值得发表。像这样的观察结果单独看来没有什么价值，但如果收集起来并"从一个综合的角度加以解释"，可能就蕴藏着巨量信息。[77]克纳拿自己研究的例子打比方。1870年夏天，他从上奥地利的一个庄园主那里收到了金光菊的标本，它是雏菊和向日葵的亲戚。来信者说，这些花被种植在磨坊和铁厂的花园里，它们最近在艾斯特河畔大量出现。克纳决定进行调查，于是他去查阅了17世纪和18世纪初的"大量"珍贵书籍，又读了几十篇19世纪的文章，最终设法追查到了这种花的北美故乡。它们是在17世纪被引入欧洲，并在巴黎和低地国家的花园中得到栽培，最后从花园中和河岸边"迁移"到了这里。就这样，该物种在欧洲完成了"归化"。令他惊讶的是，直到19世纪中叶，他都没有发现野生金光菊的记载，但随后相关记载大量涌现。克纳不知道这种植物在何时，从何处第一次挣脱了花园的束缚。但很明显，该物种在过去的二三十年里才变成的野生物种，而且只在气候适宜的地带生长。

由此可见，克纳的植物地理网络与早期的气象观测网络有着微妙却又明显的不同，因为他不仅跟踪植被的空间分布变化，还会跟踪这种分布随时间变化的情况。他想了解某些植物和植物群如何"从一个地方迁移到另一个地方，开拓新的栖居地"。他好奇这些植物所遇到的难以"克服"的"气候障碍"，以及因此而出现的"新的植被线与上限"，也好奇那些"没有加入迁移大军"的植物，它们可能反而被"赶了回去"，现在已经"逐渐灭绝"。[78]克纳开始搜集帝国植物迁移、进化和灭绝历史的数据。

当克纳被任命为维也纳大学植物学教授，并担任1754年由玛丽亚·特蕾莎创建的该大学植物园的园长时，这个项目就获得了新的支持。克纳制订了新的治园方案，因为他深信现代植物园必须同时服务于实验研究和公共教学，于是将花园划分为几个功能区。新建温室用于实验，花园的一部分不对公众开放，仅用于研究和大学教学。公共区域根据不同的组织方案被分为三部分：药用和经济用途、分类学和地理起源。最后一个区域是设计中最具创新性的部分，后来频频被其他地方的植物园模仿。[79] 在这里，参观者可以探索世界各地的典型植物群，展品有来自日本、中国、伊朗、西伯利亚、非洲南部海角、澳大利亚和墨西哥的物种。这个区域还向参观者介绍了克纳为描述奥匈帝国植物群的特点而制订的地理划分法。

同时，克纳开始着手建立一个集纳奥匈帝国全部植被的综合标本馆。每件标本都标注了识别特征、别名以及采集地点等地理数据。克纳与君主国的其他 29 位植物学家共同编辑，克纳的人际网络里大约有 150 名成员会定期提供资料。[80] 1881 年，克纳出版了《奥匈帝国植物志》的第一部，该书被寄往世界各地的花园，以换取当地的植物目录。

改造植物园，建立收集网络，都是为了向公众推广植物历史学，同时也是为了研究。克纳 1886 年回应自由派日报《新自由报》说，出版《奥匈帝国植物志》的目的是"尽可能向更多公众传播集体研究的成果，其中也包括本来就对植物学感兴趣的人，这样才好唤起国民对植物学的兴趣"。《新自由报》的报告强调，该网络超越了国家和阶级的界限，在缓和国家紧张关系方面，克纳的项目比冯·塔夫的保守政府成功得多：

为了让这个多头的有机体发挥作用，让它的能量不被分散，让信息被适当过滤且及时传达，自然需要一个精心设计的统一组织……它的合作者分布在君主国各地，尽可能地覆盖各民族、各信仰和各阶级。德意志人与捷克人、波兰人、鲁塞尼亚人、马扎尔人、克罗地亚人和意大利人一起，在科学活动中和谐相处。在政治上，塔夫伯爵仍未解决的问题，即君主国各民族之间的和解，在这个具体的过程里已经不再是问题。若我们分析合作者的社会地位，就会发现他们是多么不同。自然，学者和神职人员是其中的大多数。27名学者中有大学教授，也有乡村教师；有13名神职人员，有红衣主教，也有蒂罗尔阿尔卑斯山区的一个低阶牧师，或是特兰西瓦尼亚一个孤山里的牧师。除了这些人之外，还有5名医生、8名身处不同岗位的公务员、3名药剂师、3名学生，以及5名普通公民。[81]

当时，大多数大都市博物学家都不重视"地方"收集者的作用[82]，而克纳及其追随者却颂扬哈布斯堡植物地理学的合作精神。他的植物迁移史是一个为超国家意识形态定制的项目。

克纳的网络不仅连通了空间距离甚远的观察者，还连接了现在的观察者与过去、未来的人，尽管不太明显。它旨在挖掘藏于历史资料的观察结果，并为后人保留新的观察结果。克纳认识到，自然志需要知识的延续性，甚至在个人生活中他也优先考虑这一目标。他在敬仰科学先驱的同时，也很注意培养继承人。他的儿子、女儿和女婿都协助他撰写了他的晚期作品《植物园》。他的儿子弗里茨·克纳·冯·马里劳恩也承父志继续气候学研究。同样，克纳的女婿和他以前的学生理查德·韦特施泰因将接替克纳继续担任维也纳的植物学教授，他们经常向他表示敬意。

无论是跨越国家还是跨越年代的科学合作，在克纳看来都需要某种道德意志。植物学家爱德华·芬茨尔也认同这个观点。芬茨尔是帝国皇家动植物学会的第一任主席，曾鼓励其同事不要自命不凡，而要去欣赏其哈布斯堡科学家看似"狭隘"的研究兴趣。成为一名帝国-王国科学家，意味着要重新调整自己的本地专业知识与更广泛的地理领域、更长的知识历史之间的关系。克纳坚持认为，无论研究者专业与否，采集者位于何处，对植物学的任何贡献都可能有其价值，关键是要学会在一个新的尺度上思考：

> 我们这个时代坚持分工的原则，每个研究人员只能沿着一条非常狭窄的道路前进，这已近乎一种规则。但狭隘往往导致傲慢，于是研究者看不起其他人走的路，而且由于对当前科学成果太过自信，对早期研究不加重视。[83]

克纳这里描述的是尺度缩放的社会过程。为了防止"狭隘"与"傲慢"，研究者应当与受尊敬的合作者保持联络，重新估计那些时空上与他相距甚远的事物。

## 植物王国的弃儿

19 世纪 50 年代和 60 年代，年轻的克纳在匈牙利和卡尔尼奥拉的旅行中，特别关注他后来称之为"弃儿"的东西，它们是远离主要种群核心的孤立植物群落，如卡尔尼奥拉沿海低山的阿尔卑斯玫瑰和火绒草等高山花卉，或生长在匈牙利的无花果树、郁金香和芍药等地中海植物。当时，似乎不需要对这种反常现象做多余的历史解释，这些孤立植被群落一定是人口迁徙和贸易的结果，是水、风、动物迁徙散播种子导致的。

克纳就是这样解释他的家乡瓦豪河谷地区的开花植物分布的（见图 38）。根据克纳在 19 世纪 60 年代引入的地理术语（后来它们被淘汰了），瓦豪代表了三个不同地理领域的交汇点，即赫奇尼西亚区、阿尔卑斯区和潘诺尼亚区。赫奇尼西亚区指的是欧洲中部的森林地区，潘诺尼亚区指的是欧洲中东部和东南部。克纳特地使用古代地名，巧妙地避免提及他所处时代的政治边界。出于特定原因，瓦豪地区是一个值得特别注意的实地考察点：

> 穿越山谷时，许多凉爽阴凉处的植被会让人想起阿尔卑斯山麓山谷的植物群。再往前走，赫奇尼西亚区的一个植物群又让人想到波希米亚-摩拉维亚山丘上干燥的松树云山沙林。再往前走几步，我们可能会看到"孤女之发"从黄土地上飘起，在一些白橡树和土耳其橡树周围的灌木丛里，还有可能遇到潘诺尼亚的花卉，使人想到遥远的匈牙利草原。由此可见，我们脚

图 38 《奥匈帝国花卉地图》瓦豪河谷局部，安东·克纳·冯·马里劳恩绘。该图展示了波罗的
海植物群与黑海植物群的边界，位于高海拔地区的是阿尔卑斯山植物群

下是一片了不得的土地，它汇聚了三个大型的中欧植物区。[84]

这种显著的多样性何以形成？克纳从历史中找到了一些答案。
在人类历史的进程中，潘诺尼亚植物似乎已经向西转移。但由于
当地的河流都向东流，水不可能将潘诺尼亚的种子从匈牙利带往西
方，因此人类贸易行为才是真正的原因。从民族志角度看来，克纳
发现在瓦豪地区，有一个潘诺尼亚物种很久以前就被用作"禁忌之

路"的路标，这似乎在暗示该物种源于国外。

但人类贸易不能完全解释瓦豪地区当时的植物分布。克纳发现，其他东方物种最近才抵达瓦豪，且没有观察到西方物种东移，因此新来的物种不太可能是因古时"东西方"贸易而出现的。从19世纪60年代的笔记手稿中，我们能看到克纳对瓦豪地区植物分布的观察。他开始怀疑是气候变化的作用。由于克纳预先就认为森林对气候有所影响，所以才推断森林砍伐导致瓦豪的气候"大陆性化"，湿度降低，极端气温增加。[85] 克纳认为自己是在追踪"东西"欧洲不断变化的边界，但他在这项研究中还是把粗略的文化地理学当作植物地理学的模板。他怀疑这条迁徙线最终会停留在阿尔卑斯山脚下："这里曾是东西方国家的边界，而现在则构成了东西植被之墙。"

早在19世纪60年代，克纳就认为植物和人类殖民者一样，都懂得主动利用对其有利的气候和土壤。他和达尔文一样强调"个别生物体的迁移能力"[86]。例如，他认为生长在匈牙利的地中海植物就是奥斯曼帝国征服史的见证者。莫里茨·瓦格纳在1868年提出类似的观点时，克纳是最能领会他意思的读者之一。瓦格纳认为，迁移和隔离是促成物种进化的关键因素。如果没有物理屏障来防止杂交，杂交种就会在未来几代中恢复原始物种的特征。[87] 尽管瓦格纳很快被进化论支持者驳倒，但克纳却在1871年的一篇文章中探讨了他的想法，这篇文章就是《杂交种能成为物种吗？》[88]。但此时的克纳已经开始了一系列大实验，来检验迁移在物种形成中的作用。

克纳到达因斯布鲁克后不久，就注意到山谷里的植物和山上的植物样子不同。于是，他想到了一个检验拉马克假说的方法。他在自己的高海拔花园里移植了山谷中的常见植物，然后观察新环境是否使移植植物产生可遗传的变化。结果并非如此：大多数来自低洼地区的植物在实验花园中根本无法繁殖，而那些能够繁殖的植物则没有显示出后天特征能够遗传的迹象。迟至1866年，克纳仍在文章里宣传拉马克的观点，但到1869年，他就已经开始支持自然选择理论。[89] 在《植物形态对气候和土壤的依赖性》（The Dependence of the Plant Form on Climate and Soil）一文中，克纳发表了他对相关植物物种的空间分布的观察结果。长期以来，他一直想知道为什么在不同地区，似乎不同种的植物会使用同一个名字。此前，他曾假设移植到新环境的物种会因当地条件直接变异，且会将新的性状遗传给后代。在放弃环境直接作用导致嬗变的假设后，他提出，当变异能让生物体在原始物种外围"填补空缺"时，就会形成新的物种。

但他真正感兴趣的不是遗传机制，而是生物种群与它们必须适应的环境变化之间的关系。因此，达尔文的理论对克纳来说最重要的是对有性繁殖的解释。得益于有性繁殖，植物避免了"物种混沌"和"单一物种"两类极端情况。换言之，有性繁殖让物种产生足够多的变异，以便抵消环境波动的影响，同时确保变异范围有限，于是可用来识别物种的特征就稳定遗传下来。克纳在1869年表示，自然界有一个显见的事实，即物种既是可变的又是不变的，两者并无矛盾。至关重要的是，"可变性有其限度"，而"不变性也只是暂时的"。我们需要注意这一表述的两个要点。第一，总体而言，生物的显著特征是面对环境变化也保有复原力；第二，物种的"不变性也只是暂时"的事实，关涉观察尺度，即植物物种似乎只在人类经验的时间尺度上固定不变，它们让克纳学会了按照人类以外的尺度来衡量时间。[90]

## 植物迁移动力学

克纳 19 世纪 60 年代开始研究植物的"迁徙"问题时，很少有人采用过实验研究法。博物学家们倾向于认为，当前植物的分布，乃源于人类或动物迁移活动，或水流、气流散播种子。达尔文在《物种起源》中，用实验证明了种子浸没在海水中，被鸟儿吞下或嵌入鸟嘴、鸟爪、排泄物或浮木等，仍能发芽。他表明植物种子是坚韧的长途旅行者。因此，他倾向于从迁移的角度来解释现在的分布，而不愿像福布斯在 1846 年提出的那样，用地理变化（例如陆桥的出现和消失）加以解释。[91]

克纳一度认为植物是旅行爱好者，但到了 19 世纪 60 年代末，他开始怀疑这一假设。和达尔文一样，克纳想用实验说服自己，许多种子在经过鸟类的消化系统后仍能保持完整的繁殖能力。但考虑到鸟类季节性迁徙的时间和候鸟喜欢的食物，阿尔卑斯山高地出现南方植物不大可能得到解释。事实上，在阿尔卑斯山高地发现的动物群没有一个被发现也生活在遥远地区。此外，人类交通也无法解释为何无人居住的地区也会出现外来植物。[92] 而且 19 世纪 70 年代，年轻的德·康多尔已经得出结论，大多数物种的种子实际上不能在水运中幸存。[93] 于是，在排除了这些可能性之后，将植物迁移归结为风的作用似乎合乎逻辑。克纳接受挑战，打算验证这一假设。

这样做意味着接受当时 ZAMG 推崇的动力气候学观点。这些年里，克纳积极投身奥地利大气科学研究，他的三篇研究论文发表在《奥地利气象学会学报》上，他还在他位于特林斯的避暑别墅附近建立了一个隶属于帝国气象观测网的气象观测站。汉恩在《气象学教科书》中引用并赞许了克纳对土壤温度随日照强度变化的研究。和最杰出的动力气候学家一样，克纳坚持认为随时间推移观察大气现象变化情况十分重要。这意味着在关键时刻出击，而不是依靠一个永久性气象观测站的规定性测量活动。在广泛研究气候问题的自然地理学家卡尔·冯·松克拉（Carl von Sonklar）看来，克纳的工作因"研究的彻底性……以及对物理的全面而透彻的理解为人所称道"[94]。克纳甚至设计了一种仪器来回答森林−气候辩论的核心问题，即如何使露水测量标准化。几十年前，ZAMG 物候观测学网络的主任卡尔·弗里奇曾向克纳抱怨过，他的露水测量"似乎非常失败"。他在哪里都找不到可靠的观测数据，而且"更不清楚露水的数量如何取决于日照和气流的变化"[95]。克纳的露水仪则满足了这种需要，它用一片薄薄的铝叶收集露水，用一根细管中水的位移来测量露水的重量，并根据露水的绝对重量和等量降水高度来校准测度值。一份林业期刊判断，这个装置最终成功产出了"相对可以用于比较的数据"。[96]

克纳从观察最小尺度的植物生命开始，一步步调研植物的大规模迁移。想象一下，在一个阳光明媚的日子里，你站在阿尔卑斯山的高处，在一处树荫下休息，或许顺着光线看到空气里都是小小的种子。每一粒种子都有用于滑翔的小茸毛或翅膀。克纳试过用手抓它们来估计数量，发现平均每分钟有 280 颗种子飞过大约 1 平方米的土地，有些种子只重 0.02 毫克。对克纳来说，有关阿尔卑斯山植物的历史至关重要的问题在于，一旦这些种子搭上山风的便车，它们能飞多远？[97]

首先，这是一个经验性的空气动力学问题。他利用风扇产生可控的水平气流，测试不同类型的种子和果实能滑行多远。到目前为止，最适合飞行的是那些配备了克纳所说的羽毛状降落伞的种子，它们似乎的确能够飞得很远很高。克纳赞叹这些种子"附属物的奇妙结构"，因为其优化了种子与空气接触的表面积，客观上减轻了种子的重量。此外，这种降落伞由茸毛构成，而非连续膜，因此可以在表面积相同的情况下降低重量。由此可见，这类种子的确可以被风吹到很远很远的地方。不过，真的有种子长途旅行的证据吗？

克纳认为，冰碛是"天然试验场"。在冰川退去的几年内，植物会开始在岩石间的沙地里生长，大约 10 年以后，这些先驱就会产生足够的腐殖质，供第二代植物迁入。[98]因此，如果能在冰川退却后留下的泥土中发现开花植物，似乎就可以断定它们的种子最近才抵达此处。不过，克纳也没有在冰碛或冰川里发现特别的物种，它们都在周围的山谷里很常见。尽管如此，克纳还是考虑了这样一种可能性，即来自远方的种子可能是跟着"赤道气流"来的。南风可能会把种子当作"远方温暖家园的伴手礼与纪念品"带来这里。[99]需注意，克纳至此还在追随多弗，认为中欧的暖风（如西洛可风和焚风）从热带地区吹来，不过克纳接下来就开始从他自己的热力学角度思考起这个问题。实际上，他把一个植物地理学的问题变成了动力气候学的问题。

克纳指出，种子要随风飘向高空，就必须保持干燥。他通过实验证明，种子在潮湿的空气中会很快掉到地上。但他认为，现实中根本不可能保持干燥，这种假设已经被热力学定律"永久而绝对地"排除了。任何带着种子升空的气流在上升过程中都会膨胀和冷却，其相对湿度也会相应增加。种子被抬升到一定的垂直极限就无法再继续上升。这个极限会随着种子的类型、季节、一天中的时间和地形而变化。可能是基于风筝实验的结果，克纳估计最大值是最高峰以上 500~600 米，并认为这是垂直气流的上限。更重要的是，克纳观察到，在阳光温暖且湿度低的日子里（这些条件有利于产生上升气流并保持种子干燥），水平风分量往往很弱。因此，无论种子升得多高，都很容易受阿尔卑斯山高耸山峰的限制，往往降落在相对较近的区域。[100]

克纳的推理基于对谷壁上下的大气条件的艰苦观察（见图 39）。从 19 世纪 50 年代到 19 世纪 80 年代，他在几十个笔记本上记满了气象要素的测量结果、云层的观察和风向图示。他甚至发明了方法，来检测因风速太小而无法吹动风向标的风。这个方法只用了一根连在杆子上的蜡烛及几根火柴，一旦蜡烛熄灭，烟雾就会指明风向。

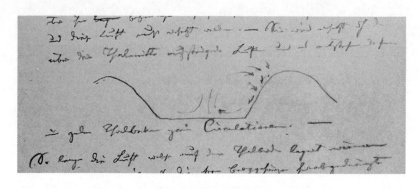

图 39　克纳未发表的大气动力学笔记，图中画出了山谷气流的流向

在这种动态分析的基础上，克纳至少排除了阿尔卑斯山上"由空气传播的种子跨越广阔的陆地和海洋"的可能性。[101] 近年来科学家利用种子播迁理论和种子库分析研究证实了这一结论。[102] 这个结论对解答"弃儿"这一奇怪现象具有重要意义，特别是阿尔卑斯山东部的一些一般生长在山的南边的孤立植物群落。现在克纳不同意这些种子是由人类、动物、水或空气运输的观点。在他看来，毫无疑问，这些离群索居的植物是"以前生活在整个地区的植物群落里被遗忘的前哨"。他继续说："这种南方植物新出现在阿尔卑斯山东部的几个地方，使我们可以推测：最后一个冰期结束后，阿尔卑斯山东部地区的气候变暖了……但后来由于气候条件变化，这些物种只留在了更南边的地方，以及北部少数气候条件有益于其生长的地方。"[103] 克纳基于对山谷中的风的艰苦观察，加上早期对大气热力学的接触，相信山区植物的流动性受到了严格的限制。因此，阿尔卑斯山植物当前的分布情况是了解过去气候的一个重要线索。有了

植物的指导，克纳成功地将动力气候学的仪器（温度计、气压计、湿度计、风速计、蜡烛和风筝）变成了时间尺度缩放的工具。

## 《奥匈帝国花卉史》

在生命的最后 10 年里，克纳出版的著作较少，并非其精力不济，而是他正忙于编撰后来大受欢迎的作品——《奥匈帝国花卉史》。该书于 1888 年至 1890 年分两卷出版，并在 1896 年至 1898 年（即他去世的那一年）推出了修订版。在 19 世纪 80 年代，克纳还对奥匈帝国的花卉历史做出了最后的贡献。首先，基于自己为《奥匈帝国图文集》所作的植物学概述，他在新书《奥匈帝国物理统计手册》中绘制了一幅奥匈帝国的花卉地图。这是他对哈布斯堡植被多样性毕生研究的视觉综合呈现。他将帝国描绘成四个花卉领域的交汇地（见彩图 5），并在 1888 年提交给奥地利科学院的最后一份报告中，给地图加入了时间尺度。[104]

这一时间尺度的练习始于一个熟悉的问题，即解释奥地利阿尔卑斯山的"弃儿"现象，该现象发生在他所绘植物图谱上黑海、地中海植物区系交界处。到 1888 年，克纳已经积累了大量的经验证据来支撑其主张，即花卉"弃儿"是相对较近年代气候发生急剧变化的标志。他在奥匈帝国和亚欧大陆的其他山区和草原环境（包括斯堪的纳维亚半岛、俄国南部和喜马拉雅山脉）中，获得了更详细的当时的植物分布证据。这些观察表明，阿尔卑斯山植物群远远超出了阿尔卑斯山的范围：它们向东延伸到喀尔巴阡山脉、高加索山脉、阿尔泰山脉和喜马拉雅山脉，向北抵达斯堪的纳维亚半岛，甚向南到达迪纳拉山脉、比利牛斯山脉和巴尔干山脉。如何解释这种广泛散布的现象？洪堡派的理论已经不够用了。克纳提醒读者，洪堡曾假定植物纬度变化与植物海拔变化之间一一对应，因此阿尔卑斯山和北极地区有相同的植物群。详细调查表明情况并非如此。克纳坚持认为，问题在于阿尔卑斯山的品种如何广泛传播到这么远的地方，只有地理历史的解释才可靠。所幸他有新的证据可以利用，即植物和动物化石，以及近年来的地质发现，如阿尔卑斯山和喀尔巴阡山脉之间的冰期高海拔桥梁（背斜）。

从此出发，克纳提出了一个纵贯冰期到他的年代，再到未来的全面视角，以此看待哈布斯堡的土地。证据表示，当前的植被分布源于上一个冰期之后的一段温暖而干燥的漫长夏季。就在那时，斯堪的纳维亚和阿尔卑斯山的冰川开始从欧洲中部的平原上退去。为了寻求更凉爽的生存环境，一些北极品种会逐渐迁移到南方的高海拔地区，而一些阿尔卑斯山类型的品种则选择去北方找避难所。这种迁移是植物分布带极其缓慢的转移，而非殖民拓疆式的活动。阿尔卑斯山花卉在巴尔干地区的出现则更难解释，因为那里没有冰川作用的地质证据。克纳认为，这些物种实际上是中海拔地区的原住民，而随着气候变暖和冰川消退，它们已经迁移到阿尔卑斯山的高地。和他同时代的大多数人一样，克纳一般不讨论气候转变原因这种深刻问题。但他确实大胆地提出了一个假设来解释他最感兴趣的区域变化：黑海地区与地中海地区植物群的分离。他赞同爱德华·布鲁克纳当时的理论，认为黑海和里海周围"大陆构造发生变化"，这种变化使亚欧大陆的东部和南部形成截然不同的气候。[105]

克纳就这样归纳出山区植被对气候变化反应的通用理论：在降温时期，需要较长生长季节的植物会从山谷中消失，为来自高海拔地区的植被腾出空间；在气候变暖和冰川消退的时期，山谷中的植物则会向山上移动，且会分阶段抵达，每个群体都会为下一个群体准备好土壤。就阿尔卑斯山东部而言，这些定居者来自南部和东部（即来自地中海和黑海植物区系）。

这些"思乡"的植物已经证明了它们作为尺度缩放工具的价值。它们提供了时空连续的视野：从东阿尔卑斯山向北到斯堪的纳维亚，向东到亚欧大草原，向南到巴尔干半岛；从末次冰期到现在。"当今时代与冰川最后一次大推进后的温暖时期并无明显区隔，因为过渡是非常和缓的。"[106]

展望未来，克纳认为气候条件不可能会保持目前的状态。"一旦高海拔植物区系边界限制植物迁移的制约因素消失，或扩大、收缩，那么这些稳定的植物区系也将再次迁移、变化。"[107]克纳把植物世界比作一个"仓库"，但不是指传统上满足人类所需资源储备的仓库，而是一个适应气候变化的系统。他观察到，山区之所以拥有如此多样的植被类型（无论是发芽植物还是休眠中的植物），是因为不管谷地降温多迅猛，这里总适合低海拔地区的迁移者生存。[108]同样，今天的植物遗传学家把森林或珊瑚礁等生态系统比作生物多样性的"仓库"，也是在把以人类为中心的比喻转变成以生物为中心的比喻。

## 土地的祝福

克纳雄辩地主张想象力对科学研究的作用，哪怕在"没有经验观察的情况下任凭想象力驰骋"经常导致错误，但它仍然是"研究的必要辅助工具"。[109] 的确如此，克纳的尺度缩放实验就源于他对人类生活以外时间的想象能力。

克纳40多岁时获得内廷参事头衔以后，就和妻子决意在蒂罗尔格施尼茨山谷的特林斯冰碛附近建造一座避暑别墅，后来的每个夏天他们都在这里度过。克纳的儿子弗里茨和女婿理查德·韦特施泰因也在附近建造了自己的别墅，克纳经常在此接待来访的国际科学家。于是，特林斯就成了被研究得最彻底的植物地理学实地考察点之一。因为这一历史传统，它今天仍然是阿尔卑斯山东部气候历史的基准。

在选择这个地点时，克纳已经想到了它的历史意义。1867年，他正是在这里发现了报春花，也就是克卢修斯3个世纪以前寻觅但徒劳无获的阿尔卑斯山花卉。克纳对阿尔卑斯山气候变化的洞察，让他对这项发现有了新的认识。克卢修斯在维也纳的那些年（1573—1588）正好是阿尔卑斯山降温期（1570—1630）开始的时候。也许克卢修斯16世纪70年代来这里寻找报春花时，它的种子已经被冻在冰层里了。而克纳则在小冰期结束后的变暖时期才展开研究，他避暑别墅附近的冰碛是大约1.5万年前特林斯冰川退却后沉积而成的，当时阿尔卑斯山的大部分地区已经没有冰川了，可能正因如此，这里才有其他地方没有的植物。冰川在小冰期再次推进，大约在 1850 年达到最远。有证据表明，克纳发现报春花的山坡，比周围的山峰封冻期更长。[110] 最近的研究指出，许多阿尔卑斯山植物种子可以在冰冻状态下存活很长时间，并保持着发芽能力。[111] 克纳在 1867 年抵达特林斯时，他看到冰碛中盛开的报春花可能是 3 个世纪以来的第一次目击记录。

为了纪念 1874 年避暑别墅落成，克纳写了一部喜庆的戏剧。该作品采用了文艺复兴时期的庆典风格。那时，朝臣们会在庆典上扮演自然世界的事物，而克纳作品里的角色则完全是岩石和植物。戏剧开篇是角色弗林特（燧石）回忆冰期，说自那时以来景观发生了巨大变化。突然，他听到一阵敲击声，并看到冰碛上闪烁着斧头的亮光。他看向落叶松（一种常绿植物）和欧白乔（一种开花的野芥菜），问道："是谁在扰乱山谷的宁静？"落叶松回答，是一对人类夫妇，他们"两个月前"刚来到这里。欧白乔敦促弗林特释放雪崩和洪水，把这些入侵者吓跑。但弗林特没有这样做，他反倒开始猜测这对夫妇是什么样的人。当他们在猜测夫妇意图时，我们能看到，从植物和矿物世界的角度来看，气候学研究可能会是怎样的面貌："他们用棍子和尺子开始测量、记录、勾画山丘的轮廓"，然后，这些人"躺在地上舒服地伸了个懒腰"，小草则在那里偷听他们的谈话，最后，岩石和植物们认定，这对夫妇全无恶意。于是，石头和花祝福克纳和他的妻子，希望他们能享受周围的环境，"直到他们的头发变成环绕他们心爱的小屋的山的脸庞的颜色"[112]。

对克纳个人生活的这一瞥表明，他的尺度缩放实验在某种程度上受其诗意想象的影响。克纳让植物说话，又一次成功地将他个人的衰老经历与地质变化的时间尺度并置。克纳植物邻居之间的对话很好地诠释了修斯的箴言，即自然必须由人类来度量，但不能根据人类度量。放在克纳这儿，就是测量过程本身并不从人类尺度切入。克纳的测量以地质力量和地质时间凸显了人类生命的短暂和脆弱，强调了人类测量仪器对非人类世界的测度而言有多片面。


## 结论

克纳最重要的成就在于，他明白激进的气候变化既是地球过去的历史，也是地球未来的一部分，此外克纳还为他同时代的科学家和普通人提供了尺度缩放工具，帮助世人想象熟悉的生物面对气候激进变化可能有何反应。他公开承认，自己的方法蕴含固有的不确定性，但还是预测了一个符合所有已知数据的可能的未来。这是一次大胆的想象（克纳始终坦然承认这一点），但也是基于大量经验研究和仔细计算的未来愿景。

克纳的植物史的核心在于他对时空尺度的理解。对他来说，植物是将陌生地区、遥远时代与当前这张君主国地图联系起来的工具。异国植被是空间距离的衡量标准，熟悉的植物则因其自身的迁移与交流，而成为文化接近性的标志。此外，克纳利用档案馆、图书馆、标本馆和植物园，将其观察与早期的学术研究贯通起来。"每一种理论都有其历史……只有思想狭隘、迂腐不化的人才相信现在的科学无懈可击，不可变革。"[113] 他对历史的敏锐感受一定程度反映了他作为奥地利自然史（从马克西米利连和鲁道夫的宫廷到他自己领导下的维也纳大学植物园）传统继承人的自我意识。

然而，克纳摒弃旧理论的能力，意味着这位帝国－王国科学家想要冲破哈布斯堡意识形态。尽管他以爱国主义历史学传统开始奥地利植物史研究，但细致的经验研究最终使他相信，原来的历史学路径必须加以修改，才能解释帝国植物多样性的精确分布。迁移假说必须框上动力气候学证据的限定，帝国历史必须像气候史一样改写。

克纳明白，他的结论对那个时代大多数植物学家来说没什么吸引力，因为他们关注的是细胞尺度，但他相信时代会改变。"即便在科学领域，风潮也会变化……未来的某个时代，这些观察的价值必定能得到更正确的认可。那时的人将会极度感激我们的记录，基于此他们才有可能跟踪植物的逐渐变迁。"[114]

# 第十一章

# 欲望的风景

在公开场合，帝国-王国科学家似乎在调和相互竞争的测量、评估系统一事上充满信心，但私底下他们其实十分焦虑。施蒂弗特的《夏暮》中的年轻主人公告诉他的导师里萨奇，他已经懂得了尺度相对性的重要性，而这位睿智的博物学家回答他这一教益没那么容易掌握："如果我们有过多愿望与欲望，那么就只会听任其操纵，而完全看不到身外之物的纯真之处。可悲的是，当它们成了我们欲望之物时，我们认为它们十分重要，而当它们与我们的欲求无关时，我们就以为它们不重要，即便事实往往相反。"主人公后来反思："那时我还不明白其中的深意。"[1] 施蒂弗特的散文与浪漫主义狂喜的崇高感相去甚远，它好像是在努力教导读者领会里萨奇话中之意。当代读者可能觉得这段描述实属冗余，但我们也能将其看作耐心、冷静、无私观察物质世界的一堂课，是治愈叙述者"过多愿望和欲望"的解药。

帝国-王国科学家同时是道德与物质理想的化身。成为一名帝国-王国科学家意味着，在道德上，对区域的研究兴趣要服务于

"整体国家"研究的目标，在身体上，研究者要一寸寸地亲身搜集有关奥地利土地多样性的知识。很多科学家因为追求这一理想而陷入紧张与痛苦。在环哈布斯堡疆域的旅行中，他们常被不知如何满足的渴望困扰，可能是渴求异国情调，可能是怀念家乡。他们的工作是区分那些微小但重要的事物，或确实微不足道的事物，而令他们备感困扰的是，自己经常被无关细节或个人心绪分散注意力。因此，尺度缩放的工作也是一项私人事务，因为科学家需要平衡这些冲突。

许多科学史学家会直接跳过涉及私人经历的档案文件。因为整理它们要耗费大量心血，而且它们很容易被归为诗歌而非科学。不过我将论证，想要达到对动力气候学真正的历史性理解，必须处理科学家在重新定位他们的距离感知时，所经历的情绪起伏。

因此，最后一章的主题是欲望，会写到那些感到自己被欲望支配的人。在他们那儿，气候学似乎成了一种宗教，他们会从中获得道德力量。气候科学让人淡忘身体和灵魂的无常欲望，同时充当衡量事物重要性的工具。这就是一门科学，研究者可以不带个人倾向地归纳普遍规律，从一般模式中分离出局地的偶然事件。气候科学帮助他们纠正自己的尺度感，看清那些真正重要的"小事"的意义，不去管那些确实琐碎的事物。从这个角度看，尺度缩放的工作一定程度上也是为了稳固男性身份认同，以便协调帝国−王国科学的社会关系。

## 尺度缩放的私人记录

1856 年春天，17 岁的汉恩（图 40 是其晚年照片）开始在日记里记下"经验、知识和个人兴趣的短小笔记"。他说，这些日记只是些"短篇自然速写"，记下他阅读和研究的心得，描述"根据天气、季节的变化而变化的景观特征，它们总给我留下深刻的印象"。他认为这些作品往往"毫无意义而且琐碎"，后来他甚至考虑过将其销毁，但最后没有这样做，因为它们很重要，记录了他的成长过程。他在日记中引用了一个反复出现的空间隐喻，写道，"当我们的视野和努力迷失在肤浅而无趣的细枝末节中"时，私人记忆可以解放心灵。

回过头来看，汉恩的日记也是他为不负职业"使命"，适应帝国首都社会科学界的编年史。"只有反复经历痛苦挣扎，才能大体上摒弃这种孤独，以及表面上自给自足的生活方式的习惯和训练，并与他人建立真正的、独特的、丰富的、令人振奋的关系。"于是汉恩决定保留这些日记，他用尺度的相对性佐证这样做有其合理性：

> 直到最近我还认为，一旦我知道现在与我那单调而琐碎的过去相比，是如此丰富而美好，我就想把过去的时光丢掉。但这样做是错误的。我们每个人为履行职责，提升自己，最好的办法莫过于好好培养和发展大自然赋予自己的东西……如果天性与更丰富、强大、崇高的品性相比，显得十分渺小，其也自有价值，因为它是丰富生命经验的驱动力之一。

这是说，如果从适当的距离看，那些看似渺小和私人的东西可能也有价值。[2]

汉恩的无力感可能反映了他的社会地位。他的父亲约瑟夫·汉恩是一个工匠的儿子，当时已经升为施塔尔亨贝格宫（Schloss Starhemberg）的看守人，那是林茨附近一座建于 16 世纪的宫殿，汉恩在那儿度过了 9 年童年岁月。[3] 这个早期环境在他记忆里仍然鲜活，他能记起那里的空气和光线，甚至还想凭借记忆画出当年的建筑。[4]"我常常梦见那段时光，我在被称为家的庄园里孤独度日，在花田里消磨时光，现在它成了我记忆里永不消逝的春天。"[5] 约瑟夫在 1848 年革命中因土地租佃制度改革而失业。随后，他接受了帝国的任命，在附近的克雷姆斯明斯特担任治安官。但 1852 年（小汉恩 13 岁时），他就去世了。接下来的一年，他们全家迁往林茨，汉恩在那里上了第一年的中学课程。他的自然志老师是多米尼克·哥伦布，后者在由卡尔·克赖尔（他本人也是上奥地利人）新建的林茨气象观测站担任首位观测员。但汉恩并没有在林茨逗留太久。他的母亲没有养老金，为了养活自己，她带着孩子们搬到了克雷姆斯明斯特，在那里为修道院的学生开设了一间寄宿公寓。这间寄宿公寓后来发展得很好，直到 20 世纪都还是学生生活的支柱。1873 年母亲去世后，汉恩心爱的妹妹安娜一直经营着这间寄宿公寓。与此同时，汉恩有幸就读克雷姆斯明斯特文理中学，在那儿成了一名认真、热心且专注的学生。[6]

汉恩对修道院生活的感受很复杂。他在那里度过了 8 年学习时光后，在 1861 年写道："基督圣体节。——这些天来，与新学员

图 40　尤里乌斯·汉恩（1839—1921）的照片

（有些已经是神职人员）交流后，我清楚地看到了修道院生活的另一面：可怕的阴郁，精神上的冷漠，这无疑是悲惨而统一的隔离生活所致，缺乏刺激，不甚通风，让人昏昏欲睡，脑筋懈怠，身体和精神都已经发霉了。5 年来都是这样！"虽然他没有被修士的隐居生活吸引，但他却被修道院的数学塔吸引了。他结识了一位名叫加布里尔·施特拉塞尔（Gabriel Strasser）的神父，这位神父当时是天文台副台长，也是中学的物理和数学老师。施特拉塞尔是磨坊主的儿子，但他的智力和能力很早就得到了一位乡村教师的认可，因而得以入读克雷姆斯明斯特文理中学。从 1873 年到 1882 年去世，他一直担任天文台台长，在任职期间，他（在 ZAMG 年鉴和其他刊物上）大量发表修道院的气象观测结果。[7]"因此我当时想，如果能忍受修道院的生活，当一名神职人员也许挺开心的。特别吸引我的还有加布里尔神父的职位那样的前景。无论从哪个角度看，它都能满足我的全部愿望。我想到加布里尔，他有审美观，有充沛的感情和丰富的想象力，在那里怎么能不快乐呢！你一定很快乐，我心想。"

哪怕汉恩皈依的不是正统宗教，他也的确是一个很有宗教情感的青年。他不向上帝，而向自然祷告。做这些时，他遵循了本笃会的告诫，即用"宽广"的心灵聆听神圣的话语。他在日记中向自然环境致意："再次来到这里真开心，春夏之日！愿你增添我眼里的神采，丰富我的精神，强壮我的心灵，抛开所有夺人时间和欢乐的沉闷忧虑。"[8]他用类似的方式向空气致意："你这强身健体、令人振奋、净化人心的森林空气！流经我的身体，净化我的心灵，扫除一切沉闷、懈怠和病痛。"[9]

也是在这些年里，汉恩第一次读到了伟大的散文作品，这些作品为他描述情感生活和自然世界提供了范本。他引用了歌德的长篇大论，包括《意大利游记》和《少年维特之烦恼》，他从中找到了内心活动的共鸣。他也借鉴了亚历山大·冯·洪堡的作品，这些年他怀着激动的心情阅读洪堡的《宇宙》，他从报纸上读到了洪堡的死讯，产生了一种"奇妙而震颤的感受"[10]。他还受到了萨克森医生和艺术家古斯塔夫·卡鲁斯（Gustav Carus）提出的科学风景画（如图41）的启发。卡鲁斯预见到了风景艺术的伟大未来，他将新的绘画风格命名为静景（Erdleben，即地球生活，与静物画类似），尤其看重表现大气现象。卡鲁斯是一个浪漫主义者，他把风景画理解为揭示自然界的神秘面纱的过程。"大气现象是多么千变万化和微妙精细！无论什么都能引起人的共鸣——变亮和变暗的过程，演变和溶解的过程，建立和破坏的过程，所有这些都透过云的微妙变化呈现在我们眼前。"[11]汉恩在日记中引用了卡鲁斯的观点，即科学和艺术可以相互激励："知觉产生知识，或科学；而技能产生艺术。借助科学，人感觉自己存在于上帝体内；借助艺术，人感觉上帝存在于自身当中。"本着这种精神，汉恩的日记轻松游走在审美素描和科学观察之间。诗意的描述可能变成对云层及其分类的科学观察，接着再转变为对风暴的综观思考。[12]

汉恩的日记记录了他对天气和气候科学的深度研究。在后来的条目中，他的气象报告日益详细精确。从 1861 年开始，他记录自己的温度计读数，以及奥地利其他地区气象的电报报告。他在天气上记忆超群。[13] 他读到 1862 年发表的一篇关于 1854 年维也纳风暴的论文，就能回忆起风暴对克雷姆斯明斯特的影响的细节。"我清

图 41 《在克雷姆斯明斯特附近看到的猎鹰墙》，阿达尔贝特·施蒂弗特绘，约 1825 年

楚地记得那一天。那是一个星期五，下午上了一节很长的拉丁文课，我 10 点左右从学校回家。强劲的东风驱赶着云层，频频将一棵高大的瘦梨树的树枝拍打到客厅的窗户上。就在几个小时后，风暴从西南方向席卷而来。"[14] 根据这些回忆和风暴到达维也纳的时间，他甚至粗略估计了风暴的推进速度。还有一次，在读到海因里希·多弗的气象学论文后，汉恩说："如果一个人已经有所准备，而且渴望得到指导，那么收到这本书将会非常高兴。"仅仅过了一个多月，他就亲眼观察到多弗所描述的现象。[15] 他反复写道，接触气象学这门新科学"实现了我的愿望"。汉恩对气象学和气候学的热情，就像鲍姆加特纳等哈布斯堡一流物理学家对宇宙物理学的广泛审美和道德追求，后者曾说过要培养"一双看向全球的眼睛"[16]。怀着如此宏伟的愿望，汉恩对这门科学产生了强烈的热情。

在日记所记载的这些年里，汉恩时而自我怀疑，时而欣喜若狂，总体比较乐观。他经常用空间隐喻来表达这一情绪起伏：宽阔的视野代表自信，狭隘的限制代表绝望。他决心突破小格局，不为琐碎问题所困，它们分散了他的研究重点，使他看不清自然世界的乐趣。用他的话说，"在我热切追求的崇高目标面前，我的弱点实在太过明显，这令我十分痛苦"。本着类似的精神，洪堡在《宇宙》中写道："跟道德上无限的东西相比，我们自身显得太过狭隘，而我们想要摆脱这种差距。"[17]

鲍姆加特纳的宇宙物理学传统，让个人直面自身渺小这一不可否认的事实，"更能深刻地认识到自己的狭隘"。年轻人既不认为自己无所不能，也看不到自身局限，但宇宙物理学却能纠正这种尺度感。"永恒不变的自然！你嘲笑我们内心的风暴，我们的快乐与痛苦！"[18] 个人日常生活的"风暴"与自然风暴相比太过无害，因此汉恩给自己定下的目标是养成一种更现实的尺度感。

## 渴望

汉恩日记的一个中心主题是在渴求异国风景与思乡之情不绝之间挣扎。关于思乡，汉恩引用了德国地理学家卡尔·里特尔的观点。里特尔认为一个人的家乡风景给人留下了太过深刻的印象，以至于离开这种环境就会得病，"人会因这种疾病陷入渴望的情绪"。里特尔将思乡解释为人类生活的原始阶段的"诡异"残余，它将一直萦绕在已从自然束缚中挣脱出来的现代人的心间。[19] 汉恩的乡愁有两层内涵：一是对青春的怀念，典型的意象就是俊美的男孩；二是对特定地方的渴望，也就是克雷姆斯明斯特的修道院。

汉恩与他在克雷姆斯明斯特的老师和同学们联系十分紧密，因而在学期结束与他们分离时也非常痛苦。他特别喜爱自己偶尔教导的青年学生，那些"漂亮活泼的小伙子"。他夸赞一个青年学生，说"这个英俊男孩的清新直率、不做作的热情强烈打动了我。他天生的活力完好无损，像一口涌动着活力的井"[20]。与一群男孩的重逢又让汉恩感慨："问候所有亲爱的伙伴们，可爱的小伙子们，你们总能振奋我的精神。青春的鲜活与纯真有一种奇妙的魅力。我们积累的知识越多，越被它永远限制在狭小圈子里，越感到自己受到外在的束缚，就越发觉得这种青春的魅力生动，越发心生渴望。"汉恩特别提到了一个同伴，那个被他称为"小亚历克斯"的男孩。[21] 后来亚历克斯离开克雷姆斯明斯特时，汉恩在日记里写道：

> 接下来就是沉闷而暗淡的生活。与我深爱的一切分离叫我万分痛苦，因为它们早已融入我的生活，成为我内心的一部分。我生性敏感，即便没受刺激，也几乎被这痛苦压得昏死过去。一切自我控制的尝试都失败了，连研究都无法吸引我的注意力，没什么能叫我挣脱回忆。[22]

汉恩饱受渴望之苦，承受着四下无亲的孤独，这些弱点严重影响了他的生活。他感到无人陪伴，责备自己胆怯孤独的心性。显然，他在克雷姆斯明斯特形成的同性恋情愫，威胁到了他在帝国首都追求事业的步伐。

在这些年里，汉恩经常幻想着旅行。他常读詹姆斯·费尼莫尔·库珀（James Fenimore Cooper）和查尔斯·西尔斯菲尔德（Charles Sealsfield）等作家的旅行故事，尤其欣赏西尔斯菲尔德对"北美自然和社会精彩生动的描述"。他在这些年的日记里也罗列了自己想买的有关科学探索的书，其中有罗斯的南极洲记述，达尔文的南美之旅记述，还有环球旅行故事集。[23] 他经常写到自己"向往"国外某些地方。"阅读再次激发了我对海的强烈渴望，我满脑子都是白日梦和想象中的风景。"[24] 他的想象（经常会引用文学作品）结合了人们对地中海的一贯狂野幻想：紫红色的月亮，密西西比河上蒸汽船的轰鸣，维苏威火山的金色光芒照射在那不勒斯湾上空。在克雷姆斯明斯特的一个夏天，汉恩写道，明亮的光线"唤醒了我对旅行的渴望，以及对遥远的南方土地上的奇观的深深渴望，尤其是辽阔的蓝色海洋那丰富的色泽！"然后他抄写了埃马努埃尔·盖贝尔在 1838 年创作的诗歌《渴望》。这首诗写在盖贝尔告别朋友，即将前往思慕已久的雅典之时，以旅行者的矛盾心理起头：

> 我望着我的心，
>
> 我望着这个世界，
>
> 直到一滴灼热的泪水从眼中滚落，
>
> 虽然远方闪耀着金色的光芒，
>
> 但北方仍然紧抓着我——我无法到达。
>
> 哦，纽带如此之紧，世界如此之广，
>
> 时间过得如此之快！[25]

汉恩发现诗歌可以表达他渴求远行和思念家乡的矛盾情绪。在他熟悉的上奥地利山区，在受欢迎的湖边度假胜地格蒙登，他对游客的肤浅目光表示不屑。"到处都是游客，这儿的生活让我那颗习惯了孤独和熟悉风景的心灵迷失了方向，它本就在阳光的照射下有点迷乱。我的双眼受周遭的光辉蒙蔽、诱惑，忘记了灵魂深处无限的东西。"[26]尽管如此，汉恩认为，旅行也能使人的灵魂受益。1860 年 8 月与中学的朋友们分别后不久，堕入孤独深渊的汉恩想通过第一次铁路旅行来转移注意力。在萨尔茨堡，他似乎完全沉醉于旅途。不久，他在上奥地利的第二大城市韦尔斯游玩了两天一夜。他强调说这次旅途拓宽了他的视野："这次短暂的旅行让我认识到，在以前所关注的世界以外，还有许多美丽而令人向往的东西。"[27]

因此，汉恩的日记记录了他为掌控敏感天性所做的内心斗争，一切都是为了进入帝国-王国科学界——这个心愿始于1860年秋天入读维也纳大学。这座城市并不接纳他，他在学术界感到不安，被教授们吓到。学生的娱乐活动让他感到不快，乃至身体不适。"今晚待在家里，"他写道，"无事可做，精神不佳，身体也不舒服。之前参加了一些空虚无聊的娱乐活动，每次都很沮丧。"[28]汉恩特别讨厌实验室的工作，总觉得它比不上户外实地研究。他在圣诞节期间用木炭粉进行化学实验，只成功地将"大量的时间和金钱变成了恶臭的垃圾"。那时，大学兴起了一股"电机热"。学生们自己用木头、玻璃和金属制造机器，双手伤痕累累：

> 整个冬天我们都在用莱顿瓶和电池造东西，直到金色的灿烂春光透过窗户，才走到室外，来到焕然一新的自然。实验室里所有的纸张、纸箱、罐子和磁盘都无人问津。直到那时，被禁锢在狭小屋子，被钉在工具上的思想和感情才冲向外界，再次跟随云和风，奔向湛蓝的天空，像恋人一样投向盛开的大地的怀抱。[29]

春天意味着解放，但等待春天却很痛苦。实验室工作让汉恩不安，他感到"生命的根系全被切断，从土壤里被扯了出来"[30]。

12 月，汉恩回到克雷姆斯明斯特过圣诞假期，并愉快地研究了上升气流在风暴形成中的作用。"熟悉而友好的风景突然向我展示了无数新颖而美丽的东西，并与我的心灵对话。"[31] 汉恩后来抄写了摩拉维亚诗人希罗尼穆斯·罗姆的诗句，来解释思乡之情。罗姆说，如果这种感情要牺牲与更广阔世界的交往，那实在叫人遗憾。"若非最小的部分也只是整体的一个缩影，一个思想活跃的人去了解并享受无限创造物中微不足道的一小部分，将令其自惭形秽。"[32] 学会把家乡看作更广阔世界的缩影，是尺度缩放的关键。

渐渐地，汉恩开始熟悉他在维也纳的新同事，于是他的信心又回来了。有一次，他度过了一个特别愉快的夜晚，凌晨两点回到他在维也纳租的屋子，向窗外望去，看到夏天的太阳已经照亮东方的天空。他瞥见远处的暴雨，感到了"从东方吹来的凉爽、清新、带有植物香味的空气"。这些印象与对故土山区清晨时光的快乐回忆"混杂在一起"，开始让汉恩感到不安。"痛苦的早晨，痛苦的夜晚！时机尚未成熟！我什么时候才能彻底平静，只看得见蓝天、白云和阳光！"[33] "时机尚未成熟"交代了汉恩的感受，他的思乡之情来自过去生活与当前生活的不一致。还有一回，他在朋友家听了一场音乐会后非常高兴，觉得"生活中的一切小烦恼、虚荣和琐碎，都消失了，因为我看不到它们，它们对我也没有影响"。微小的、局部的、个人的东西并非没有意义，但人们必须学会如何在一个更大的整体背景下解读它们的意义。汉恩后来选择研究大气科学，也是为了在这个刚刚显露其广阔性的世界中，确定自己的方向。

在一个春天的傍晚，太阳即将落山，汉恩放下实验室里"磨人的工作"，"烦闷"地穿过"尘土飞扬、臭气熏天的街道"，来到普拉特，那里"晚霞金色的光辉落在高大的树木上"。他迅速穿过"人海"和"充满了生机、喧闹和音乐"的空间，很快发现自己身处一片森林。这里的环境"雅致得很"，空气里有新生植物清新而带有刺激性的气味，和煦的微风从东边吹来。汉恩"像在做梦一样"，从一个迷人的场景走到另一个场景，"沉醉在闷热而缥缈的空气中"，不禁怀念起故乡"迷人、伤感的"春天，"一半是幻想，一半是回忆"。[34] 汉恩常去普拉特，那是他可以重新定位自己的空间。他开始喜欢上维也纳的生活——喜欢上他的同学、教授，还有首都的文化产品。

1861 年 10 月初，汉恩准备离开克雷姆斯明斯特，回维也纳读大学二年级。他每天都在森林中度过，为再次前往维也纳做准备，他特别关注小尺度的自然界和大尺度的自然界之间的关系：

> 我喜爱远处与近处丰富多彩的融合——在森林里欣赏自然界最鲜活奇特的小生命——我在水流旁倾听植物与动物的对话，看流水汇合，流经缠绕在一起的覆盖着苔藓的冷杉树根……再见了，亲爱的山谷和山峰，你又一次安慰了我！你教会我从每个环境里提取能量，经受逆境的考验，让我无论在哪里都保持内心的自由，掌握、控制外在环境。

我们应认真看待汉恩的附加语。这片风景中的苔藓、冷杉树和山峰都发挥了尺度缩放的作用，因为它们教会了汉恩感知"远近"

的相互关系，汉恩将其当作一个"融合"的单一风景。

现在，汉恩似乎准备好进一步冒险了。他花了一天时间乘坐蒸汽船在多瑙河上旅行，狭窄蜿蜒的河流在每个转弯处都创造了"新的风景"。"强烈的旅行欲望抓住了我。"[35] 汉恩的很多旅行幻想来了又去，但他却一直渴望前往意大利海岸。1857 年，一条连接维也纳和亚得里亚海的南方铁路竣工。1862 年，汉恩收到"的里雅斯特特快列车"发车的消息，他终于能看到奥地利自己的海滨了。汉恩"怀着愉快的兴奋心情"搭上了这班车，于 6 月 7 日从维也纳的铁路南站出发，沿布鲁克河穿过施蒂利亚，经过卡尔尼奥拉的卢布尔雅那，穿过喀斯特平原，再沿着伊斯特里亚海岸前进。他发现这里的景色叹为观止，尽管车上的咖啡"难以下咽"，水也"很糟糕"。[36] 经过 24 小时的行进抵达的里雅斯特时，汉恩满心激动。"一下子看到了太多震撼我的景色。这浓郁的快乐与狂喜，就像一个人最热切的秘密心愿突然得到了满足。"汉恩出站后与旅伴朝港口走去，又徒步走到穆贾镇，去欣赏大海的美景。在入住酒店并吃过迟到的午餐后，他们回到港口，登上一艘船游览海岸。汉恩记录了云的形态，光线不同寻常的特质，大海的崇高无垠，以及绵延不断、辽阔而"自由"的蓝。他不仅沉醉于风景中，还被船上的游客吸引了。"船上十分欢乐，人们跟着音乐跳舞。"汉恩决定"全情"投入"天空和海洋的奇迹"，还有船上"振奋精神的生活"当中。在他旁边，"意大利船长可爱而黝黑的儿子们扭打、聊天"，他们柔和的语言深深地打动了汉恩。"我差点嫉妒起这些年轻人，对他们来说，大海将是生命的重要原则。"[37] 经历了最初的迷失感之后，汉恩在这个新的环境中找到了自己的方向，现在他已经能够解释这里的光线与云彩，也对这里的居民产生了认同。

## 危机

1862 年秋天，汉恩接受了维也纳一所中学物理和数学教师的职位，这所学校离大学不远。在 ZAMG，他可以接触到整个哈布斯堡疆域内不断丰富的地球物理数据档案。在那里，他也找到了同道中人，同事们不光对气候学充满热情，也和他一样决心构建这门新科学，并向公众传播。1865 年，奥地利气象学会成立，学会于 1866 年出版了第一期会刊，汉恩是两位编辑之一。这一年，他还发表了关于焚风起源的文章，他因这篇文章而被誉为动力气候学的先驱。

这以后，他日记（1866 年）里的条目更不稳定，笔迹也不甚清晰，往往是对遥远地区的天气事件的记录，抄录自报纸或科学杂志。一看就是一个精力充沛的年轻研究者的日记，他拥有国际人脉和广泛的参考框架，并全情投入其调查研究。汉恩已经开始将远距离的天气模式联系起来考察，例如评述里加附近和北美各城市的极光观测结果，或类比西伯利亚和西欧的季节性天气模式。他从此开始为写出一部宇宙物理学的科普作品搭框架，这部作品将"地球看作一个整体，受宇宙运动和日照影响"[38]。他于 1872 年出版的《地球物理学》显然萌生于此，该书先后有过五个版本。他也是从这时期起，开始汇编格陵兰岛的气候资料。自 18 世纪以来，摩拉维亚传教士就一直在记录格陵兰岛的天气观测数据，并在德意志期刊上发表。[39] 但这些数据从来没有被仔细研究过。汉恩对格陵兰岛的反常天气模式及其与中欧反常天气的时间关系感兴趣。他的年轻同事埃克斯纳和德凡特将沿着这个方向继续前进。可以说，汉恩是提出各种统计问题的第一人，而这些问题最终催生了现在被称为北大西洋涛动的相关性模型。[40] 汉恩将在 1890 年和 1904 年再次就这个主题发表文章，而此前已经有研究人员开始研究这种"遥相关"。在1906 年发表的一篇文章中，汉恩思考了研究尺度的这一变化：

> 令人欣慰的是，气象学研究再次努力拓宽视野。长期以来，它只研究、跟踪欧洲上空以低压形式出现的小型大气扰动现象……若考虑到欧洲在地球上所占据的相对狭小的空间，我们马上就会明白，气象学的进步不能只靠精确研究狭小空间里发生的局部现象。[41]

汉恩建议，既然 19 世纪的欧洲气候学苦于局域性，那么现在就需要树立一种新的尺度感，认识到欧洲大陆的天气只是一个更大难题的一小部分，遥远地区的大气也可能会影响到欧洲的气候模式。汉恩指出，英国似乎是为这种研究量身打造的，但英国人却如此狭隘地专注于风暴预警，而考虑不到自身数据的气候学意义。据汉恩所言，英国人没能意识到，研究英国南部地区的大气现象可能可以解释他们位于不列颠群岛的家乡的天气模式。气候学提供了获得现实尺度感的必要工具。

汉恩稳步晋升，更靠近帝国－王国科学家之列，他开始思考：什么是为国家服务的必备素质？他是否适合担当这样的领导？他说："国家需要的是完人，而不单单是学者、艺术家、实业家。"[42]他也看不起"那些以为自己适合任何职务的杰出人物，他们从这届政府做到下一届政府，但除了内阁以外再没去过教室"[43]。乡愁又加剧了他的自我怀疑。他还是想要学会在世界各处安家，"无论在哪里都能生活、愉快工作、常常与人交往"。但他的心"仍然在找一个家乡，想在无尽的流浪中找到一个单独的点"[44]。汉恩寻觅着一个中心，一个起源，一个被胡塞尔称为"零点"的东西。

1869年初夏，他吐露出更强烈的思乡之情，以及对青春场景近乎绝望的怀念。他在8月9日的日记里承认自己根本不知道未来将如何。"真是伤心。我已决定，不会为了一个不确定的未来（很可能是虚荣）付出生命的代价。"他把自己形容为一个被命运挫败的人。"森林，带我回到你身边；用你的和平和怜悯，去拯救一颗饱受折磨的受伤的心，就像我年轻时那样……我想回到你的身边，一个忏悔的孩子想回到你快乐而平和的深处。"我们不禁要问：这个让他未来变得如此不确定的挫折可能是什么？两周后，他回到克雷姆斯明斯特，读诗、徒步旅行、与老友重聚。他在1869年秋季和1870年春季留下的日记很少。接着，在1870年夏天，草草记过几次维也纳山区远足后，汉恩写道："7月25日——对比——前路彻底明晰——要坚决与这种生活告别。"后面还有一句注解："参见1869年8月9日！"——在这一天，他放弃了在维也纳"不确定的未来"。日记的后一页被撕掉了，下一篇就到了8月24日，那时他已经抵达克雷姆斯明斯特，且没有进一步解释他的决定是什么[45]。汉恩是否在考虑结束学术生涯，去追随他早先日记里的梦想，即在克雷姆斯明斯特当一名修士和博物学家？日记里没有进一步的线索。

7年后，38岁的汉恩成为ZAMG的所长和维也纳科学院的正式成员。次年，他与路易丝·温迈尔（Louise Weinmayr）结婚，她是上奥地利地方法院官员的女儿，也是卡尔·克赖尔的孙女，这对夫妇后来有了四个孩子。[46]没有迹象表明他后悔这些选择。但1869—1870年的危机的确构成了汉恩后来回顾自己日记的主要线索。这也的确是一个帝国–王国科学家的成长故事，充满了自我怀疑，以及欲望与责任之间的冲突。在探索如何成长为帝国–王国科学家的过程中，汉恩想借助气候学的工具，重新认识事物的相对意义。


## 插曲：欲望的历史性

汉恩并不像施蒂弗特那样，立刻把欲望看作对自然研究的干扰而加以否定。汉恩为自己被欲望激发出的活力而高兴，甚至似乎接受了自己的性取向，只要得到正确引导——只要能被转移到自然世界中去，或通过其他方式激发对知识的渴求。

在汉恩与海因茨·菲克尔（1881—1957）中间那代人那里，欲望的面貌和内涵都发生了重大变化。在19世纪60年代，汉恩试图将欲念注入普拉特开垦后的荒野和南方铁路沿线的喀斯特地貌，以此对抗他对阿尔卑斯山家园的思念之情。他因此形成了一种帝国－王国科学家的自我意识，并对自己缩放尺度的能力充满信心。当汉恩的幻想向南漫游到地中海时，菲克尔的幻想将向东去，抵达伊斯兰世界。1878 年，哈布斯堡军队占领了波斯尼亚，将 49.9 万穆斯林置于奥匈帝国的统治之下。历史学家认为，此后天主教奥地利人同情穆斯林的做法为这次行动提供了合法性，因为这表明奥地利人和土耳其人拥有"共同的经历"。[47] 理解汉恩对的里雅斯特讲意大利语的男孩的想象性认同，需要结合帝国意识形态，而理解菲克尔对克罗地亚和中亚穆斯林的迷恋也应如此。

19 世纪末，谈论欲望的方式也在变化。这个浪漫主义的概念越来越被医学病理学的话语框定。根据达尔文的观点，偏离正统异性恋的欲望都需要神经生理学的解释。也正是这时，欧洲医学专家开始认为气候会极大地影响人类性功能。他们把气候当作解释性成熟的一个关键因素，经常为那些因神经紊乱而出现性功能障碍的人开出气候疗方。[48] "即使在欧洲的文明民族中，"西格蒙德·弗洛伊德在 1905 年写道，"气候和种族对性倒错的流行，以及对性倒错的态度，都产生了最强大的影响。"[49] 虽然历史学家们关注性的种族理论，但弗洛伊德同时代的许多人都强调气候的影响，甚至排除了种族的影响。理查德·伯顿爵士（Sir Richard Burton）提出了一个著名的观点，即鸡奸在他所称的索塔迪克区（Sotadic Zone）"普遍存在，十分流行"。这个区域基本包括所有人类居住的地区，北欧、俄国和非洲南部除外，因为那些地区的居民"不会做这样的事情，还对它十分厌恶"。伯顿强调，这种现象应归因于"地理和气候，而非种族……我怀疑男女混合的气质，是因多种微妙影响汇聚于气候之中，作用于人而起"[50]。这种信念在埃尔斯沃思·亨廷顿（Ellsworth Huntington）的"人类能量的气候分布"这一有影响力的理论当中也有回响。[51]

在奥匈帝国，气候对性的影响是加利西亚作家利奥波德·冯·萨克—马索克引发争议的小说的核心主题。他的小说充斥着对哈布斯堡东北部边缘地区风景的色情描述。请看他最臭名昭著的小说《穿裘皮的维纳斯》。故事在"喀尔巴阡山脉的一所小疗养院"展开，主人公"躺在窗口"呼吸空气。他靠一个非比寻常的"系统"维生，"非比寻常"部分指主人公要利用"温度计、气压计、空气计和水分计"进行气候学自我观察。外面的山景"震颤""起伏"，诱人心驰神往。有一回，他骑着驴子出去，打算"用喀尔巴阡山脉的壮丽景色来麻痹我的欲望，我的渴望"。但在回来时却"又累又饿又渴，爱欲更甚从前"。他情欲对象的头发被描述为"像是带了电"，梦中情人的性能力因她那件裘皮所产生的大气电而生。"这是一种物理的刺激，它使你感到刺痛，没有人能够彻底逃开。科学研究最近表明，电和温暖之间存在某种关联。无论如何，它们对人类机体的影响是相关的。热带地区会产生更多激情，温暖的大气会刺激人。电也有相同效果。"[52] 考虑到这里的几组关联，了解到 19 世纪末哈布斯堡气候学家对大气条件影响性兴奋的话题很有兴趣，也就不足为奇了。

## 气候学现代主义

歌德的浪漫主义小说提供了一把打开汉恩日记的钥匙，现代主义诗歌也能帮助我们破译汉恩的年轻同事海因茨（海因里希）·菲克尔（图42）的个人日记。要读懂菲克尔1913年的中亚探险日记，就必须对他搬回家乡因斯布鲁克后的文学圈有所了解。因为菲克尔并不像汉恩和克赖尔那样，曾就读于克雷姆斯明斯特的学校，也不像普尔基涅和修斯那样出生于波希米亚。菲克尔出生在巴伐利亚，但在十几岁时就搬到了蒂罗尔的首府，在那里他的父亲尤里乌

图42 海因里希·冯·菲克尔（1881—1957），约1920年

斯·菲克尔成为历史学教授。而在因斯布鲁克，海因茨的哥哥路德维希·菲克尔则是著名的现代派文学圈子的中心。现代主义运动着迷于逻辑和实证科学无法企及的经验领域。[53]

1906年，海因茨·菲克尔在因斯布鲁克完成了他关于焚风的论文；3年后，他的哥哥路德维希开始着手创办一份新的蒂罗尔文学期刊，名为《焚风》。这是一个巧合，但也有其深意。《焚风》是为了赞美家乡蒂罗尔而创办的。正如其编辑所言，它的目标在于呈现"蒂罗尔知识分子生活全貌"，里面全是赞美阿尔卑斯山的文章，以及对蒂罗尔民间文化的报道。但在创刊后不久，路德维希·菲克尔就因为编辑们对该杂志狭隘的区域定位而离开《焚风》。就在那时，他开始构思创办自己的杂志，这项事业在与诗人卡尔·达拉戈（Carl Dallago）的交谈中逐渐成形。他们的通信记录显示，菲克尔和达拉戈对于如何调和蒂罗尔之根和世界主义的野心，内心挣扎许久。这种内心矛盾也反映了蒂罗尔保守派和自由派之间日益加剧的冲突，它在1909年纪念蒂罗尔人反抗拿破仑占领一百周年的活动中，变得十分尖锐。那时，两种蒂罗尔身份产生了冲突：一种是政治上保守的、沙文主义的、日耳曼式的、反犹太主义的；另一种是进步的、世界主义的。[54]对路德维希·菲克尔来说，冲突的结果就是诞生了一个新的文学流派。他曾向另一位朋友解释道，蒂罗尔的本地生活只会出现在标题中，"其他哪里都不会有；我打算在每期杂志末尾放一篇专题文章，讨论当地问题，但也仅限它们与更普遍的观点存在联系的情况下"[55]。达拉戈说，新杂志有可能"从家乡走向世界"[56]。一位犹太诗人点明了这项事业的政治含义，他写信给路德维希，确认新杂志是否适合他这个犹太复国主义者登文。[57]

路德维希·菲克尔的新杂志将成为德意志现代主义历史上最有影响力的杂志之一。菲克尔给杂志取的名字是《布伦纳》，它是连接蒂罗尔州北部和南部的著名阿尔卑斯山口，是唯一反映杂志根源的标志。在奥地利，布伦纳山口象征着日耳曼和地中海文化之间的重要联系，但它也意味着阿尔卑斯山以南的德语区和意大利语区之间民族主义式的紧张关系。对于路德维希和海因茨的父亲、历史学家尤里乌斯·菲克尔来说，这是一个充满意义的地方，它在"小德意志"统一计划面前，以及意大利民族主义面前，捍卫了奥地利帝国的完整性。他对意大利的研究得出的结论是，意大利在奥地利的控制下能得到最好的发展，因为奥地利在提供统一和保护的同时也孕育了多样性。因此，布伦纳（无论是指山口还是指期刊）不仅是一条摆脱地方孤立的道路，它还象征着哈布斯堡帝国在世界历史中的使命。在海因茨·菲克尔为《奥地利气候志》撰写的蒂罗尔卷中，布伦纳也同样是核心，这个山口同时呈现了不同气候之间的对立统一。[58]菲克尔也主张蒂罗尔具备一种地方世界主义精神，它是沟通北欧和南欧文化的桥梁。

像路德维希·菲克尔周围的现代主义文学家一样，海因茨·菲克尔也在他的风景描述中尝试使用象征主义笔法。在为热门登山杂志撰写的一篇关于焚风的文章中，菲克尔描绘了"山谷里的寒冷冬夜"。即使在寂静风平的山谷里，也能听到、看到令人不安的迹象——高处森林中冷杉针叶的沙沙声，还有不可思议的光线特质："充满野性和病态的狂热，是一种不祥的天气征兆。"[59] 巧合的是，《布伦纳》最早刊登，也是最著名的一首诗以相近的笔触描绘了焚风的来临。这首诗为世人引介了 20 世纪最伟大的德国现代主义者之一格奥尔格·特拉克尔（Georg Trakl）。《焚风来袭的郊区》(1912) 不再描述焚风来临时的压迫感和有害的空气，而是选择想象一个完全不同的世界，一个东方学研究者眼中饱含东方浪漫主义魅力与纵欲的世界。

> 鹅卵石的风把贫瘠的灌木染得更加鲜艳
> 红色慢慢地爬过洪水……
> 云层中浮现出熠熠生辉的大道，
> 美丽的战车和英勇的骑士经过。
> 接着，你能看到悬崖上的船
> 有时还能看到玫瑰色的清真寺。[60]

正如菲克尔和特拉克尔所强调的，焚风的到来，伴随着气压下降和空气停滞，而这凸显了他们家园的压抑与孤独。但风带来了光线和色彩，海因茨·菲克尔因此将焚风形容为"大画家"[61]。对特拉克尔来说，风唤起了对神秘异域的想象，或许它从那里而来。焚风就这样被戏剧化地处理，成为一个恰当的隐喻，象征蒂罗尔年轻的自由主义者当时正在努力推动的乡土性和世界性的融合。

## 阿莱，阿莱！

菲克尔在探索俄国东部的过程中还会继续他的文学实验。1903年，当他第一次前往俄国的南部边缘地区时，他还在因斯布鲁克学习地质学。这次旅行条件很艰苦，菲克尔不是作为一个帝国的科学家，而是作为一个登山者踏上旅途，决心"征服"那里的山峰。他和他的姐姐琴齐加入了由威利·里克默·里克默斯（Willi Rickmer Rickmers）带领的中欧队伍，里克默斯是把滑雪运动引入蒂罗尔的人。琴齐攀登了一座海拔4700米的山峰，给当地的一位贵族留下了深刻的印象，以至于他想把这座山峰当作礼物送给她。[62] 琴齐很快就被称为她那个时代最重要的女登山家。1907年，她与里克默斯一起回到东欧，记录了气象观测数据，而她的弟弟海因茨在第二年发表的研究报告依靠的就是这些数据。1913年，姐弟俩都跟随里克默斯前往中亚等地。

在名为《1913年帕米尔探险日记》的日记中，海因茨·菲克尔留下了十几页从未发表过的随笔，标题是《最美的时刻》和《遥远的夜晚》。从表面上看，它们描述风景及其引发的思绪，还有里克默斯所说的团队爱玩的"有趣小游戏"的细节。但仔细阅读，这些随笔其实巧妙地记下了菲克尔的异国幻想与实地经历的冲突。整本日记都体现出菲克尔对其见到的当地人的想象性认同，尤其对那些他认为受到压迫的人。例如，有一篇日记开头就是东方主义视角："我们的目的地，旅程的终点，阿富汗，一个闭塞而神秘的地方。"一个当地酋长给他们一行人指了指国界，然后向他们道了晚安，就退到了"肮脏的洞"里，菲克尔觉得那里一定是他妻妾的住所。门无声地打开了，菲克尔瞥见了里面的女人。"先是两个女孩的眼白，再是一阵低沉而奇怪的声音，从女人的嘴里幽幽地漏出来，还有男人紧张的喃喃自语声。""一千零一夜！"菲克尔感慨，嘲弄自己的天真。菲克尔还不理解眼前所见，但模糊的含义和周遭的寂静——"山峰静静矗立，守着即将落山的月亮，宛如一把尖利的镰刀"——都叫人不安。一个问题浮现，菲克尔在日记其他篇目里明确提出过该问题：在这个广阔的世界上，谁负责为这种明显的不公正主持正义？[63]

当然，欧洲人一直都为伊斯兰世界受压制的妇女鸣不平，但这往往是种族主义式的虚伪行为。可菲克尔的观察不涉及道德说教，非常有自知之明。在撒马尔罕附近的一个村庄，他的一个粗俗的俄国同伴想带着他花天酒地。"'不久前，卖杜松子酒和葡萄酒的人还会受惩罚。这里的文化真可怕！'我的同伴低声说，然后他笑了起来，'但我们还是能搞到酒！'"很快，同伴就和一些妓女走了，菲克尔得知，这些女人能从每个客人那儿挣 15 戈比。"想想看，"另一个俄国人说，"如果她们身在俄国，那接 100 次客也只能赚 15 卢布！"他们走入夜色中，菲克尔开始反省，这些女人也曾是婴儿，她们的母亲也曾"站在摇篮旁边为自己的孩子们祈祷"。另一个俄国人对这些妓女和当地的男人都表示了同情："这不是很可怕吗？我们征服了这片土地，却也给这里带来了酒鬼和妓女！"接下来的一句话被菲克尔删掉了，随笔的结尾就是一句简单的"我没再问下去了"[64]。这样或那样的沉默经常出现在随笔的结尾处，菲克尔借此承认自己提出的问题的复杂性。

还有一个条目专门描写了杜尚别，这个"奥斯曼帝国的避暑胜地"。菲克尔一行人在这儿度过了"清爽的夜晚，潮湿的早晨，以及热风吹拂、尘土飞扬、热浪席卷的白天"。一天晚上，乐师在演奏，一个女孩开始跳舞——"一个苍白、精致、自得但可能已经堕落的女孩。"菲克尔看着她舞动，开始不清楚到底是谁在唱歌。"我们听不懂唱的是什么，只能通过簇拥在女孩周围的男人们闪亮的眼睛领会……'这真是疯了。'我身边的一个同伴说道，他擦了擦额头上的汗。我知道他的意思，我们其实都知道，那不是一个女孩……而是一个穿着女孩衣服跳舞的男孩！这个小流氓真好看啊！"菲克尔随后承认，他已经知道会发生什么，但也只是一笑而过。的确，欧洲早就流传伊斯兰世界里有这种舞者。[65] 但现在这些欧洲人却发现自己移不开眼。菲克尔因这种突如其来的欲望而绝望。"直到刚才，一切都是那么顺利。没有欲望的骚动，没有浮躁的渴求。但突然间，我们又开始被欲念拉扯，仿佛我们生来就是要被感官支配。"虽然他和同伴们准备离开，但这个想法还留在心里。"既然没有女人，男孩为什么不行呢？"他们"受够了"，喂了狗，转身就走。菲克尔想："天知道，要是非得在这里待更久，会发生什么！"[66]这是一连串梦境一般的经历，现实与幻想模糊不清，欲望出乎意料地涌动，让人想起萨克–马索克描写帝国边缘地区的小说。基于东方主义视角，菲克尔把这里的引诱归于风景本身，这种突如其来的欲念波涛是因"闪亮"的热气和炙热的风而起。如果继续留在这片地区，他会做出什么？我们可以从他的写作风格里找答案。像萨克-马索克一样，菲克尔把自己投射到被压迫者身上，这很容易引向"成为当地人"的思想实验。

在更深的层面上，这本日记记录了菲克尔在这片地区的遭遇，以及这些事件对他观点的微妙影响。这在他的回程日记中很明显，因为他经过了克罗地亚哈布斯堡边境的穆斯林社区。在那里，他们遇到了一个大约 14 岁的美丽女孩，她正在磨坊里赶牛，却被磨坊主残忍地殴打。"这个孩子默默忍受着，她的黑眼睛闪闪发光，仿佛充满了怜悯。"菲克尔震惊不已，想打手势制止暴行，而"那些人毫不掩饰地大笑，也以手势回应，取笑我的愤怒。我很震惊。这一切是怎么发生在我们身上的"？这难道不是一个儿童"最受照顾"，妇女和儿童都不需要做苦工的国家吗？于是，道德责任的问题摆在了他的面前。

菲克尔被迫承认，他不是在亚洲地区目睹了最令人不安的暴行，而是在哈布斯堡治下的克罗地亚。"每当我回想起那一刻，额头就开始冒汗。为什么我没用鞭子去抽磨坊主的脸？为什么我眼睁睁看着一个人被折磨好几个小时？并不是因为我害怕，也许是因为我感到无能为力，觉得自己无法改变这个女孩的命运。"菲克尔觉得他永远忘不了那个年轻女孩痛苦的眼睛。"这告诉我，那一刻我不是个男人。"菲克尔再次感到自己的男子气概无处安放，也许是为了心理平衡，菲克尔又回顾了旅程，得出一个结论：他不曾勾引过任何一个女人。"和女人上床对我来说是一种冒险，只有想建立长期关系才会这样做。"他在以这种方式确保了自己的男性身份后，继续写道，这些记录"比起对国外风景的泛泛而谈，或许更能使读者了解旅行者在他乡的心态"⁶⁷。这些随笔的主题其实是，旅行可能会如何深刻地改变旅行者。

## 从蒂罗尔到中亚等地

了解了菲克尔的经历之后，我们再来看看他实地考察中亚等地后得出的科学结论。他在于 1908 年发表的关于该地区气候的论文中，提出这是一块"被遗弃的"的"濒死"之地。这个多山的干旱地区多亏了冰川融水才能发展农业，但冰川正在退缩，所以这个地区不可逆转地将会沙漠化。这里的农业目前全靠人工灌溉，但这种做法不可持续。"今天我人为地把水引到一个地区，其实就是剥夺了另一个地区的水，让那里陷入绝境。"⁶⁸ 在他从中亚等地回来后发表的研究报告里，他收集了该地区日渐干旱的进一步证据，包括森林萎缩和冰川退缩。他比以往任何时候都更相信，这是一片即将消失的土地，但他现在是从一个更广阔的视角考虑这个问题的。"不过，无论何时，人类对自然的破坏都无法得到修复，实际上，喀斯特地貌和南阿尔卑斯山的许多路段都清楚地表明，长此以往，整个地区可能马上就会成为永久的沙漠。"⁶⁹ 因此，菲克尔一直在告诫俄国人不要过度开发自然资源，还暗示奥地利也要保护自然。与其说这是因为他以为西方是文明世界，而东方尚未开化，不如说是因为他看到两个地区都可能遭遇同样的命运，而它们都是全球气候系统的一环。

因此，菲克尔的日记可以被解读为对情感尺度缩放的记录。他在报告中提出，对自然环境的观察不能与对人类习俗的观察分开，因为自然条件对人类的干预十分敏感。同样，将阿尔卑斯山与帕米尔地区联系起来的想象，似乎也与同情当地居民的情感尝试密不可分。尺度缩放既是一个身体上的运动过程，也是一种道德行为。为了用分隔理论的衡量标准，取代远近之间的绝对区别，仅靠第一手观察永远不够，有时信任外国人至关重要。根据胡塞尔的学生路德维希·兰德格雷贝的说法，想象自己超越了所属的共同体的能力是数学中的无限概念的起源。简言之，菲克尔日记里流露出来的同理心，是他从蒂罗尔的阿尔卑斯山出发，理解帕米尔高原，再推演全球系统的核心。

## 结论

菲克尔的日记也表现了他对历史过渡的敏锐直觉。从 1908 年到 1919 年，他撰写的有关中亚等地沙漠化的著作中有一个隐含的主题，那就是文明的衰落和帝国的衰落。里克默斯在 20 世纪 20 年代末回顾他们 1913 年的旅程时写道："从发现之旅到变迁之旅，从定点观察到移动观测，从轻骑兵到科学装甲车，一切都发生了巨大改变。"[70] 对里克默斯来说，这就是仪器取代眼睛，统计学家取代讲故事的人的过程。这种对比只能在回顾过程中显露，但早在 1913 年，里克默斯就已经觉察到探险家一职岌岌可危。他哀叹说，"分工"严格的大型探险队几乎不允许个人自由发挥。在他看来，菲克尔正是摆脱这种约束的自由精神的化身。探险队队长和地形学家被束缚在地面的固定点上，而地质学家则代表着"不安分的精神"，他的工作需要"自由"，需要"探寻每个角落，品尝发现的快乐"。[71]

讽刺的是，菲克尔第二次也是最后一次前往俄国东部是作为战俘。这回，他的研究只能使用公开的数据，如此一来，计算就带有了监禁的色彩，而第一手观察则更意味着自由时代不复。直到1920年，即国际联盟成立的那一年，菲克尔才有机会发表他的《帕米尔地区气象状况调查》——回想起来，这预示着科学开始了系统性国际化进程，个人探索时代已经结束。在这种背景下，菲克尔坚信气象旅行叙事"在未来也会大受欢迎"，这似乎不符合趋势。但他没能预见到计算机和卫星的兴起，这些工具可凭借前所未有的计算能力综合大量数据，并生成生动图像，最终支撑全球气候模型。在计算机时代，大气科学的全球化将意味着气象知识能抽离于其提出者和诞生地。比耶克内斯的"极锋"概念于1919年流行起来就是例证。菲克尔和比耶克内斯都认为极地和热带空气之间存在半球不连续性，并认识到这影响了气旋的生成。但菲克尔注重这一发现的气候学意义，甚至是生态学意义。对菲克尔来说，寻找亚欧大陆的寒潮源头，就是了解蒂罗尔和中亚等地脆弱气候之间的联系这一更广泛探索的一个环节。[72] 相比之下，比耶克内斯则从相对狭窄的，更加工具性的立场切入，推崇极锋概念，认为它是预测风暴的关键。

随着比耶克内斯的解释在20世纪20年代取得胜利，气候学也丧失了其意义。没有人再愿意从区域乃至地方层面阐述气象的影响。天气预报的时代来临了，气象观测被简化成计算器（或人类、其他机械）可以计算的精确数字。气象学家和自然地理学家很快就会分道扬镳。[73] 而菲克尔的报告还属于一个不同的时代，它充满了观察和离题的阐述，拒绝抽象化和量化。他的气候科学仍然是一项具有大陆帝国整体风格的地理事业。因此，他决定在著作中纳入尽可能多的内容，例如仪器曲线、小字和脚注等。

菲克尔在帕米尔考察日记中坦言，个人经验与科学观察界限模糊。他有一篇日记描述了彼得大帝山脉的远景，指出沙皇是"一个骄傲的人，应该只有他能镇住这巍峨的山脉"。日记继续写道："科学是美丽的，特别是我们可以骑在马背上做研究。我们从阿尔马利克出发，还没抵达山脉中段。我们高坐于马鞍之上，在盛开的草场上，我们忘记了科学。"菲克尔提到彼得大帝时语带讽刺，因为在山脉面前，人类尺度的时空相形见绌。碰巧，当菲克尔确定"彼得大帝"山脉有两条而不止一条时，他就小小地攻击了彼得大帝的遗产，提议只把彼得之名用于西部山脉，至于东部的山脉则可以叫"叶卡捷琳娜大帝"，鉴于有两名探险伙伴是女性，这也是一个很恰当的选择。[74] 事实上，菲克尔在那里的性欲体验是矛盾的，他将帝国衰落和英雄主义消逝与岌岌可危的男子气概联系在一起。由此，这个段落反过来强调了从普通人转变为科学家后，那些消失的意义。"忘记"科学，菲克尔就可以感性而完整地体会山与那一刻的复杂。人们可能会由此想到卡尔·达拉戈在《布伦纳》中表达的对科学的态度："《布伦纳》里的科学真实存在，但在那里，科学也不只是科学。"[75]人们也可能想起这个文学圈子里另一位成员更有名的话:"凡不可谈论的东西,我们必须沉默地略过。"这是路德维希·维特根斯坦的《逻辑学原理》(1921)里的最后一句话,这本书是对科学局限性的另一种探索,原先也打算在《布伦纳》上发表。[76]

当然,人们可能会建议科学史学家,在"忘记科学"的地方打住,别再往下读。但接下来是什么,什么东西"超越"了科学,这个问题太重要了。

> 科学把我们带到这里,
>
> 但这里不是起点。
>
> 难道不是对这些神秘的未知山脉的渴望,将我们带到这6000千米以外的地方?……
>
> 我们渴望山的美丽……

再读下去是否太过轻率?是否应当三思而后行?还要窥探下去吗?我们要像科学家私下里窥探那"巍峨雄伟"的"山中帖木儿"一样的山峰那样,窥探他们的私生活吗?

> 有一些东西比伟大的科学更美,也比它美得多,那就是伟大的山。
>
> 在一处树荫下,站着一个年轻的女孩,宛如石像,她有一双大眼睛,衣着轻盈。在雪地里,她的脸颊泛光,温柔的棕色

眼睛无助地环顾四周。这个美丽的孩子站在我面前，就像一只松鸡，抬眼，又低垂下去。阿尔马利克的姑娘！想到那一刻，我的心就暖暖的。我有一个心愿——在我看来，那不是欲望——不过也可能是浮躁而罪恶的欲望。[77]

也许是时候把手稿放进文件夹里，折回严肃的研究了。但是，如果这个感性的无言时刻的确告诉了我们一些关于菲克尔的"科学"的事情呢？用菲克尔的话来说，"超越科学"让人想到了胡塞尔说的"前科学"或"自然世界"。对胡塞尔来说，为经验正名并非意味着放弃科学。相反，其实这意味着找回经验，它们在原始状态下曾赋予科学思想以最初意义。这是解决 20 世纪初欧洲文化意义危机的办法。在逼问科学与欲望之间的关系时，菲克尔可能也有类似的直觉。"现在，科学是什么，山是什么？"

# 帝国之后

1949 年，1877 年出生在维也纳的地理学家胡戈·哈辛格（Hugo Hassinger）在战败后被外国军队占领、声名扫地的奥地利（此时的国土面积约为奥匈帝国的十分之一）迎来了人生的终点。1945 年后，哈辛格获准在维也纳大学继续担任领导职务，因为他从未加入纳粹党。不过，人们对他的政治立场仍有抱有疑虑。在战争期间，身为"东南欧研究团队"的主任，哈辛格的学术成果旨在合法化希特勒对该地区的统治。[1] 他的著作中全是"德国生存空间"这类话语，而在现在被盟军占领的中欧，这套说法成了禁忌。因此，在他漫长职业生涯的晚期，在冷战初起的时刻，哈辛格又回归了帝国-王国科学的论调。

在《奥地利的本质与命运，植根于其地理状况》一书中，哈辛格罗列了这个濒临崩溃的国家对于战后世界秩序恢复的重要性。他认为，奥地利不仅是意识形态对立地区之间的"边界地带"，更是哈布斯堡君主国超国家传统和欧洲理念的守护者。他认为，哈布斯堡君主国是"欧洲的"，不仅思想上如此，景观上也是。他特别谈到了这里"多样的气候现象",例如"阿尔卑斯山高处的冰原与地中海气候之间的显著差异;森林和高山草原被海洋性西风拂过,露水深重;但潘诺尼亚气候区灌溉条件差,湖泊也没有出口"[2]。这种"受地形、土壤类型和区域气候影响的能量在小空间内的迅速转化"带来了最多样的"经济活动形式"。和一个世纪前的贸易大臣冯·布鲁克类似,哈辛格将奥地利的活力归功于邻近地区差异中迸发的活力,以及空间"快速转变"所产生的能量。不过,他更多援引的是多弗和卑尔根学派传统的大气交战的隐喻,这在哈布斯堡气候学中没那么常见。中欧是"大陆和海洋力量斗争的地区","正因如此,中欧才更有意义"。它是"大气层、地球上海洋和大陆对战的沙场,植物、动物、人和他们的文化在这里发生冲突"。但他也坚持认为,这些对手"也相互依赖,寻求妥协,因此中欧也能被看作欧洲的平衡空间"[3]。与冯·布鲁克及19世纪的同时代人一样,哈辛格将中欧的命运与迥异相邻地区寻求"平衡"的物理倾向,与国家之间寻求"妥协"的外交倾向联系起来。

就在4年前,这个人还希望纳粹统治整个地区,现在竟自然地写下这番话!一个曾计划将非日耳曼人从南蒂罗尔、布尔根兰和内喀尔巴阡山脉驱逐出去的人,现在却称赞这些土地的奇妙多样性。这怎么可能呢?

## 气候和中欧的命运

哈布斯堡修辞中"多样中的统一"的说法，一开始就遭到了抵制，且抵制者的怀疑态度随 1914 年战争的爆发而加剧。两年后，经济学家路德维希·冯·米塞斯（Ludwig von Mises）就激烈地反对称，帝国不可能调和如此大的差异。他认为，给自由贸易施加壁垒向来不合理，他嘲讽各王国在国界处征保护性关税，以此促进政治统一的做法。他主要反驳了有关战后重建欧洲秩序的两个流行观点：弗里德里希·瑙曼《中欧》一书当中的经济理念，以及卡尔·伦纳的联邦社会主义。伦纳认为，加利西亚与奥地利虽边界多山，但因奥地利为加利西亚提供粮食、木材、石油和烈酒，而加利西亚为奥地利提供铁、纺织品和纸张，所以两者"有机相连"。冯·米塞斯调侃说，既然奥地利人也吃糖、茶和可可，那奥地利和英国及其殖民地不也是"有机相连"吗？最终，冯·米塞斯认为，未来任何保护性联盟都会阻碍至少一个成员国的工业发展。就此而言，它不会造就"经济共同体"，相反会引发"经济战争"。但即便冯·米塞斯拒绝了有机隐喻，他还是采用了物理主义的平衡表述。他在对劳动力和资本流动的分析中，写到了工资和利润差异的"平衡"。[4]

匈牙利历史学家亚西·奥斯卡在他 1929 年出版的尖刻的《哈布斯堡君主国的解体》当中，也讽刺了自然多样性的意识形态。虽然亚西与冯·米塞斯在政治上存在分歧，但他们都认为自然多样性不过是一群人在经济上剥削另一群人的幌子（虽然亚西在这里强调的是阶级划分而非民族划分）。以下是他对奥匈帝国自由贸易区传统论调恰切的讽刺："看哪，哈布斯堡君主国给这么多自然条件、语言、文化、经济发展不同的民族、国家创造了有利条件和机会，让其不受习俗阻碍，顺利进行贸易，从而最和谐地相互补足……这种自由贸易多有益处，多么进步！"[5]亚西的论点在20世纪20年代也有市场，从自由贸易对泛欧运动的意义中即可看出。不过需要注意，尽管亚西语气轻蔑，但他也承认了自然多样性具有内在价值这一前提。他相信："两个或几个经济区能够相互供给的东西越多，就越互补，自由贸易会带来的好处也越多；而如果被关税壁垒分隔，就愈加不利。"值得注意的是，在分析哈布斯堡关税同盟失败的原因时，他指出，其中一个原因是气候相对统一："帝国大部分地区的供给一般是温带产品，内部差异不大，也发挥不了什么作用。"[6]亚西愿意加入前哈布斯堡境内气候多样性程度的辩论，表明中欧命运问题一定程度上还是参照19世纪50年代的自然主义话语框架。

事实上，奥匈帝国声称自己是一个"自然单元"，这个说法在"一战"期间引发了激烈争论。德意志帝国的地理学家甚至在1918年之前，就普遍认为奥地利是一个注定要沿着民族边界线解体的"非自然"国家。[7]但奥地利的地理学家们继续沿用19世纪50年代的"整体国家"的论述，用其中的术语捍卫哈布斯堡王朝的"地理基础"。例如，诺伯特·克雷布斯在1913年写道："奥匈帝国的自然多样性理所当然地促进了各类产品的活跃交换，进而巩固了文化发展，国家也因为坐拥丰富产品而更加自主。"[8]罗伯特·西格尔（Robert Sieger）在1915年坚信，哈布斯堡皇室领地的物质多样性，不可避免地造就了"最强烈的文化反差"，而这是经济自给自足的良好基础。[9]

1918 年君主国解体后，气候仍然是讨论前哈布斯堡领土命运的原则。但现在，气候更多地被理解为一种决定性力量，而非一种适应性资源。对未来最激进的设想之一，来自哲学家和政治家理查德·尼古拉斯·库登霍夫-卡勒吉（Richard Nikolaus Coudenhove-Kalergi），他的父亲是奥地利外交官，母亲是日本人。库登霍夫-卡勒吉于 1923 年发起了"泛欧"运动，即将统一的欧洲设想为技术官僚治下的乌托邦。按照库登霍夫-卡勒吉的说法，技术是欧洲的发明，是操控自然"精神"实现人类所想的努力。他认为，在欧洲，社会问题从根本上说是一个气候问题。欧洲人生活在一种"气候不自由"的状态中，受寒冷的冬天和短暂的生长季节的摆布。而借由技术欧洲人已经成功地将"北方的原始森林和沼泽地转变为文化天堂"[10]。因此，解决社会问题的办法不是政治，而是技术。库登霍夫-卡勒吉被视为将欧盟的技术官僚主义与浪漫主义理念结合起来的先驱。人们没有注意到，他的折中主义理念乃由气候是欧洲自由的最终障碍这一想法所支撑。[11]

奥地利地理学家埃尔温·汉斯利克（Erwin Hanslik）在他颇具影响力的作品中，也表达气候是中欧未来的核心。汉斯利克曾在维也纳大学与彭克一起学习。1915 年，他在维也纳成立了文化研究所，致力于为新时代重塑奥地利理念。[12] 他影响重大的研究涉及"德语-斯拉夫语之边界"。正如他在论文导言中解释的那样，这个项目缘起于他身为 19 世纪 80 年代和 90 年代加利西亚工厂工人之子，在成长过程中对德意志和波兰文化差异的个人体验。杰里米·金等历史学家明确表示，正是在汉斯利克年少时，民族主义煽动者开始竞相将个人和社群定义为使用特定民族语言的单位，即便这些被定义的个人和社群可以轻松使用多种语言。[13] 汉斯利克表示，他希望自己的研究能"科学地洞察语言边界的性质和奥匈帝国统一的自然性"，从而"缓和语言纷争"。[14] 换言之，他希望用地图上的一条线，一劳永逸地解决语言认同问题。

加利西亚工人阶级出身的汉斯利克，似乎极想继承帝国-王国科学家的头衔。他遵循这一传统，将自己的科学权威性建立在对帝国自然多样性的个人体会之上，作为"多年来习惯于交替调查西部和东部山脉的人"，他的头脑能够综合"所有细节"，提炼出真正的"自然边界"。汉斯利克的分析显然以汉恩和克纳·冯·马里劳恩的气候学和植物地理学研究为模型，并从他们的研究中得到了大部分数据。他借用了他们的方法来跟踪气候和植被的微小空间变化，以此定义自然区域。但他不同意那二人所说的，"气候边界"具有偶然性与主观性，并且取决于统计程序和植物学分类模式的选择。汉斯利克将哈布斯堡气候学方法当作将欧洲一分为二的粗略手段。他表示，根据气象学和植物学研究，欧洲显然可以分为西部"海洋"和东部"大陆"两个迥异的地理单元。君主国的东部和东南部地区不是"平衡气候"，而是"边界气候"，是"西方和东方主流气候的变体"。遵循气候学的方法，他把这一主张建立在身体体验之上。"生活在这些地方的人，只要观察自己就会明白这一点。为了健康，他会相应地调整自己的生活方式。"[15] 借由化简法，汉斯利克实现了概念上的飞跃，而这在汉恩和克纳的著作中是找不到的，换言之，汉斯利克将气候区与民族区位联系起来。"西欧伟大的日耳曼-罗马民族仅居住在海洋地区，斯拉夫民族则居住在大陆和过渡地带。因此，欧洲的横向分类和气候分类的相关关系尤为密切。"这很快使他得出了一个重大结论，"日耳曼人和斯拉夫人之间的语言边界，不是一条历史随机线"，相反它是"一条自然划定的界线"。[16] 在空间限制外，汉斯利克还看到了一条时间线，也就是两个文化发展阶段的界线。

汉斯利克的文化研究所的出版物，向广大读者宣传了此一欧洲地理形象，并用清晰的现代图形表明汉斯利克绘制的东西边界。[17]他还在 1915 年汇编的插图本《奥地利，我的故乡》中收录了一篇阐明此观点的喀尔巴阡山脉相关文章。[18] 这部两卷本作品乍看之下，像是《奥匈帝国图文集》的更新删节版。它也从自然地理讲到文化地理，但它的德国民族主义作者放弃了皇储鲁道夫的多元文化理想，处处都主张德国文化的优越性。相应地，汉斯利克的那篇文章，随附了一张德国科学家-探险家俯视"东方"了无人烟的"荒野"的照片（图 43）。

汉斯利克得出结论：欧洲有一个东西向的"文化梯度"。在《发明东欧》一书中，拉里·沃尔夫（Larry Wolff）讨论过这一概念，后来常被引用，他将其追溯到 18 世纪西欧作家的旅行叙事中。但文化"梯度"的物理隐喻最早见于"一战"前，1915 年西格尔就使用过，并赞许性地将它归功于汉斯利克。[19] 这个沿用甚久的概念，是 20 世纪许多东欧相关学术理论的核心，也是哈布斯堡气候学复杂流变的直接结果。如果说早期的哈布斯堡思想家将跨文化互

图 43 汉斯利克在《奥地利，我的故乡》中插入的关于喀尔巴阡山脉的文章的照片，1915 年

动比作差异显著的气团的物理平衡，那么汉斯利克就是第一个提出文化对比可以像气压读数一样，在一个线性尺度上进行分级的人。

汉斯利克的学术研究反映出，哈布斯堡动力气候学传统在"一战"期间被歪曲，以符合德国民族主义的目标。他和哈辛格、西格尔和库登霍夫－卡勒吉一样，倾向于环境决定论。尽管他借鉴了汉恩、克纳、修斯、苏潘及他们的同事在气候多样性上的经验证据，却用它们来佐证文明与落后简单二元对立式的地图。他的理论全然不涉及气候在 19 世纪末的动力学框架中的新含义——在动力气候学中，气候已被理解成一个多尺度的动力系统，对小型扰动十分敏感，况且它还是联结的循环而非分裂的循环，它创造的是相互依赖的关系。而汉斯利克所使用的气候更接近其在 18 世纪的含义：静态的、区域性的，并注定与离散而有等级次序的人类文化相联系。这些奥地利人出版于 20 世纪初的著作，也并不面向 19 世纪气候学的隐含受众，即准备行使权利自由流动与自由经营企业的公民。这是为领袖而写的自然地理学，他们企图动用武力将秩序强加给中欧和东欧的人文、自然复杂性。

如此一来，19 世纪"多样中的统一"的自然主义意象就被用以支持 20 世纪的德意志帝国主义。这种转变反映出民族主义在"一战"期间走向极端。按照马克斯·伯格霍尔兹（Max Bergholz）的说法，可以暂且将其描述为"突现的民族性"：这是一种"违反直觉的动态过程，在此期间，暴力制造身份对立，而不是身份对立引发暴力"[20]。我们可以从某些哈布斯堡地理学家战时的私下交流窥见这一过程的端倪，布鲁克纳、西格尔和克雷布斯尤其明显。战争初期，这些人被研究前景鼓舞，因为其成果不仅在为军事战略提供信息，而且最终会为欧洲的未来版图提供信息。到 1915 年，克雷布斯已经在说他的工作"不再为元帅们服务"，而是在"为外交官们服务"。1919 年，他表示要为他所谓的"德意志认同"而做研究。[21] 战局逆转对这些人的打击尤为严重。战争结束后，布鲁克纳和西格尔对《凡尔赛和约》的"非自然性"怨声载道。他们想说，奥地利已经失去了它的"生产地区"，经济无以为继。在凡尔赛促成和约的外交官们"用一条非自然的边界切断了奥地利的必要援助来源"——他们"撕裂了"一个"统一的经济区域"。[22]暴力渗透到地理学的语言本身。

## 科学多元主义

然而，没有理由认为，在 1914 年之前，自然主义者对哈布斯堡领土的环境多样性的赞美，就已经隐藏了德意志民族主义的祸心。相反，以 21 世纪的标准来看，帝国-王国的科学实践高度多元化。[23]今天的科学实践从业者仅限于被认可为专家的极少数人，基本只用一种语言，即使用科学英语与数学符号，研究结果仅发表在少数精英期刊上，一般读者也无法理解。相比之下，哈布斯堡野外科学则吸引了广泛的参与者。尽管研究集中于阿尔卑斯山和波希米亚，但全君主国的志愿观测员都进行了气象学、温泉学、物候学和地震学方面的测量，而且往往使用德语以外的语言。实际上，即使在帝国解体后，前帝国境内的气象观测站仍然每月向维也纳发送气候观测数据。[24]这些观测员中的突出贡献者，有当地教师、医生、药剂师、公务员及温泉或度假胜地的经营者，其中也有少数妇女。可以肯定的是，ZAMG 的历届主管都是以德语为母语的男性天主教徒，但并非所有受雇于 ZAMG 的科学家都是德意志人。战争结束时，有一位科学家取得了捷克斯洛伐克国籍，并在布拉格的天文台找到了工作，而另外两位拥有捷克语名字的科学家，正等待留任奥地利的申请通过。与此同时，曾在奥地利新边界外的哈布斯堡天文台工作的科学家们，正推进帝国科学的基础设施国有化。新的民族国家急切地需要气象观测站和仪器，说明观测工作从来不是德意志-奥地利的专属事业。[25] 的确，我们所读到的对哈布斯堡地区气候多样性的称颂是用德语发表的，但这并不意味着作者是德意志人。它只说明在第一次世界大战之前，德语是中欧国际科学的主要用语。而少数中东欧科学家会高举泛斯拉夫主义旗帜，选择用俄语建立自己的国际声誉；除此之外，哈布斯堡科学家倾向于用德语发表原创性研究，不强调自己所属的民族。[26] 大气科学更是如此，总编辑部设在维也纳的《气象学报》是国际领先期刊。这些不同的参与者给气候学制定了许多不同的目标，而比起当时其他国家的气象局，ZAMG 会为更多目标提供支持。

另一方面，在后哈布斯堡时代的中欧民族国家中，科学首先需要服务于国家利益。在这种情况下，要做到超越国家的尺度思考需要付出额外努力，而几乎没有人比地理学家朱莉·莫舍莱斯更用心地想要做到这一点。尽管困难重重，但她还是在布拉格德意志大学师从阿尔

图 44 朱莉·莫舍莱斯（1892—1956），兹登卡·兰多娃绘

弗雷德·格伦德（Alfred Grund），攻读地貌学博士学位。战争期间，她开始对气候学感兴趣，结合气候志的描述性与统计学研究方法展开了研究。气候是这位多产学者的若干研究领域之一，她在20世纪20年代中期从自然地理学拓展到人文地理学。实际上，人们对她的期望远远超过她的男性同事。一般来说，只要写一份长篇研究报告就足以拿到教授资格，但她花了20年时间，写了5本专著和大约60篇科学期刊文章才拿到教授资格。[27]

而性别只是其科学事业的障碍之一。她出生在布拉格的一个富裕的犹太家庭，童年大部分时间都与一位英国叔叔一起生活。他是一位和平活动家，常带着她一同旅行。在刚成立的捷克斯洛伐克，捷克人把她当作德国人，德国人把她当作英国人。她曾在1919年（用英语）向威廉·莫里斯·戴维斯解释过："你不清楚，有些人会因民族仇恨变得十分残忍，让受害者吃尽苦头！"尽管如此，她仍然保持乐观，并效忠于刚成立的捷克斯洛伐克，越来越多地用捷克语而非德语出版著作。她写道："由于血缘和友谊，我属于两个国家，并生活在第三个国家。也许正是因为如此，我对民族矛盾没有任何感觉。"她在自身身份和科学研究之间做了一个发人深省的类比："就像景观研究，我们能看到气流和冰川周期所塑造的地貌，但也随处可见水流形塑的地貌。我将其比作人类的生命和灵魂，只会因环境而稍有改变，但都值得被认可与热爱。"[28]这就是哈布斯堡科学家受训后观察自然界的视角，即便流动与交换塑造的是特殊的地方景观，也要跨越时空加以追踪。讽刺的是，在君主国解体后，最能体现哈布斯堡超国家科学理想的博物学家，是一名女性。

## 尺度缩小

奥匈帝国战败后，朱莉·莫舍莱斯在努力传承国际主义科学精神的道路上并不孤单。20世纪30年代初，作为ZAMG的所长，威廉·施密特向奥地利教育部进言："在奥地利所有科学机构中，中央研究所能触达更广泛的受益者，从最朴素的农民和游客，到研究生活条件的专家；它必然也具有最广泛、强大的国际联系；而我们的天气和气候也当然是地球总循环的一部分。"[29]这绝不是一个急于获得资金的科学家在夸大其词。前文谈到，施密特对大气"交换"的研究，旨在以数学的精度来表示这些"联系"。

与此同时，在捷克斯洛伐克，建立首个气候学"世界中心"的建议被提上日程。提议者利奥·文策尔·波拉克（Leo Wenzel Pollak）是一名犹太人，曾在布拉格德意志大学接受宇宙物理学教育，与气候学家鲁道夫·施皮塔勒（Rudolf Spitaler）一起学习。1927年，受美国商业界使用打孔卡启发，波拉克设计了一种满足气候学家、地球物理学家和天文学家需求的计算机，并申请了专利。与二战结束后立即开始将大气物理学数字化的美国科学家不同，波拉克并不想用计算机解决天气预报的问题。他希望机器能够分析气候数据的周期性，也就是汉恩曾经费尽心思想通过人工计算完成的事业。[30]1942年，波拉克被誉为"首度将打孔卡系统实际引入气象学"的学者。[31]但那时他已经被赶出了纳粹占领下的捷克斯洛伐克。他很幸运地在都柏林找到了避难所，在那里，他最后的出版物是一本气候学统计方法手册，是与另一位来自前哈布斯堡领地的犹太难民维克托·康拉德合作完成的。

科学史学家保罗·爱德华兹甚至认为，如果不是因为经济和政治危机，捷克斯洛伐克可能已经成为"世界领先的气候学中心"。[32]

然而，国际主义科学并非两次世界大战之间奥地利和捷克斯洛伐克政府的优先事项。对于奥地利和捷克斯洛伐克这两个奥匈帝国的继承者来说，发展得最好的大气研究领域是新出现的"局地气候学"和"生物气候学"子领域。它们某种程度上是对战后条件的务实回应。随着君主国的解体，中欧的气候学家们失去了尺度优势。西格尔曾在《凡尔赛和约》签署后说道："现在更有必要下令观测周边环境，因为遇到环境事故，火车一次就要暂停服务数周，而且客满为患，票价高昂。"[33]此外，大气科学工作者需要向新政府证明自身价值。面对战后的经济危机，ZAMG 所长费利克斯·埃克斯纳同时向交通部、国防部、司法部、贸易部、农业部和卫生部请愿，宣称研究所对航空旅行、农业和林业、水文、采矿、风力发电、侵权案件的法律裁决、卫生、运输和旅游都有价值。但证明这种潜力则需要彻底改变方法论。

当然，两次世界大战之间，中欧的气候学将以微观和中观尺度的研究来补足宏观尺度气候学研究的不足。不过，发展地方科学并不代表与哈布斯堡的遗产决裂。相反，它们将帝国-王国科学的尺度缩放法应用于后帝国国家。它们定义了尺度分析的梯度，总结了从局部到全球，适用于各个尺度的分析方法。

两次世界大战之间，奥地利和捷克斯洛伐克的研究的重点之一是山地气候学。埃克斯纳极尽所能告诫政府，山地气候研究是一项很好的投资。在瑞士达沃斯，即托马斯·曼 1924 年出版的小说《魔山》中魔山所在地，医生卡尔·多诺（Carl Dorno）为肺结核患者提供阳光治疗。战后的通货膨胀令瑞士度假胜地对奥地利公民来说过于昂贵，埃克斯纳和菲克尔开始寻找"奥地利的达沃斯"。在1921年的《气象学报》上，菲克尔坚持认为，东阿尔卑斯山有日照充足的山峰，可以治疗"来自欧洲各地的受苦人"[34]。虽然温泉和疗养院在19世纪末就已遍布该区，但对气候条件的详细研究却直到20世纪20年代才首次开展。布拉格天文台的气候学主管阿洛伊斯·格雷戈尔（Alois Gregor，1892—1972）对山地气候的研究特别感兴趣。他用湿球温度计测量当地大气的"热舒适性"，用他布拉格的同事波拉克设计的剂量计测量紫外线辐射的强度，用法兰克福气候学家弗朗兹·林克（Franz Linke，1878—1944）1922年开发的蓝色色度标准表示大气"浑浊因子"，从而直观地呈现大气"纯度"。格雷戈尔用捷克语撰文，向大众读者解释：大气层就像一座多层建筑，二层的生物质量要比一层的高。[35]

随着生物气候学测量的标准化，气候疗养地的认证过程也日益规范。在奥地利共和国，当地社区可以向 ZAMG 提出申请，接着一名科学家会前往该地进行检查。如果他初步评估该地符合要求，将下令设立一个"气候观测站"，站点配有八台仪器，由当地志愿者负责操作。捷克斯洛伐克也有一个类似的系统，由卫生部和国家气象局共同管理。然而，并非每个社区都能得到理想结果。例如，下奥地利的默尼希基镇经观测，冬夏温度适宜，云量平均，但降雪量大，所以在1929年被批准为疗养地，但不适合重病患者疗养。用名字不佳的奥地利旅游业营销总监埃尔温·纳斯韦特（Erwin

Naswetter，Naswetter 的字面意思是"潮湿天气"）博士的话来说，这些站点符合"现代广告伦理，把好评的客观性与真实性作为优质宣传的主要要求"。正如旅游业的其他从业者所强调的，气候疗法的广告必须排除"投机"因素。[36]

两次世界大战之间，奥地利和捷克斯洛伐克的气候学还有一个研究重点，那就是城市环境。20 世纪 20 年代，在社会民主党的领导下，"红色维也纳"是现代主义项目的孵化器，旨在打造一个更加平等的城市。因此，城市气候学的目标受众包括城市规划师、卫生学家、建筑师和工程师。威廉·施密特是维也纳这项研究的先驱，他确信城市的气候会损害儿童的健康，进而逐步降低城市人口的质量。在《人类环境的人造气候》（1937）中，他与其长期合作者卫生学家恩斯特·布雷齐纳写道，城市气候学的任务"是正确引导市政住房规划，为城市人口创造更宜居的生活条件，比起今天的城市居民所享有的那些，未来的生活条件将更符合人类的身体和精神本质"[37]。城市气候学因此发展为一门关于"人造气候"的实证性物理科学。在布拉格，阿洛伊斯·格雷戈尔一再疾呼，城市的发展表明"人类对气候有破坏性影响"，就像美国的沙尘暴灾难一样，这一点很明显。[38] 维也纳气候学家弗里德里希·施泰因豪泽（Friedrich Steinhauser）曾在 1934 年提出，"住房卫生设计和社区功能设计"项目推动了对"城市温度模式调查"的需求。他补充说："当时需要发明新的调查方法。"[39] 威廉·施密特解释说："封闭空间内的空气流动（主要是以微风的形式存在），与我们在室外观察到的空气流动有本质的不同。一般气象学方法不适用于此，我们需要采用间接方法或高敏感的方法测量。"⁴⁰气候学必须为城市环境研究重新调整。

威廉·施密特的"移动气候学观测站"就是一个解决方案。它不过是一辆装有气象仪器的大型欧宝汽车，由德国科学应急协会以及农业部和教育部资助。但他和同事们从此可以在整个城市和郊区各地，进行时间间隔很短的测量。就这样，施密特测量了热岛效应，并分析了空气样本中的杂质。在城市环境中，不太熟悉的气象变量也变得很重要，例如二氧化碳和灰尘的含量。在布拉格，格雷戈尔强调了城市气候的中观尺度，即大约50米高的建筑物的环境影响。施密特和布雷齐纳在维也纳则更关注微观尺度，即一个街区，或一个单独建筑、房间。他们甚至思考了一个人的衣服与皮肤之间的"气候"。他们还提出了"个人气候"的概念，一个人这样追踪气候：从家里出发，乘坐电车抵达实验室，再回到家。至于现实举措，格雷戈尔建议扩建城市公园，拓宽街道，并改善室内通风系统。⁴¹另一方面，或许是受到奥地利政治日益流行的论调的影响，施密特和布雷齐纳支持"绿色城市"运动，即在城市之外建立工人定居点。他们期待着这样一个时代：城市居民摆脱"极端的城市性"，"不再单凭城市思维和感觉"行事，而是"像祖先在土地上劳作那样，与自然联系在一起"。⁴²

1934年，法兰克福和维也纳的科学家们创办了《生物气候学增刊》，作为原奥地利期刊《气象学报》的分刊。编辑林克和施密特的目标，在于将科学的各个分支（物理学、医学、植物学和地理学）和方法通通联合起来，以便研究气候的生物学意义。如此一来，他们将"气候"的含义延伸到大气现象之外，包括那些在早期被称为"大地"的现象，即起源于土壤和最接近地面的空气层的作用。[43] 总的来说，这方面的研究包括被修斯称为生物圈的全球领域。自然，奥地利和捷克斯洛伐克成为两次世界大战之间该子领域的公认领袖。林克抱怨魏玛政府对气候学健康研究漠不关心时，指出奥地利人和捷克斯洛伐克人是这个有价值的新领域的先驱。1928年，在巴登举行的温泉学大会正式感谢奥地利和捷克斯洛伐克政府对医学气候学（或"生物气候学"）的支持，它们促使这个领域日益为人所知。[44]

至于微观尺度上的山地气候学、城市气候学、生物气候学，其实都建立在植物学家开发的追踪微小空间内大气条件变化的方法上。我们已经看到普尔基涅 19 世纪 60 年代在波希米亚开创这类研究的过程。更为直接的是，维尔茨堡的植物学家格雷戈尔·克劳斯在《最小空间内的气候和土壤》（1911）中发布了对距离地面不到两米的各种空气状况的惊人观察结果。但主要在两次世界大战之间，中欧人才为"局地气候学"打下了理论和方法的基础。《生物气候学增刊》第一期就讨论起合适的尺度，可能首次用"微观"、"局地"和"大尺度"等术语定义了气候学。[45] 1934 年，施密特和德国人鲁道夫·盖格尔（即广为流传的教科书《近地气候》的作者）认为，旧的大尺度气候学方法从人类环游世界的经验发展而来，其目标在于"研究景观气候"。相比之下，"区域气候"只包括一部分景观，例如一处山谷或悬崖，而更小的"微观气候"甚至不能作为景观的一部分，它们基本接近于平地。因此每种情况都对应不同方法。[46] 施密特联想到新兴的量子力学的一种解释，他说，我们不能仅因为"观测大气时发现了明显的扰动现象"，就套用大尺度的气候学仪器去研究这些微观气候现象。微观尺度对人类活动更加敏感，用施密特的话说，就是更"人为"。大尺度气候学需要长期观测，以中和气象要素的波动，但小尺度气候学则更在意短期变化，以及影响植物、动物和人类生活的大气极端状况。格雷戈尔曾说："常见的宏观气候学数值，例如月（平均）气温和降水，无法用于特定目的的局地气候研究。"毕竟，一次早霜从长远来看毫无意义，但在短期内却有可能威胁到生命。因此，格雷戈尔总结道："局地气候学是 20 世纪气候学的主要资产，值得被列为一门独立的科学。"[47]

施密特认为，局地气候学的兴起是大战后地缘政治动荡的直接后果。在他看来，奥地利领土的缩减既欢迎也要求气候研究采用新方法。奥地利的新边界内多山，因此天气"在空间维度上"和在时间维度上一样重要。缩小气候学尺度成为一种必要手段。施密特写道："气候已经不适合再用我们熟知的大尺度来观测研究了，而需要开发不同于以往的观测、分析和表述方法。"[48]

## 文字与图像当中的气候

于是，我们来到了 1918 年后中欧气候学所继承的最后一项传统，即重视画"气候图"。1937 年，布尔诺的博胡斯拉夫·赫鲁迪奇卡逐步论证，气候学的动力学方法作为地理学表现与阐释模式有其价值。在这方面，他呼应了前几代哈布斯堡气候学家表达的许多价值观。统计值不足以"追踪气候对有机和无机世界的影响……因为气象要素在生物和非生物的自然界中不是孤立地发挥作用，而是作为一个复杂的整体发挥作用"。赫鲁迪奇卡强调需要一个可视化的气候概念，他坚持认为天气作为气候的"基础"，"绝不能像在引入气象要素的统计表中一样，完全在气候图中消失"。为了解释小尺度的气候，考虑"区域特殊性"，科学不能省去"口头描述"和"丰富插图"。[49]

可见，两次世界大战之间，中欧气候学还在坚守"文字和图像"的理想。其实，20世纪20年代和30年代的奥地利文学作家还会把大气动力学的生动语言融入作品，传达与前帝国的联结。例如，胡戈·冯·霍夫曼斯塔尔就出了名地对天气敏感，反复用"浪潮"意象来比喻文化和意识形态冲突的影响。在他1917年的文章《奥地利理念》当中，他写到一种"能量"从奥地利以"新的浪潮形式"辐射出去；写到奥地利的"内在极性"、"真正弹性"和"流动边界"；写到"文化浪潮向东方涌动，但也接受或准备接受向西涌来的反浪潮"。霍夫曼斯塔尔呼吁搭建"国家的精神空间"，并用大气意象来调和政治共同体中唯物论和观念论的矛盾。[50]

气候学还塑造了战后小说对中欧空间的想象。创作《施特鲁德霍夫梯道》（这部作品以1925年的维也纳为背景，于1951年出版）时，海米托·冯·多德勒尔（Heimito von Doderer）一直和ZAMG保持着密切联系，"因为他必须知道在20世纪20年代的某天某刻是否在下雨，雨势如何，才能继续写下去"[51]。这类历史准确性对冯·多德勒尔很重要，因为大气在他的小说中构成一种心理力量，改变着人物对近与远、过去与现在的感觉。例如，在小说靠前的某个段落中，光线和空气的某些特质与一个女人的一丝口音混合在一起，引发主人公意识闪现。他感觉到一股来自"远方"的气流，将他"从各个方向吸入……绿色而开阔的空间"，那儿已经远离城市居民。他渴望一片只存在于记忆和想象中的帝国土地，他想到了那些"曾经是城市的非凡的南方土地，而那些神经束已经被切断 5 年了"[52]。这个主题让人想起奥地利第一共和国的另一部经典小说《卡尔与 20 世纪》，作者是鲁道夫·布伦格拉伯（Rudolf Brunngraber）。我们在书中会读到，"对远方的渴望在 20 年代几乎已是一种流行病"。主人公敏锐觉察到世界的宽广以后，就愈加想要流浪，这种感觉像风一样："然后他突然感到世界广阔，就像站在外面的夜风中一样。"但 20 世纪 30 年代经济大萧条发生后，维也纳变得死气沉沉，卡尔说好像"生命之风"也停止了。[53] 大气运动的图像再次传达出，两次大战之间，中欧地理环境处于不稳定的变动之中。

但是，哈布斯堡气候学最著名的文学表述肯定还是《没有个性的人》的开篇，这是罗伯特·穆齐尔描写帝国暮年的哲学小说，最后也没有写完。它的开头有点令人费解，因为作者居然细致地描绘了中欧的大气状况：

大西洋上空有一个低压带，它向东移往俄国上空的高压带，但不像是要继续向北绕过高压带。等温线与等夏温线都很正常。参考年均气温，以及每月气温非周期性变动，现在的气温是正常值。日月升落，月球、金星、土星环的相位等重要天象都符合天文年鉴的预测……一句话，虽显老套但符合事实，1913 年 8 月的这一天，有个好天气。[54]

作者虽然在戏仿常见的统计语言，但也开门见山地传达了小说的中心主题，即人类经验与科学对现实的描述之间，往往存在矛盾。这份天气报告是对 1877 年以来哈布斯堡君主国治下各地报纸上天气报告的绝佳模仿，但这样的天气是否真的是 8 月的好天气？如果用"老套"的方式就能表达清楚，为什么又要追求精确？如果人们只对个人和他们独特的故事感兴趣，统计平均值又有什么价值呢？这里，科学描述似乎远远超出了人类经验的范畴，关注的事件完全脱离了人类关心的尺度。但如果就此打住，就会错过气候学在穆齐尔的著作中，作为个人与社会之间关系的隐喻所发挥的深刻作用。在《作为理想和现实的国家》（1921）中，穆齐尔用大气学术语回顾了 1914 年战争前夕的情况："一个人突然变成了一个微小的粒子，卑微地融进一起超个人的事件，被国家包围，并以一种绝对物理的方式感受国家的存在。"他把国家描述为一个"巨大的异质体……在固体和液体之间摇摆不定"，他还强调爱国主义就像"大气那样不确定"。[55] 两年后，在《德国人的症候》中，穆齐尔把欧洲人设想为空气中的微粒，命运受压力、温度和地形的无限偶然性摆布。个人可能被卷入历史大浪潮中，但他的生命历程却取决于当地的突发事件和"相互竞争的影响因子"，就像降水概率取决于某座特定的山如何转移特定气流。就此而言，欧洲人的身份不是种族或时代精神的写照，而只能由一个轨迹指定，这个轨迹太复杂而无法事先计算。欧洲人并非"生来"就是欧洲人，他们是后来"被定位"成欧洲人的。

在这种地理意象中，我们可以看到哈布斯堡科学和政治相互作用的传统。特别是气候志这种体裁，它邀请读者以动态角度想象自己与帝国领土的关系，不是像马丁·海德格尔当时正在理论化的"栖居于此"的方式，而是把这种关系视作一种偶然且可能动荡的循环。

## 放大尺度

帝国-王国野外科学的最后一份遗产，在于其所激发的科学国际主义项目。不少科学家将哈布斯堡超国家科学机构作为科学国际化的典范，认为它超越了地理边界。他们认为，奥地利国内行之有效的合作和综合方法可以放大尺度，促进国际合作科学事业。从1873年在维也纳举办的第一届国际气象大会开始，奥地利科学家就带头领导了一系列合作项目，协调世界各地的科学研究和自然资源管理。例如将1882—1883年设为第一个国际极地年，目的在于完善地球系统的三维科学图像。这是哈布斯堡海军军官卡尔·魏普雷希特的提议，他对19世纪末的民族主义失望，又对高举"虚荣的国家大旗"的大航海探索心生不满，因此信奉国际主义。[56] 受超国家科学愿景的鼓舞，魏普雷希特发起了一系列倡议，这些倡议最终在1957—1958年的国际地球物理年上开花结果。关于哈布斯堡牵头的国际主义科学成果，我们还能举出不少例子，如爱德华·修斯里程碑式的地质调查《地球表面》、维也纳地理学家阿尔布雷希特·彭克1891年首次绘制的《国际世界地图》、弗朗茨·诺伊曼-斯帕拉特的《世界经济概览》（前文说过，其方法部分来自气候学），以及诺伊曼-斯帕拉特提议在1885年成立的国际统计研究所。哈布斯堡科学家还促进了自然资源的国际管理。例如约瑟夫·罗曼·洛伦茨·冯·利伯瑙主张协调整个欧洲的森林保护政策。同样，爱德华·修斯想评估地球上的贵金属总储量，以便在更稳固的基础上完善国际经济政策。埃马努埃尔·赫尔曼也推动了针对煤炭、石油等资源的管理的国际规划。在欧洲和平运动的背景下，赫尔曼甚至提议将这个"四分五裂"的大陆变成一个共同的经济区。[57] 他不知道，这样的计划要经过两次灾难性世界大战才会实现。上述所有案例当中，研究者都从其参与的奥匈帝国跨国科学合作的经验中，总结出协调世界各地多尺度研究的机制。

虽然这些计划往往是欧洲中心主义和乌托邦式的，但面对当前的气候危机，其中某些提法在今天仍然具有指导意义。前文提到，哈布斯堡科学家坚持认为，环境研究不能完全掌握在民族国家的手中，自然资源的使用也不能听任市场摆布。这些科学家中也有许多人预见到了全球化的危险。一些人告诫，帝国建设可能会给人类与自然带来可怕损害，还会对殖民地进行经济掠夺。还有一些思想家从别的角度切入，质疑保护性措施的合理性，认为它们不过是在为帝国侵占土地与资源，牺牲原住民利益打掩护而已。他们还指出，旨在保护居民免受自然灾害的帝国政策，无法解决某些人群的利益比其他人群更易受损的不平等问题。[58]这些科学家也担心全球经济会有损世界文化多样性，导致同质化。亚历山大·苏潘在具有影响力的1906年研究报告《欧洲殖民地的领土发展》中指出，欧洲人从他们的殖民地国家的文化中学到了很多。他展望一个被欧洲帝国主义改变的世界，并预言："统一的世界文化不会出现，这是件好事，因为只有在多样性中才有活力和生命。"[59]我们看到，哈布斯堡将地方差异看作发展的动力，还将这一原则扩展到对世界的未来充满希望的预测当中。

虽然这种多元化理想在实践中并不总能指导帝国治理，但本书认为，它确实构建了野外科学实践。帝国–王国科学机构协调了整个中欧的研究，但没有强加一套单一的价值观，也没有要求各地学者采用统一的方法。今天，面对与气候变化相关的紧迫问题时，国际和跨学科合作已经交由联合国政府间气候变化专门委员会（IPCC）执行。迄今（2018年）为止，来自85个国家的研究人员已经发表了五份评估报告，尽管来自北美和欧洲的研究人员占前四份报告（1990、1995、2001、2007年）作者的75%，占第五份报告（2014年）的62%。[60]此外，IPCC因将僵化的科学共识强加于多样声音而受人诟病。在地理上，IPCC的研究偏向于气候变化对工业化国家的影响；在方法上，它强调经济分析而非其他社会科学的观点；在认识论上，它避开了有效多元主义标志性的审慎反思。[61]在这种情况下，值得借鉴的是，帝国–王国科学无意于"统一"科学活动，而是试图"协调"这些研究——这里借用 1882 年生于维也纳的科学哲学家奥托·纽拉特的一个术语。他预见到，未来几代人需解决"将世界组织起来的问题"。不过他相信这可以实现，同时"各种生活方式也可以共存"。为此，需要的不是统一，而是"协调"，不是统一的世界政府，而是"在大范围内'得过且过'"，"得过且过"（fortwursteln）恰恰是经常被用来描述哈布斯堡晚期国家治理风格的词语。[62] 纽拉特认为，未来的国际科学没有理由牺牲多元主义原则。

## 气候和尺度政治

19 世纪关于人类活动对气候的影响的辩论中，科学权威被重新定义了。科学家们开始证明他们的干预有其道理，因为他们能根据一个更持久的尺度判断事物的意义，这个尺度超越了人类生活的狭窄空间和时间脉络。可以肯定的是，早期的科学工作者曾以他们的宇宙观或欣赏自然细枝末节的能力为荣，但 19 世纪的科学家却宣称自己有权在此基础上干预公共政策事务。1869 年，尤里乌斯·汉恩首次提出了这项权利。他认为讨论森林砍伐和沙漠化之间的关系，必然需要专家的知识，因为只有科学工作者才知道如何权衡自然界的"小因素"。"自然科学家惯于思考微小影响，但没有受过教育则会无视这些小原因，只关心令其感到惊奇或恐惧的力量。"[63] 前文提到，汉恩自诩博物学家，他认为没有哪个细节"微不足道"，但他同时又是不受"教堂塔楼政治"的狭隘立场影响的领导者。

在接下来的 20 年里，公众愈加积极参与森林-气候问题的讨论，其他地方的科学家也开始关注这个问题，最知名的就是欧仁-埃马纽埃尔·维奥莱-勒-杜克（Eugène-Emmanuel Viollet-le-Duc）。他因修复中世纪建筑而闻名，但他也对地球结构，以及自然和人类活动对地球结构的影响感兴趣。地质学家看着山坡，就能想象出它受侵蚀而逐渐改变的过程，就像建筑师看着废墟，就能想象它们曾经的结构一样。[64] 如此一来，勒-杜克就卷入了 19 世纪人为气候变化的现实辩论。卑微的人类真的能改变庞大而古老的星球吗？"在宏伟的地质现象面前，人是什么？"回答这个问题时，勒-杜克认为，每一个大型变化都受无数小因素影响，因此人类的微小行为也会对地球产生影响，这种影响有好有坏，选择权掌握在人类手中。地球的命运取决于对"小"的含义的重新思考。"自然界中没有微小行为，或者说，自然界的运转也只是微小行为的累积结果。"[65] 在随后的森林-气候问题辩论中，法国和奥地利的林业专家重复了这个说法。[66] 我们看到，专家们宣称自己有权指导环境政策，因为他们觉得自己足以权衡那些普通人可能完全认识不到的事实。这一隐含前提就是，他们有能力根据地球本身的尺度来判断世界。

放在 2017 年左右的美国，若说谁拥有这种道德权威，那肯定不是科学家。今天的气候科学家一般都很谨慎，很少就超越其研究事实的东西公开表达观点。很少有人会说，他们的研究为他们带来了超凡智慧，或是帮助他们用更宽阔的视界看待人类行为的影响。

如果他们这样做，谁会相信他们？在怀疑者眼里，科学家们试图将注意力引向长期影响，其实是对此时此地更紧迫问题的神秘化。即使是他们的拥护者，一想到科学家模糊了事实和价值的界限，也会感到害怕。他们会说，就算是最聪明的人，也不可能从全球、长期的角度出发，思考个人的选择。

事实上，今天人们经常说，气候变化现象超出了人类尺度，也超出了人类的认知能力。我们很难认识到自己是这个星球历史上第六次大规模灭绝的始作俑者。计算成本和收益时，我们似乎不知道如何权衡未来几代人的福利这种遥远的问题。社会科学家怀疑，人类可能不具有考虑自身行为对各大洲、各代人影响的道德直觉。心理学家们甚至在收集证据，证明人类在思考问题时总存在着巨大的认知障碍。引用哲学家戴尔·贾米森的话来说："对于气候变化这类宏观问题，我们似乎丧失了思考能力。"[67]

两种思考气候科学的方式（即远见式思考，以及认为这种知识形式违反了人类认知本质的观点），其实都面临相同的问题，而这个问题我们现在就可以理解。这两种观点都忽略了气候科学背后的非认知工作。本书的历史分析意在说明，对人类行为之于地球进程的意义下科学判断，并非一种独特的感知能力，也不是个人智慧。它不是灵光一现的洞察力，而是一种尺度缩放过程的产物。缩放是一个学习的过程，但它不完全是认知的。它当然可以是一个计算的过程，根据新的比例关系重新调整大小或时间。但这种重新调整往往取决于新的表述方式和看待世界的新视角。就这一点而言，尺度缩放是一个美学过程，它也是具身性的：为了修正远近感知，我们经常要依靠运动，也就是自己的肢体在空间当中移动所产生的知觉。因此，缩放是一种体感学习体验，但并不由个人单独进行。为了能在他乡或历史当中定位自己，我们必须依赖其他人的知识，因此缩放也是社会进程，经常有冲突与妥协。最后，缩放也是一个情感过程，因为要重新定义世界上事物的相对重要性，所以我们就要形成新的依恋，而放下旧的依恋。因此，缩放往往伴随着渴望和失去，闪烁着异国风情，夹杂着思乡之苦。

从历史的角度来看，现代气候科学是尺度缩放的产物，而这个过程不仅是知识性的，更是感性的、激情的和政治的。尺度缩放是气候科学的历史篇章，对它的未来也同样重要，因为全球变暖正威胁着特定群体，而他们在国际科学最高层几乎没有代表。气候学在哈布斯堡科学的制度化多元主义下蓬勃发展，从多个角度对每一次综合概述的尝试都提出了质疑。未来的研究可以考虑如何与其他科学与政治机构协作，调动不同的基础设施与美学文化，进行尺度缩放，考察它对其他环境知识的影响。今天，帝国-王国科学历史告诉我们，奥地利问题没有唯一解决方案。每一种表现多样中的统一的手段，都不可避免地掩盖了某些形式的差异，并因此牺牲了一定的特殊性。用第一位宣布自己为奥地利帝国皇帝的统治者的话来说，事物是大是小，不是一个先验的、一劳永逸的问题。因此尺度权衡的工作还在继续。

# 致 谢

写作本书的过程中，我获得的帮助难以估量。早期，我有幸得到大气科学史领域三位先行者的建议和鼓励，他们是詹姆斯·弗莱明（James Fleming）、弗拉迪米尔·扬科维奇（Vladimir Jankovi）和凯瑟琳·安德森。2001 年秋天的维也纳，赫丽斯塔·哈默尔（Christa Hammerl）慷慨地向我分享了关于 ZAMG 的知识。2004—2006 年，我有幸作为哈佛学会的青年研究员探索气候学的历史。在哈佛，我也继续研究哈布斯堡世界的历史，那里研究中东欧的青年研究员，特别是塔拉·扎赫拉（Tara Zahra），给予我很多指导。2006—2017 年，我在巴纳德学院和哥伦比亚大学执教，那里有许多优秀的同事也对帝国历史感兴趣，与他们的对话让我获益良多，2011—2013 年作为国际史中心执行主任组织相关活动的机会也使我受益。2014—2015 年，我在纽约公共图书馆作为卡尔曼中心学人做研究，尤其要感谢的是琼·斯特劳斯（Jean Strouse）和地图部的管理员，在他们的帮助下，我那一年的工作富有成效。

近来，我常常与哥伦比亚科学与社会中心内研究环境科学和人文学科的成员交流思想。我也感谢宾夕法尼亚大学、哈佛大学、剑桥大学、芝加哥大学、纽约植物园，以及科学、技术、医学史联合会物理科学论坛给我机会，让我能在听众面前介绍我的研究，听取他们的意见。

许多同事非常详细地解答我的问题，为我审阅手稿并提出建议。衷心感谢以下各位的帮助：米奇·阿什（Mitch Ash）、马克·凯恩（Mark Cane）、努阿拉·卡奥姆哈娜赫（Nuala Caomhanach）、霍利·凯斯（Holly Case）、迪佩什·查克拉博蒂（Dipesh Chakrabarty）、张夏硕（Hasok Chang）、保拉·萨特·菲希特纳、伊莎贝尔·加贝尔（Isabel Gabel）、埃米莉·格雷布尔（Emily Greble）、莫特·格林（Mott Greene）、克里斯·哈伍德（Chris Harwood）、安娜·亨奇曼、埃娃·霍恩（Eva Horn）、弗雷德里克·琼森（Fredrik Jonsson）、彼得·贾德森、丹·凯弗尔斯（Dan Kevles）、马蒂厄·科尔（Matthieu Kohl）、梅丽莎·莱恩（Melissa Lane）、本·奥尔洛夫（Ben Orlove）、杰里·帕桑南特（Jerry Passannante）、多萝西·佩蒂特（Dorothy Peteet）、史蒂夫·平卡斯（Steve Pincus）、亚当·索贝尔（Adam Sobel）、扬·苏尔曼、朱莉亚·阿德尼·托马斯（Julia Adeney Thomas）、科内弗里·博尔顿·瓦伦修斯（Conevery Bolton Valencius）、安德烈娅·韦斯特曼（Andrea Westermann）、娜塔莎·惠特利（Natasha Wheatley）、纳赛尔·扎卡里亚（Nasser Zakariya）。对于我在从文艺复兴时期王权到古植物学的各个领域中的疏漏，他们都富有耐心地包容。有机会向这些杰出的学者和朋友学习，我感到非常幸运。

感谢以下工作坊和研讨会的参与者为我提供宝贵的反馈："晚期帝国认识论"（哥伦比亚大学，2013 年）、"创造性标量"（苏黎世大学，2016 年）、"经历全球环境"（马克斯·普朗克科学史研究所，柏林，2016 年）、"生物多样性及其历史"（剑桥大学、哥伦比亚大学、纽约植物园，2017 年）。

感谢克里斯·哈伍德、波格丹·霍尔巴（Bogdan Horbal）、丹尼尔·马拉（Daniel Mahla）和达尼埃尔·毛戈尔奇（Dániel Margócsy）在翻译方面帮助了我。曼努埃拉·克雷布泽（Manuela Krebser）和格林德·菲希廷格（Gerlinde Fichtinger）协助我誊写了档案资料。感谢四位优秀的研究助理：卡特琳·赫尔曼（Cathrin Hermann）、卡佳·莫季尔（Katya Motyl）、约翰·拉伊莫（John Raimo）、萨拉·海尼（Sara Heiny）。感谢我的编辑卡伦·达林（Karen Darling）和文稿编辑马克·雷施克（Mark Reschke），他们以一贯的细心促成了本书的出版。

本书的研究、写作和印刷得到了以下机构的资金支持：美国国家科学基金会（基金编号 #0848583）、纽约公共图书馆卡尔曼中心、美国学术团体协会、巴纳德学院、哥伦比亚大学科学与社会中心及哈里曼研究所。本书涉及的部分研究曾发表于《社会背景中的科学》（*Science in Context*）、《现代史杂志》（*The Journal of Modern History*）、《奥西里斯》（*Osiris*）、《埃弗里评论》（*The Avery Review*）、《亲密的普遍性：天气与气候史上的局地与全球主题》（*Intimate Universality: Local and Global Themes in the History of Weather and Climate*, ed. James R. Fleming, Vladimir Janković, and Deborah R. Coen, Sagamore Beach, MA: Science History Publications, 2006）等书刊。

大小可能是一个相对的概念，但我所怀的感激是巨大的。我的丈夫保罗·塔奇曼（Paul Tuchmann），我的孩子阿玛利娅和亚当，都对我展现出超乎所求的耐心。只要有一点可能，保罗都愿意花时间给予我爱和支持。

我们很幸运能得到亲人的支持，我的父母鲁思·库恩和斯坦利·库恩、保罗的父母娜奥米·塔奇曼和罗伯特·塔奇曼，我们的兄弟姐妹和他们的另一半也都支持我们。我希望以本书特别纪念我聪慧、勇敢、满怀爱心的姐妹格温·贝辛格，她与癌症缠斗后，于2017年8月去世。阿玛利娅和亚当现在分别是11岁和8岁，他们已经学会与我共同承担，而需要花费在这个研究项目上的精力有时似乎不比养育第三个孩子少。他们在我遇到困难时鼓励我，在研究有进展时为我雀跃。他们是我去外地参加会议时的美好旅伴，还和我一起为书名冥思苦想。我最感谢他们的是，在我忙着写作而没法劝架时，他们没有弄伤彼此。我把这本书献给他们。我衷心希望他们这一代人能够回顾人类关于气候变化知识的历史，在关键时刻学到教训，避免灾难。

# 部分参考文献

本书中引用的文献资料均已在尾注中说明。以下列出本书参考的档案资料、多次引用的期刊及关键专著。

## 档案资料

Correspondence of Emanuel Purkyně and George Engelmann, 1875–81, Biodiversity Heritage Library (EP-GE)

Nachlass Albrecht Penck, 871/3, Archiv für Geographie, Leibniz-Institut für Länderkunde, Leipzig (AP)

Nachlass Alfred Hettner, Heid. Hs. 3929, Universitätsbibliothek Heidelberg (AH)

Nachlass Anton Kerner, Sig. 131.33, Archive of the University of Vienna (AK)

Nachlass Julius Hann, Oberösterreichisches Landesarchiv, Linz (JH)

Nachlass Ludwig Ficker, Brenner-Archiv, University of Innsbruck (LF)

Nachlass Ludwig Prandtl, Archiv der Max-Planck-Gesellschaft, III. Abt., Rep. 61 (LP)

Nachlass Wladimir Köppen, Ms. 2054, Universitätsbibliothek Graz (WK)

Österreichisches Staatsarchiv, Allgemeine Verwaltungsarchiv, Ministerium für Cultus und Unterricht: Meteorologische Zentralanstalt (MCU)

Österreichisches Staatsarchiv, Archiv der Republik, Bundesministerium für soziale Verwaltung: Volksgesundheit (VG)

Österreichisches Staatsarchiv, Archiv der Republik, Deutsch-österreichisches Staatsamt für Unterricht: Meteorologische Zentralanstalt (SAU)

Písemná pozůstalost Emanuel Purkyně, Literární archiv PNP, Prague (EP)

Sammlung Ludwig Darmstaedter, Staatsbibliothek zu Berlin, Handschrifte-
nabteilung (LD)

Teilnachlass Friedrich Simony, Geographisches Institut, University of Vienna
(FS)

William Morris Davis Papers, Ms. Am. 1798, Houghton Library, Cambridge,
MA (WMD)4

## 多次引用的期刊

*American Historical Review* (*AHR*)

*Annalen der Hydrographie und maritimen Meteorologie* (*Ann. Hyd.*)

*Austrian History Yearbook* (*AHY*)

*Bioklimatische Beiblätter* (*Biokl. Beibl.*)

*British Journal for the History of Science* (*BJHS*)

*Bulletin of the American Geographical Society* (*BAGS*)

*Bulletin of the American Meteorological Society* (*BAMS*)

*Denkschriften der kaiserlichen Akademie der Wissenschaften, mathemathisch-
naturwissenschaftliche Klasse* (*Denk. Akad. Wiss. math-nat.*)

*Historical Studies in the Natural Sciences* (*HSNS*)

*Jahrbuch der k.k. Central-Anstalt für Meteorologie und Erdmagnetismus*
(*Geophysik*) (*Jb. ZAMG*)

*Meteorologische Zeitschrift* (*MZ*)

*Mittheilungen der Geographischen Gesellschaft zu Wien* (*Mitt. Geog. Ges.*)

*Monthly Weather Review* (*MWR*)

*Österreichische Botanische Zeitschrift* (*Öst. Bot. Z.*)

*Schriften des Vereines zur Verbreitung naturwissenschaftlicher Kenntnisse in
Wien* (*Schr. d. Ver. z. Verbr. naturw. Kenntn.*)

*Sitzungsberichte der kaiserlichen Akademie der Wissenschaften zu Wien,
mathematisch-naturwissenschaftliche Klasse* (*Wiener Berichte II/IIa*)

*Studies in History and Philosophy of Biological and Biomedical Sciences* (*SHPBBS*)

*Verhandlungen des Zoologisch-Botanischen Vereins in Wien* (*Verh. Zool.-Bot. Ver.*)

*Zeitschrift der Österreichischen Gesellschaft für Meteorologie* (*Zs. Ö. G. Meteo.*)

*Zeitschrift des deutschen und österreichischen Alpenvereins* (*Z. d. ö. AV*)

## 部分专著

### 一次文献

Andrássy, Julius. *Ungarns Ausgleich mit Österreich vom Jahre 1867*. Leipzig: Duncker & Humblot, 1897.

Blodget, Lorin. *Climatology of the United States*. Philadelphia: J. B. Lippincott and Co., 1857.

Brezina, Ernst, and Wilhelm Schmidt. *Das künstliche Klima in der Umgebung des Menschen*. Stuttgart: Enke, 1937.

Brückner, Eduard. *Klimaschwankungen seit 1700, nebst Bemerkungen über die Klimaschwankungen der Diluvialzeit*. Vienna: Hölzel, 1890.

Charmatz, Richard. *Minister Freiherr von Bruck, der Vorkämpfer Mitteleuropas: Sein Lebensgang und seine Denkschriften*. Leipzig: S. Hirzel, 1916.

Chavanne, Josef, ed. *Physikalisch-statistischer Handatlas von Österreich-Ungarn*. Vienna: E. Hölzel, 1887.

Chavanne, Josef. *Die Temperatur-Verhältnisse von Österreich-Ungarn dargestellt durch Isothermen*. Vienna: Gerold's Sohn, 1871.

Ficker, Heinrich von. *Die Zentralanstalt für Meteorologie und Geodynamik in Wien, 1851–1951*. Vienna: Österreichische Akademie der Wissenschaften, 1951.

Habsburg, Rudolf von, et al. *Die österreichisch-ungarische Monarchie in Wort und Bild*. 24 vols. Vienna: k.k. Hof-und Staatsdruckerei, 1886–1902.

Hann, Julius. *Atlas der Meteorologie*. Gotha: Justus Perthes, 1887.

Hann, Julius. *Handbuch der Klimatologie*. Stuttgart: Engelhorn, 1883.

Hann, Julius. *Klimatographie von Niederösterreich*. Vienna: Braumüller, 1904.

Hann, Julius. *Lehrbuch der Meteorologie*. 3rd ed. Leipzig: Tauchnitz, 1915.

Hann, Julius. *Die Vertheilung des Luftdruckes über Mittel-und Süd-Europa*. Vienna: Hölzel, 1887.

Hann, Julius von, et al. *Klimatographie von Österreich*. 11 vols. Vienna: Braumüller, 1904–30.

Hassinger, Hugo. *Österreichs Wesen und Schicksal, verwurzelt in seiner geographischen Lage*. Vienna: Freytag-Berndt, 1949.

Herrmann, Emanuel. *Cultur und Natur: Studien im Gebiete der Wirthschaft*. Berlin: Allgemeiner Verein für Deutsche Literatur, 1887.

Herrmann, Emanuel. *Miniaturbilder aus dem Gebiete der Wirthschaft*. Halle: L. Nebert, 1872.

Hettner, *Alfred. Vergleichende Länderkunde*, vol. 3, *Die Gewässer des Festlandes: Die Klimate der Erde*. Leipzig: Teubner, 1934.

Humboldt, Alexander von. *Cosmos*. Translated by E. C. Otte. New York: Harper and Brothers, 1858.

Kerner, Anton. *Die Botanischen Gärten, ihre Aufgabe in der Vergangenheit, Gegenwart und Zukunft*. Innsbruck: Verlag der Wagnerschen Universitätsbuchhandlung, 1874.

Kerner, Anton. *Das Pflanzenleben der Donauländer*. Innsbruck: Wagner, 1863.

Kerner von Marilaun, Anton. *Das Pflanzenleben*. 2 vols. Leipzig and Vienna: Bibliographisches Institut, 1888– 91.

Kisch, Enoch. *Klimatotherapie*. Berlin: Urban and Schwarzenberg, 1898.

Kreil, Karl. *Die Klimatologie von Böhmen*. Vienna: Gerold's Sohn, 1865.

Lorenz, Josef Roman, and Carl Rothe. *Lehrbuch der Klimatologie mit besonderer Rücksicht auf Land-und Forstwirthschaft.* Vienna: Braumüller, 1874.

Lorenz von Liburnau, Josef Roman. *Wald, Klima, und Wasser.* Munich: R. Oldenbourg, 1878.

Penck, Albrecht. *Friedrich Simony: Leben und Wirken eines Alpenforschers.* Vienna: Hölzel, 1898.

Schmidt, Wilhelm. *Der Massenaustausch in freier Luft und verwandte Erscheinungen.* Hamburg: Henri Grand, 1925.

Sieger, Robert. *Die geographischen Grundlagen der österreichisch-ungarischen Monarchie und ihrer Außenpolitik.* Leipzig: Teubner, 1915.

Stifter, Adalbert. *Bunte Steine.* 4th ed. Pest: Hackenast, 1870.

Stifter, Adalbert. *Der Nachsommer: Eine Erzählung.* 2 vols. Pest: Heckenast, 1865.

Stifter, Adalbert. *Wien und die Wiener in Bildern aus dem Leben.* Edited by Elisabeth Buxbaum. Vienna: LIT, 2005.

Suess, Eduard. *Erinnerungen.* Leipzig: Hirzel, 1916.

Supan, Alexander. *Grundzüge der physischen Erdkunde.* Leipzig: Veit, 1911.

Supan, Alexander. *Statistik der unteren Luftströmungen.* Leipzig: Duncker & Humblot, 1881.4

## 二次文献

Anderson, Katharine. *Predicting the Weather: Victorians and the Science of Meteorology.* Chicago: University of Chicago Press, 2005.

Ash, Mitchell, and Jan Surman, eds., *The Nationalization of Scientific Knowledge in the Habsburg Empire, 1848–1918.* New York: Palgrave, 2012.

Bachl-Hofmann, Christina, ed. *Die Geologische Bundesanstalt in Wien: 150 Jahre Geologie im Dienste Österreichs.* Vienna: Böhlau, 1999.

Cooper, Alix. *Inventing the Indigenous: Local Knowledge and Natural History in Early Modern Europe.* Cambridge: Cambridge University Press, 2007.

Cordileone, Diana Reynolds. *Alois Riegl in Vienna, 1875–1905: An Institutional*

*Biography*. Burlington, VT: Ashgate, 2014.

Darrigol, Olivier. *Worlds of Flow: A History of Hydrodynamics from the Bernoullis to Prandtl*. Oxford: Oxford University Press, 2005.

Dörflinger, Johannes. *Descriptio Austriae: Osterreich und seine Nachbarn im Kartenbild von der Spatantike bis ins 19. Jahrhundert*. Vienna: Edition Tusch, 1977.

Eckert, Max. *Die Kartenwissenschaft: Forschungen und Grundlagen zu einer Kartographie als Wissenschaft*. Berlin: De Gruyter, 1921.

Edwards, Paul N. *A Vast Machine: Computer Models, Climate Data, and the Politics of Global Warming*. Cambridge, MA: MIT Press, 2010.

Fichtner, Paula Sutter. *Emperor Maximilian II*. New Haven, CT: Yale University Press, 2001.

Fleming, James R. *Historical Perspectives on Climate Change*. Oxford: Oxford University Press, 1998.

Friedman, Robert Marc. *Appropriating the Weather: Vilhelm Bjerknes and the Construction of a Modern Meteorology*. Ithaca, NY: Cornell University Press, 1989.

Good, David F. *The Economic Rise of the Habsburg Empire, 1750–1914*. Berkeley: University of California Press, 1984.

Grove, Richard. *Green Imperialism: Colonial Expansion, Tropical Island Edens and the Origins of Environmentalism*. Cambridge: Cambridge University Press, 1995.

Hammerl, Christa, et al., eds. *Die Zentralanstalt für Meteorologie und Geodynamik, 1851–2001*. Graz: Leykam, 2001.

Hanik, Jan. *Dzieje meteorologii i obserwacji meteorologicznych w Galicji od XVIII do XX wieku*. Wroc aw: Zak ad Narodowy im. Ossoli ń skich, 1972.

Imbrie, John, and Katherine Palmer Imbrie. *Ice Ages: Solving the Mystery*. Cambridge, MA: Harvard University Press, 1979.

Janko, Jan, and Soňa Štrbáňová. *Věda Purkyňovy doby*. Prague: Academia,

1988.

Judson, Pieter. *The Habsburg Empire: A New History*. Cambridge, MA: Harvard University Press, 2016.

Kaufmann, Thomas DaCosta. *The Mastery of Nature: Aspects of Art, Science, and Humanism in the Renaissance*. Princeton, NJ: Princeton University Press, 1993.

Khrgian, A. Kh. *Meteorology: A Historical Survey*. Edited by Kh. P. Pogosyan. Jerusalem: Israel Program for Scientific Translations, 1970.

Klemm, Fritz. *Die Entwicklung der meteorologischen Beobachtungen in Österreich einschließlich Böhmen und Mähren bis zum Jahr 1700. Annalen der Meteorologie* 21. Offenbach am Main: Deutscher Wetterdienst, 1983.

Komlosy, Andrea. *Grenze und ungleiche regionale Entwicklung: Binnenmarkt und Migration in der Habsburgermonarchie*. Vienna: Promedia, 2003.

Kronfeld, E. M. *Anton Kerner von Marilaun*. Leipzig: Tauchnitz, 1908.

Krška, Karel, and Ferdinand Šamaj. *Dějiny meteorologie v českých zemích a na Slovensku*. Prague: Karolinium, 2001.

Krueger, Rita. *Czech, German, and Noble: Status and National Identity in Habsburg Bohemia*. Oxford: Oxford University Press, 2009.

Kutzbach, Gisela. *The Thermal Theory of Cyclones: A History of Meteorological Thought in the Nineteenth Century*. Boston: American Meteorological Society, 1979.

Martin, Craig. *Renaissance Meteorology: Pomponazzi to Descartes*. Baltimore: Johns Hopkins Press, 2011.

Moon, David. *The Plough That Broke the Steppes: Agriculture and Environment on Russia's Grasslands, 1700–1914*. Oxford: Oxford University Press, 2013.

Phillips, Denise, and Sharon Kingsland, eds. *New Perspectives on the History of Life Sciences and Agriculture*. New York: Springer, 2015.

Przybylak, Rajmund, et al., eds. *The Polish Climate in the European Context: An Historical Overview*. Dordrecht: Springer, 2010.

Rácz, Lajos. *The Steppe to Europe: An Environmental History of Hungary in the Traditional Age*. Cambridge: White Horse Press, 2013.

Raffler, Marlies. *Museum—Spiegel der Nation? Zugänge zur Historischen Museologie am Beispiel der Genese von Landes-und Nationalmuseen in der Habsburgermonarchie*. Vienna: Böhlau, 2008.

Rampley, Matthew. *The Vienna School of Art History: Empire and the Politics of Scholarship, 1847–1918*. University Park: Penn State Press, 2013.

Singh, Simron Jit, et al., eds. *Long Term Socio-Ecological Research: Studies in Society-Nature Interactions across Spatial and Temporal Scales*. Dordrecht: Springer, 2013.

Surman, Jan. *Biography of Habsburg Universities, 1848–1918*. West Lafayette, IN: Purdue University Press, forthcoming.

Telesko, Werner. *Geschichtsraum Österreich: Die Habsburger und ihre Geschichte in der bildenden Kunst des 19. Jahrhunderts*. Vienna: Böhlau, 2006.

Telesko, Werner. *Kulturraum Österreich: Die Identität der Regionen in der bildenden Kunst des 19. Jahrhunderts*. Vienna: Böhlau, 2008.

Wawrik, Franz, and Elisabeth Zeilinger, eds. *Austria Picta: Österreich auf alten Karten und Ansichten*. Graz: Akademische Druck-und Verlagsanstalt, 1989.

Wolff, Larry. *Inventing Eastern Europe: The Map of Civilization on the Mind of the Enlightenment*. Stanford, CA: Stanford University Press, 1994.

# 注 释

## 导言 气候与帝国

1 德国著名科学家赫尔曼·冯·亥姆霍兹在一次轰动的演讲中也大胆地做出了相同解释，但汉恩在奥地利气象学会学报上发表的论证才让这一说法大获成功。Wilhelm von Bezold, "Noch ein Wort zur Entwicklungsgeschichte der Ansichten über den Ursprung des Föhn," *Meteorologische Zeitschrift* 3 (1886): 85–87, on 86.

2 第八章的结论部分会讨论动力气候学的定义与谱系之争。

3 1867 年以后，奥匈帝国联合体的合法称谓是 "k. und k."，该称谓强调弗兰茨·约瑟夫既是奥地利皇帝，也是匈牙利国王，"k. k." 仅指内莱塔尼亚（奥地利地区）。为方便行文与发音，我在文中使用 "帝国-王国"，不区分上述含义。

4 Hann, Diary C, 85, JH.

5 Yi-Fu Tuan, *Cosmos & Hearth: A Cosmopolite's Viewpoint* (Minneapolis: University of Minnesota Press, 1996). 可对比 19 世纪地理学家卡尔·里特尔对思乡之情的解释，我们将在第十一章对此进行讨论。

6 有关尺度互动（scale interaction）的介绍，参见 Günter Blöschl, Hans Thybo, and Hubert Savenije, *A Voyage through Scales: The Earth System in Space and Time* (Baden bei Wien: Lammerhuber, 2015)。

7 皮特曼等人指出，决定气候变化影响的诸多因素 "与政策制定者、影响、适应等空间尺度有关"，它们都未被全球气候模型纳入考虑范围。Pitman et al., "Regionalizing Global Climate Models," *International Journal of Climatology* 32 (2012): 321–37.

8 Peter Cebon et al., eds., *Views from the Alps: Regional Perspectives on Climate Change* (Cambridge, MA: MIT Press, 1998).

9 Cleveland Abbe, review of Hann's *Handbuch der Klimatologie*, 3rd ed., *Science* 34 (1911): 155–56, on 155.

10 Hew C. Davies, "Vienna and the Founding of Dynamical Meteorology," in *Die Zentralanstalt für Meteorologie und Geodynamik, 1851–2001*, ed. Christa Hammerl et al., 301–12 (Graz: Leykam, 2001), 310.

11 Hans Schreiber, "Die Wichtigkeit des Sammelns volksthümlicher Pflanzennamen," *Zeitschrift für österreichische Volkskunde* 1 (1895): 36–43, on 43. 所有翻译均出自我本人，除非另有说明。

12 Matthew Mulcahy, *Hurricanes and Society in the British Greater Caribbean, 1624–1783* (Baltimore: Johns Hopkins University Press, 2008); David Blackbourn, *The Conquest of Nature: Water, Landscape, and the Making of Modern Germany* (New York: Norton, 2007); Charles Walker, *Shaky Colonialism: The 1746 Earthquake-Tsunami in Lima, Peru, and Its Long Aftermath* (Durham, NC: Duke University Press, 2008).

13 Richard Grove, *Green Imperialism: Colonial Expansion, Tropical Island Edens and the Origins of Environmentalism* (Cambridge: Cambridge University Press, 1995); Tom Griffiths and Libby Robin, eds., *Ecology and Empire: Environmental History of Settler Societies* (Seattle: University of Washington Press, 1997); Peder Anker, *Imperial Ecology: Environmental Order in the British Empire, 1895–1945* (Cambridge, MA: Harvard University Press, 2001); Michael Osborne, "Acclimatizing the World: A History of the Paradigmatic Colonial Science," *Osiris* 15 (2000): 135–51.

14 Basalla, "The Spread of Western Science," *Science* 156 (1967): 611–22.

15 Kapil Raj, *Relocating Modern Science: Circulation and the Construction of Knowledge in South Asia and Europe, 1650–1900* (Basingstoke and New York: Palgrave Macmillan, 2007); Simon Schaffer et al., eds., *The Brokered World: Go-Betweens and Global Intelligence, 1770–1820* (Sagamore Beach, MA:

Science History Publications, 2009); Londa Schiebinger and Claudia Swan, eds., *Colonial Botany: Science, Commerce, and Politics in the Early Modern World* (Philadelphia: University of Pennsylvania Press, 2005), chapters 5–9.

16  Robert E. Kohler, *All Creatures: Naturalists, Collectors, and Biodiversity, 1850–1950* (Princeton, NJ: Princeton University Press, 2006), chapter 1. 有关大洋洲气候科学与定居型殖民主义的问题，参见 James Beattie et al., eds., *Climate, Science, and Colonization: Histories from Australia and New Zealand* (New York: Palgrave, 2014)。

17  Grove, *Green Imperialism*; Helen Tilley, *Africa as a Living Laboratory: Empire, Development, and the Problem of Scientific Knowledge* (Chicago: University of Chicago Press, 2011). See too Libby Robin, "Ecology, a Science of Empire," in Griffiths and Robin, *Ecology and Empire*, 63–75; Paul S. Sutter, "Nature's Agents or Agents of Empire? Entomological Workers and Environmental Change during the Construction of the Panama Canal," *Isis* 98 (2007): 724–54.

18  Griffiths and Robin, *Ecology and Empire*; Anker, *Imperial Ecology*; Denis E. Cosgrove, *Apollo's Eye: A Cartographic Genealogy of the Earth in the Western Imagination* (Baltimore: Johns Hopkins University Press, 2001). "行星意识" 在玛丽·路易斯·普拉提的作品中有不同含义，参见 Mary Louise Pratt's *Imperial Eyes: Studies in Travel Writing and Transculturation* (London: Routledge, 1992)。

19  Cf. Rohan Deb Roy, ed., "Nonhuman Empires," special section of *Comparative Studies of South Asia, Africa and the Middle East* 35 (2015): 66–172.

20  Dr. Witte, "Über die Möglichkeit, das Klima zu beeinflussen," *Medicinische Blätter, Wochenschrift für die gesamte Heilkunde* 31 (1908): 1–2, on 1.

21  有关古气候学的发展，请参考：John Imbrie and Katherine Palmer Imbrie, *Ice Ages: Solving the Mystery* (Cambridge, MA: Harvard University Press, 1979)。

22　Alexander von Humboldt, *Cosmos*, trans. E. C. Otte (New York, 1858), 1:317.

23　Robert Marc Friedman, *Appropriating the Weather: Vilhelm Bjerknes and the Construction of a Modern Meteorology* (Ithaca, NY: Cornell University Press, 1989); Katharine Anderson, *Predicting the Weather: Victorians and the Science of Meteorology* (Chicago: University of Chicago Press, 2005); Lorraine Daston, "The Empire of Observation, 1600–1800," in *Histories of Scientific Observation*, ed. Daston and Elizabeth Lunbeck (Chicago: University of Chicago Press, 2011), Michael Reidy, *Ocean Science and Her Majesty's Navy* (Chicago: University of Chicago Press, 2008). 在欧洲与北美洲之外的其他地方，人们对气候的理解没有明显的区别，人类学家发现有些地方定义气候时，不会在"生物物理"与"社会世界"之间做"绝对区分"，参见：Julie Cruikshank, *Do Glaciers Listen? Local Knowledge, Colonial Encounters, and Social Imagination* (Vancouver: UBC Press, 2005), 258。

24　Anton Kerner, *Das Pflanzenleben der Donauländer* (Innsbruck: Wagner, 1863), 3; Albrecht Penck, "Das Klima Europas während der Eiszeit," *Naturwissenschaftliche Wochenschrift* 20 (1905): 593–97, on 594.

25　关于农业的气候知识，请参考：Benjamin Cohen, *Notes from the Ground: Science, Soil, and Society in the American Countryside* (New Haven, CT: Yale, 2009); Denise Phillips and Sharon Kingsland, eds., *New Perspectives on the History of Life Sciences and Agriculture* (New York: Springer, 2015); Fredrik Jonsson, *Enlightenment's Frontier: The Scottish Highlands and the Origins of Environmentalism* (New Haven, CT: Yale University Press, 2013); David Moon, *The Plough That Broke the Steppes: Agriculture and Environment on Russia's Grasslands*, 1700–1914 (Oxford: Oxford University Press, 2013)。

26　这就是 Gisela Kutzbach 在 *The Thermal Theory of Cyclones: A History of Meteorological Thought in the Nineteenth Century* (Boston: American Meteorological Society, 1979) 中所谈到的气候第三维度的发现。此外，关于气候学在自然科学与人文科学当中的地位，可参见：Deborah Coen, *Climate Change and the Quest for Understanding* (New York: Social Science Research Council, January

2018)。

27　Frank Trentmann, *Free Trade Nation: Commerce, Consumption, and Civil Society in Modern Britain* (Oxford: Oxford University Press, 2008), 155.

28　James R. Fleming, *Historical Perspectives on Climate Change* (Oxford: Oxford University Press, 1998), chapter 1. 不过 18 世纪的定居型殖民主义者相信他们能"改善"气候，参见: Anya Zilberstein, *A Temperate Empire: Making Climate Change in Early America* (Oxford: Oxford University Press, 2016)。

29　Lisbet Koerner, *Linnaeus: Nature and Nation* (Cambridge, MA: Harvard University Press, 1999); Suman Seth, *Difference and Disease: Medicine, Locality, and Race in the Eighteenth Century* (Cambridge: Cambridge University Press, forthcoming).

30　Eric Jennings, *Curing the Colonizers: Hydrotherapy, Climatology, and French Colonial Spas* (Durham, NC: Duke University Press, 2006).

31　Spencer Weart, *Discovery of Global Warming* (Cambridge, MA: Harvard University Press, 2009), 10.

32　Mark Carey, "Inventing Caribbean Climates: How Science, Medicine, and Tourism Changed Tropical Weather from Deadly to Healthy," *Osiris* 26, no. 1, *Klima* (2011): 129–41.

33　Alexander Supan, *Statistik der unteren Luftströmungen* (Leipzig: Duncker & Humblot, 1881), 1.

34　Napier Shaw, "Address of the President to the Mathematical and Physical Section of the BAAS," *Science* 28 (1908): 457–71, on 463, 464. 至于约翰·赫肖早先对英国气象学盲目经验主义的批评，可参见: Vladimir Janković, "Ideological Crests versus Empirical Troughs: John Herschel's and William Radcliffe Birt's Research on Atmospheric Waves, 1843–50," *BJHS* 31, no. 1 (March 1998): 21–40。

35　1914 年前大英帝国气象标准化失败，可参见: Martin Mahony, "For an Empire of 'All Types of Climate': Meteorology as an Imperial Science," *Journal of Historical*

*Geography* 51 (2016): 29–39。英国气象学集中化问题，可参见：Simon Naylor, "Nationalizing Provincial Weather: Meteorology in Nineteenth-Century Cornwall," *BJHS* 39 (2006): 407–33。

36    Cited by Jim Endersby, *Imperial Nature: Joseph Hooker and the Practices of Victorian Science* (Chicago: University of Chicago Press, 2008), 155. 还可参见 Christophe Bonneuil, "The Manufacture of Species: Kew Gardens, the Empire and the Standardisation of Taxonomic Practices in Late 19th century Botany," in *Instruments, Travel and Science: Itineraries of Precision from the 17th to the 20th Century*, ed. M.-N. Bourguet, C. Licoppe, and O. Sibum, 189–215 (London: Routledge, 2002); Richard Drayton, *Nature's Government: Science, Imperial Britain and the "Improvement" of the World* (New Haven, CT: Yale University Press, 2000); Bruno Latour, *Science in Action: How to Follow Scientists and Engineers through Society* (Cambridge, MA: Harvard University Press, 1987), chapter 6。

37    这是我 2013 年在哥伦比亚大学组织的一次会议的主题，我很感谢与会者分享他们的研究和见解；引文出自 Marina Mogilner 的演讲。

38    James Scott, *Seeing Like a State: How Certain Schemes to Improve the Human Condition Have Failed* (New Haven, CT: Yale University Press, 1998); Karen Barkey, *Empire of Difference: The Ottomans in Comparative Perspective* (Cambridge: Cambridge University Press, 2008); Tilley, *Africa as a Living Laboratory*, 21, 130.

39    J. B. Harley, *The New Nature of Maps: Essays in the History of Cartography* (Baltimore: Johns Hopkins University Press, 2001); David Harmon, *In Light of Our Differences: How Diversity in Nature and Culture Makes Us Human* (Washington, DC: Smithsonian, 2002).

40    Pieter Judson, *The Habsburg Empire: A New History* (Cambridge, MA: Harvard University Press, 2016).

41    引自 Werner Telesko, *Kulturraum Österreich: Die Identität der Regionen in der bildenden Kunst des 19. Jahrhunderts* (Vienna: Böhlau, 2008), 15。

42  有关哈布斯堡的科学与民族主义的研究，可参见: Tatjana Buklijas and Emese Lafferton, introduction to the special section on "Science, Medicine and Nationalism in the Habsburg Empire from the 1840s to 1918," *SHPBBS* 38 (2007): 679–86; Mitchell Ash and Jan Surman, eds., *The Nationalization of Scientific Knowledge in the Habsburg Empire, 1848–1918* (New York: Palgrave, 2012), Jan Surman, *Biography of Habsburg Universities, 1848–1918* (West Lafayette, IN: Purdue University Press, forthcoming)。

43  Schreiber, "Wichtigkeit des Sammelns," 41.

44  Julius Hann, "Die Temperatur-Abnahme mit der Höhe als eine Function der Windesrichtung," *Wiener Berichte II* 57 (1868) 740–65, on 749.

45  Ursula K. Heise, *Imagining Extinction: The Cultural Meanings of Endangered Species* (Chicago: University of Chicago Press, 2016), 50.

46  Friedrich Kenner, "Karl Kreil, eine biographische Skizze," *Österreichische Wochenschrift* 1 (1863): 289–366, on 360–61.

47  但下面这些作品提供了发人深省的反例: James Bergman, "Climates on the Move: Climatology and the Problem of Economic and Environmental Stability in the Career of C. W. Thornthwaite, 1933–1963" (PhD diss., Harvard University, 2014); Jamie Pietruska, "US Weather Bureau Chief Willis Moore and the Reimagination of Uncertainty in Long-Range Forecasting," *Environment and History* 17 (2011): 79–105。

48  Nailya Tagirova, "Mapping the Empire's Economic Regions from the Nineteenth to the Early Twentieth Century," in *Russian Empire: Space, People, Power, 1700–1930*, ed. Jane Burbank et al., 125–38 (Bloomington: Indiana University Press, 2007). 也可参见 Marina Loskutova, "Mapping Regions, Understanding Diversity: Russian Economists Confront Natural Scientists, ca. 1880s–1910s," Encounters of Sea and Land (6th ESEH conference), Turku, 1 June 2011。

49  Henry Francis Blanford, *A Practical Guide to the Climates and Weather of India, Ceylon and Burmah* (London: Macmillan, 1889), 95.

50  Anderson, *Predicting the Weather*, chapter 6. Mahony, "Empire of All Types

of Climate"表明英国人直到"一战"后，殖民地民族主义发展到高潮，才开始支持区域化气候学。

51　Wladimir Köppen, "Die gegenwärtige Lage und die neueren Fortschritte der Klimatologie," *Geographische Zeitschrift* 1 (1895): 613–28. Cf. A. Kh. Khrgian, *Meteorology: A Historical Survey*, ed. Kh. P. Pogosyan (Jerusalem: Israel Program for Scientific Translations, 1970), vol. 1. On the imperial logic of Russian science, see Gordin, *A Well-Ordered Thing: Dmitrii Mendeleev and the Shadow of the Periodic Table* (New York: Basic, 2004).

52　Quoted in Ellsworth Huntington, review of Voeikov's *Le Turkestan Russe, Bulletin of the American Geographical Society* 47 (1915): 708. Cf. Voeikov, "De l'influence de l'homme sur la terre," pt. 2, *Annales de Géographie* 10 (1901): 193–215, esp. 193–95.

53　Moon, *The Plough That Broke the Steppes.*

54　Catherine Evtuhov, *Portrait of a Russian Province: Economy, Society and Civilization in Nineteenth-Century Nizhnii Novgorod* (Pittsburgh: University of Pittsburgh Press, 2011), 160; Khrgian, *Meteorology*, chapter 16; Olga Elina, "Between Local Practices and Global Knowledge: Public Initiatives in the Development of Agricultural Science in Russia in the 19th Century and Early 20th Century," *Centaurus* 56 (2014): 305–29.

55　Lorin Blodget, *Climatology of the United States* (Philadelphia: J. B. Lippincott and Co., 1857), 25.

56　Ibid., 208–9.

57　有关联邦政府忽视气候学与地震学的论述，参见：Deborah R. Coen, *The Earthquake Observers: Disaster Science from Lisbon to Richter* (Chicago: University of Chicago Press, 2013), chapter 9。

58　Rajmund Przybylak et al., eds., *The Polish Climate in the European Context: An Historical Overview* (Dordrecht: Springer, 2010); Simron Jit Singh et al., eds., *Long Term Socio-Ecological Research: Studies in Society-Nature Interactions across Spatial and Temporal Scales* (Dordrecht: Springer, 2013);

Lajos Rácz, *The Steppe to Europe: An Environmental History of Hungary in the Traditional Age* (Cambridge: White Horse Press, 2013).

59  引自 Eva Wiedemann, *Adalbert Stifters Kosmos: Physische und experimentelle Weltbeschreibung in Adalbert Stifters Roman Der Nachsommer* (Frankfurt am Main: Lang, 2009), 685。

60  Komlosy, *Grenze und ungleiche regionale Entwicklung: Binnenmarkt und Migration in der Habsburgermonarchie* (Vienna: Promedia, 2003); David F. Good, *The Economic Rise of the Habsburg Empire, 1750–1914* (Berkeley: University of California Press, 1984).

61  E.g., on Bosnia, Voeikov, "De l'influence de l'homme," 202.

62  Julius Hann, *Die Vertheilung des Luftdruckes über Mittel-und Süd-Europa* (Vienna: Hölzel, 1887), 5.

63  *Der Kaiserstaat Oesterreich unter der Regierung Kaiser Franz I*, vol. 2 (Stuttgart: Hallberger, 1841), 263.

64  我非常感谢 Andrea Westermann 和 Nils Güttler 对定义尺度缩放的帮助。下列对尺度的讨论尤其有用：Jacques Revel, ed., *Jeux d'échelles: La microanalyse à l'expérience* (Paris: Gallimard, 1996); Francesca Trivellato, "Is There a Future for Italian Microhistory in the Age of Global History?," *California Italian Studies* 2 (2011): 1–26; Wendy Espeland and Mitchell L. Stevens. "Commensuration as a Social Process," *Annual Review of Sociology* 24 (1998): 313–43; Nicholas B. King, "Scale Politics of Emerging Diseases," *Osiris*, 2nd ser., 19 (2004): 62–76; Dipesh Chakrabarty, "The Climate of History: Four Theses," *Critical Inquiry* 35 (2009): 197–222; Julia Adeney Thomas, "History and Biology in the Anthropocene: Problems of Scale, Problems of Value," *AHR* 119 (December 2014): 1587–607。

65  John Tresch, "Cosmologies Materialized: History of Science and History of Ideas," in *Rethinking Modern European Intellectual History*, ed. Darrin M. McMahon and Samuel Moyn, 153–72, (Oxford: Oxford University Press, 2014), 162.

66 Benedict Anderson, *Imagined Communities* (London: Verso, 1991), chapter 2.

67 Richard White, *Railroaded: The Transcontinentals and the Making of Modern America* (New York: London, 2011), chapter 4.

68 Jürgen Osterhammel, *The Transformation of the World: A Global History of the Nineteenth Century*, trans. Patrick Camiller (Princeton, NJ: Princeton University Press, 2014), 573.

69 Jennifer Raab, *Frederic Church: The Art and Science of Detail* (New Haven, CT: Yale University Press, 2015).

70 Anna Henchman, *The Starry Sky Within: Astronomy and the Reach of the Mind in Victorian Literature* (Oxford: Oxford University Press, 2014), 3. 还可参见 Adelene Buckland, *Novel Science: Fiction and the Invention of Nineteenth-Century Geology* (Chicago: University of Chicago Press, 2013)。

71 Jesse Oak Taylor, *The Sky of Our Manufacture: The London Fog in British Fiction from Dickens to Woolf* (Charlottesville: University of Virginia Press, 2016), 11.

72 Allen MacDuffie, *Victorian Literature, Energy, and the Ecological Imagination* (Cambridge: Cambridge University Press, 2014), esp. 79–80.

73 Preface to *Živa* 1 (1853), iv.

74 Eduard Suess, *Das Antlitz der Erde*, vol. 1, 2nd ed. (Vienna: Tempsky, 1892), 25. Quoted and translated in A. M. Celâl Şengör, "Eduard Suess and Global Tectonics: An Illustrated 'Short Guide,'" *Austrian Journal of Earth Sciences* 107 (2014): 6–82, on 30.

75 Karl Kreil, *Die Klimatologie von Böhmen* (Vienna: Gerold's Sohn, 1865), 2–3.

76 E.g., Jan Patočka, *Body, Community, Language, World*, trans. Erazim Kohák (Chicago: Open Court, 1998), 54–56. Michael Gubser 在他对中欧现象学政治影响的分析中，强调了这些有关距离和邻近性的隐喻：European phenomenology in *The Far Reaches: Phenomenology, Ethics, and Social Renewal in Central Europe* (Stanford, CA: Stanford University Press, 2014)。

77 Ludwig Landgrebe, *The Phenomenology of Edmund Husserl*, ed. Donn Welton

(Ithaca, NY: Cornell University Press, 1981), 191.

78  David Woodruff Smith, *Husserl*, 2nd ed. (New York: Routledge, 2013), 329.

79  Simon Schaffer, "Late Victorian Metrology and Its Instrumentation: A Manufactory of Ohms," in *Invisible Connections: Instruments, Institutions, and Science*, ed. R. Bud and S. E. Cozzans, 23–56 (Bellingham: SPIE Press, 1991); Ken Alder, *The Measure of All Things: The Seven-Year Odyssey and Hidden Error That Transformed the World* (New York: Free Press, 2002).

## 第一章　哈布斯堡王朝与自然收藏品

1  Anton Kerner, "Die Geschichte der Aurikel," *Z. d. ö. AV* 6 (1875): 39–65, on 58.

2  关于马克西米连二世，参见 Paula Sutter Fichtner, *Emperor Maximilian II* (New Haven, CT: Yale University Press, 2001)。

3  Anton Kerner von Marilaun, "Die Geschichte der Aurikel," 4.

4  今天人们普遍认为，花园里种植的报春花是第二种，即毛报春，它是 *Primula auricula* 与 *Primula hirsuta* 杂交产生的品种，显然这一杂交过程发生在克卢修斯的时代。

5  Kerner, "Die Geschichte der Aurikel," 46.

6  Marjorie Hope Nicolson, *Mountain Gloom and Mountain Glory: The Development of the Aesthetics of the Infinite* (Ithaca, NY: Cornell University Press, 1959).

7  引自 Kerner, "Die Geschichte der Aurikel," 55。

8  Kerner, *Die Botanischen Gärten, ihre Aufgabe in der Vergangenheit, Gegenwart und Zukunft* (Innsbruck: Verlag der Wagnerschen Universitätsbuchhandlung, 1874), 3–4.

9  Werner Telesko, *Geschichtsraum Österreich: Die Habsburger und ihre Geschichte in der bildenden Kunst des 19. Jahrhunderts* (Vienna: Böhlau, 2006); Christine Ottner, "Historical Research and Cultural History in Nineteenth-Century Austria: The Archivist Joseph Chmel (1798–1858),"

*Austrian History Yearbook* 45 (2014): 115–33; Natasha Wheatley, "Law, Time, and Sovereignty in Central Europe: Imperial Constitutions, Historical Rights, and the Afterlives of Empire" (PhD diss., Columbia University, 2015).

10  Chmel, "Über die Pflege der Geschichtswissenschaft in Oesterreich," *Wiener Berichte* Phil-Hist. Kl. 1 (1850): 29–42, on 29.

11  Chmel, *Die Aufgabe einer Geschichte des österreichischen Kaiserstaates* (Vienna: Hof-und Staatsdrückerei, 1857), 13.

12  Joseph Chmel, "Ueber die Pflege der Geschichtswissenschaft in Oesterreich (Fortsetzung)," *Wiener Berichte* Phil-Hist. Kl. 1 (1850): 122–43, on 127–28.

13  Ottner, "Historical Research," 119, 126, 129.

14  Kerner, *Die Botanischen Gärten*; Alix Cooper, *Inventing the Indigenous: Local Knowledge and Natural History in Early Modern Europe* (Cambridge: Cambridge University Press, 2007).

15  Robert Kann, *The Habsburg Empire: A Study in Integration and Disintegration* (New York: Praeger, 1957), 4.

16  Fichtner, *Maximilian II*; Howard Louthan, *The Quest for Compromise: Peacemakers in Counter-Reformation Vienna* (Cambridge: Cambridge University Press, 1997).

17  Selma Krasa-Florian, *Die Allegorie der Austria: Die Entstehung des Gesamtstaatsgedankens in der österreichisch-ungarische Monarchie und die bildende Kunst* (Vienna: Böhlau, 2007).

18  Pamela H. Smith, *The Body of the Artisan: Art and Experience in the Scientific Revolution* (Chicago: University of Chicago Press, 2004).

19  Thomas DaCosta Kaufmann, *The Mastery of Nature: Aspects of Art, Science, and Humanism in the Renaissance* (Princeton, NJ: Princeton University Press, 1993), 181; Paula Findlen, *Possessing Nature: Museums, Collecting, and Scientific Culture in Early Modern Italy* (Berkeley: University of California Press, 1994).

20  Lorraine Daston and Katharine Park, *Wonders and the Order of Nature, 1150–*

*1750* (Cambridge, MA: Zone Books, 1998).

21 Bruce Moran, "Patronage and Institutions: Courts, Universities, and Academies in Germany; An Overview, 1550–1750," in *Patronage and Institutions: Science, Technology and Medicine at the European Court, 1500–1750*, ed. Bruce Moran, 169–83 (Rochester, NY: Boydell Press, 1991), 174.

22 Marlies Raffler, *Museum— Spiegel der Nation? Zugänge zur Historischen Museologie am Beispiel der Genese von Landes-und Nationalmuseen in der Habsburgermonarchie* (Vienna: Böhlau, 2008), 165; Findlen, "Courting Nature," in *Cultures of Natural History*, ed. N. Jardine, J. A. Secord, and E. C. Spary, 57–74 (Cambridge: Cambridge University Press, 1996).

23 Fichtner, *Maximilian II*, 96.

24 Eliška Fučiková, "Cabinet of Curiosities or Scientific Museum?," in *The Origins of Museums: The Cabinet of Curiosities in Sixteenth-and Seventeenth-Century Europe*, ed. O. Impey and A. MacGregor (Oxford: Clarendon Press, 1985).

25 Thomas DaCosta Kaufmann, "Remarks on the Collections of Rudolf II: The Kunstkammer as a Form of *Representatio*," *Art Journal* 38 (1978): 22–28; Thomas DaCosta Kaufmann, *Court, Cloister, and City: The Art and Culture of Central Europe, 1450–1800* (Chicago: University of Chicago Press, 1995), 179.

26 Erik A. De Jong, "A Garden Book Made for Emperor Rudolf II in 1593: Hans Puechfeldner's 'Nützliches Khünstbüech der Gartnereij,'" *Studies in the History of Art* 69 (2008): 186–203, on 200.

27 Rita Krueger, Czech, *German, and Noble: Status and National Identity in Habsburg Bohemia* (Oxford: Oxford University Press, 2009), chapter 4.

28 参见 Kaufmann, "Remarks on the Collections," 25–26, and Smith, "Body of the Artisan," 77。

29 Thomas DaCosta Kaufmann, *Arcimboldo: Visual Jokes, Natural History, and Stil Painting* (Chicago: University of Chicago Press, 2009), 163.

30 Ibid., 115, 66.

31 Peter Marshall, *The Magic Circle of Rudolf II: Alchemy and Astrology in Renaissance Prague* (New York: Walker, 2006), 156.

32 Peter Barker, "Stoic Alternatives to Aristotelian Cosmology: Pena, Rothmann and Brahe," *Revue d'histoire des sciences* 61 (2008): 265–86.

33 Liba Taub, *Ancient Meteorology* (London: Routledge, 2003); Craig Martin, *Renaissance Meteorology: Pomponazzi to Descartes* (Baltimore: Johns Hopkins Press, 2011).

34 Patrick J. Boner, *Kepler's Cosmological Synthesis: Astrology, Mechanism and the Soul* (Boston: Brill, 2013).

35 Katharine Park, "Observation in the Margins, 500–1500," in Daston and Lunbeck, *Histories of Scientific Observation*, 15–44.

36 Christian Pfister et al., "Daily Weather Observations in Sixteenth-Century Europe," in *Climatic Variability in Sixteenth-Century Europe and Its Social Dimension*, ed. Pfister et al., 111–50 (Dordrecht: Springer, 1999).

37 Fritz Klemm, "Die Entwicklung der meteorologischen Beobachtungen in Österreich einschließlich Böhmen und Mähren bis zum Jahr 1700," *Annalen der Meteorologie* 21 (Offenbach am Main: Deutscher Wetterdienst, 1983), 14–16.

38 Ibid., 21.

39 Geoffrey Parker, *Global Crisis: War, Climate Change and Catastrophe in the Seventeenth Century* (New Haven, CT: Yale University Press, 2013).

40 现在人们肯定布拉赫的观察具有价值，因为他"记录了风向等气象要素，同时记录了一天内的几次观察，并且没有使用严格的术语"（Pfister et al., "Weather Observations," 130）。在 19 世纪，他的记录被用以调查厄勒海峡地区气候的稳定性，布拉赫在那里的赫文岛上安了家。1876 年，拉库尔（Poul La Cour）发现布拉赫时代比他所处的时代下雪频率更高，而且风向也有差异。但他强调两个时代的云、雨模式没有发生明显变化。不过，瑞典气象学家尼尔斯·埃克霍尔姆（Nils Ekholm）依据 19 世纪 80 年代乌拉尼亚堡（Uraniborg）天文台的观测数据计算得出，3 个世纪以来气候明显变暖，2 月的平均气温上升了 1.4 摄氏度。Nils Ekholm, "On the Variations of the Climate of the Geological and Historical Past and Their Causes," *Quarterly Journal of the Meteorological Society* 27 (1901): 1–61, on 52–55.

41  Sigmund Fellöcker, *Geschichte der Sternwarte der Benediktiner-Abtei Kremsmünster* (Linz: Verlag des Stiftes, 1864), 95.

42  Andreas von Baumgartner, "Der Zufall in den Naturwissenschaften," *Almanach der kaiserlichen Akademie der Wissenschaften* 5 (1855): 55–76, on 64; Josef Durdík, "Kopernik a Kepler," *Osvěta* 3 (1873): 123–34.

43  Norbert Herz, *Keplers Astrologie* (Vienna: Gerold's Sohn, 1895), 61.

44  Ibid., 80.

45  Romuald Lang, "Das unbewußte im Menschen," Programm des k.k. Gymnasiums zu Kremsmünster für das Schuljahr 1859: 3–22, on 17. 在 20 世纪初，德国医生、政治家威利·赫尔帕赫（Willy Hellpach）对其所谓的"地理心理学"（Geopsyche）的研究引发了大众关注。

46  Anderson, *Predicting the Weather*, chapter 2; Jamie Pietruska, "Propheteering: A Cultural History of Prediction in the Gilded Age" (PhD diss., MIT, 2009), chapter 4.

47  Bohuslav Hrudička, "Meteorologie v české populární literatuře prvé polovice XIX. století," *Říše hvězd* 14 (1931): 109–14.

48  Coen, *Earthquake Observers*, 53–55.

49  Anderson, *Predicting the Weather*, 267; Mike Davis, *Late Victorian Holocausts: El Nino Famines and the Making of the Third World* (London: Verso, 2001).

50  Fleming, "James Croll in Context: The Encounter between Climate Dynamics and Geology in the Second Half of the Nineteenth Century," *History of Meteorology* 3 (2006): 43–54, on 43.

51  Aleksandar Petrovic and Slobodan B. Markovic, "*Annus mirabilis* and the End of the Geocentric Causality: Why Celebrate the 130th Anniversary of Milutin

Milanković?," *Quaternary International* 214 (2010): 114–18.

52 Vanessa Ogle, *The Global Transformation of Time*, 1870–1950 (Cambridge, MA: Harvard University Press, 2015).

53 R. J. W. Evans, *Rudolf II and His World: A Study in Intellectual History, 1576–1612* (Oxford: Clarendon Press, 1973), 243.

54 H. W. Reichardt, "Ueber das Haus, in welchem Carl Clusius während seines Aufenthaltes in Wien (1573–1588) wohnte," *Blätter des Vereines für Landeskunde von Niederösterreich* 2 (1868): 72–73, on 72.

55 Evans, *Rudolf II*, 244, 172–73.

56 Fichtner, *Maximilian II*, 104.

57 Pamela Smith, *Body of the Artisan*, 64.

58 Evans, *Rudolf II*, 217–18.

59 Franz von Hauer, "Die Geologie und ihre Pflege in Österreich," *Almanach der Kaiserlichen Akademie der Wissenschaften* 11 (1861): 199–230, on 209.

60 Carina L. Johnson, *Cultural Hierarchy in Sixteenth-Century Europe: The Ottomans and Mexicans* (New York: Cambridge University Press, 2011), chapter 6.

61 Kaufmann, *Arcimboldo*, 120.

62 Dóra Bobory, *The Sword and the Crucible: Count Boldizsár Batthyány and Natural Philosophy* (Newcastle upon Tyne: Cambridge Scholars, 2009), 90.

63 与 19 世纪的博物学家不同，16 世纪的博物学家并不纠结他们的自然标本来自何处。王公们的藏品往往成体系（如果它们被成体系地组织起来的话），但也不会考虑地理要素。

64 Krueger, *Czech, German, and Noble*, 164–65; Monika Sommer, "Zwischen flüssig und fest: Metamorphosen eines steirischen Gedächtnisortes," in *Das Gewebe der Kultur: Kulturwissenschaftliche Analysen zur Geschichte und Identität Österreichs in der Moderne* (Innsbruck: Studien-Verlag, 2001), 105–26, on 111.

65 Christa Riedl-Dorn, *Das Haus der Wunder: Zur Geschichte des Naturhistoris-*

*chen Museums in Wien* (Vienna: Holzhausen, 1998); Michael Hochedlinger, *Österreichische Archivgeschichte vom Spätmittelalter bis zum Ende des Papierzeitalters* (Vienna: Böhlau, 2013), 109.

66  Hochedlinger, *Österreichische Archivgeschichte*, 88–90; Raffler, *Museum*, 181–89; Telesko, *Kulturraum*, chapter 14.

67  Telesko, *Kulturraum*, 380.

68  Kaspar von Sternberg, *Umrisse einer Geschichte der böhmischen Bergwerke* (Prague: Gottlieb Haase Söhne, 1836), xiii, i, v–vi. 有关施特恩贝格对波希米亚国家博物馆的研究，参见: Rita Krueger, *Czech, German, and Noble*, chapter 5。

69  Verein für Landeskunde von Niederösterreich, *Topographie von Niederösterreich*, vol. 1 (Vienna: Verein für Landeskunde von Niederösterreich, 1877), 559.

70  Eduard Suess, *Die erdbeben Nieder-Österreich's* (Vienna: k.k. Hof-und Staatsdruckerei, 1873); M. Porkorný, "Astronomie a meteorologie," *Památník druhého sjezdu českých lékařův a přírodozpytcův* (Prague: Komitét sjezdu českých lékařův a přírodozpytcův, 1882), 38–41, on 38.

71  Josef Schwerdfeger, *Die historischen Vereine Wiens, 1848–1908* (Vienna: Braumüller, 1908), 75; F. A. Slavík, ed., *Vlastivěda Moravská*, vol. 1 (Brno: Moravské akciové knihtiskárny, 1897), 8; Jindřich Metelka, "J. A. Komenského mapa Moravy," *Časopis Matice Moravské*, vol. 16 (1892), 144–51.

72  Ad. Horčička, "Dr. Wenzel Katzerowsky," *Mitteilungen des Vereins für Geschichte der Deutschen in den Sudetenländern* 40 (1901): 303–4.

73  Klemm, "Entwicklung," 11–13.

74  Reichardt, "Ueber das Haus," 72; H. W. Reichardt, *Carl Clusius' Naturgeschichte der Schwämme Pannoniens* (Vienna: k.k. Zoologisch-Botanische Gesellschaft, 1876), 3, my emphasis.

75  Hauer, "Die Geologie," 209.

76  Ibid., 230.

## 第二章　奥地利理念

1　A. J. P. Taylor, *The Habsburg Monarchy, 1809–1918* (Chicago: University of Chicago Press, 1976), 175. 还可参见: Claudio Magris, *Der habsburgische Mythos in der modernen österreichischen Literatur*, trans. Madeleine von Pásztory (Vienna: Zsolnay, 2000); Mark Cornwall, *The Undermining of Austria-Hungary: The Battle for Hearts and Minds* (Basingstoke: Macmillan, 2000); Daniel Unowsky, *The Pomp and Politics of Patriotism: Imperial Celebrations in Habsburg Austria, 1848–1916* (West Lafayette, IN: Purdue University Press, 2005)。

2　Paul de Lagarde, "Über die gegenwärtigen Aufgaben der deutschen Politik," in *Deutsche Schriften*, 22–46 (Göttingen: Dieterich, 1886), 45.

3　Julius Andrássy, *Ungarns Ausgleich mit Österreich vom Jahre 1867* (Leipzig: Duncker & Humblot, 1897), 41; cf. Alfons Danzer, *Unter den Fahnen: Die Völker Österreich-Ungarns in Waffen* (Vienna: Tempsky, 1889), 4.

4　Tamara Scheer, "Habsburg Languages at War," in *Languages and the First World War: Communicating in a Transnational War*, ed. Julian Walker and Christophe Declercq, 62–78 (London: Macmillan, 2016), 62; Christa Hämmerle, "Allgemeine Wehrpflicht in der multinationalen Habsburgmonarchie," in *Der Burger als Soldat: Die Militarisierung europäischer Gesellschaften im langen 19. Jahrhundert: Ein internationaler Vergleich*, ed. Christian Jansen, 175–213 (Essen: Klartext, 2004). István Deák, *Beyond Nationalism: A Social and Political History of the Habsburg Officer Corps, 1848–1918* (New York: Oxford, 1990).

5　Croat, Czech, German, Hungarian, Italian, Polish, Romanian, Ruthenian/Ukrainian, Slovak, Slovene, and Serbian; Bosnian was an unofficial twelfth (Scheer, "Languages at War," 65).

6　Franz/František Palacký, "Eine Stimme über Österreichs Anschluß an Deutschland," in *Oesterreichs Staatsidee*, 79–86 (Prague: J. L. Kober, 1866), 83.

7 David Luft, ed., *Hugo Von Hofmannsthal and the Austrian Idea: Selected Essays and Addresses, 1906–1927* (West Lafayette, IN: Purdue University Press, 2007).

8 David F. Lindenfeld, *The Practical Imagination: The German Sciences of State in the Nineteenth Century* (Chicago: University of Chicago Press, 1997), Lisbet Koerner, *Linnaeus: Nature and Nation* (Cambridge, MA: Harvard University Press, 1999).

9 转引并翻译自 Isaac Nachimovsky, *The Closed Commercial State: Perpetual Peace and Commercial Society from Rousseau to Fichte* (Princeton, NJ: Princeton University Press, 2011), 83.

10 Werner Drobesch, "Die ökonomischen Aspekte der Bruck-Schwarzenbergschen 'Mitteleuropa,'" in *Mitteleuropa—Idee, Wissenschaft und Kultur im 19. und 20. Jahrhundert*, 19–42 (Vienna: Austrian Academy of Sciences, 1997), 24.

11 本尼迪克特·安德森曾经也在《想象的共同体》当中提出了这个问题，不过他没有考虑多民族社群的问题。

12 Stifter, *Nachsommer*, 118.

13 Karl Winternitz, *Länderspiel vom Kaiserstaate Oesterreich. In 21 Stücken sammt der Karte* (Vienna: Rudolf Lechner, 1861); Johannes Dörflinger, *Descriptio Austriae: Österreich und seine Nachbarn im Kartenbild von der Spätantike bis ins 19. Jahrhundert* (Vienna: Edition Tusch, 1977), 146.

14 引自 Drobesch, "Die ökonomischen Aspekte," 25。

15 Wolfgang Göderle, *Zensus und Ethnizität: Zur Herstellung von Wissen über soziale Wirklichkeiten im Habsburgrreich, 1848–1910* (Göttingen: Wallstein, 2016). 戈德尔（Göderle）研究了哈布斯堡的人口普查技术，据此钩沉了哈布斯堡"生产多样性"的重要历史，但他的研究没有考虑哈布斯堡对非人类世界的统计调查。

16 Sander Gliboff, "Gregor Mendel and the Laws of Evolution," *History of Science* 6 (1999): 217–35.

17 Albrecht Penck, foreword to *Geographischer Jahresbericht aus österreich* 4

(1906): 1–8, on 4.

18　Norbert Krebs, *Länderkunde der österreichischen Alpen* (Stuttgart: Engelhorn, 1913), 3.

19　Adler cited in Michael Steinberg, *Austria as Theater and Ideology: The Meaning of the Salzburg Festival* (Ithaca, NY: Cornell University Press, 2000), 120; Kraus cited in Edward Timms, *Karl Kraus: Apocalyptic Satirist*, vol. 1, *Culture and Catastrophe in Habsburg Vienna* (New Haven, CT: Yale University Press 1986), 10; Jászi and Masaryk cited in Mark Mazower, *Dark Continent: Europe's Twentieth Century* (New York: Knopf, 1998), ix, 45.

20　Tatjana Buklijas, "Surgery and National Identity in Late Nineteenth-Century Vienna," *Studies in History and Philosophy of Biological and Biomedical Sciences* 38 (2007), 756–74; Lafferton, "The Magyar Moustache: The Faces of Hungarian State Formation, 1867–1918," Studies in History and Philosophy of Biological and Biomedical Sciences 38 (2007): 706–32; Bojan Baskar, "Small National Ethnologies and Supranational Empires: The Case of the Habsburg Monarchy," in *Everyday Culture in Europe*, ed. Ullrich Kockel (Aldershot: Ashgate, 2008). 说捷克语的医生埃马努埃尔·拉德尔（Emanuel Rádl）认为，小国家对世界科学的贡献在于其独特的历史与语言（这一立场被贾恩·苏尔曼称为"小国的科学政治"）。Jan Surman, "Imperial Knowledge? Die Wissenschaften in der späten Habsburg-Monarchie zwischen Kolonialismus, Nationalismus und Imperialismus," *Wiener Zeitschrift zur Geschichte der Neuzeit* 9 (2009): 119–33.

21　戴安娜·雷诺兹·科尔迪里昂（Diana Reynolds Cordileone）提出了自然科学对维也纳艺术史学院的影响。我在这里借鉴了她的分析，不过我也呈现了自然科学与人文科学另一个更为基本的共同点，也就是从超国家结构中发展出来的空间研究的条件。见 Diana Reynolds Cordileone, *Alois Riegl in Vienna, 1875– 1905: An Institutional Biography* (Burlington, VT: Ashgate, 2014)。

22　Matthew Rampley, *The Vienna School of Art History: Empire and the Politics of Scholarship, 1847–1918* (University Park: Penn State Press, 2013), 84.

23　T. G. Masaryk, *Otázka Sociální* (Prague: Leichter, 1898), 647. See chapter 3, below.

24　Peter Stachel, "Die Harmonisierung national-politischer Gegensätze und die Anfänge der Ethnographie in Österreich," in *Geschichte der österreichischen Humanwissenschaften*, vol. 4, *Geschichte und fremde Kulturen*, ed. Karl Acham (Vienna: Passagen Verlag, 2002), 323–67; Brigitte Fuchs, *"Rasse," "Volk," Geschlecht: Anthropologische Diskurse in Österreich, 1850–1960* (Frankfurt: Campus, 2003), chapter 10.

25　Matthew Rampley, "Peasants in Vienna: Ethnographic Display and the 1873 World's Fair," *Austrian History Yearbook* 42 (2011): 110–32.

26　Rudolf von Eitelberger, *Gesammelte kunsthistorische Schriften*, vol. 2 (Vienna: Braumüller, 1879), 333.

27　Cited in Cordileone, *Alois Riegl*, 99.

28　Rampley, "World's Fair," 132.

29　Riegl quoted in Bernd Euler-Rolle, "Der 'Stimmungswert' im spätmodernen Denkmalkultus: Alois Riegl und die Folgen," *Österreichische Zeitschrift für Kunst und Denkmalpflege* 59 (2005): 27–34, on 30.

30　Max Dvorak, "Einleitung," in *Die Denkmale des Politischen Bezirkes Krems*, ed. Hans Tietze (Vienna: Anton Schroll, 1907), xvii.

31　E.g., Thomas M. Lekan, *Imagining the Nation in Nature: Landscape Preservation and German Identity, 1885–1945* (Cambridge, MA: Harvard University Press, 2004).

32　Johannes Straubinger, *Sehnsucht Natur: Geburt einer Landschaft* (Norderstedt: Books on Demand, 2009), 239, 264–67.

33　转引并翻译自 Rampley, *Vienna School*, 203。

34　转引并翻译自 Cordileone, *Alois Riegl*, 276。

35　Ibid., xviii, my emphasis.

36　Rampley, *Vienna School of Art History*, chapter 9.

37  Richard Charmatz, *Minister Freiherr von Bruck, der Vorkämpfer Mitteleuropas: Sein Lebensgang und seine Denkschriften* (Leipzig: S. Hirzel, 1916), 24.

38  Richard Charmatz, *Minister Freiherr von Bruck, der Vorkämpfer Mitteleuropas: Sein Lebensgang und seine Denkschriften* (Leipzig: S. Hirzel, 1916), 24.

39  引自 ibid., 188。

40  林恩·奈哈特（Lynn Nyhart）在她即将出版的著作《政治有机体》中分析了国家的有机体隐喻对低等生物体生物学研究的影响。我想指出的是这类比喻可以推动将国家视为一个具有新陈代谢能力的有机体单位加以研究。参见：Ibid., 189. Lynn Nyhart, "The Political Organism: Carl Vogt on Animals and States in the 1840s and'50s," *Historical Studies in the Natural Sciences* 47, no. 5 (Fall 2018)。

41  *Die Denkschriften des österreichischen Handelsministers über die österrei Zoll-und Handelseinigung* (Vienna: Carl Gerold, 1850), 94.

42  *Denkschriften des österreichischen Handelsministers*, 257.

43  Charmatz, *Minister von Bruck*, 227.

44  "Ueber die Weltstellung Oesterreichs," *Innsbrucker Zeitung*, 15 January 1850, 52.

45  Ferdinand Stamm, *Verhältnisse der Volks, Land und Forstwirthchaft des Königreiches Böhmen* (Prague: Rohliček, 1856).

46  Ferdinand Stamm, "Landwirtschaftliche Briefe," *Die Presse*, 14 December 1855. Even the Prussians acknowledged this climatic advantage: see, e.g., Ernst Von Seydlitz, *Handbuch der Geographie* (Breslau: F. Hirt, 1914), 79.

47  Maureen Healy, *Vienna and the Fall of the Habsburg Empire: Total War and Everyday Life in World War I* (Cambridge: Cambridge University Press, 2004).

48  引自 John Deak, *Forging a Multinational State: State Making in Imperial Austria from the Enlightenment to the First World War* (Stanford, CA: Stanford University Press, 2015), 103。

49  David Good, *Economic Rise*. 麦克斯·斯蒂芬·舒尔茨（Max-Stephan Schulze）与尼古拉斯·沃尔夫（Nikolaus Wolf）反驳说，从 19 世纪 80 年代末开

始，民族主义所产生的经济效果是"民族语言构成相似"的地区之间的联系会比其与帝国其他地区之间的联系更为紧密。"Economic Nationalism and Economic Integration: The Austro-Hungarian Empire in the Late Nineteenth Century," *Economic History Review* 65 (2011): 652–73.

50  Andrea Komlosy, "State, Regions, and Borders: Single Market Formation and Labor Migration in the Habsburg Monarchy, 1750–1918," *Review* (Fernand Braudel Center) 27 (2004): 135–77.

51  A. Zeehe, F. Heiderich, and J. Grunzel, *Österreichische Vaterlandskunde für die obserte Klasse der Mittelschulen*, 3rd ed. (Ljubljana: Kleinmayr & Bamberg, 1910), 8.

52  Good, *Economic Rise*, 246.

53  "Volkswirtschaft," *Oesterreichische Neuigkeiten und Verhandlungen* 53 (1850): 417–19, on 418.

54  Alexander von Bally, *Das neue Österreich, seine Handels-und Geldlage* (Vienna: Beck, 1850), 8.

55  Dominique K. Reill, *Nationalists Who Feared the Nation: Adriatic Multi-Nationalism in Habsburg Dalmatia, Trieste, and Venice* (Stanford, CA: Stanford University Press, 2012), 177.

56  Margaret Schabas, *The Natural Origins of Economics* (Chicago: University of Chicago Press, 2005), 150.

57  Carl Menger, *Principles of Economics*, trans. J. Dingwall and B. F. Hoselitz (Auburn, AL: Institute for Humane Studies, 1976), 167.

58  *Die österreichisch-ungarische Monarchie in Wort und Bild*, vol. 15, Böhmen, vol. 2, (Vienna: k.k. Hof-und Staatsdruckerei 1896), 464.

59  弗雷迪克·琼森（Fredrik Jonsson）告诉我，门格尔的英国同事威廉·斯坦利·杰文斯（William Stanley Jevons）同样犹豫不决，他认为人口增长是导致煤炭枯竭的因素之一，但他的政治经济理论却没有提到这点。

60  Quinn Slobodian, "How to See the World Economy: Statistics, Maps, and Schumpeter's Camera in the First Age of Globalization," *Journal of Global*

*History* 10 (2015): 307–32, on 316.

61 Eugen von Philippovich, *Grundriss der politischen Oekonomie*, vol. 1 (Freiburg i. B.: J. C. B. Mohr, 1893), 86. 可以对比卡尔·波兰尼（Karl Polanyi）在《伟大的变革》中对自由贸易的批判，他在书中抨击新古典经济学无视经济因诸多自然条件而起落的事实，这些自然条件不受市场影响。

62 可以参见卡尔·冯·罗基坦斯基（Karl von Rokitansky）在 1870 年 2 月维也纳人类学会开幕式上关于种族差异的环境起源的演讲。

63 Franz Heiderich, "Die Wirtschaftsgeographie und ihre Grundlagen," in *Karl Andrees Geographie des Welthandels*, vol. 1, ed. Franz Heiderich and Robert Sieger (Frankfurt am Main:H. Keller, 1910), 39.

64 *Beiträge zur Wirtschaftskunde Österreichs: Vorträge des 4. International Wirtschaftskurses* (Vienna: A. Hölder, 1911), 1–39.

65 参见 e.g., Jennings, *Curing the Colonizers*; Michael A. Osborne and Richard S. Fogarty, "Medical Climatology in France: The Persistence of Neo-Hippocratic Ideas in the First Half of the Twentieth Century," *Bulletin of the History of Medicine* 86 (2012): 543–63。

66 "Sterblichkeit," *Militär-Zeitung*, 10 July 1863, 17–18, on 17; Hämmerle, "Allgemeine Wehrpflicht," 202; Teodora Daniela Sechel, "Contagion Theories in the Habsburg Monarchy," in *Medicine Within and Between the Habsburg and Ottoman Empires, 18th–19th Centuries*, ed. Sechel, 55–77 (Bochum: D. Winkler, 2011), esp. 73.

67 "Einfluss des Klimas, der Orts-und Landes Verhältnisse so wie der Lebensweise der Soldaten auf den Gesundheitszustand," *Allgemeine Militärärztliche Zeitung*, 25 August 1867, 276–80.

68 E.g., Alois Fessler, *Klimatographie von Salzburg* (Vienna: Gerold & Co., 1912), 17.

69 August von Härdtl et al., *Die Heilquellen und Kurorte des oestreichischen Kaiserstaates und Ober-Italien's* (Vienna: Braumüller, 1862), iv–v.

70 Ench Kish, *Klimalotherapie* (Berlin: Urban and Schwarwenberg, 1898), 641.

71 Alison Frank, "The Air Cure Town: Commodifying Mountain Air in Alpine Central Europe," *Central European History* 44, no. 2 (June 2012), 185–207; Jill Steward, "Travel to the Spas: The Growth of Health Tourism in Central Europe, 1850–1914," in *Journeys into Madness: Mapping Mental Illness in the Austro-Hungarian Empire* (New York: Berghahn, 2012), 72–89.

72 Adalbert Stifter, "Zwei Schwestern," in *Studien*, vol. 2, 6th ed. (Pest: Heckenast, 1864), 388.

## 第三章 帝国-王国科学家

1 Karl Kreil, "Über die k.k. Zentralanstalt für Meteorologie und Erdmagnetismus" (Vienna: k.k. Hof-und Staatsdruckerei, 1852), 85.

2 参见 Kreil's letters to Humboldt from Milan, published in *Annalen der Physik und Chemie* 13 (1838): 292–303; 16 (1839): 443–58。

3 Adalbert Stifter, *Der Nachsommer: Eine Erzählung*, vol. 1 (Pest: Heckenast, 1865), 177.

4 Ibid., 337.

5 Eduard Fenzl, "Eröffnungsrede," *Verh. Zool.-Bot. Ver.* 2 (1852): 1–5, on 4, original emphasis.

6 Ulrich L. Lehner, *Enlightened Monks: The German Benedictines, 1740–1803* (New York: Oxford University Press, 2011), 5.

7 William Clark, "The Death of Metaphysics in Enlightened Prussia," in *The Sciences in Enlightened Europe*, ed. William Clark, Jan Golinski, and Simon Schaffer (Chicago: University of Chicago Press, 1999), 423–73, on 434; Katharine Park, "Observation in the Margins, 5001500," in Daston and Lunbeck, *Histories of Scientific Observation*, 15–44, on 23.

8 Fellöcker, *Geschichte der Sternwarte*, 241.

9 P. Augustin Reslhuber, "Die Sternwarte zu Kremsmünster," *Unterhaltungen im Gebiete der Astronomie, Meteorologie und Geographie* 10 (1856): 382–88, 392–96.

10　Cf. Cooper, *Inventing the Indigenous*.

11　Marian Koller, *Ueber den Gang der Wärme in Oesterreich ob der Enns* (Linz: F. Eurich, 1841), 7.

12　Karl Fritsch, autobiographical sketch, *Zs. Ö. G. Meteo.* 15 (1880): 105–19, on 106.

13　在摩拉维亚，帝国政府也支持了类似的观测活动：Rudolf Brazdíl, Hubert Valášek, et al., *History of Weather and Climate in the Czech Lands: Instrumental Measurements in Moravia up to the End of the Eighteenth Century* (Brno: Masaryk University, 2002), 2–23。

14　Monika Baar, *Historians and Nationalism: East-Central Europe in the Nineteenth Century* (Oxford: Oxford University Press, 2010), 264.

15　Jan Janko and Soňa Štrbáňová, *Věda Purkyňovy doby* (Prague: Academia, 1988), 193; Karel Krška and Ferdinand Šamaj, *Dějiny meteorologie v českých zemích a na Slovensku* (Prague: Karolinium 2001), 87.

16　Strbanova, *Věda Purkyňovy doby*, 118–19.

17　Pseudonym of Heinrich Landesmann, *Die Muse des Glücks und moderne Einsamkeit* (Dresden: H. Linden, 1893), 14.

18　Jan Evangelista Purkyně, "Čtenářům ku konci roku," *Živa* 1 (1853): iii–iv, on iv.

19　Surman, *Biography of Habsburg Universities*.

20　引自 E. M. Kronfeld, *Anton Kerner von Marilaun* (Leipzig: Tauchnitz, 1908), 306。

21　Baar, *Historians and Nationalism*, 11.

22　Fasz. 683/Sig. 4A/Nr. 7757/1868: 27 June 1868, MCU.

23　Michael von Kast et al., *Geschichte der Österreichischen Land-und Forstwirtschaft und ihrer Industrien*, vol. 1 (Vienna: Moritz Perles, 1899), 558.

24　Josef Wessely to Emanuel Purkyně, undated, ca. 1878, EP.

25　*Die österreichisch-ungarische Monarchie in Wort und Bild*, 1:135.

26　E.g., *Osiris* 11 (1996): "Science in the Field," ed. Henrika Kuklick and Robert

E. Kohler.

27 Larry Wolff, *The Idea of Galicia: History and Fantasy in Habsburg Political Culture* (Stanford, CA: Stanford University Press, 2010).

28 ZAMG 一名研究者患上肺结核时，研究所所长想把他送到南蒂罗尔接受气候治疗，但这位科学家拒绝此提议，只愿意去卡林西亚海拔 3105 米的松布利克气象观测站一边研究，一边接受山地疗法。Fasz. 684/Sig. 4A/Nr. 45052: 30 November 1905, MCU.

29 Hammerl, *Zentralanstalt*, 37.

30 Mary Louise Pratt, *Imperial Eyes*; Edney, *Mapping an Empire: The Geographical Construction of British India, 1765–1843* (Chicago: University of Chicago Press, 1997).

31 Adalbert Stifter, *Bunte Steine*, 4th ed. (Pest: G. Hackenast, 1870), 56, 61. 卡夫卡的《城堡》的超现实效果部分来自主人公的平凡职业：土地测量员。

32 Denise Phillips, *Acolytes of Nature: Defining Natural Science in Germany, 1770–1850* (Chicago: University of Chicago Press, 2012), 80–82; and Krueger, *Czech, German, and Noble*, 37.

33 引自 Inge Franz, "Eduard Suess im ideengeschichtlichen Kontext seiner Zeit," *Jahrbuch der Geologischen Bundesanstalt* 144 (2004): 53–65, on 64。

34 F. K. Branky, "Die Exkursionen des geographischen Seminars der k.k. Wiener Universität," *Zeitschrift für Schul-Geographie* 26 (1904): 65–72, on 62.

35 Andreas Helmedach, *Das Verkehrssystem als Modernisierungsfaktor: Strassen, Post, Fuhrwesen und Reisen nach Triest und Fiume vom Beginn des 18. Jahrhunderts bis zum Eisenbahnzeitalter* (Munich: Oldenbourg, 2002), 479.

36 Margarete Girardi, "Bericht über die Feier des 90 jährigen Jubiläums der ehemaligen k.k. Geologischen Reichsanstalt," *Verhandlungen der Zweigstelle Wien der Reichsstelle für Bodenforschung* (1939): 243–54, on 247.

37 Eduard Suess, *Erinnerungen* (Leipzig: Hirzel, 1916), 100.

38 Karl Kreil and Karl Fritsch, *Magnetische und geographische Ortsbestimmu-*

*ngen im österreichischen Kaiserreich*, vol. 1 (Prague: G. Haase, 1848), 3.

39   Hann, Diary B, 65a, 65b, JH.

40   Hann, Diary B, 102–3, JH.

41   Suess, *Erinnerungen*, 161.

42   Kenner, "Karl Kreil," 334.

43   Helmedach, *Verkerhrssystem*, 267–73.

44   引自 Christina Bachl-Hofmann, ed., *Die Geologische Bundesanstalt in Wien: 150 Jahre Geologie im Dienste Österreichs* (Vienna: Böhlau, 1999), 77。

45   Vejas Gabriel Liulevicius, *The German Myth of the East: 1800 to the Present* (Oxford: Oxford University Press, 2009), 7.

46   Marie Petz-Grabenhuber, "Anton Kerner von Marilaun," in *Anton Kerner von Marilaun (1831–1898)*, ed. Grabenbauer and Michael Kiehn, 7–23 (Vienna: Academy of Sciences, 2004), 10.

47   Anton Kerner, *Das Pflanzenleben der Donauländer* (Innsbruck: Wagner, 1863), 23.

48   Bachl-Hofmann, ed., *Die Geologische Bundesanstalt*, 76.

49   Surman, *Biography of Habsburg Universities*, 14, 237.

50   E.g., Kapil Raj, *Relocating Modern Science: Circulation and the Construction of Knowledge in South Asia and Europe, 1650–1900* (Basingstoke and New York: Palgrave Macmillan, 2007).

51   Eduard Brückner, "Dr. Josef Roman Lorenz von Liburnau, Sein Leben und Wirken," *Mitt. Geog.* Ges. 56 (1912): 523–51, on 541.

52   Karl Fritsch, "Nachruf an Anton Kerner von Marilaun," *Verh. Zool.-Bot.* Ver. 48 (1898): 694–700, on 696.

53   Vittoria Di Palma, *Wasteland: A History* (New Haven, CT: Yale University Press, 2014).

54   尤其值得参考 Michael S. Reidy, "Mountaineering, Masculinity, and the Male Body in Mid-Victorian Britain," *Osiris* 30 (2015): 158–81。

55   参见 drawings in Ficker, "Untersuchungen über die meteorologischen Verhältnisse

der Pamirgebiete (Ergebnisse einer Reise in Ostbuchara)," *Wiener Berichte* IIa 97 (1921; submitted June 1919): 151–255。

56　Ficker, "Föhnuntersuchungen im Ballon," *Wiener Berichte* IIa 121 (1912): 829–73, on 830.

57　引自 Jennifer Tucker, *Nature Exposed: Photography as Eyewitness in Victorian Science* (Baltimore: Johns Hopkins University Press, 2005), 154。

58　Ficker, "Wirbelbildung im Lee des Windes," *MZ* 28 (1911): 539.

59　Hann to Wladimir Köppen, 28 October 1886, WK.

60　Voeikov, *Le Turkestan Russe* (Paris: Colin, 1914), vi.

61　Robert DeCourcy Ward, "The Value of Non-Instrumental Weather Observations," *Popular Science Monthly* 80 (1912): 129–37, on 131.

62　Alfred Hettner, "Methodische Zeit-und Streitfragen: Die Wege der Klimaforschung," *Geographische Zeitschrift* 30 (1924): 117–20, on 117.

63　Hann, *Klimatographie von Niederösterreich* (Vienna: Braumüller, 1904), 4.

64　Ficker, "Pamirgebiete," 153.

65　Hasok Chang, *Inventing Temperature: Measurement and Scientific Progress* (Oxford: Oxford University Press, 2004).

66　Wilhelm Schmidt, "Zur Frage der Verdunstung," *Ann. Hyd.* 44 (1916): 136–45, on 142.

67　Edmund Husserl, *Ideas Pertaining to a Pure Phenomenology and to a Phenomenological Philosophy*, vol. 2, trans. R. Rojcewicz and A. Schuwer (Dordrecht: Springer, 1990), 61, 166; Patočka, *Body, Community*.

68　Hann, "Über die monatlichen und jährlichen Temperaturschwankungen in ÖsterreichUngarn," Wiener Berichte IIa 84 (1881): 965–1037; Hann, "Untersuchungen über die Veränderlichkeit der Tagestemperatur," *Wiener Berichte* II 71 (1875): 571–657.

69　引自 Rudolf's Nachlass in Christiane Zintzen, "Vorwort," in *Die österreichischungarische Monarchie in Wort und Bild. Aus dem "Kronprinzenwerk" des Erzherzog Rudolf* (Vienna: Böhlau, 1999), 9–20, 10。

70  Suess, *Erinnerungen*, 101.

71  Ibid., 130.

72  "Farewell Lecture by Professor Eduard Suess on Resigning His Professorship," *Journal of Geology* 12 (1904): 264–75, on 267.

73  Mott Greene, *Geology in the Nineteenth Century*, chapter 7; Şengör, "Eduard Suess."

74  Norman Henniges, "Human Recording Machines? The German Geological Survey and the Moral Economy of Scale," paper for the workshop "Creative Commensuration," Zurich, 2016.

75  "Erinnerungen von Albrecht Penck," AP.

76  Penck, "Das Klima Europas während der Eiszeit," *Naturwissenschaftliche Wochenschrift* 20 (1905): 593–97; Penck, foreword to *Geographischer Jahresbericht aus Österreich* (Vienna, 1906), 4:4.

77  Norman Henniges, "'Sehen lernen': Geographische (Feld-)Beobachtung in der Ära Albrecht Penck," *Mitteilungen der Österreichischen Geographischen Gesellschaft* 156 (2014): 141–70, esp. 163.

78  Cvijić, *La Geographie des Terrains Calcaires* (1960), reprinted in *Cvijić and Karst*, ed. Zoran Stevanović and Borivoje Mijatović (Belgrade: Serbian Academy of Science and Arts, 2005), 147–304, on 173.

79  Cvijić, "Forschungsreisen auf der Balkan-Halbinsel," *Zeitschrift der Gesellschaft für Erdkunde zu Berlin* (1902): 196–214, on 197.

80  Cvijić, *La Péninsule balkanique* (Paris: Colin, 1918), 13–14, 18; Karl Kaser, "Peoples of the Mountains, Peoples of the Plains: Space and Ethnographic Representation," in *Creating the Other: Ethnic Conflict and Nationalism in Habsburg Central Europe*, ed. Nancy M. Wingfield, 216–30 (New York: Berghahn, 2003).

81  Suess, *Erinnerungen*, 125.

82  用作家赫尔曼·巴尔的话来说，beamte（公务员）指的就是守护奥地利理念的人，他们是"旧国家机构的受托人"。巴尔对他们没有多少同理心，认为他们不合时宜而又太过天真，但他没有思考自然科学家如何将公务员重塑为一个现代身份。

83 Kreil, *Klimatologie von Böhmen*, 2.

84 Josef Durdík, *Rozpravy filosofické* (Prague: Kober, 1876), 49.

85 Tomáš Garrigue Masaryk, *Česká otázka* (Prague: Čas, 1895), 240.

86 Cf. Barry Smith, "Von T. G. Masaryk bis Jan Patočka: Eine philosophische Skizze," in *T. G. Masaryk und die Brentano-Schule*, ed. J. Zumr and T. Binder, 94–110 (Prague: Czech Academy of Sciences, 1993).

87 Eduard Suess, *Das Bau und Bild Österreichs* (Vienna: Tempsky, 1903), xiv.

88 Henniges, "Human Recording Machines?"

89 Marianne Klemun, "National 'Consensus' as Culture and Practice: The Geological Survey in Vienna and the Habsburg Empire (1849–1867)," in Ash and Surman, *Nationalization of Scientific Knowledge*, 83–101.

90 Hann, *Die Vertheilung des Luftdruckes über Mittel-und Süd-Europa* (Vienna: Hölzel, 1887), 5.

91 Hann, "Der Pulsschlag der Atmosphäre," *MZ* 23 (1906): 82–86, on 83; Hann, *Lehrbuch der Meteorologie*, 3rd ed. (Leipzig: Tauchnitz, 1915), 637.

## 第四章　双重任务

1 Kreil, "Einleitung," *Jb. ZAMG* 1 (1848–49): 1–32, on 2–3.

2 关于这一层面上的"双重性"法律用语，参见: Georg Jellinek, *Ueber Staatsfragmente* (Heidelberg: Gustav Koester, 1896), 28–29, cited in Wheatley, "Law, Time, and Sovereignty," 61。

3 Fabien Locher, "The Observatory, the Land-Based Ship and the Crusades: Earth Sciences in European Context, 1830–50," *BJHS* 40 (2007): 491–504.

4 引自 Kenner, "Karl Kreil," 332。

5 Fritsch, autobiographical sketch, 112.

6 Hedwig Kopetz, *Die Österreichische Akademie der Wissenschaften: Aufgaben, Rechtsstellung, Organisation* (Vienna: Böhlau, 2006), 34.

7    Christine Ottner, "Zwischen Wiener Localanstalt und Centralpunct der Monarchie," *Anzeiger der Akademie der Wissenschaften, phil.-hist. Kl.* 143 (2008): 171–96, on 174, 178.

8    Reprinted in Hammerl, *Zentralanstalt*, 21, 23.

9    Fasz. 677/Sig. 4A/Nr. 6015/694: 20 July 1850, MCU; Fasz. 677/Sig. 4A/Nr. 2372/167: 10 March 1852, MCU.

10   Kreil, "Einleitung," *Jb. ZAMG* 1 (1848–49): 1–32, on 1, 2.

11   Fasz. 677/Sig. 4A/Nr. 9369/609: 6 September 1852, MCU.

12   Kenner, "Karl Kreil," 360–61.

13   Egon Ihne, "Geschichte der pflanzenphänologischen Beobachtungen in Europe," *Beiträge zur Phänologie* 1 (1884): 1–176, on 36.

14   转引并翻译自 Gliboff, "Mendel and the Laws of Evolution," 225。

15   Franz Unger, *Versuch einer Geschichte der Pflanzenwelt* (Vienna: Braumüller, 1852), 5.

16   Kreil, "Einleitung," *Jb. ZAMG* 1 (1848–49): 1–32, on 2–3, my emphasis.

17   *Die Markgrafschaft Mähren und das Herzogthum Schlesien in ihren geographischen Verhältnissen* (Vienna: Hölzel, 1861), iii.

18   František Augustin, *O potřebě zorganisovati meteorologická pozorování v Čechách* (Prague: Otty, 1885), 6, 13–16.

19   Jindřich Metelka, review of *Zeměpisný Sborník, Hlídka Literarní* 4 (1887): 44–48.

20   Fasz. 680/Sig. 4A/Nr. 1605: 7 January 1914, MCU.

21   Fasz. 680/Sig. 4A/Nr. 8888: 25 February 1914, MCU.

22   David Aubin, Charlotte Bigg, and H. Otto Sibum, "Introduction," *The Heavens on Earth: Observatory and Astronomy in Nineteenth-Century Science and Culture*, ed. Aubin, Bigg, and Sibum (Durham, NC: Duke University Press, 2010), 7.

23   Simony, "Das meteorologische Element in der Landschaft," *Zs. Ö. G. Meteo.* 5 (1870): 49–60.

24 Kreil, "Einleitung," 9.

25 Jelinek, *Anleitung zur Anstellung meteorologischer Beobachtungen* (Vienna: k.k. Hof-und Staatsdruckerei, 1869), 1.

26 Ibid., 64.

27 Kenner, "Karl Kreil," 362.

28 Ibid.

29 Fritsch, autobiographical sketch, 115.

30 Wilhelm von Haidinger, *Das Kaiserlich-Königliche Montanistische Museum und die Freunde der Naturwissenschaften in Wien in den Jahren 1840–1850* (Vienna: Braumüller, 1869), 72, 115.

31 Haidinger, "Gesellschaft der Freunde der Naturwissenschaften," *Berichte über die Mittheilungen von Freunden der Naturwissenschaften in Wien* 5 (1848): 274–78, on 275.

32 Karl Fritsch, "Nekrologie [W. v. Haidinger]," *Zs. Ö. G. Meteo.* 6 (1871): 205–8, on 207.

33 Haidinger, "Historische Entwicklung und Plan der Gesellschaft," *Berichte über die Mittheilungen von Freunden der Naturwissenschaften in Wien* 5 (1848): 280–87; cf. Karl Kadletz, "Krisenjahre zwischen 1849 und 1861," in Christina Bachl-Hofmann, *Geologische Bundesanstalt*, 78–92.

34 *Verhandlungen des österreichischen verstärkten Reichsrathes* 1 (1860): 305. Cf. Böhm, "Erinnerungen an Franz von Hauer," *Abhandlungen der k.k. Geographischen Gesellschaft in Wien* 1 (1899): 100.

35 Advertisement, *Zeitschrift der k.k. Gesellschaft der Aerzte zu Wien* 17 (1861): 392.

36 "Dr. Carl Jelinek," *Zs. Ö. G. Meteo.* 12 (1877): 69–80, on 71.

37 Hammerl, *Zentralanstalt*, 58.

38 Anderson, *Predicting the Weather*, 143–44.

39 Hann, "Arthur Schuster über Methoden der Forschung in der Meteorologie," *MZ* 20 (1903): 19–30, on 28.

40 Josef Chavanne, *Die Temperatur-Verhältnisse von Österreich-Ungarn dargestellt durch Isothermen* (Vienna: Gerold's Sohn, 1871),

41 Ibid., 21.

42 Fasz. 677/Sig. 4A/Nr. 3128/478: 19 April 1849, MCU.

43 János/Johann Hunfalvy, "Die klimatischen Verhältnisse des ungarischen Länderkomplexes," *Zs. Ö. G. Meteo.* 2 (1867): 273–79, 289–98.

44 Jelinek, "Meteorologische Stationen in Ungarn," *Zs. Ö. G. Meteo.* 1 (1866): 171–72.

45 Josef Chavanne, *Physikalisch-Statistisches Hand-Atlas* (Vienna: Hölzel, 1887). 匈牙利中央气象研究所的年鉴以匈牙利语和德语出版。

46 Fasz. 677/Sig. 4A/Nr. 8208: 19 August 1864, MCU.

47 Josef Roman Lorenz, *Physikalische Verhältnisse und Vertheilung der Organismen im Quarnerischen Golfe* (Vienna: Karl Gerold's Sohn, 1869), 2–3.

48 "Korespondencya Komisyi," *Sprawozdanie Komisyi Fizyograficznej* 28 (1893): vii. 感谢扬·苏尔曼提供的参考资料和丹尼尔·马拉的翻译。

49 Moriz Rohrer, *Beitrag zur Meteorologie und Klimatologie Galiziens* (Vienna: Carl Gerold's Sohn, 1866), 1.

50 Janina Bożena Trepińska, "The Development of the Idea of Weather Observations in Galicia," in *Acta Agrophysica* 184 (2010): 9–23, on 13; see too Przybylak et al., *The Polish Climate*.

51 Jan Hanik, *Dzieje meteorologii i obserwacji meteorologicznych w Galicji od XVIII do XX wieku* (Wrocław: Zakład Narodowy im. Ossolińskich, 1972), 87, 89–94. 我非常感谢波格丹·霍尔巴翻译了这份资料。

52 Ibid., 157–59. 相比之下，卡尔尼奥拉（另一个比较贫穷的王国）就比加利西亚更能融入 ZAMG 网络。到 1891 年，卡尔尼奥拉已经有 26 个气象观测站，能编写出《卡尔尼奥拉的气候》，这本书的内容从 1891 年到 1893 年用德语在卢布尔雅那博物馆协会杂志上连载，其作者是斐迪南·赛德勒（Ferdinand Seidl），他是戈里齐亚实验中学的一名老师。他搜集当地人用斯洛文尼亚语写下的气象观测数据，并用斯洛文尼亚语发表科研成果。

1918 年以后，他继续领导南斯拉夫共和国卢布尔雅那的气象观测站。参见：
Tanja Cegnar, "Beginnings of Instrumental Meteorological Observations in
Slovenia," http://cagm.arso.gov.si/posters/Beginningsinstrumentalmeteorolo
gical observationsin%20slovenia.pdf。

53  J. Valentin, "Der tägliche Gang der Lufttemperatur in Österreich," *Denk.
    Akad. Wiss. math-nat.* 73 (1901): 133–229, on 201.

54  Ibid., 210.

55  Conrad, *Methods in Climatology* (Cambridge, MA: Harvard University Press,
    1944), 2.

56  Ibid., 129.

57  Fasz. 679/Sig. 4A/Nr. 22093: 18 May 1910; Fasz. 679/Sig. 4A/Nr. 30079: 23
    June 1913, MCU. ZAMG 提出为东加利西亚的新气象观测站提供仪器，但
    拒绝支付建设费用。Fasz. 679/Sig. 4A/Nr. 23858: 22 May 1911, MCU.

58  Fasz. 679/Sig. 4A/Nr. 52972/1913: 19 November and 31 December 1913,
    MCU.

59  Victor Conrad, *Klimatographie der Bukowina* (Vienna, 1917), 20.

60  Ibid., 25.

61  Conrad, "Beiträge zu einer Klimatographie von Serbien," *Wiener Berichte* IIa
    125 (1916): 1377–417, on 1411.

62  Ibid., 1377.

63  Ibid., 1380, 1400.

64  Ibid., 1410–11.

65  Ludwig Dimitz, *Die forstlichen Verhältnisse und Einrichtungen Bosniens
    und der Hercegovina* (Vienna: W. Frick, 1905), 11; see too Alfred Grund, *Die
    Karsthydrographie: Studien aus Westbosnien* (Leipzig: Teubner, 1903).

66  Hann, "Über die klimatischen Verhältnisse von Bosnien und der
    Herzegowina," *Wiener Berichte* II 88 (1884): 96–116, on 96; "Das
    meteorologische Beobachtungsnetz von Bosnien und der Hercegovina und
    dessen Gipfelstation auf der Bjelašnica," *MZ* 13 (1896): 41–49, on 41.

67  Philipp Ballif, *Wasserbauten in Bosnien und der Hercegovina* (Vienna: Adolf Holzhausen, 1896).

68  Srećko M. Džaja, *Bosnien-Herzegowina in der österreichisch-ungarischen Epoche, 1878-1918* (Munich: Oldenbourg, 1994), 82.

69  J. Moscheles to W. Morris Davis, 15 August 1919, folder 336, WMD.

70  关于奥地利民族志学者在哈布斯堡殖民波斯尼亚中发挥的作用，参见：Christian Marchetti, "Scientists with Guns: On the Ethnographic Exploration of the Balkans by Austrian-Hungarian Scientists before and during World War I," *Ab Imperio* (2007)。

71  J. Moscheles, *Das Klima von Bosnien und der Hercegovina*, vol. 20 of *Kunde der Balkanhalbinsel* (Sarajevo: J. Studnička & Co., 1918), 3.

72  Conrad, Methods, 140–49.

73  Robert Klein, *Klimatographie von Steiermark* (Vienna: ZAMG, 1909), 4–5.

74  "Bedeutung des Sonnwendstein als Wetterwarte für den praktischen Wetterdienst," *MZ* 20 (1903): 268–70, on 268, 269.

75  Leopold von Sacher-Masoch, "Auf der Höhe," *Auf der Höhe* 1 (1881): iii–v, on iii.

76  有关山区研究，参见：Charlotte Bigg, David Aubin, and Philipp Felsch, eds., "The Laboratory of Nature— Science in the Mountains," special issue of *Science in Context* 22, no. 3 (2009)。

77  Coen, "The Storm Lab: Meteorology in the Austrian Alps," *Science in Context* 22 (2009): 463–86, on 473–75.

78  Patrice Dabrowski, "Constructing a Polish Landscape: The Example of the Carpathian Frontier," *AHY* 39 (2008): 45–65.

79  Fasz. 678/Sig. 4A/Nr. 15530: 5 May 1902, MCU; Fasz. 680/Sig. 4A/Nr. 47480: 18 October 1913, MCU.

80  See references in Coen, "Storm Lab," 470–71.

81  See references in ibid., 475–77.

82  Fasz. 680/Sig. 4A/Nr. 52972: 19 November und 31 December 1913, MCU. 至

于 1897 年以后天气预报划区图，可参见：Coen, "Climate and Circulation in Imperial Austria," *Journal of Modern History* 82 (2010): 839–75, on 872。

83 Based on documents in Fasz. 677, 678, and 679/Sig. 4A, MCU. See too A. E. Forster, "Die Fortschritte der klimatologischen Forschung in Österreich in den Jahren 1897–1905," *Geographischer Jahresbericht aus Österreich* 5 (1905): 156–91.

84 Johann Gottfried Sommer, quoted in Josef Emanuel Hibsch, "Der Donnersberg," *Erzgebirgs-Zeitung* 50 (1929): 26–28.

85 Maximilian Dormitzer and Edmund Schebek, *Die ErwerbsVerhältnisse im böhmischen Erzgebirge* (Prague: H. Merch, 1862), 1.

86 Fasz. 678/Sig. 4A/Nr. 21535: 29 June 1902, MCU.

87 Eduard Brückner, "Bericht über die Fortschritte der geographischen Meteorologie," *Geographisches Jahrbuch* 21 (1898): 255–416, on 257.

88 Hann, "Die meteorologische Verhältnisse auf der Bjelašnica," *MZ* 20 (1903): 1–19, on 1.

## 第五章 帝国的地貌

1 Gerhard Mandl, *Die frühen Jahre des Dachsteinpioniers Friedrich Simony, 1813–1896* (Vienna: Geologische Bundesanstalt, 2013), 124.

2 Franz Grims, "Das wissenschaftliche Wirken Friedrich Simony im Salzkammergut," in *Ein Leben für das Dachstein: Friedrich Simony zum 100. Todestag*, ed. Franz Speta (Linz: Francisco-Carolinum, 1996). 希莫尼在他整个职业生涯里，都在思考气候学问题，包括冰期的年代、维也纳的气候变化，以及森林砍伐的气候影响。地理学方面可参见：Petra Svatek, "'Natur und Geschichte': Die Wissenschaftsdisziplin 'Geographie' und ihre Methoden an den Universitäten Wien, Graz und Innsbruck bis 1900," in *Wissenschaftliche Forschung in Österreich, 1800–1900: Spezialisierung, Organisation, Praxis*, ed. Christine Ottner, Gerhard Holzer, and Petra Svatek, 45–71 (Göttingen: V & R, 2015)。

3    *Mémoires Metternich*, vol. 6 (Paris: E. Plon, 1883), 659; Hedwig Kadletz-Schöffel and Karl Kadletz, "Metternich und die Geowissenschaften," *Berichte der Geologischen Bundesanstalt* 51 (2000): 49–52. 也是在梅特涅的住处，希莫尼结识了施蒂弗特。

4    Kadletz-Schöffel and Kadletz, "Metternich," 51.

5    Albrecht Penck, *Friedrich Simony: Leben und Wirken eines Alpenforschers* (Vienna: Hölzel, 1898), 8.

6    Franz Wawrik and Elisabeth Zeilinger, eds., *Austria Picta: Österreich auf alten Karten und Ansichten* (Graz: Akademische Druck-und Verlagsanstalt, 1989), 70.

7    Madalina Valeria Veres, "Putting Transylvania on the Map: Cartography and Enlightened Absolutism in the Habsburg Monarchy," *AHY* 43 (2012): 141–64.

8    Wawrik and Zeilinger, *Austria picta*, 86.

9    Veres, "Putting Transylvania."

10    Komlosy, "State, Regions, and Borders," 148–49, my emphasis; Cooper, *Inventing*, 97.

11    Komlosy, *Grenze und ungleiche regionale Entwicklung*, 65, 67, 76.

12    Wawrik and Zeilinger, *Austria picta*, 97.

13    Helmedach, *Verkehrssystem als Modernisierungsfaktor*.

14    Johannes Dörflinger, *Descriptio Austriae: Osterreich und seine Nachbarn im Kartenbild v.d. Spatantike bis ins 19. Jahrhundert* (Vienna: Edition Tusch, 1977), 190, plate 63.

15    Ingrid Kretschmer, Johannes Dörflinger, and Franz Wawrik, *Österreichische Kartographie: Von den Anfängen im 15. Jahrhundert bis zum 21. Jahrhundert*, Wiener Schriften zur Geographie und Kartographie 15 (Vienna: Institut für Geographie und Regionalforschung, 2004), 91, 137.

16    Ibid., 139–41.

17    Veres, "Putting Transylvania," 147.

18    Paula Sutter Fichtner, *The Habsburgs: Dynasty, Culture, and Politics* (Chicago:

Reaktion, 2014), 158. 他的 "新" 皇冠属于鲁道夫二世。

19 Telesko, *Geschichtsraum Österreich*, 47–48, 203.

20 Franz Sartori, *Länder-und Völker-Merkwürdigkeiten des österreichischen Kaiserthumes*, 4 vols. (Vienna: A. Doll, 1809); Sartori, *Naturwunder des österreichischen Kaiserthumes*, 4 vols. (Vienna: A. Doll, 1807).

21 Sartori, *Historisch-ethnographische Übersicht der wissenschaftlichen Cultur, Geistes-thätigkeit, und Literatur des österreichischen Kaiserthums*, vol. 1 (Vienna: C. Gerold, 1830), ix., xiv; cf. Telesko, Geschichtsraum, 52–54.

22 Andrian-Werburg, *Österreich und dessen Zukunft*, 2nd ed. (Hamburg, 1843), 201.

23 Penck, *Simony*, 12.

24 Cf. Charlotte Bigg, "The Panorama, or La Nature à Coup d'Œil," in *Observing Nature— Representing Experience: The Osmotic Dynamics of Romanticism, 1800–1850*, 73–95 (Berlin: Reimer, 2007).

25 Penck, Simony, 10–12.

26 Ibid., 29.

27 Thomas Hellmuth, "Die Erzählung des Salzkammerguts: Entschlüsselung einer Landschaft," in *Die Erzählung der Landschaft*, ed. Dieter Binder et al., 43–68 (Vienna: Böhlau, 2011).

28 Charlotte Klonk, *Science and the Perception of Nature: British Landscape Art in the Late Eighteenth and Early Nineteenth Centuries* (New Haven, CT: Yale University Press, 1996).

29 Simony, "Das wissenschaftliche Element in der Landschaft II. Luft und Wolken," *Schr. d. Ver. z. Verbr. naturw. Kenntn.* 17 (1877): 511–47, on 522.

30 Ibid., 511. 他还在奥地利气象学会发表了题为 "风景画中的气象元素"（Das meteorologische Element in der Landschaft）的演讲，表示科学与艺术要相互启发。

31 Stifter, *Der Nachsommer*, 2:48.

32 Wilhelm Haidinger, *Bericht über die geognostische Übersichts-Karte der*

*Österreichischen Monarchie* (Vienna: Hof-und Staatsdruckerei, 1847), 22.

33  Ibid., 24.

34  Ibid., 42–43, 32.

35  Haidinger, "Die K.K. Geologische Reichsanstalt in Wien und ihre bisherigen Leistungen," *Mittheilungen aus Justus Perthes' Geographischer Anstalt* (1863): 428–44, on 432, 443.

36  Haidinger, "Die Aufgabe des Sommers 1850 für die k.k. geologische Reichsanstalt in der geologischen Durchforschung des Landes," *Jahrbuch der Geologischen Bundesanstalt* 1 (1850): 6–16, on 7.

37  A. H. Robinson and H. M. Wallis, "Humboldt's Map of Isothermal Lines: A Milestone in Thematic Cartography," *Cartographic Journal* 4 (1967): 119–23.

38  Mott Greene, "Climate Map," in *History of Cartography*, ed. Mark Monmonier, vol. 6, *Cartography in the Twentieth Century* (Chicago: University of Chicago Press, 2015).

39  Hettner, *Die Gewässer des Festlandes: Die Klimate der Erde* (Leipzig: Teubner, 1934), 158.

40  Alexander Supan, *Grundzüge der physischen Erdkunde* (Leipzig: Veit, 1911), 231.

41  至于早期天气图（非气候图），参见 Mark Monmonier, *Air Apparent: How Meteorologists Learned to Map, Predict, and Dramatize Weather* (Chicago: University of Chicago Press, 1999), chapter 2; Eckert, *Kartenwissenschaft*, vol. 2, esp. 336。

42  Friedrich Umlauft, ed., "Länderkunde von Österreich-Ungarn," in *Die Pflege der Erdkunde in Österreich, 1848–1898*, 132–60 (Vienna: Lechner, 1898), 132.

43  *Physikalisch-statistischer Handatlas von Österreich-Ungarn* (Vienna: E. Hölzel, 1882–87). A physical-statistical atlas of the German Empire had been published in 1876–78.

44  C. H. Haskins and R. H. Lord, *Some Problems of the Peace Conference*

(Cambridge, MA: Harvard University Press, 1922), 228.

45 *Physikalisch-statistischer Handatlas*, ix.

46 Eckert, *Kartenwissenschaft*, vol. 1, pt. 4.

47 Ingrid Kretschmer, "The First and Second Austrian School of Layered Relief Maps in the Nineteenth and Early Twentieth Centuries," *Imago Mundi* 40 (1988): 2, 9–14, on 11; Kretschmer, Dörflinger, and Wawrik, *Österreichische Kartographie*, 261–63.

48 William Rankin, *After the Map: Cartography, Navigation, and the Transformation of Territory in the Twentieth Century* (Chicago: University of Chicago Press, 2016), 35–38.

49 *Physikalisch-statistischer Handatlas*, xv, my emphasis.

50 Ibid., viii, my emphasis.

51 Chavanne, *Die Temperatur-Verhältnisse*, 19.

52 Klein, *Klimatographie von Steiermark*, 7.

53 Alexander Supan, "Die Vertheilung der jährlichen Wärmeschwankung auf der Erdoberfläche," *Zeitschrift für wissenschaftliche Geographie* 1 (1880): 141–56, on 146.

54 Eckert, *Kartenwissenschaft*, 2:339.

55 "Versuch einer Übersicht der geographischen Verbreitung der Gewitter," in *Physikalischer Atlas*, 2nd ed. (Gotha: Berghaus, 1852), xxxv.

56 Julius Hann, *Atlas der Meteorologie* (Gotha: Justus Perthes, 1887), 5.

57 Ibid., 3.

58 Valentin, "Der tägliche Gang der Lufttemperatur in Österreich," *Denk. Akad. Wiss. math-nat.* 73 (1901): 133–229, on 133.

59 Ibid., 201.

60 Rudolf Spitaler, *Klima des Eiszeitalters* (Prague: self-published, 1921); cf. John E. Kutzbach, "Steps in the Evolution of Climatology: From Descriptive to Analytic," in *Historical Essays on Meteorology*, 1919–1995, 353–77 (Boston: American Meteorological Society, 1996), 358.

## 第六章 发明气候志

1  Heinrich von Ficker, *Die Zentralanstalt für Meteorologie und Geodynamik in Wien, 1851–1951* (Vienna: Springer, 1951), 6.

2  *Almanach der Akademie der Wissenschaften* (Vienna, 1902), 371–74.

3  Fasz. 680/Sig. 4A/Nr. 12192: 17 March 1911, MCU; *Österreichische Statistik* 65 (1904): xli.

4  Fasz. 681/Sig. 4A/Nr. 29356: 1 August 1918, SAU.

5  On Carniola, Fasz. 680/Sig. 4A/Nr. 42581: 17 September 1914, MCU.

6  J. M. Pernter, foreword to Hann, *Klimatographie von Niederösterreich*, i.

7  相比之下，美国气象局在 1906 年就发布了一卷《美国气候学》，不过它用的方法不太可靠，甚至不清楚数据是否被缩减到一个时间段里。参见：Robert DeCourcy Ward, BAGS 38 (1906): 709–11。

8  John Frow, *Genre: The New Critical Idiom* (New York: Routledge, 2006), 16. Geoffrey C. Bowker and Susan Leigh Star, *Sorting Things Out: Classification and Its Consequences* (Cambridge, MA: MIT Press, 1999).

9  Paul N. Edwards, *A Vast Machine: Computer Models, Climate Data, and the Politics of Global Warming* (Cambridge, MA: MIT Press, 2010), 32–33; David Cassidy, "Meteorology in Mannheim: The Palatine Meteorological Society, 1780–1795," *Sudhoffs Archiv* 69 (1985): 8–25.

10  Mitchell Thomashow, *Bringing the Biosphere Home* (Cambridge, MA: MIT Press, 2002), 98.

11  William Morris Davis, "The Relations of the Earth Sciences in View of their Progress in the Nineteenth Century," *Journal of Geology* 12 (1904): 669–87. 一个相关概念是"地形学"，德语中指的是对一块土地及栖居者的描述。

12  Rob Nixon, *Slow Violence and the Environmentalism of the Poor* (Cambridge, MA: Harvard University Press, 2011), 10.

13  Michael Gamper 关注"天气知识"在施蒂弗特小说里的作用，他认为那既不是严格意义上的民间智慧，也不是通行的科学知识。参见：Gamper, "Literarische Meteorologie: Am Beispiel von Stifters 'Das Haidedorf,'" in

*Wind und Wetter: Kultur—Wissen—Ästhetik*, ed. Georg Braungart and Urs Büttner, 247–63 (forthcoming), 262; "Wetterrätsel: Zu Adalbert Stifters 'Kazensilber,'" in *Literatur und Nicht-Wissen: Historische Konstellationen, 1730–1930*, ed. Michael Bies and Michael Gamper, 325–38 (Zurich: Diaphanes, 2012)。

14 María M. Portuondo, *Secret Science: Spanish Cosmography and the New World* (Chicago: University of Chicago Press, 2009), 9; Ayesha Ramachandran, *The Worldmakers: Global Imagining in Early Modern Europe* (Chicago: University of Chicago Press, 2015).

15 Humboldt, *Cosmos*, 1:3. Useful analyses of Humboldtian cosmography include Joan Steigerwald, "The Cultural Enframing of Nature: Environmental Histories during the Early German Romantic Period," *Environment and History* 6 (2000): 451–96, and Laura Dassow Walls, *The Passage to Cosmos: Alexander von Humboldt and the Shaping of America* (Chicago: University of Chicago Press, 2009).

16 Humboldt, *Kosmos: Entwurf einer physischen Weltbeschreibung*, vol. 1 (Philadelphia: F. W. Thomas, 1869), iv, my translation.

17 但需要注意，《宇宙》没有提供大气物理描述的具体模型，因为洪堡生前没能写完计划出版的《空气和海洋》。

18 Hann, Diary A, 73; Diary B, 56, JH.

19 Humboldt, *Kosmos*, 37.

20 Ibid., 24, my translation.

21 Adalbert Stifter, *Wien und die Wiener in Bildern aus dem Leben*, ed. Elisabeth Buxbaum (Vienna: LIT, 2005), 1.

22 Stifter, "Aussicht und Betrachtungen von der Spitze des St. Stephansthurms," in *Wien und die Wiener*, 3–21, on 9, 13, my emphasis.

23 Ibid., 3, 11, 17.

24 Stifter, "Wiener=Wetter," in *Wien und die Wiener*, 263–80, on 263, 267; cf. Vladimir Janković, "A Historical Review of Urban Climatology and the

Atmospheres of the Industrialized World," *WIREs Climate Change* 4 (2013): 539–53.

25  "Wiener=Wetter," 263, 265, 269.

26  Stifter, "Die Sonnenfinsternis am 8. Juli 1842," *Schweizer Monatshefte* 72 (1992): 603–10, on 604, 605, 606.

27  Stifter, *Bunte Steine: Eine Festgeschenk*, vol. 1 (Pest: Heckenast, 1853), 1.

28  Wiedemann, *Stifters Kosmos*, 85n272.

29  Kenner, "Karl Kreil," 360.

30  Kreil, *Klimatologie von Böhmen*, 4.

31  Ibid., 2.

32  Wladimir Köppen, *Klimakunde*, vol. 1 (Leipzig: G. J. Göschen, 1906), 8.

33  Blanford, *Practical Guide*, viii.

34  Komlosy, *Grenze*, 164.

35  Kreil, *Klimatologie von Böhmen*, 2.

36  Coen, *Vienna in the Age of Uncertainty* (Chicago: University of Chicago Press, 2007), chapter 8.

37  Kreil, *Klimatologie von Böhmen*, 3.

38  施蒂弗特评论称，希莫尼的文字与图像和他的有相似之处。参见: Michael Kurz, "Maler—Dichter—Pädagoge—Konservator: Adalbert Stifter und das Salzkammergut," *Oberösterreichische HeimatBlätter* 3 (2005): 115–59, on 120–21。

39  Stifter, *Nachsommer*, 1:175–82, 337.

40  Amitav Ghosh, *The Great Derangement: Climate Change and the Unthinkable* (Chicago: University of Chicago Press, 2016), pt. 1.

41  Stifter, "Der Hagestolz" (1844) in *Studien*, vol. 3, 5th ed., 1–110 (Pest: Hackenast, 1863), 4.

42  Stifter, "Zwei Schwester" (1850) in *Studien*, 3:169–204, on 193.

43  Elisabeth Strowick, "Poetological-Technical Operations: Representation of Motion in Adalbert Stifter," *Configurations* 18 (2011): 273–89.

44  Stifter, "Der Kuss von Sentze," http://gutenberg.spiegel.de/buch/der-kuss-von-sentze-200/1.

45  转引并翻译自 Strowick, "Poetological-Technical Operations," 274。

46  Rilke to Helmuth Westhoff, 12 November 1901, in *Letters of Rainer Maria Rilke*, 18921910, trans. Jane Bannard Greene and M. D. Herter Norton (New York: Norton, 1945), 59.

47  Rainer Maria Rilke, *Rilke's Book of Hours: Love Poems to God*, trans. Anita Barrows and Joanna Macy (New York: Penguin, 1996), 171.

48  Robert DeCourcy Ward, review of Hann, *Klimatographie von Niederösterreich*, BAGS 36 (1904): 569.

49  Hann, *Klimatographie von Niederösterreich*, 3.

50  Heinrich von Ficker, *Klimatographie von Tirol und Vorarlberg* (Vienna: Gerold, 1909), 2, 7, 135; see too Hann, *Klimatographie von Niederösterreich*, 18.

51  Dana Phillips, *The Truth of Ecology: Nature, Culture, and Literature in America* (Oxford: Oxford University Press, 2003).

52  Stifter, *Nachsommer*, 2:135.

53  *Die österreichisch-ungarische Monarchie in Wort und Bild*, 1:158.

54  Joseph Roth, "The Bust of the Emperor," in *The Collected Stories of Joseph Roth*, trans. Michael Hofmann (New York: Norton, 2002), 228.

55  *Die Österreichisch-ungarische Monarchie in Wort und Bild*, 1:148, 149, 153.

56  Klein, *Klimatographie von Steiermark*, 1.

57  Umlauft, *Wanderungen durch die Oesterreichisch-Ungarische Monarchie* (Wien: Carl Graeser, 1879), v, vi, 34.

58  Ficker, *Klimatographie von Tirol*, 1, 39, 96, 107, 116.

59  Klein, *Klimatographie von Steiermark*, 4–5.

60  A. Hahlmann et al., "A Reanalysis System for the Generation of Mesoscale Climatographies," *Journal of Applied Meteorology and Climatology* 49 (2010): 954–72.

61 Intergovernmental Panel on Climate Change, *Managing the Risks of Extreme Events and Disasters to Advance Climate Change*, ed. C. B. Field et al. (Cambridge: Cambridge University Press, 2012), 39. 至于影响评估，参见：Michael Bravo, "Voices from the Sea Ice: The Reception of Climate Impact Narratives," *Journal of Historical Geography* 35 (2009): 256–78。

62 Yates McKee, "On Climate Refugees: Biopolitics, Aesthetics, and Critical Climate Change," *Qui Parle* 19 (2011): 309–25, on 313; https://www.amazon.com/Climate-Refugees-Press-Collectif -Argos/dp/0262514397, accessed 17 May 2017.

## 第七章　局部差异的力量

1 Supan, *Grundzüge*, 63. Supan was born in Tyrol and educated in Ljubljana; he taught at Czernowitz/Chernivtsi/Cernăuți from 1877 to 1909.

2 Hans-Günther Körber, *Vom Wetteraberglaube zur Wetterforschung* (Innsbruck: Pinguin, 1987), 59.

3 Thomas Stevenson, "The Intensity of Storms Referred to a Numerical Value by the Calculation of Barometric Gradients," *Meteorological Magazine* 3 (1869): 184.

4 A. Achbari and F. van Lunteren, "Dutch Skies, Global Laws: The British Creation of 'Buys Ballot's Law,'" *HSNS* 46 (2016): 1–43.

5 Wladimir Köppen, "Untersuchungen von Prof. Erman und Dr. Dippe aus den Jahren 1853 und 1860 über das Verhältniss des Windes zur Vertheilung des Luftdruckes," *Zs. Ö. G. Meteo.* 13 (1878): 374–79, on 379.

6 Hann, *Vertheilung des Luftdruckes*, 24.

7 Wladimir Köppen, "Ueber die Abhängigkeit des klimatischen Charakters der Winde von ihrem Ursprunge," *Repertorium für Meteorologie* 4 (1874).

8 Hann, *Vertheilung des Luftdruckes*, 2.

9 Ibid., 5.

10 Ibid., 25–28.

11 Hann, *Klimatographie von Niederösterreich*, 4.

12 Ficker, *Zentralanstalt*, 21.

13 *Salzburger Volksblatt*, 13 November 1886, 2.

14 Josef Roman Lorenz and Carl Rothe, *Lehrbuch der Klimatologie mit besonderer Rücksicht auf Land-und Forstwirthschaft* (Vienna: Braumüller, 1874), 7.

15 Ibid., 198.

16 Dr. Samuely, "Die Meteorologische Stationen, deren Wesen und Bedeutung," *Teplitzer Anzeiger*, 31 July 1880, 2–4; 7 August 1880, 2–7.

17 F. Waŕéka, "Ueber Wettertelegraphie," *Wiener Landwirtschaftliche Zeitung*, 16 May 1885, 314–15, on 315.

18 Mach and Odstrcil, *Grundrisse der Naturlehre* (1886), quoted in Ernst Kaller, "Das Teschner Wetter im Zusammenhange mit der allgemeinen Wetterlage," *Programm der k.k. Staatsoberrealschule in Teschen* 28 (1900): 3–23, on 7.

19 *Instructionen für den Unterricht an den Realschulen in Österreich* (1899), 15, quoted in Kaller, "Teschner Wetter," 8.

20 参见Otto Rühle, "Drei gestrenge Herren," *Linzer Tagespost*, 7 May 1899, 1–2。

21 有关这类"奇点"的最新评估，参见: Michaela Radová and Jan Kyselý, "Temporal Instability of Temperature Singularities in a Long-Term Series at Prague-Klementinum," *Theoretical Applied Climatolology* 95 (2009): 235–43。

22 Robert Billwiller, "Die Kälterückfälle im Mai," *Zs. Ö. G. Meteo.* 19 (1884): 245–46; August Petermann, "Die Kälterückfälle im Mai," *Die Presse*, 21 May 1885, 1–2.

23 "Die Eismänner," *Innsbrucker Nachrichten*, 12 May 1887, 7–8, on 7.

24 Dove, "Über die kalte Tage im diesjährigen Mai," *Monatsberichte der Königlich Preussischen Akademie der Wissenschaften zu Berlin* (1859): 426–31.

25 Sigmund Günther, *Lehrbuch der Geophysik und physikalischen Geographie*,

vol. 2 (Stuttgart: F. Enke, 1884), 204, 207. 关于相互矛盾的解释的长时间辩论，请参见 *Zs. Ö. G. Meteo.* in 1884。

26  "Die Kälterückfälle zu Beginn des Sommers," *Linzer Tagespost* 2 July 1884, 1–2 on 2.

27  "Die Eismänner," *Innsbrucker Nachrichten*, 12 May 1887, 7–8, on 7.

28  Ludwig Reissenberger, "Ueber die Kälte-Rückfälle im Mai mit Beziehung auf Hermannstadt und Siebenbürgen," *Verhandlungen und Mitteilungen des Siebenbürgischer Vereins für Naturwissenschaften* 37 (1887): 6–26, on 15.

29  W. Prausnitz, *Grundzüge der Hygiene* (Munich: Lehmann, 1892), "Vorwort."

30  Carl Odehnal, "Ein Besuch in der Centralanstalt für Meteorologie und Erdmagnetismus," *Drogisten-Zeitung* 15 (July 1901): 378–79, on 378.

31  Wilhelm Schmidt and Ernst Brezina, "Relations between Weather and Mental and Physical Condition of Man," *MWR* 49 (1917): 293–94; Schmidt and Brezina, "Witterung und Befinden des Menschen," *MZ* 32 (1915): 43–44.

32  Carl Sigmund, "Unsere Ziele. Einleitendes Wort an den Leser," *Vierteljahrschrift für Klimatologie* 1 (1876): 1.

33  Kisch, *Klimatotherapie*, 654; Prausnitz, *Grundzüge der Hygiene*, 111.

34  Marcel Chahrour, "'A civilizing mission'? Austrian Medicine and the Reform of Medical Structures in the Ottoman Empire, 1838–1850," *SHPBBS* 38 (2007): 687–705.

35  Kisch, *Klimatotherapie*, 660.

36  Ibid., 661.

37  Ibid., 661; Karl Weyprecht, "Bilder aus dem hohen Norden: Unser Matrose im Eise," *Mittheilungen aus Justus Perthes' Geographischer Anstalt* 22 (1876): 341–47, on 341.

38  Prausnitz, *Grundzüge der Hygiene*, 111.

39  Kisch, *Klimatotherapie*, 655.

40  Lorenz and Rothe, *Lehrbuch der Klimatologie*, 190, 413–20, 422.

41  Friedrich Umlauft, *Die osterreichisch-ungarische Monarchie: Geographisch-*

*statistisches Handbuch* (Vienna: Hartleben, 1876), 1.

42   Ibid., 376, 374, 2.

43   Felix Exner, *Dynamische Meteorologie*, 2nd ed. (Vienna: Springer, 1925), 131.

44   Carl Ritter, *Einleitung zur allgemeinen vergleichenden Geographie* (Berlin: Reimer, 1852), 160–61.

45   Schmidt, "Ausfüllende, im Sinne des Druckgefälles verlaufende Luftströmungen unter verschiedenen Breiten," *Ann. Hyd.* 46 (1918): 130–32.

46   Supan, *Statistik der unteren Luftströmungen* (Leipzig: Duncker & Humblot, 1881). Hann's *Handbuch der Klimatologie* appeared in 1883; Voeikov's *Climates of the Earth* in 1887.

47   Hettner, *Gewässer des Festlandes*, 94. 我们可以比较另一本著作，其运用数学方法，研究了风暴的大气动力学原理，但是没有解释长期气候。参见：Guldberg and Mohn's *Les mouvements de l'atmosphère* (1876)。

48   V. Lenin, *Imperialism: The Highest Stage of Capitalism* (Sydney: Resistance Books, 1999; orig. 1916), 82; David T. Murphy, *The Heroic Earth: Geopolitical Thought in Weimar Germany, 1918–1933* (Kent, OH: Kent State University Press, 1997), 141.

49   Supan, "Über die Aufgaben der Spezialgeographie und ihre gegenwärtige Stellung in der geographischen Litteratur," *Verhandlungen des 7. Deutschen Geographentages zu Karlsruhe* (Berlin: Dietrich Reimer, 1887), 76–85, on 83.

50   Alexander Supan, *Österreich-Ungarn* (Vienna, 1889), 324.

51   Supan, "Über die Aufgaben," 85.

52   Cited in Cordileone, *Alois Riegl*, 99.

53   Andrássy, *Ungarns Ausgleich*, 41, 124.

54   Emanuel Herrmann, *Miniaturbilder aus dem Gebiete der Wirthschaft* (Halle: L. Nebert, 1872), 60; Heinrich Wiskemann, *Die antike Landwirtschaft und das von Thünen'sche Gesetz* (Leipzig: Hirzel, 1859), 3; Wilhelm Roscher, *Ansichten der Volkswirthschaft*, vol 2., 3rd ed. (Leipzig: Winter, 1878), 27–30.

55  Slobodian, "How to See the World Economy: Statistics, Maps, and Schumpeter's Camera in the First Age of Globalization," *Journal of Global History* 10 (2015): 307–32.

56  Neumann-Spallart, *Übersichten über Produktion, Verkehr und Handel in der Weltwirthschaft* (Stuttgart: Julius Maier, 1878), 19.

57  Herrmann, *Miniaturbilder*, 59.

58  关于赫尔曼发明的明信片也可参见上注，第二章；要注意他对欧洲信件流通的文化贡献。

59  Ibid., 69.

60  Emil Sax, *Die Verkehrsmittel in Volks-und Staatswirtschaft*, vol. 1 (Vienna: Hölder, 1878), 48.

61  转引并翻译自 Alexander Gerschenkron, *An Economic Spurt That Failed* (Princeton, NJ: Princeton University Press, 1977), 30。

62  Rudolf Springer (pseud. Karl Renner), *Grundlagen und Entwicklungsziele der österreichischungarischen Monarchie* (Vienna: Deuticke, 1906), 172. Renner contended that the railway had not displaced Vienna from the center of Habsburg trade (ibid., 171).

63  Ibid., 202–3.

64  Karl Rabe, "Zur Apologie der stehenden Heere," *Militär-Zeitung*, 2 June 1866, 351–53, on 352.

65  Heiderich, *Beiträge zur Wirtschaftskunde Österreichs*, 2–3.

66  Alexander von Peez, *Europa aus der Vogelschau* (Vienna, 1916 [1889]), 119. See too Norbert Krebs, *Länderkunde der Österreichischen Alpen* (Stuttgart, 1913), 3.

67  Emanuel Herrmann, *Sein und Werden in Raum und Zeit: Wirthschaftliche Studien*, 2nd ed. (Berlin: Allgemeiner Verein für Deutsche Litteratur, 1889), 337.

68  Wilhelm Schmidt, "Ausfüllende, im Sinne des Druckgefälles verlaufende Luftströmungen."

69　马尔古莱斯在物理化学家中也很出名，因为他提出了液体溶剂混合理论，解决了类似于气团混合的问题，下文会谈到。参见: Jaime Wisniak, "Max Margules: A Cocktail of Meteorology and Thermodynamics," *Journal of Phase Equilibria* 24 (2003): 103–9。

70　John M. Wallace and Peter V. Hobbs, *Atmospheric Science: An Introductory Survey*, 2nd ed. (Amsterdam: Elsevier, 2006), 294.

71　"Bericht über die Leistungen der Österreichischen Staats-Institute und Vereine im Gebiete der geographischen oder verwandten Wissenschaften für das Jahr 1885," *Mitteilungen der Geographischen Gesellschaft Wien* 29 (1886): 290–312, on 295; Max Margules, "Errichtung meteorologischer Beobachtungsstationen in Russisch-Polen," *Zs. Ö. G. Meteo.* 20 (1885): 534–35.

72　Max Margules, "Ergebnisse aus den Regenaufzeichnungen der Forstlich-Meteor Stationen," *Jb. ZAMG* 28 (1891): 62–70, on 62.

73　Fasz. 683/Sig. 4A/Nr. 14516: 7 July 1888; Fasz. 684/Sig. 4A/Nr. 32454: 28 October 1901, MCU.

74　[Max Margules], "Niederschlagsbeobachtungen in Crkvice," *MZ* 14 (1897): 156–57.

75　Max Margules, "Temperatur-Mittel aus den Jahren 1881–1885 and 30 jährige TemperaturMittel 1881–1880 für 120 Stationen in Schlesien, Galizien, Bukowina, Ober-Ungarn und Siebenbürgen," *Jb. ZAMG* 23 (1886): 109–26.

76　Gerhard Oberkofler and Peter Goller, "Von der Lehrkanzel für kosmische Physik zur Lehrkanzel für Meteorologie und Geophysik," in *100 Jahre Institut für Meteorologie und Geophysik*, Veröffentlichungen der Universität Innsbruck 178 (Innsbruck: Universität Innsbruck, 1990), 11–96, on 24.

77　Chavanne, *Temperatur-Verhältnisse*, 13.

78　Cf. Kutzbach, *Thermal Theory*, 195. 更早的中尺度飑线研究请参见柯本和杜兰德·戈莱维尔，其基于之前站点的数据。

79　Max Margules, "Über die Beziehung zwischen Barometerschwankungen und

Kontinuitätsgleichung," *Festschrift Ludwig Boltzmann* (Leipzig: J. A. Barth, 1904), 585–89. Peter Lynch, "Max Margules and His Tendency Equation," *Irish Meteorological Service Historical Notes* 5 (2001): 1–18. "Margules' Tendency Equation and Richardson's Forecast," *Weather* 58 (2003): 186–93.

80  Exner, "Über eine erste Annäherung zur Vorausberechnung synoptischer Wetterkarten," *MZ* 25 (1908): 57–67.

81  引自 Heinz Fortak, "Felix Maria Exner und die Österreichische Schule der Meteorologie," in Hammerl, *Zentralanstalt*, 354–86。

82  Max Margules, "On the Energy of Storms," in *The Mechanics of the Earth's Atmosphere*, ed. and trans. Cleveland Abbe, 533–95 (Washington, DC: Smithsonian, 1910 [1903]).

83  Ibid., 538–39; Wisniak, "Margules." 斜压区不稳定性与对流传热的类比关系, 一直到 20 世纪中期还很流行, 但那时人们已经觉得这种说法不合适了。参见: Isaac Held, "The Macroturbulence of the Troposphere," *Tellus* (1999): 51A-B, 59–70, on 64。

84  Wilhelm Trabert, "Der tägliche Luftdruckgang in unserer Atmosphäre," *MZ* 25 (1908): 39–40, on 40.

85  马尔古莱斯在他出版的最后一本气象学著作中提出了这个观点, 参见: "Zur Sturmtheorie," MZ 23 (1906): 481–97。

86  Napier Shaw, *Manual of Meteorology*, vol. 4 (Cambridge: Cambridge University Press, 1919), 297, 347.

87  有关气旋生成主导力量的争论, 可参见: Friedman, *Appropriating*, 199; Coen, *Vienna in the Age of Uncertainty*, 289–92。

88  Edward N. Lorenz, "Available Potential Energy and the Maintenance of the General Circulation," *Tellus* 7 (1955): 157–67.

89  Fasz. 683/Sig. 4A/Nr. 7971: 2 May 1885; Fasz. 683/Sig. 4A/Nr. 14516/1888: 7 July 1888; Fasz. 684/Sig. 4A/Nr. 29371: 4 October 1901; Fasz. 684/Sig. 4A/Nr. 32454: 28 October 1901, MCU.

90  Margules, "Zur Sturmtheorie," 483.

91　Oberkofler and Goller, "Von der Lahrkanzel," 18.

92　Fasz. 684/Sig. 4A/Nr. 25971: 20 June 1906; Fasz. 684/Sig. 4A/Nr. 43999: 14 November 1906, MCU.

93　Oberkofler and Goller, "Von der Lahrkanzel," 24.

94　转引并翻译自 Wisniak, "Margules," 104。

95　Wisniak, "Margules," 104.

## 第八章　全球扰动

1　所谓湍流，指过于复杂的流体运动，其速度不是固定地从一点到另一点渐变，肉眼观察下来是随机的。

2　Körber, *Vom Wetteraberglaube*, 167.

3　William Ferrel, *The Motions of Fluids and Solids on the Earth's Surface* (Washington, DC: Office of the Chief Signal Officer, 1882), 38, cited in Kutzbach, *Thermal Theory*, 39.

4　Supan, *Statistik*, 12.

5　Hann, *Atlas der Meteorologie*, 5; see also Hann, *Vertheilung des Luftdruckes*, 1.

6　Hann, *Lehrbuch der Meteorologie*, 1st ed. (Leipzig: Tauchnitz, 1901), 578.

7　转引并翻译自 Kutzbach, *Thermal Theory*, 138。

8　Davis, "Notes on Croll's Glacier Theory," *American Meteorological Journal* 11 (1895): 441–44, on 442.

9　Supan, *Statistik*, 12.

10　Trabert, "Die Luftdruck Verhältnisse in der Niederung und ihr Zusammenhang mit der Verteilung der Temperatur," *MZ* 25 (1908): 103–8, on 104.

11　J. Hann et al., *Allgemeine Erdkunde* (Prague: Tempsky, 1872), 61.

12　Wilhelm Schmidt, *Der Massenaustausch in freier Luft und verwandte Erscheinungen* (Hamburg: Henri Grand, 1925), 5.

13　Hann, "Studien über die Luftdruck-und Temperatur Verhältnisse auf dem Sonnblickgipfel," *Wiener Berichte* IIa 100 (1891): 367–452, on 444.

14  Hann, *Lehrbuch der Meteorologie*, 1st ed., 485–86, original emphasis.

15  其实，20 世纪的科学家的确在热带地区发现了汉恩从未怀疑过的热带气候变异来源，例如季节内振荡。

16  "这些大气扰动的能量，其实等于较高气流高速旋转的热量损耗。"（Hann, *Lehrbuch der Meteorologie*, 1st ed., 585）涡旋对大环流的实际贡献今天仍然有争议。

17  Schmidt, *Massenaustausch*, 5.

18  Olivier Darrigol, *Worlds of Flow: A History of Hydrodynamics from the Bernoullis to Prandtl* (Oxford: Oxford University Press, 2005), 172–73.

19  引自 Olivier Darrigol, "Turbulence in 19th-Century Hydrodynamics," *Historical Studies in the Physical and Biological Sciences* 32 (2002): 207–62, on 247。

20  Ibid., 259–60.

21  Peter Galison, *Image and Logic: A Material Culture of Microphysics* (Chicago: University of Chicago Press, 1997), chapter 2.

22  Naomi Oreskes, "From Scaling to Simulation: Changing Meanings and Ambitions of Models in Geology," in *Science without Laws: Model Systems, Cases, Exemplary Narratives*, ed.A. Creager, E. Lunbeck, and M. N. Wise, 93–124 (Durham, NC: Duke University Press, 2007).

23  Schmidt, "Gewitter und Böen, rasche Druckanstiege," *Wiener Berichte* IIa 119 (1910): 1101–213, on 1135.

24  Vettin, "Experimentelle Darstellung von Luftbewegungen unter dem Einflusse von Temperatur-Unterschieden und Rotations-Impulsen," *MZ* 1 (1884): 227–30, 271–76. 施密特在他的第一份研究报告即将出版时才读到这篇文章。1924 年，弗里德里希·阿伯恩发表了一篇有关大气环流模型的评论，两年后施密特向普朗特提到了这篇评论文章。

25  Coen, *Vienna in the Age of Uncertainty*, chapter 8.

26  Schmidt, "Gewitter und Böen," on 1135, my empha sis.

27  Schmidt, "Zur Mechanik der Böen," *MZ* 28 (1911): 355–62, on 355.

28  Schmidt, "Weitere Versuche über den Böenvorgang und das Wegschaffen der

Bodeninversion," *MZ* 48 (1913): 441–47.

29  Ibid., 447.

30  Ficker, *Die Zentralanstalt für Meteorologie und Geodynamik in Wien, 1851–1951* (Vienna: Springer, 1951), 8.

31  *Jb. ZAMG* 50 (1913, printed 1917): 10.

32  Alon Rachamimov, *POWs and the Great War: Captivity on the Eastern Front* (Oxford: Berg, 2002), 37.

33  Michael Eckert, *The Dawn of Fluid Dynamics: A Discipline between Science and Technology* (Weinheim: Wiley, 2006), chapters 2–3.

34  Schmidt to Prandtl, 5 June 1926, LP.

35  Cf. Galison, *Image and Logic*, chapter 3.

36  Exner, "Über die Bildung von Windhosen und Zyklonen," *Wiener Berichte* IIa 132 (1923): 1–16, on 2–3.

37  Ibid., 4.

38  Ibid., 2, 6. 关于比耶克内斯当时的理论，参见：Friedman, *Appropriating*, chapter 11。

39  Mott Greene, *Alfred Wegener: Science, Exploration, and the Theory of Continental Drift* (Baltimore: Johns Hopkins University Press, 2015), 340–41, 516–17.

40  James Rodger Fleming, *Inventing Atmospheric Science: Bjerknes, Rossby, Wexler, and the Foundations of Modern Meteorology* (Cambridge, MA: MIT Press, 2016), chapter 3.

41  Felix M. Exner, "Dünen und Mäander, Wellenformen der festen Erdoberfläche, deren Wachstum und Bewegung," *Geografiska Annaler* 3 (1921): 327–35.

42  Wilhelm Schmidt, "Modellversuche zur Wirkung der Erddrehung auf Flußläufe," in *Festschrift der Zentralanstalt für Meteorologie und Geodynamik zur Feier ihres 75 jährigen Bestandes* (Vienna: ZAMG, 1926), 187–95, on 195.

43  Felix M. Exner, "Zur Wirkung der Erddrehung auf Flussläufe," *Geografiska*

*Annaler* 9 (1927): 173–80.

44  Albert Einstein, "Die Ursache der Mäanderbildung der Flußläufe und des sogenannten Baerschen Gesetzes," *Die Naturwissenschaften* 11 (1926): 223–24.

45  Subhasish Dey, *Fluvial Hydrodynamics: Hydrodynamic and Sediment Transport Phenomena* (Berlin: Springer, 2014), 539–42.

46  Exner, "Zur Wirkung der Erddrehung," esp. 173, 178.

47  Johanna Vogel-Prandtl, *Ludwig Prandtl: Ein Lebensbild; Erinnerungen, Dokumente* (Göttingen: Universitätsverlag, 2005), 94–95.

48  Prandtl to Schmidt, 11 June 1926, LP.

49  Schmidt to Prandtl, 17 June 1926, LP. 对于埃克斯纳在信里提到的研究，普朗特在页边草草写了 "在哪儿"。

50  有关普朗特挑战比耶克内斯的气旋生成理论，可参见: Eckert, *Dawn of Fluid Dynamics*, 168。

51  Schmidt to Prandtl, 28 October 1926, LP.

52  Schmidt to Prandtl, 17 June 1926, LP.

53  Schmidt, "Der Massenaustausch bei der ungeordneten Strömung in freier Luft und seine Folgen," *Wiener Berichte* IIa 126 (1917): 757–804, on 757.

54  Prandtl, "Meteorologische Anwendungen der Strömungslehre," *Beiträge zur Physik der freien Atmosphäre* 19 (1932): 188–202, reprinted in Ludwig Prandtl, *Gesammelte Abhandlungen* 3, ed. Walther Tollmien et al. (Berlin: Springer, 1961), 1081–97, on 1106.

55  Richardson, *Weather Prediction by Numerical Process* (Cambridge: Cambridge University Press, 1922), 220.

56  Dave Fultz, Robert R. Long, et al., "Studies of Thermal Convection in a Rotating Cylinder with some Implications for Large-Scale Atmospheric Motions," *Meteorological Monographs* 4 (1959): 1–105; Fleming, *Inventing*, 81.

57  Fultz et al., "Rotating Cylinder," 2.

58　Ibid., 3. 爱德华·洛伦茨在其作品中反思了用这类实验建立"理想大气条件"的做法，参见："Large-Scale Motions of the Atmosphere: Circulation" (Cambridge. MA: MIT Press, 1966), 95–109, on 99。

59　Fultz et al., "Rotating Cylinder," 4.

60　Isaac Held, "The Gap between Simulation and Understanding in Climate Modeling," *BAMS* 86 (2005): 1609–14, on 1610.

61　Schmidt, "Luftwogen im Gebirgstal," *Wiener Berichte* IIa 122 (1913): 835–911, on 839.

62　Wilhelm Schmidt, "Zur Frage der Verdunstung," *Ann. Hyd.* 44 (1916): 136–45, on 443.

63　Schmidt, "Der Massenaustausch bei der ungeordneten Strömung."

64　后来人们发现交换系数不适用于描述海洋热量与动量交换的情况，参见：Bernhard Haurwitz, *Dynamic Meteorology* (New York: McGraw Hill, 1941), 220。至于交换系数在英语中的表达，参见：ibid., chapter 11。

65　Schmidt, *Massenaustausch*, 113.

66　Ibid., 111.

67　John M. Lewis, "The Lettau-Schwerdtfeger Balloon Experiment: Measurement of Turbulence via Austausch Theory," *BAMS* 78 (1997): 2619–35.

68　Anders Ångström, review of Schmidt, *Massenaustausch, Geografiska Annaler* 8 (1926): 250–51.

69　Prandtl to Schmidt, 29 June 1926, LP.

70　Schmidt, *Massenaustausch*, 26.

71　Henri Grand, review of Schmidt, *Massenaustausch, Quarterly Journal of the Royal Meteorological Society* 53 (1927): 93–94, on 93.

72　Schmidt, *Massenaustausch*, 110.

73　Schmidt, "Messungen des Staubkerngehalts der Luft am Rande einer Großstadt," *Meteorologische Zeitschrift* 35 (1918): 281–85.

74　Schmidt, *Massenaustausch*, 109.

75　Schmidt, "Der Massenaustausch bei der ungeordneten Strömung," 804.

76　Albert Defant, "Die Zirkulation der Atmosphäre in den Gemässigten Breiten der Erde," *Geografiska Annaler* 3 (1921): 209–66.

77　Harold Jeffreys, "On the Dynamics of Geostrophic Winds," *Quarterly Journal of the Royal Meteorological Society* 52 (1926): 85–104.

78　Defant, "Zirkulation der Atmosphäre," 212.

79　Ibid., 213; Greene, *Wegener*, 316–17.

80　Defant, "Zirkulation der Atmosphäre," 213.

81　Ibid., 218–22, 214.

82　Eduard Brückner, *Klimaschwankungen seit 1700, nebst Bemerkungen über die Klimaschwankungen der Diluvialzeit* (Vienna: Hölzel, 1890); James Croll, *Climate and Time in Their Geological Relations; A Theory of Secular Changes of the Earth's Climate* (London: Daldy, Isbister, 1875).

83　Defant, "Zirkulation der Atmosphäre," 260.

84　Ibid., 264.

85　Ibid., 232.

86　Trabert, "LuftdruckVerhältnisse in der Niederung," 107.

87　Tor Bergeron, "Richtlinien einer dynamischen Klimatologie," *MZ* 4 (1930): 246–62.

88　Kenneth Hare, "Dynamic and Synoptic Climatology," *Annals of the Association of American Geographers* 45 (1955): 152–62.

89　Sergei Chromow, " 'Dynamische Klimatologie' und Dove," *Zeitschrift für angewandte Meteorologie, Das Wetter*, (1931): 312–14, on 313.

90　Arnold Court, "Climatology: Complex, Dynamic, and Synoptic," *Annals of the Association of American Geographers* 47 (1957): 125–36, on 134–35.

91　Hare, "Dynamic and Synoptic," 1955.

92　Köppen, "Die gegenwärtige Lage und die neueren Fortschritte der Klimatologie," 627.

## 第九章 森林-气候问题

1 James Strachey, ed., *The Standard Edition of the Complete Psychological Works of Sigmund Freud*, vol. 21 (London: Hogarth, 1961), 68.

2 Friedrich Simony, *Schutz dem Walde!* (Vienna: Verein zur Verbreitung naturwissenschaftlicher Kenntnisse, 1878), 19.

3 Brückner, *Klimaschwankungen seit 1700*, 290.

4 Max Endres, *Handbuch der Forstpolitik* (Berlin: Spring, 1905), 137.

5 Emanuel Purkyně, "Ueber die Wald und Wasserfrage," pt. 1, *Oesterreichische Monatsschrift für Forstwesen* 25 (1875): 479–525, on 488.

6 Review of Lorenz, *Wald, Klima, und Wasser, Neue Freie Presse* 19 March 1879, 4.

7 Endres, *Handbuch der Forstpolitik*, 160.

8 Ludwig Landgrebe, "The World as a Phenomenological Problem," *Philosophy and Phenomenological Research* 1 (1940): 38–58, on 47–49.

9 Grove, *Green Imperialism*, chapter 4; Jorge Cañizares-Esguerra, "How Derivative Was Humboldt?," in *Nature, Empire, and Nation: Explorations of the History of Science in the Iberian World* (Stanford, CA: Stanford University Press, 2006), 112–28.

10 Fabien Locher and Jean-Baptiste Fressoz, "Modernity's Frail Climate: A Climate History of Environmental Reflexivity," *Critical Inquiry* 38 (2012): 579–98; Aaron Sachs, *The Humboldt Current: Nineteenth-Century Exploration and the Roots of American Environmentalism* (New York: Viking, 2006); Diana Davis, *Resurrecting the Granary of Rome: Environmental History and French Colonial Expansion in North Africa* (Athens: Ohio University Press, 2007).

11 Ferdinand Wang, *Grundriss der Wildbachverbauung*, vol. 1 (Vienna: Hirzel, 1901), 78.

12 Moon, *Plough That Broke*; see too A. A. Fedotova and M. V. Loskutova, "Forests, Climate, and the Rise of Scientific Forestry in Russia: From Local

Knowledge and Natural History to Modern Experiments (1840s–Early 1890s)," in Phillips and Kingsland, *Life Sciences and Agriculture*, 113–38; A. A. Fedetova, "Forestry Experimental Stations: Russian Proposals of the 1870s," *Centaurus* 56 (2014): 254–74.

13 *Die österreichisch-ungarische Monarchie in Wort und Bild*, vol. 15, Böhmen, vol. 2 (1896), 502–3.

14 Review of Lorenz, *Wald, Klima, und Wasser, Neue Freie Presse*, 19 March 1879, 4.

15 Brückner, *Klimaschwankungen seit 1700*, 29.

16 Holly Case, "The 'Social Question,' 1820–1920," *Modern Intellectual History* 13 (2016): 747–75, on 753.

17 Joachim Radkau, "Wood and Forestry in German History: In Quest of an Environmental Approach," *Environment and History* 2 (1996): 63–76, on 67.

18 Gerhard Weiss, "Mountain Forest Policy in Austria: A Historical Policy Analysis on Regulating a Natural Resource," *Environment and History* 7 (2001): 335–55.

19 Ibid., 343–44; Feichter, "Öffentliche und private Interessen an der Waldbewirtschaftung im Zusammenhang mit der Entstehung des Österreichischen Reichsforstgesetzes von 1852," *Forstwissenschaftliche Beiträge* 16 (1996): 42–63.

20 A. C. Becquerel, *Mémoire sur les forêts et leur influence climatérique* (Paris: Academie des sciences, 1865).

21 Killian, *Der Kampf gegen Wildbäche und Lawinen im Spannungsfeld von Zentralismus und Föderalismus*, vol. 2, *Das Gesetz*, Mitteilungen der forstlichen Bundesversuchsanstalt 164 (Vienna: Bundesforschungszentrum für Wald, 1990).

22 除了 Adolph Hohenstein, *Der Wald sammt dessen wichtigem Einfluss auf das Klima der Länder, Wohl der Staaten und Völker, sowie die Gesundheit der Menschen* (Vienna: Carl Gerold's Sohn, 1860)。

23 Hann, "Ueber den Wolkenbruch, der am 25. Mai 1872 in Böhmen niederging," *Zs. Ö. G. Meteo*. 8 (1873): 234–35.

24 Micklitz, "Die Forstwirtschaft," in *Die Bodenkultur auf der Wiener Weltausstellung*, vols. 2–3, ed. Josef Roman Lorenz (Vienna: Faesy und Frick, 1874), 4. 除了有学生协助之外，普尔基涅在没有任何支持的情况下完成了这些测量，这令米克利兹印象深刻。

25 Walter Schiff, *Geschichte der Österreichischen Land-und Forstwirtschaft und ihrer Industrien, 1848–1898* (Jena: Fischer, 1901), 557. Killian, *Kampf gegen Wildbäche*, vol. 2.

26 Killian, *Der Kampf gegen Wildbäche und Lawinen im Spannungsfeld von Zentralismus und Föderalismus*, vol. 1, *Die historischen Grundlagen* (Vienna: Bundesforschungszentrum für Wald, 1990), 95–96.

27 Cf. Kieko Matteson, *Forests in Revolutionary France: Conservation, Community, and Conflict, 1669–1848* (New York: Cambridge University Press, 2015), 11.

28 Killian, *Kampf gegen Wildbäche*, 2:76.

29 Stenographische Protokolle des Abgeordnetenhauses 1882, 9 March, 7347; see too Stenographische Protokolle des Abgeordnetenhauses 1876, 17 December, 7639.

30 Stenographische Protokolle des Abgeordnetenhauses 1907, 21 December, 3877.

31 Killian, *Kampf gegen Wildbäche*, 2:63.

32 Walter Schiff, *Österreichs Agrarpolitik seit der Grundentlastung*, vol. 1 (Tübingen: H. Laupp, 1898), 618.

33 Endres, *Handbuch der Forstpolitik*, 306.

34 叶卡婕琳娜·普拉维洛娃（Ekaterina Pravilova）认为，"公共财产"的概念在俄国得到整合，可能是因为森林公共利益的辩论。参见: *A Public Empire: Property and the Quest for the Common Good in Imperial Russia* (Princeton, NJ: Princeton University Press, 2014), esp. 51。

35  "Zweite Sitzung," *Verhandlungen des Forstvereins der österreichischen Alpenländer* 1 (1852): 33–75, on 35.

36  David Ricardo, *On the Principles of Political Economy, and Taxation* (London: John Murray, 1821), 56.

37  Alexandre Moreau de Jonnès, *Quels sont les changements que peut occasioner le déboisement de forêts?* (Bruxelles: P. J. de Mat, 1825).

38  Gottlieb von Zötl, *Handbuch der Forstwirtschaft im Hochgebirge* (Vienna: C. Gerold, 1831), 54–61.

39  Josef Roman Lorenz, *Über Bedeutung und Vertretung der land-und forstwirthschaftlichen Meteorologie* (Vienna: Faesy & Frick, 1877), 4.

40  "Zur forstlichen Standortslehre," *Allgemeine Land-und Forstwirthschaftliche Zeitung*, 14 May 1853, 157.

41  Hann, "Thatsachen und Bemerkungen über einige schädliche Folgen der Zerstörung des natürlichen Pflanzkleides . . . ," *Zs. Ö. G. Meteo.* 4 (1869): 18–22, on 21.

42  Ernst Ebermayer, *Die physikalischen Einwirkungen des Waldes auf Luft und Boden und seine klimatologische und hygienische Bedeutung* (Aschaffenberg: C. Krebs, 1873).

43  Lorenz, *Über Bedeutung und Vertretung*, 18, 23.

44  Lorenz to Purkyně, 22 September 1876, EP.

45  Ibid.

46  "Propositions of the Fourth Section of the International Statistical Congress at BudaPesth, in 1876, Relative to Agricultural Meteorology," *Report of the Permanent Committee of the First International Meteorological Congress at Vienna* (London: J. D. Potter, 1879), 13.

47  "Zum dritten Programmspunkte der V. Versammlung deutscher Forstwirthe in Eisenach," *Centralblatt für das gesamte Forstwesen* 2 (1876): 480–82, on 480, 481.

48  Lorenz von Liburnau, *Resultate Forstlich-Meteorologischer Beobachtungen,*

*Mittheilungen aus dem forstlichen Versuchswesen Oesterreichs* XII, vol. 1 (Vienna: k.k. Hof-und Staatsdrückerei, 1890), 4

49 Cited in Lorenz, *Bedeutung und Vertretung*, 34.

50 Lorenz to Purkyně, undated, EP.

51 Wessely to Purkyně, undated, EP.

52 Ibid.

53 Bernhard Eduard Fernow, *Economics of Forestry: A Reference Book for Students of Political Economy* (New York: Thomas Crowell, 1902), 495.

54 Lorenz, *Wald, Klima, und Wasser*, 49.

55 Ibid., 272–74.

56 Ibid., 275–83.

57 Review of Lorenz, *Wald, Klima, und Wasser, Neue Freie Presse*, 19 March 1879, 4.

58 Anon., review of *Wald, Klima, und Wasser, Wiener Landwirtschaftliche Zeitung*, 22 March 1879, 5.

59 Jan Evangelista Purkyně, *Austria Polyglotta* (Prague: Ed. Grégr, 1867); simultaneously published in Czech and German.

60 Bernard Borggreve, "Dr. Emanuel Ritter von Purkyně, Nekrolog," *Forstliche Blätter* 19 (1882): 214–18, on 214.

61 Janko and Štrbáňová, *Věda Purkyňovy doby*, 200.

62 Krška and Šamaj, *Dějiny meteorologie*, 187.

63 Borggreve, "Nekrolog," 214.

64 V. Krečmer, "Příspěvek k Historii Užité Meteorologie," *Meteorologické zprávy* 16 (1963): 8–12, on 9.

65 实际上，埃伯迈耶还曾向一位奥地利同事寻求建议，参见: Ebermayer to Kerner, 1 March 1865, in Kronfeld, *Anton Kerner von Marilaun*, 292–94。

66 "Plenar-Versammlung des böhmischen Forstvereines in Böhmisch-Skalitz am August 1878," *Vereinsschrift für Forst- , Jagd-und Naturkunde* 105 (1879): 5–27, on 12.

67  Krečmer, "Přispěvek k Historii Užité Meteorologie," 10.

68  Purkyně to Engelmann, 27 May 1878, EP-GE.

69  "Plenar-Versammlung am 7. August 1878," 15, 16. Cf. Matthew Maury, *Investigations of the Wind Currents of the Sea* (Washington, DC: C. Alexander, 1851), 8.

70  Purkyně, "Wald und Wasserfrage," pt. 1, 500–501, 520–21.

71  Ibid., 521

72  Ibid., 495.

73  Purkyně to Engelmann, 2 February 1877, EP-GE.

74  Hann, Diary B, 40, 54, JH.

75  Purkyně to Engelmann, 20 August 1875, EP-GE.

76  *Písemná pozůtalost Emanuel Purkyně* (Prague: Literární Archiv PNP, 1988), 4.

77  F. J. Studnička, *Z pozemské přírody: Sebrané výklady a úvahy* (Prague: Dr. Frant. Bačkovský, 1893), 7.

78  Ibid., 30.

79  Emanuel Purkyně, "Vylet do Tater," *Živa* 1 (1853): 245–53, on 245.

80  Studnička, *Z pozemské přírody*, 27, 100.

81  Ibid., 31.

82  Ibid., 54.

83  Hann, "Ueber den Wolkenbruch, der am 25. Mai 1872 in Böhmen niederging," on 235.

84  Josef Roman Lorenz, ed., *Die Bodencultur auf der Wiener Weltaustellung 1873*, vol. 2, *Das Forstwesen* (Vienna: Faesy & Frick, 1874), 4.

85  Purkyně to Engelmann, 18 March 1876, EP-GE.

86  Purkyně to Engelmann, 27 May 1878, EP-GE.

87  Tomás Hermann, "Originalita vědy a problém plagiátu (Tři výstupy E. Rádla k jazykové otázce ve vědě z let 1902–1911)," in *Místo národních jazyků ve výchově, školství a vědě v Habsburské monarchii 1867–1918*, ed. Harald Binder et al. (Prague: Výzkumné centrum pro dějiny vědy, 2003), 441–68.

88 Hann to Purkyně, 28 August 1873, 15 December 1874, 7 December 1875, 11 July 1877, EP.

89 Jelinek to Purkyně, 21 January 1874, 5 May 1875, EP.

90 Wessely to Purkyně, 9 May 1875, EP.

91 Lorenz to Purkyně, all undated, EP.

92 Lorenz to Purkyně, undated, EP.

93 Wessely to Purkyně, 17 January 1874 and undated, EP.

94 Lorenz to Purkyně, undated, EP.

95 Wessely to Purkyně, 15 August 1875, EP.

96 Emanuel Purkyně, "Ueber die Wald und Wasserfrage," *Oesterreichische Monatsschrift für Forstwesen* 25 (1875): 479–525; 26 (1876): 136–51; 161–204; 209–51; 267–91; 327–49; 405–26; 473–98; 27 (1877): 102–43.

97 Wessely to Purkyně, 15 August 1875, EP.

98 E.g., Julius Micklitz, "Über die Einwirkungen des Waldes auf Luft und Boden," *Centralblatt für das gesammte Forstwesen* 3 (1877): 495–503.

99 Purkyně to Engelmann, 27 May 1878, EP-GE.

100 Lorenz to Purkyně, 24 September 1876, EP.

101 甚至有传言说斯图德尼奇卡烧毁了普尔基涅原始气候观测资料，参见：Krška and Šamaj, *Dějiny meteorologie*, 89。

102 Steven Beller, "Hitler's Hero: Georg von Schönerer and the Origins of Nazism," in *In the Shadow of Hitler: Personalities of the Right in Central and Eastern Europe*, ed. Rebecca Haynes and Martyn Rady, 38–54 (New York: Palgrave Macmillan, 2011).

103 "Generalversammlung des Manhartsberger Forstvereines in Gmünd," *Landwirthschaftliches Vereinsblatt*, 1 August 1876, 61–62.

104 Stenographische Protokolle des Abgeordnetenhauses, vol. 7, 16 December 1876, 7623.

105 Killian, *Kampf gegen Wildbäche*, 2:99–112.

106 Ibid., 2:102.

107 Schiff, *Österreichs Agrarpolitik seit der Grundentlastung*; Otto Bauer, *Der Kampf um Wald und Weide: Studien zur Österreichischen Agrargeschichte und Agrarpolitik* (Vienna: Volksbuchhandlung, 1925).

108 Killian, *Kampf gegen Wildbäche*, 2:69. 有关维也纳当局向王国政府与市政府下放权力，以及现代化的市政项目，都发生在 19 世纪最后 25 年。参见：Judson, *Habsburg Empire*, 341–63。

109 "Allgemeiner Operations-und Organisationsplan für das forstliche Versuchswesen," in *Taschenausgabe der Österreichischen Gesetze*, vol. 8, *Forstwesen*, 778–92 (Vienna: Manz, 1906), 786.

110 Jürgen Büschenfeld, *Flüsse und Kloaken: Umweltfragen im Zeitalter der Industrialisierung* (Stuttgart: Klett-Cotta, 1997), 415.

111 Lorenz von Liburnau, *Resultate forstlich-meteorologischer Beobachtungen*, 1: 3, 139.

112 Eckert, "Die Vegetationsdecke als Modificator des Klimas mit besonderer Rücksicht auf die Wald-und Wasserfrage," *Österreichische Vierteljahresschrift für Forstwesen* 11 (1893): 254–70, on 258, 269, 270.

113 Frank Uekötter, *The Age of Smoke: Environmental Policy in Germany and the United States* (Pittsburgh: University of Pittsburgh Press, 2009), 18.

114 Büschenfeld, *Flüsse und Kloaken*.

115 Ernst Brezina, "Die Donau vom Leopoldsberge bis Preßburg, die Abwässer der Stadt Wien und deren Schicksal nach ihrer Einmündung in den Strom," *Zeitschrift für Hygiene und Infektionskrankheiten* 53 (1906): 369–503, on 490.

116 Christiane W. Runyan et al., "Physical and Biological Feedbacks of Deforestation," *Reviews of Geophysics* 50 (2012): 1–32, on 5.

117 Roger G. Barry, "A Framework for Climatological Research with Particular Reference to Scale Concepts," *Transactions of the Institute of British Geographers* 49 (1970): 61–70, on 65.

118 Locher and Fressoz, "Modernity's Frail Climate."

119 Edwards, *Vast Machine*.

120 Ghosh, *Great Derangement*, 30.

## 第十章　植物档案

1　Anton Kerner, "Beiträge zur Geschichte der Pflanzenwanderungen," *Deutsche Revue* 2 (1879): 104–13, on 107.

2　有关植物生态学与气候变化知识之间的历史关系，请参见: Christophe Masutti, "Frederic Clements, Climatology, and Conservation in the 1930s," *Historical Studies in the Physical and Biological Sciences* 37 (2006): 27–48。

3　Alexander von Humboldt, review of Thaddäus Haenke, *Beobachtungen auf Reisen nach dem Riesengebirge* (Dresden: Walther, 1791), *Annalen der Botanick* 1 (1791): 78–83, on 79.

4　Kerner, *Pflanzenleben der Donauländer*, 3. 同样，弗里德里希·希莫尼写道，树木年轮年代学讲述了"老树和老灌木全部的生命与苦难故事"，也披露了"尚未进行气象观测的地带与时期的气候特征"。参见: *Zs. Ö. G. Meteo.* 1 (1866): 52。

5　Otto Sendtner, "Bemerkungen über die Methode, die periodischen Erscheinungen an den Pflanzen zu beobachten," reprinted in *Jb. ZAMG* 4 (1856): 30–48, on 30.

6　Klemun, "National 'Consensus,'" 96; she points out that this resulted in dating quaternary layers as tertiary.

7　引自 Maria Petz-Grabenbauer and Michael Kiehn, eds., *Anton Kerner von Marilaun* (Vienna: Österreichische Akademie der Wissenschaften, 2004), 21。

8　尽管这本书在 1951 年以《植物生态学背景》这一具有里程碑意义的书名重印，但克纳当时并没有从这本书获得什么收益。相比之下，克纳不朽的通俗论著《植物生态学》最早在 1888 年和 1890 年分上下两卷出版，并成功大卖。(Kronfeld, *Anton Kerner von Marilaun*, 368)

9　Charles Darwin to Kerner, quoted in Kronfeld, *Kerner von Marilaun*, 156–57; and Darwin to William Ogle, 17 August 1878, Darwin Correspondence.

10　Fritz Kerner von Marilaun, *Die Paläoklimatologie* (Berlin, 1930). 关于子承父

业的例子，可参见：Fritz Kerner, "Untersuchungen über die Schneegrenze im Gebiete des Mittleren Innthales," *Denk. Akad. Wiss. math-nat.* 54 (1889), esp. 17。

11  Dvorak, *Denkmale Krems*.

12  Karl Fritsch, "Nachruf an Anton Kerner von Marilaun," 694.

13  Anton Kerner, "Ueber eine neue Weide, nebst botanische Bemerkungen," *Verh. Zool.-Bot. Ver.* 2 (1852): 61–64, on 62.

14  Cf. Georg Grabherr, "Vegetationsökologie und Landschaftsökologie," in *Geschichte der Österreichischen Humanwissenschaften*, vol. 2, ed. Karl Acham, 149–85 (Vienna: Passagen, 2001), 150–60.

15  Marie Petz-Grabenhuber, "Anton Kerner von Marilaun," in Grabenbauer and Kiehn, *Kerner von Marilaun*, 7–23, on 9.

16  Kerner, "Ueber eine neue Weide," 63.

17  Petz-Grabenhuber, "Anton Kerner von Marilaun," 9.

18  Kronfeld, Anton Kerner von Marilaun, 249.

19  Rácz, *Steppe to Europe*, 182–226.

20  Anton Kerner, "Die Steppenvegetation des ungarischen Tieflandes," *Wiener Zeitung*, 27 January 1859, 6.

21  Anton Kerner, "Die Entsumpfungsbauten in der Nieder-Ungarischen Ebene und ihre Rückwirkung auf Klima und Pflanzenwelt," *Wiener Zeitung* 8 April 1859, 4–5, and 17 April 1859, 6.

22  Anton Kerner, "Studien über die oberen Grenzen der Holzpflanzen in den österreichischen Alpen," in *Der Wald und die Alpenwirtschaft in Österreich und Tirol*, ed. Karl Mahler (Berlin: Gerdes & Hödel, 1908), 20–121, on 22; originally published in the *Österreichische Revue*, 1865.

23  Anton Kerner, "Niederösterreichische Weiden," pt. 1, *Verh. Zool.-Bot. Ver.* 10 (1860): 3–56, on 40.

24  Kerner, *Das Pflanzenleben* (Leipzig and Vienna: Bibliographisches Institut, 1891), 2:815.

25 Kerner, "Österreichs waldlose Gebiete," in *Wald und Alpenwirtschaft*, 5–19, on 8; originally published in *Österreichische Revue*, 1863.

26 Ibid., 7.

27 Kerner distinguished *waldlos* (forestless) from *entwaldet* (deforested), ibid., 7.

28 Kerner, *Wald und Alpenwirtschaft*, 24–25.

29 Kerner, *Pflanzenleben der Donauländer*, 86.

30 Ibid., 89.

31 Kerner, "Österreichs waldlose Gebiete," 10.

32 Kerner, *Pflanzenleben der Donauländer*, 28.

33 Cf. Michael Gubser, *Time's Visible Surface: Alois Riegl and the Discourse on History and Temporality in Fin-de-Siècle Vienna* (Detroit: Wayne State University Press, 2006).

34 19世纪末对俄国大草原的审美尝试，可参见: Christopher Ely, *This Meager Nature: Landscape and National Identity in Imperial Russia* (De Kalb: Northern Illinois University Press, 2002)。

35 Kerner, *Pflanzenleben der Donauländer*, 27.

36 Folders "Phaenologische Notizen, Ofen-Pest, 1856," "Ung. Tiefland. Verschiedene Notizen," "Höhen aus dem ungar. Tieflande: Notizen zur orografische hydograf. u. geologische Schilderung zu meteorolog[ischen Zwecken]," "Ung. Tiefen Geologie u. Orografie," and "Obere Grenzen," Box 305, 315, AK.

37 引自 Kronfeld, *Anton Kerner von Marilaun*, 310。

38 Larry Wolff, *Inventing Eastern Europe: The Map of Civilization on the Mind of the Enlightenment* (Stanford, CA: Stanford University Press, 1994).

39 A. Kerner, "Reiseskizzen aus dem ungarisch-siebenbürgischen Grenzgebirge," pt. 4, in subfolder "Wandern u. Wiener Zeitung," 131.33.5.2, AK.

40 Simon Schama, *Landscape and Memory* (New York: Vintage, 1996), pt. 1; Jane Costlow, *Heart-Pine Russia: Walking and Writing the Nineteenth-Century Forest* (Ithaca, NY: Cornell University Press, 2013).

41 引自 Kronfeld, *Kerner von Marilaun*, 191。

42 Kerner von Marilaun, "Goethes Verhältnis zur Pflanzenwelt," reprinted in Kronfeld, *Kerner von Marilaun*, 240–43.

43 引自 Kronfeld, *Kerner von Marilaun*, 193。

44 也许是受到克纳所启发，其他哈布斯堡研究人员（Čelakovský, August Neireich）随后也发表了有关生长在帝国其他地方（波希米亚，下奥地利）的针茅的文章。

45 Kerner, "Das ungarische 'Waisenmädchenhaar,'" *Die Gartenlaube* 10 (1862): 44–46, reprinted in Kronfeld, *Kerner von Marilaun*, 203–10, on 205, 206, 207, 210.

46 Ibid., 206.

47 Kerner, *Pflanzen der Donauländer*, 90, 20, 25.

48 László Kürti, trans., *The Remote Borderland: Transylvania in the Hungarian Imagination* (Albany: SUNY Press, 2001), 84.

49 Janet Browne, *The Secular Ark: Studies in the History of Biogeography* (New Haven, CT: Yale University Press, 1983), 175.

50 Kerner, "Gute und schlechte Arten," pt. 1, *Öst. Bot. Z.* 15 (1865): 6–8, on 7.

51 Kronfeld, *Kerner von Marilaun*, 98.

52 Endersby, *Imperial Nature*.

53 Kerner, "Gute und schlechte Arten," pt. 8, *Öst. Bot. Z.* 16 (1866): 51–57, on 51, 54.

54 Kerner, *Pflanzenleben der Donauländer*, 239.

55 Frank N. Egerton, "History of Ecological Sciences, Part 54: Succession, Community, and Continuum," *Bulletin of the Ecological Society of America* 96 (2015): 426–74, on 441.

56 Kerner, *Pflanzenleben der Donauländer*, 244.

57 Ibid., 247–49.

58 Ibid., 5–6.

59 Kronfeld, *Anton Kerner von Marilaun, 121; Botanik und Zoologie in*

*Österreich in den Jahren 1850 bis 1900* (Vienna: Hölder, 1901).

60　Richard Wettstein, quoted in Kronfeld, *Anton Kerner von Marilaun*, 121.

61　Kronfeld, *Anton Kerner von Marilaun*, 82.

62　Kerner, *Pflanzenleben der Donauländer*, 4.

63　Kerner, "Beiträge zur Geschichte der Pflanzenwanderung," pt. 1, *Öst. Bot. Z.* 29 (1879): 174–82, on 176.

64　Kerner von Marilaun, *Das Pflanzenleben* (Leipzig and Vienna: Bibliographisches Institut, 1891), 2:4.

65　格里泽巴赫用"创造中心"的概念解释了植物分布，参见: August Grisebach, *Die Vegetation der Erde nach ihrer Klimatischen Anordnung*, 2nd ed. (1884)。

66　Nils Güttler, *Das Kosmoskop: Karten und ihre Benutzer in der Pflanzengeographie des 19. Jahrhunderts* (Göttingen: Wallstein, 2014).

67　Sander Gliboff, "Evolution, Revolution, and Reform in Vienna: Franz Unger's Ideas on Descent and Their Post-1848 Reception," *Journal of the History of Biology* 31 (1998): 179–209, on 185.

68　Franz Unger, *Versuch einer Geschichte der Pflanzenwelt* (Vienna: Braumüller, 1852), 254.

69　Ibid., 5, 347–49.

70　Martin J. Rudwick, trans., *Scenes from Deep Time: Early Pictorial Representations of the Prehistoric World* (Chicago: University of Chicago Press, 1995), 101.

71　Marianne Klemun, "Franz Unger and Sebastian Brunner on Evolution and the Visualization of Earth History; A Debate between Liberal and Conservative Catholics," in *Geology and Religion: A History of Harmony and Hostility*, ed. M. Kölbl-Ebert (London: Geological Society, 2009), 259–67.

72　Edward Forbes, "On the Connexion between the Distribution of the Existing Fauna and Flora of the British Isles, and the Geological Changes Which Have Affected Their Area," *Memoirs of the Geological Survey of England and*

*Wales* 1 (1846): 336–432.

73  Ibid., 397.

74  A. Grisebach, "Der gegenwärtige Stand der Geographie der Pflanzen," *Geographisches Jahrbuch* 1 (1866): 373–402, esp. 379–91; Nicolaas Rupke, "Neither Creation nor Evolution," *Annals of the History and Philosophy of Biology* 10 (2005): 143–72.

75  Lorenz to Purkyně, 20 September 1878, EP.

76  Kronfeld, *Anton Kerner von Marilaun*, 358, 89.

77  Anton Kerner, "Chronik der Pflanzenwanderungen," *Öst. Bot. Z.* 21 (1871): 335–40, on 335, 336.

78  Kerner, "Chronik der Pflanzenwanderungen," 336.

79  Fritsch, "Kerner von Marilaun," 11.

80  Ibid., 20.

81  "Ein vaterländisches wissenschaftliches Unternehmen," *Neue Freie Presse*, 23 July 1886, 4.

82  Endersby, *Imperial Nature*; Güttler, *Das Kosmoskop*.

83  Kerner von Marilaun, *Das Pflanzenleben*, 1:18.

84  Kerner, *Das Pflanzenleben der Donauländer*, 197.

85  "Diluvialesfestland," 131.33.5.8, AK; cf. *Pflanzenleben der Donauländer*, 194.

86  Browne, *Secular Ark*, 200.

87  Lynn Nyhart, "Emigrants and Pioneers: Moritz Wagner's 'Law of Migration' in Context," in *Knowing Global Environments: New Historical Perspectives in the Field Sciences*, ed. Jeremy Vetter (New Brunswick, NJ: Rutgers University Press, 2010), 39–58.

88  Anton Kerner, "Können aus Bastarten Arten werden?," *Öst. Bot. Z.* 21 (1871): 34–41.

89  Anton Kerner, "Abhängigkeit der Pflanzengestalt vom Klima und Boden," in *Festschrift der 43. Versammlung Deutscher Naturforscher und Ärzte*, 1–38

(Innsbruck: Wagner, 1869), 30.

90  Ibid., 48.

91  Darwin, *Origin of Species*, chapter 12; Browne, *Secular Ark*, 199.

92  Kerner, "Beiträge zur Geschichte der Pflanzenwanderungen," 110; Anton Kerner, "Der Einfluß der Winde auf die Verbreitung der Samen im Hochgebirge," *Z. d. ö. AV* 2 (1871): 144–72, on 151.

93  Alphonse de Candolle, introductory note to "Expériences sur les graines de diverses espèces plongées dans de l'eau de mer," *Archives des sciences physiques et naturelles* 47 (1873): 177–79.

94  引自 Kronfeld, *Kerner von Marilaun*, 278。

95  ibid., 255.

96  "Ein Instrument zur Messung des Thauniederschlages," *Centralblatt für das gesamte Forstwesen* 19 (1893): 185–86, on 186.

97  Kerner, "Einfluß der Winde," 144, 159–60.

98  Kerner, "Studien über die Flora der Diluvialzeit in den östlichen Alpen," *Wiener Berichte* II 97 (1888): 7–39, on 15.

99  Kerner, "Einfluß der Winde," 162.

100 Ibid., 162–65.

101 Ibid., 165.

102 Christian Körner, *Alpine Plant Life: Functional Plant Ecology of High Mountain Ecosystems* (Berlin: Springer, 1999), 275.

103 Kerner, "Einfluß der Winde," 171–72.

104 Kerner, "Flora der Diluvialzeit."

105 Ibid., 33; Eduard Brückner, "Entwicklungsgeschichte des kaspischen Meeres und seiner Bewohner," *Humboldt* 7 (1889): 209–14.

106 Kerner, "Flora der Diluvialzeit," 33.

107 Kerner, "Beiträge zur Geschichte der Pflanzenwanderungen," 181.

108 Kerner, "Flora der Diluvialzeit," 12.

109 Kerner, *Pflanzenleben*, 17–18.

110 Hanns Kerschner et al., "Paleoclimatic Interpretation of the Early Late-Glacial Glacier in the Gschnitz Valley, Central Alps, Austria," *Annals of Glaciology* 28 (1999): 135–40.

111 E. Schwienbacher et al., "Seed Dormancy in Alpine Species," *Flora* 206 (2011): 845–56.Auricula was not part of this study.

112 引自 Kronfeld, *Kerner von Marilaun*, 200–202。

113 Kerner, *Pflanzenleben*, 18.

114 Kerner, "Chronik der Pflanzenwanderungen," 336.

## 第十一章　欲望的风景

1　Stifter, *Nachsommer,* 1:338.

2　Julius Hann, Diary A, 4–6, JH.

3　Alois Topitz, "Julius Hann, ein großer OberÖsterreicher, zu seinem 50. Todestag," *Oberösterreichische HeimatBlätter* 3 (1971): 126–29; Alois Topitz, "Der Meteorologe Julius Hann," *Historisches Jahrbuch der Stadt Linz* (1959): 431–44.

4　Diary A, 70, JH.

5　Diary A, 97, JH.

6　Topitz, "Der Meteorologe Julius Hann," 432.

7　N. Pärr, "P. Gabriel Strasser," in *Österreichisches Biographisches Lexicon, 1815–1950*, vol. 13 (Vienna: Österreichische Akademie der Wissenschaften, 1954), 362.

8　Hann, Diary A, 73, JH.

9　Hann, Diary A, 124, JH.

10　Hann, Diary A, 76, JH.

11　Carl Gustav Carus, *Nine Letters on Landscape Painting*, trans. David Britt (Los Angeles: Getty, 2002), 115.

12　E.g., Diary A, 136, JH.

13　Felix Exner, "Julius von Hann," *MZ* 38 (1921): 321–27, on 326.

14 Hann, Diary B, 54, JH.

15 Hann, Diary A, 89, 93, JH.

16 Andreas von Baumgartner, *Die Stellung der Astronomie im Reiche der Menschheit* (Brno: Carl Winiker, 1850), 6 (quoting Jean Paul).

17 Humboldt, *Kosmos*, 2:8.

18 Hann, Diary B, 30, 31, and Diary A, 86, JH.

19 Carl Ritter, *Einleitung zur allgemeinen vergleichenden Geographie* (Berlin: Reimer, 1852), 186; Hann, Diary B, 5b.

20 Hann, Diary B, 29, JH.

21 Hann, Diary A, 85, 89, 113, JH.

22 Hann, Diary C, 113, JH.

23 Hann, Diary C, 105, JH.

24 Hann, Diary A, 33, JH.

25 "Ich blick' in mein Herz und ich blick' in die Welt, / Bis vom Auge die brennende Träne mir fällt, / Wol leuchtet die Ferne mit goldenem Licht, / Doch hält mich der Nord— ich erreiche sie nicht. / O die Schranken so eng, und die Welt so weit, / Und so flüchtig die Zeit!"

26 Hann, Diary A, 50, JH.

27 Hann, Diary A, 116, JH.

28 Hann, Diary A, 128, JH.

29 Hann, Diary A, 58–59, JH.

30 Hann, Diary A, 120, JH.

31 Hann, Diary B, 50, JH.

32 Hann, Diary B, 90, JH.

33 Hann, Diary C, 40, JH.

34 Hann, Diary A, 130, JH.

35 Hann, Diary A, 132, JH.

36 Hann, Diary B, 68, 74, JH.

37 Hann, Diary B, 83, JH.

38  Hann, Diary C, 109, JH.

39  Cornelia Lüdecke, "East Meets West: Meteorological Observations of the Moravians in Greenland and Labrador since the 18th Century," *History of Meteorology* 2 (2005): 123–32.

40  Andreas Hense and Rita Glowienka-Hense, "Comments On: On the Weather History of North Greenland, West Coast by Julius Hann," *MZ* 19 (2010): 207–11; Hew Davies, "Vienna and the Founding of Dynamical Meteorology," in Hammerl, *Zentralanstalt*, 301–12.

41  Hann, "Der Pulsschlag der Atmosphäre," *MZ* 23 (1906): 82–86, on 82.

42  Hann, Diary C, 47, JH.

43  Hann, Diary C, 67, JH.

44  Hann, Diary C, 69, JH.

45  Hann, Diary C, 85, 110, JH.

46  Topitz, "Hann, ein großer OberÖsterreicher," 129.

47  Johann Heiss and Johannes Feichtinger, "Distant Neighbors: Uses of Orientalism in the Late Nineteenth-Century Austro-Hungarian Empire," in *Deploying Orientalism in Culture and History: From Germany to Central and Eastern Europe*, ed. James Hodkinson and John Walker, 148–65 (Rochester: Camden House, 2013).

48  例如 Moritz Deutsch, *Die Neurasthenie beim Manne* (Berlin: H. Steinitz, 1907), 168; A. Eulenberg, "Die Balneologie in der Nervenheilkunde," *Berliner klinische Wochenschrift* 42 (1905): 589–93; 对关于气候性功能的影响，参见 Cheryl A. Logan, *Hormones, Heredity, and Race: Spectacular Failure in Interwar Vienna* (New Brunswick, NJ: Rutgers University Press, 2013), chapter 4。

49  Freud, *Three Essays on the Theory of Sexuality*, trans. James Strachey (New York: Basic, 1962), 5.

50  Richard Burton, *The Sotadic Zone* (New York: Panurge, ca. 1934), 18, 23.

51  Ellsworth Huntington, *Civilization and Climate* (New Haven, CT: Yale University Press, 1915), 46.

52　Leopold von Sacher-Masoch, *Venus im Pelz* (Berlin: Globus, 1910), 7, 40, 34.

53　Allan Janik and Stephen Toulmin, *Wittgenstein's Vienna* (New York: Simon and Schuster, 1973).

54　Laurence Cole, *Für Gott, Kaiser, und Vaterland: Nationale Identität der deutschsprachigen Bevölkerung Tirols, 1860–1914* (Frankfurt: Campus Verlag, 2000).

55　L. Ficker to C. Dallago, 26 April 1910, in Ludwig Ficker, *Briefwechsel*, vol. 1, ed. Ignaz Zangerle (Salzburg: O. Müller, 1986), 26.

56　C. Dallago to L. Ficker, 9 April 1910, in Ficker, *Briefwechsel*, 1:24.

57　Richard Huldschiner to L. Ficker, 6 May 1910, in Ficker, *Briefwechsel*, 1:27.

58　Ficker, *Klimatographie von Tirol*, 116.

59　Heinrich von Ficker, "Die Erforschung der Föhnerscheinungen in den Alpen," *Z. d. ö. AV* 43 (1912): 53–77, on 53.

60　Jim Doss and Werner Schmitt, trans., http://w /ged-e.htm.

61　Ficker, "Erforschung der Föhnerscheinungen," 54.

62　Otto Marschalek, *Österreichische Forscher: Ein Beitrag zur Völker-und Länderkunde* (Mödling bei Wien: St. Gabriel, 1949), 124.

63　H. von Ficker, "Östliche Geschichte," 84–85, F1f 1909, LD.

64　Ibid., 75.

65　Afsaneh Najmabadi, *Women with Mustaches and Men without Beards: Gender and Sexual Anxieties of Iranian Modernity* (Berkeley: University of California Press, 2005), 34.

66　Ficker, "Östliche Geschichte," 77, F1f 1909, LD.

67　Ibid., 83.

68　Ficker, "Zur Meteorologie von West-Turkestan," *Denk. Akad. Wiss. math-nat.* 81 (1908): 533–59, on 558.

69　Ficker, "Untersuchungen über die meteorologischen Verhältnisse der Pamirgebiete," *Denk. Akad. Wiss. math-nat.* 97 (1921): 151–255, on 246.

70　Willi Rickmers, *Alai! Alai! Arbeiten und Erlebnisse der Deutsch-Russischen*

*Alai-P Expedition* (Leipzig: Brockhaus, 1930), 240.

71 Willi Rickmers, "Vorläufiger Bericht über die Pamirexpedition des Deutschen und Österreichischen Alpenvereins," *Z. d. ö. AV* 45 (1914): 1–51, on 27.

72 Deborah R. Coen, "Imperial Climatographies from Tyrol to Turkestan," *Osiris* 26, Klima (2011): 45–65.

73 Sverker Sörlin, "Narratives and Counter-Narratives of Climate Change: North Atlantic Glaciology and Meteorology, c. 1930–1955," *Journal of Historical Geography* 35 (2009): 237–55.

74 Rickmers, "Vorläufiger Bericht," 51.

75 Carl Dallago, "Nietzsche und der Philister," *Der Brenner* 1 (1910): 26.

76 Ludwig Wittgenstein, "Tractatus Logico-Philosophicus," *Annalen der Naturphilosophie* 14 (1921): 185–262, on 262.

77 H. von Ficker, "Östliche Geschichte," 79–81, F1f 1909, LD.

## 结语 帝国之后

1 Petra Svatek, "Hugo Hassinger und Südosteuropa: Raumwissenschaftliche Forschungen in Wien (1931–1945)," in *"Mitteleuropa" und "Südosteuropa" als Planungsraum*, ed. Carola Sachse, 290–311 (Göttingen: Wallstein, 2010).

2 Hugo Hassinger, *Österreichs Wesen und Schicksal, verwurzelt in seiner geographischen Lage* (Vienna: Freytag-Berndt, 1949), 10.

3 Ibid., 7, original emphasis.

4 Ludwig von Mises, "Vom Ziel der Handelspolitik," *Archiv für Sozialwissenschaft und Sozialpolitik* 42 (1916): 561–85, e.g., 562–63.

5 Oszkár Jászi, *The Dissolution of the Habsburg Monarchy* (Chicago: University of Chicago Press, 1929), 185.

6 Ibid., 188.

7 Robert Sieger, *Die geographischen Grundlagen der österreichisch-ungarischen Monarchie und ihrer Außenpolitik* (Leipzig: Teubner, 1915), 3; Robert Sieger, *Der österreichische Staatsgedanke und seine geographischen Grundlagen*

(Vienna: C. Fromme, 1918), 5; Hans-Dietrich Schulze, "Deutschlands natürliche Grenzen: Mittellage und Mitteleuropa in der Diskussion der Geographen seit dem Beginn des 19. Jahrhunderts," *Geschichte und Gesellschaft* 15 (1989): 248–81, on 263.

8    Norbert Krebs, *Länderkunde der Österreichischen Alpen* (Stuttgart: Engelhorn, 1913), 3.

9    Sieger, *Geographische Grundlagen*, 22, 44.

10    Richard von Coudenhove-Kalergi, *Apologie der Technik* (Leipzig: P. Reinhold, 1922), 8, 41.

11    Katiana Orluc, "A Wilhelmine Legacy? Coudenhove-Kalergi's Pan-Europe and the Crisis of European Modernity, 1922–1932," in *Wilhelminism and Its Legacies*, ed. Geoff Eley and James Retallack, 291–34 (New York: Berghahn, 2003); Marco Duranti, "European Integration, Human Rights, and Romantic Internationalism," in *The Oxford Handbook of European History, 1914–1945*, ed. Nicholas Doumanis (Oxford: Oxford University Press, 2016), 440–58.

12    关于汉斯利克, 参见: Norman Henniges, "'Naturgesetze der Kultur': Die Wiener Geographen und die Ursprünge der Volks-und Kulturbodentheorie," *ACME* 14 (2015): 1309–51。

13    Jeremy King, *Budweisers into Czechs and Germans* (Princeton, NJ: Princeton University Press, 2002).

14    Erwin Hanslik, "Kulturgeographie der deutsch-slawischen Sprachgrenze," *Vierteljahrschrift für Sozial-und Wirtschaftsgeschichte* 8 (1910): 103–27, 445–75, on 470.

15    Erwin Hanslik, *Oesterreich als Naturförderung* (Vienna: Institut für Kulturforschung, 1917), 36.

16    Hanslik, "Deutsch-slawischen Sprachgrenze," 117.

17    例如 Hanslik, *Österreich, Erde und Geist* (Vienna: Institut für Kulturforschung, 1917)。

18    Erwin Hanslik, "Die Karpathen," in *Mein Österreich, Mein Heimatland*, vol. 1,

ed. Siegmund Schneider and Benno Immendörfer, 76–82 (Vienna: Verlag für vaterländische Literatur, 1915).

19   Sieger, *Geographische Grundlage*, 40, 24n1; Wolff, *Inventing Eastern Europe*.

20   Max Bergholz, "Sudden Nationhood: The Microdynamics of Intercommunal Relations in Bosnia-Herzegovina after World War II," *AHR* 118 (2013): 679–707, on 684.

21   Krebs to Hettner, 3 November 1915 and 4 December 1919, D II 73, AH.

22   Sieger to W. M. Davis, 11 November 1919, folder 438; Brückner to W. M. Davis, 17 September 1922, folder 73, WMD.

23   有关科学中认识论多元主义的辩护，参见: Hasok Chang, *Is Water H₂0? Evidence, Realism and Pluralism* (Boston: Springer, 2012), 253–301。

24   在 1919 年年鉴中，以下地方气象观测站提供了数据：波希米亚 28 个，摩拉维亚 18 个，西里西亚 7 个，加利西亚 2 个，卡尔尼奥拉 3 个，达尔马提亚 2 个。参见: Cf. Coen, *Earthquake Observers*, chapter 7。

25   只有理解有关气象观测站仪器及数据所有权的争议之后，我们才能明白为什么 ZAMG 要宣称所有的成果都是德意志学者所贡献的。参见: Fasz. 681/Sig. 4A/Nr. 1277: 23 November 1918; Fasz. 686/Sig. 4A/Nr. 1340: 6 December 1918, SAU。

26   Michael Gordin, *Scientific Babel: How Science Was Done Before and After Global English* (Chicago: University of Chicago Press, 2015), and Surman, Biography of Habsburg Universities.

27   Jiří Martínek, "Radost z poznání nemusí vést k uznání. Julie Moschelesová," in Martínek, *Cesty k samostatnosti: Portréty žen v éře modernizace* (Prague: Historický ústav, 2010), 176–89.

28   Julie Moscheles to William Morris Davis, 15 August 1919, 15 November (no year), folder 336, WMD.

29   Fasz. 682/Sig. 4A/Nr. 20375: 23 June 1934, SAU, my emphasis.

30   Pollak, "Über die Verwendung des Lochkartenverfahrens in der Klimatologie," *Zeitschrift für Instrumentenkunde* 47 (1927): 528–32.

31  Helmut Landsberg, quoted in F. W. Kistermann, "Leo Wenzel Pollak (1888– 1964): Czechoslovakian pioneer in Scientific Data Processing," *IEEE Annals of the History of Computing* 2 (1999): 62–68, on 65.

32  Edwards, *Vast Machine*, 99.

33  Robert Sieger to William Morris Davis, 26 January 1920, folder 438, WMD.

34  Heinrich Ficker, "Wo findet man in den deutsch-Österreichischen Alpen einen Ersatz für Davos?," *MZ* 38 (1921): 307–9, on 309.

35  Alois Gregor, "Moderní klimatologie," *Spirála* 1 (1936): 449–75, on 466.

36  Klimatische Beobachtungsstationen 1930/Nr. 51584; Kurorte 1927/Nr. 21913, VG.

37  Ernst Brezina and Wilhelm Schmidt, *Das künstliche Klima in der Umgebung des Menschen* (Stuttgart: Enke, 1937), 207.

38  Alois Gregor, "Problémy velkoměstské klimatologie," *Sborník IV. sjezdu československých Geografů v Olomouci 1937* (Brno: Československá společnost zeměpisné, 1938), 82–85, on 82.

39  Steinhauser, "Großstadttrübung und Strahlungsklima," *Biokl. Beibl.* 3 (1934): 105–11, on 105.

40  Brezina and Schmidt, *Das künstliche Klima*, 3.

41  Gregor, "Problémy velkoměstské klimatologie," 84.

42  Brezina and Schmidt, *Das künstliche Klima*, 207.

43  Franz Linke, "Zur Einführung der 'Bioklimatischen BeiBlätter der Meteorologischen Zeitschrift,'" *Biokl. Beibl.* 1 (1934): 1–2.

44  巴登第 43 届温泉学大会报告: Kurorte 1928/Nr. 17591; 1932 年国际气象组织辐射委员会会议报告: Kl. Beob. St. 1933; Walter Hausmann, "Grundlagen und Organisation der lichtklimatischen Forschung in ihrer Beziehung zur öffentlichen Gesundheitspflege," *Mitteilungen des Volksgesundheitsamtes* (1932): 1–20。

45  Wilhelm Schmidt, "Das Bioklima als Kleinklima und Mikroklima," *Biokl. Beibl.* 1 (1934): 3–6.

46 Geiger and Schmidt, "Einheitliche Bezeichnungen in kleinklimatischer und mikroklimatischer Forschung," *Biokl. Beibl.* 4 (1934): 153–56.

47 Gregor, "Moderní klimatologie," 466.

48 Schmidt, "Kleinklimatische Beobachtungen in Österreich," *Geographischer Jahresbericht aus Österreich* 16 (1933): 42–72, on 43.

49 Bohuslav Hrudička, "Má dynamická klimatologie význam i pro geografický výklad?," *Sborník IV. sjezdu československých Geografů v Olomouci 1937* (Brno: Československá společnost zeměpisné, 1938), 90–92, on 90–91.

50 David Luft, ed. and trans., *Hugo von Hofmannsthal and the Austrian Idea: Selected Essays and Addresses, 1906–1927* (West Lafayette, IN: Purdue University Press, 2011), 99–102.

51 "Der Spätzünder," *Der Spiegel* 23 (1957): 53–58, on 57.

52 Heimito von Doderer, *Die Strudlhofstiege, oder Melzer und die Tiefe der Jahre* (Munich:C. H. Beck, 1995), 104.

53 Rudolf Brunngraber, *Karl und das 20. Jahrhundert* (Göttingen: Steidl, 1999), 162, 227; Rudolf Brunngraber, *Karl und das 20. Jahrhundert* (Kronberg: Scriptor, 1978), 66.

54 Robert Musil, *The Man without Qualities*, vol. 1, trans. Sophie Wilkins (New York: Vintage, 1996), 3.

55 Robert Musil, "The 'Nation' as Ideal and as Reality," in Musil, *Precision and Soul: Essays and Addresses*, ed. and trans. Burton Pike and David S. Luft, 101–16 (Chicago: University of Chicago Press, 1990), 103 and 111.

56 引自 Stephen Walsh, "Between the Arctic and the Adriatic" (PhD diss., Harvard University, 2014), 221。

57 Emanuel Herrmann, *Cultur und Natur: Studien im Gebiete der Wirthschaft* (Berlin: Allgemeiner Verein für Deutsche Literatur, 1887), 320.

58 Purkyně: see chapter 9; Ficker: see chapter 11; J. Moscheles, "Logická soustava zeměpisu člověka," *Sborník Československé společnosti zeměpisné* 31 (1925): 247–56, on 252; Supan, *Die territoriale Entwicklung der*

*europäischen Kolonien* (Gotha: Perthes, 1906), 313.

59 Supan, *Territoriale Entwicklung*, 322.

60 Claudia Ho-Lem et al., "Who Participates in the Intergovernmental Panel on Climate Change and Why," *Global Environmental Change* 21 (2011) 1308–17; "Activities," http://www.ipcc.ch/activities/activities.shtml, accessed 24 May 2017.

61 M. Hulme and M. Mahony, "What Do We Know about the IPCC?," *Prog. Phys. Geogr.* 34 (2010): 705–18; Thaddeus R. Miller et al., "Epistemological Pluralism: Reorganizing Interdisciplinary Research," *Ecology and Society* 13 (2008): art. 46.

62 Elisabeth Nemeth and Friedrich Stadler, eds., *Encyclopedia and Utopia: The Life and Work of Otto Neurath* (Dordrecht: Kluwer, 1996), 334.

63 Hann, "Thatsachen und Bemerkungen über einige schädliche Folgen der Zerstörung des natürlichen Pflankleides," *Zs. Ö. G. Meteo.* 4 (1869): 18–22, on 22.

64 Martin Bressani, *Architecture and the Historical Imagination: Eugène-Emmanuel Viollet-le-Duc, 1814–1879* (New York: Routledge, 2016), 481.

65 Eugène-Emmanuel Viollet-le-Duc, *Le Massif du Mont Blanc* (Paris: J. Baudry, 1876), 254. Cf. George Perkins Marsh, *Man and Nature, or Physical Geography as Modified by Human Action* (1864), 127.

66 Prosper Demontzey, *Studien über die Arbeiten der Wiederbewaldung und Berasung der Gebirge* (Vienna: C. Gerold, 1880), i; Ferdinand Wang, "Über Wildbachverbauung und Wiederbewaldung der Gebirge," *Österreichische Vierteljahresschrift für Forstwesen* 9 (1891): 219–37, on 227.

67 Dale Jamieson, *Reason in a Dark Time: Why the Struggle against Climate Change Failed— and What It Means for Our Future* (Oxford: Oxford University Press, 2014), 103; for other examples, see Brace and Geoghegan, "Human Geographies of Climate Change: Landscape, Temporality, and Lay Knowledges," *Progress in Human Geography* 35 (2010): 284302, on 292;

Birgit Schneider and Thomas Nocke, "Introduction," in *Image Politics of Climate Change: Visualizations, Imaginations, Documentations*, ed. Schneider and Nocke, 9–25 (Bielefeld: transcript, 2014), 13. For psychology, see Scott Slovic and Paul Slovic, *Numbers and Nerves: Information, Emotion, and Meaning in a World of Data* (Corvallis: Oregon State University Press, 2015).

# 图片出处

9　Distribution of meteorological observing stations in the Austrian half of the Habsburg Monarchy, 1876. In Christa Hammerl, W. Lenhardt, R. Steinacker, and P. Steinhauser, eds., *Die Zentralanstalt für Meteorologie und Geodynamik, 1851–2001* (Graz: Leykam, 2001), 57. Courtesy of the Zentralanstalt für Meteorologie und Geodynamik, Vienna. 136

10　Sketch of the Sonnblick, by Julius Hann. Hann to Köppen, 15 August 1886, Letter 615, WK. 146

11　The Sonnblick observatory in Carinthia, ca. 1915. In Siegmund Schneider and Benno Immendörffer, *Mein Österreich, Mein Heimatland*, vol. 1 (Vienna: Verlag für Väterländische Literatur, 1915), 361. Austria Forum (public domain). 148

12　The Donnersberg/Milešovka observatory in Bohemia, 1910 postcard. Brück & Sohn Kunstverlag, Meissen. 151

13　The Bjelašnica observatory in Bosnia-Herzegovina, ca. 1904. In K. Kaßner, "Vom Äolosturm zum Bjelasnica-Observatorium," *Das Wetter* 21 (1904): 25–37, on 36. 153

14　Portrait of Friedrich Simony, 27 September 1890, FS. Courtesy of the Geographische Institut, University of Vienna. 157

15　*Post-Charte der Kaiserl. Königl. Erblanden*, by Georg Ignaz von Metzburg, 1782 (detail). In Franz Wawrik and Elisabeth Zeilinger, eds., *Austria Picta: Österreich auf alten Karten und Ansichten* (Graz: Akademische Druck-und Verlagsanstalt, 1989), fig. 47. Courtesy of ADEVA, Graz. 163

16　"Natur und Kunst Producten Karte von Krain," by Heinrich Wilhelm von Blum, ca. 1795, in *Natur und Kunst Producten Atlas Der Oestreichischen, Deutschen Staaten* (Vienna: Johann Otto, 1796). 164

17　*Markt Aussee*, undated drawing by Friedrich Simony. Courtesy of the Graphische Sammlung, Geologische Bundesanstalt Wien. 169

18　"Geological Map of Austria- Hungary, on the Basis of the Survey of the Royal-Imperial Geological Institute," by Franz von Hauer, 1867. 173

19 First map of global isotherms. "Isothermal Chart, or View of Climates & Production, Drawn from the Accounts of Humboldt & Others," by W. C. Woodbridge, ca. 1823, in *Woodbridge's School Atlas*. Courtesy of Princeton University Library Graphic Arts Collection. 175

20 "January Isotherms," by Julius Hann. In *Atlas der Meteorologie* (Gotha: Justus Perthes, 1887). 183

21 *Die Bewegung I*, by Adalbert Stifter, ca. 1858– 62. Zeno .org. 212

22 *Die Frühlings-Vegetation in Schlesien*, by Jakob Emil Schindler. In *Die österreichisch-ungarische Monarchie in Wort und Bild*, vol. 1, *Naturgeschichtlicher Theil* (Vienna: k.k. Hof-und Staatsdruckerei, 1887), 137. 215

23 *Die Frühlings-Vegetation auf der Insel Lacroma bei Ragusa*, by Jakob Emil Schindler. In *Die österreichisch-ungarische Monarchie in Wort und Bild*, vol. 1, *Naturgeschichtlicher Theil* (Vienna: k.k. Hof- und Staatsdruckerei, 1887), 143. 215

24 Thermal wind rose for northwestern Germany, 1861. In M. A. F. Prestel, *Die thermische Windrose für Nordwest-Deutschland* (Jena: F. Frommann, 1861). 223

25 Postcard showing the weather house in the city park in Graz, 1898. www. delcampe .net. 229

26 *Eine dalmatinische Landschaft während der Bora*, by Jakob Emil Schindler. In *Die österreichisch-ungarische Monarchie in Wort und Bild*, vol. 1, *Naturgeschichtlicher Theil* (Vienna: k.k. Hof-und Staatsdruckerei, 1887), 169. 238

27 Max Margules (1856– 1920). © ZAMG. 254

28 Calculating available potential energy: initial and final states of a chamber of gas with dividing wall removed. In Margules, "Über die Energie der Strürme," *Jb. ZAMG* (1903): app., 2. 259

29 Diagram of the general circulation of the atmosphere, by William Ferrel. In "The Motion of Fluids and Solids Relative to the Earth's Surface,"

1825. Zeno .org. 408

42　Heinrich von Ficker, ca. 1920. M023, LF. Courtesy of the Brenner-Archiv, Innsbruck. 423

43　The photograph that introduced Hanslik's essay on the Carpathians in *Mein Österreich, Mein Heimatland*, vol. 1 (Vienna: Verlag für Väterländische Literatur, 1915), 76. 444

44　Portrait of Julie Moscheles (Moschelesová), by Zdenka Landová. Courtesy of the Archiv Knihovny geografie PřF UK. 447

## 彩图

1　Kremsmünster and its surroundings, with the Astronomical Tower at the center. Painting by Adalbert Stifter, ca. 1823–25. Linz, Adalbert-Stifter-Institut. Zeno .org.

2　*Venedigergruppe*, by Friedrich Simony. In *Physiognomischer Atlas der österreichischen Alpen* (Gotha: Justus Perthes 1862). Courtesy of the Fachbereichsbibliothek für Geographie und Regionalforschung, University of Vienna.

3　"Distribution of Heat in July," by Josef Chavanne. In *Physikalisch-statistischer Handatlas von Österreich-Ungarn* (Vienna: E. Hölzel, 1882–87).

4　Vegetation of the puszta, by Anton Kerner, ca. 1855–60. 131.33.6.1, AK. Courtesy of the Archive of the University of Vienna.

5　"Floral Map of Austria- Hungary," by Anton Kerner von Marilaun, 1888. In *Physikalisch-statistischer Handatlas von Österreich-Ungarn* (Vienna: E. Hölzel, 1882–87).